高等学校计算机应用规划教材

ASP.NET 4.5 动态网站开发基础教程

韩颖　卫琳　谢琦　编著

清华大学出版社

北　京

内 容 简 介

本书从初学者的角度出发，以通俗易懂的语言，丰富多彩的实例，详细介绍了使用 ASP.NET 4.5 进行 Web 程序开发应该掌握的主要技术。全书共分 12 章，主要内容包括 ASP.NET 4.5 概述，Visual Studio Express 2012 for Web 开发环境，XHTML 和 HTML5 网页设计基础，使用 ASP.NET 编写网页的基础知识，常用内置对象，相关的服务器控件，jQuery 基础，数据源，SQL Server 2012 Express 开发环境和数据绑定控件及 LINQ 技术，以及 ASP.NET 4.5 中的 AJAX 控件和一个综合开发实例。

本书注重基础、讲究实用、内容丰富、结构合理、思路清晰、示例翔实，适合 ASP.NET 4.5 的初学者、高等院校计算机及相关大中专院校的学生使用，也可作为高等院校计算机及相关专业的教材，或供工程师和想利用 Visual Studio Express 2012 for Web 开发平台开发 Web 应用程序的人员参考阅读。

本书的电子教案、实例源代码和习题答案可以到 http://www.tupwk.com.cn/downpage/index.asp 网站下载。

图书在版编目(CIP)数据

ASP.NET 4.5 动态网站开发基础教程 / 韩颖，卫琳，谢琦 编著. —北京：清华大学出版社，2015 (2019.2重印)

(高等学校计算机应用规划教材)

ISBN 978-7-302-38501-1

Ⅰ. ①A… Ⅱ. ①韩… ②卫… ③谢… Ⅲ. ①网页制作工具－程序设计－高等学校－教材 Ⅳ. ①TP393.092

中国版本图书馆 CIP 数据核字(2014)第 260960 号

责任编辑：胡辰浩　袁建华
装帧设计：孔祥峰
责任校对：成凤进
责任印制：李红英

出版发行：清华大学出版社
网　　址：http://www.tup.com.cn，http://www.wqbook.com
地　　址：北京清华大学学研大厦 A 座　　邮　　编：100084
社 总 机：010-62770175　　邮　　购：010-62786544
投稿与读者服务：010-62776969，c-service@tup.tsinghua.edu.cn
质 量 反 馈：010-62772015，zhiliang@tup.tsinghua.edu.cn
课 件 下 载：http://www.tup.com.cn，010-62794504

印 装 者：北京国马印刷厂
经　　销：全国新华书店
开　　本：185mm×260mm　　印　　张：21.25　　字　　数：530 千字
版　　次：2015 年 1 月第 1 版　　印　　次：2019 年 2 月第 4 次印刷
定　　价：59.00 元

产品编号：052621-02

前　言

随着网络技术的飞速发展，人类的信息资源实现了高度共享，从根本上改变了人类进行信息交流的方式，展开了一场史无前例的信息革命。越来越多的人习惯从网上搜索自己需要的资料，越来越多的企业将应用系统发布成网站，供自己的用户实现快捷、方便的业务处理。浏览器/服务器(B/S)结构的应用程序随着用户的这种需求而被提升到更高的地位。

在实现 B/S 结构的技术中，最具代表性的就是.NET 框架下的 ASP.NET 技术和 J2EE 框架下的 JSP 技术。如今，随着 ASP.NET 技术的方便性逐渐提高，已经有越来越多的开发人员转入.NET 开发阵营，致使这个技术领域内的初学者和急需提高的人员数量不断增加。2012 年，Visual Studio 2012 和 ASP.NET 4.5 问世了，它是在已成功发行的 Visual Studio 2010 和 ASP.NET 4 基础之上构建的，它保留了很多令人喜爱的功能，并增加了一些其他领域的新功能和工具。本书从基础到提高，由浅入深地介绍了相关知识，使读者能够全面、轻松、深刻地了解书中介绍的技术。

目前市面上有不少介绍 ASP.NET 的图书，但是要找一本适合初学者的图书也不容易。有些图书起点太高，初学者难以理解基本概念，学习起来困难重重，容易产生厌倦心理而放弃学习；有的图书又过于简单，读者在学完之后还是不会做任何实际的事情，不能达到一定的高度。

概括起来，本书具有以下几项特色。

- 注重基础，讲究实用，力求从入门到精通。
- 充分体现案例教学。本书以易学易用为重点，精选大量实用的示例、知识丰富、步骤详细、学习效率高，特别适合入门者。
- 配有源代码，方便上机实践。本书的所有示例均在 Visual Studio Express 2012 for Web 开发环境下调试通过，读者可以直接下载所有例子的源程序，并通过书中介绍的步骤学习开发要点。

本书共分 12 章，各章的主要内容如下。

第 1 章简要介绍了 HTTP 协议、静态网页和动态网页等 Web 基础知识，并介绍了 ASP.NET 4.5 的发展历史以及主要特点，并且讲解了 Visual Studio Express 2012 for Web 的安装方法和开发 ASP.NET 应用程序的一般步骤，最后介绍了 Visual Studio Express 2012 for Web 平台新增功能。通过这些介绍使读者对 ASP.NET 有一个整体的了解，为以后章节的学习打下基础。

第 2 章主要介绍了 ASP.NET 网页框架语言 XHTML 的语法规则、常用标记以及 HTML5 新增的内容，这是进行页面设计的基础。

第 3 章介绍了 ASP.NET 程序结构，如何利用 ASP.NET 建立 Web 页面和创建 ASP.NET Web 页面所需的基础知识，包括 ASP.NET 网页代码模型和生命周期，了解网页代码模型和生命周期能够帮助读者高效地创建 ASP.NET 应用页面。此外，本章还详细地讲述了配置文件 Web.config 的配置方法。这对读者理解 ASP.NET 的工作模式非常重要。

第 4 章介绍了 ASP.NET 中常用的内置对象，包括 Request、Response、Session、Application 和 Server 的主要方法和属性，并讲解了 Cookie 对象的使用方法。熟练掌握这些内置对象，可以开发出功能强大的应用程序。

第 5 章介绍了 Web 控件的种类和属性，包括标准控件、验证控件、登录控件、导航控件的使用方法，控件为开发人员提供了高效的应用程序开发方法，开发人员无须具有专业知识就能够实现复杂的应用操作，是开发 ASP.NET 应用程序的基础。

第 6 章介绍了 CSS 和母版页对 ASP.NET 应用程序进行样式控制的方法和技巧，包括 CSS 的用法、CSS 和 Div 布局的方法、主题的创建和引用，以及创建母版页和内容页的方法。

第 7 章介绍了 jQuery 的基本语法和具体应用，包括理解什么是 jQuery、jQuery 的基本语法和如何用 jQuery 实现动画效果。

第 8 章介绍了使用 ADO.NET 进行数据库访问的方法。主要包括 ADO.NET 的数据提供者(Data Provider)、SQL Server 2012 Express 开发环境和数据集(DataSet)的基础知识等。

第 9 章介绍了数据绑定技术、ASP.NET 4.5 提供的各种数据源控件和使用数据源控件连接到各种数据源的方法。

第 10 章介绍了 LINQ 的基本知识和如何使用 LINQ 进行数据库操作，包括如何将表生成实体类，了解 DataContext 类，如何使用 LINQ to SQL，并利用 LINQ 技术完成数据的基本查询、添加、删除和修改。最后，讲解了一个数据源控件 LinqDataSource 控件。

第 11 章介绍了 Ajax 的基础知识以及 ASP.NET AJAX 控件——这是微软的客户端异步无刷新页面技术，在 ASP.NET 4.5 以前的版本中，已经包含了此技术框架。

第 12 章通过一个综合实例将所学知识贯穿在一起。以让读者有开发实际项目的体会，从而能够深刻地了解本书前面的知识并达到实战的能力。

本书由韩颖、卫琳、谢琦编著，参加本书编写的人员还有王秉宏、向春阳、张丹丹、王亚敏、王战红、陶永才、曹仰杰、史晓东、李俊艳、吴保东、高宇飞、何宗真、张艳、张青、黄艳、段赵磊、王慧娟、王冬、裴云霞等人，在此一并向他们表示诚挚的感谢。

本书从 ASP.NET 基础知识讲起，语言通俗易懂，并配有大量实例和插图，使读者对每一章所讲述的内容都能有深刻的理解并加以巩固，十分适合初学者和有一定 ASP.NET 基础的人员使用。

在编写本书的过程中参考了许多相关文献，在此向这些文献的作者深表感谢。由于时间较紧，书中难免有错误与不足之处，恳请专家和广大读者批评指正。我们的信箱是 huchenhao@263.net，电话是 010-62796045。

作　者

2014 年 6 月

目　录

第1章　ASP.NET 4.5概述与开发平台

本章将介绍网站建设的基本原理、流程和创建网站的工具，以及ASP.NET的基本概况。作为一种新的Web开发技术，ASP.NET基于Microsoft公司的.NET框架，支持C#和VB.NET语言，是主流的网站开发平台之一。通过本章的学习，读者将了解如何安装、使用ASP.NET的集成开发环境——Visual Studio Express 2012 for Web (以下简称VSEW)，并能够建立简单的动态网站和页面。

本章的学习目标：

- 理解静态网页与动态网页的概念及其工作原理；
- 了解ASP.NET的发展历史、特点以及其他常见的网站开发技术；
- 掌握安装ASP.NET的集成开发环境VSEW的方法；
- 了解动态网站开发的一般流程并能够创建简单的动态网站；
- 了解Visual Studio Express 2012 for Web的部分辅助功能。

1.1　Web基础知识

1.1.1　HTTP协议

WWW(World Wide Web)又称万维网，起源于1989年欧洲粒子物理研究所(CERN)，当时是研究人员为了互相传递文献资料用的。在WWW出现之前，Internet主要用于科学研究和军事方面。自从WWW问世以后，Internet迅速进入千家万户，成为人们学习、工作、交流、娱乐的一个非常重要的手段。

HTTP(Hyper Text Transfer Protocol)，即超文本传输协议，是在Internet中进行信息传送的协议，浏览器默认使用该协议。

从浏览器向Web服务器发出的访问某个Web网页的请求叫做HTTP请求。Web服务器收到HTTP请求后，就会按照请求的要求，寻找相应的网页。如果找到，就把网页以HTML(Hypertext Markup Language，超文本标记语言)代码形式通过Internet传回浏览器；如果没有找到，就发送一个错误信息给浏览器。后面的这些操作就叫做HTTP响应。

HTTP协议是一个无状态协议，也就是说，使用该协议时，不同的请求之间不会保存任何信息。每个请求都是独立的，它不知道现在的请求是第一次发出还是第二次或第三次发出，也不知道这个请求的发送来源。当用户请求到所要的网页后，就会断开与 Web 服务器的连接。

从程序设计角度来看，无状态的特点对于 HTTP 来说是一个缺点，因为这使得某些功能很难实现。但是，由于网络本身的特点，这也是没有办法改变的。可以假设一下，如果 HTTP 协议是一个有状态的协议，那么，就需要在 Web 服务器上保存用户的每一个连接，这样可能会导致服务器瘫痪。

1.1.2 Web 服务器和浏览器

Web 服务器就是一台安装了 Web 服务器软件的计算机，它可以为提出 HTTP 请求的浏览器提供 HTTP 响应。常见的 Web 服务器软件有 Apache 和 IIS。Apache 是一个开放源码、采用模块化设计的 Web 服务器软件，具有很强的安全性和稳定性。IIS 是微软公司的产品，最大的特点是图形化的管理界面，使用方便，易于维护。

浏览器是运行在客户机上的程序，用户可以通过它来浏览服务器上的可用资源，因此称为浏览器。当客户进行网页浏览时，由客户的浏览器执行来自服务器的 HTML 代码，并将其内容显示给客户。最初的浏览器是基于文本的，不能显示任何图形信息。1993 年早期，随着 Mosaic 的出现，这一情况发生了改变，Mosaic 是第一个具有图形用户界面的浏览器。目前，最常用的浏览器是 Microsoft Internet Explorer(IE)和 Firefox 浏览器。

1.1.3 C/S 模式与 B/S 模式

C/S 和 B/S 是目前开发模式技术架构的两大主流技术。C/S 模式最早是由美国 Borland 公司研发的，而 B/S 模式则是由美国微软公司研发的。

1. C/S 模式

C/S(Client/Server，客户机/服务器)模式是一种软件系统体系结构。这种结构是建立在局域网基础之上的，它需要针对不同的操作系统开发不同版本的软件。同时，它不依赖于外网环境，即无论是否能够上网都不会影响应用。

2. B/S 模式

B/S(Browser/Server，浏览器/服务器)模式是随着 Internet 技术的兴起，对 C/S 模式的一种变化或改进。在这种模式下，用户工作界面是通过 Web 浏览器来实现的。B/S 模式的最大好处是能够实现不同人员、从不同地点、以不同的接入方式访问和操作共同的数据，这就大大减轻了系统维护与升级的成本和工作量，降低了用户的总体成本；其最大的缺点是对外网依赖性太强。

1.1.4 Web 的访问原理

Web 应用程序是基于 B/S 结构的。下面首先介绍客户端和服务器端的概念，然后详述静态网页和动态网页的工作原理。

1. 客户端和服务器端

一般来说，提供服务的一方称为服务器端，而接受服务的一方称为客户端。例如，当用户浏览搜狐主页的时候，搜狐网站所在的服务器就称为服务器端，而用户自己的计算机就称为客户端，如图 1-1 所示。

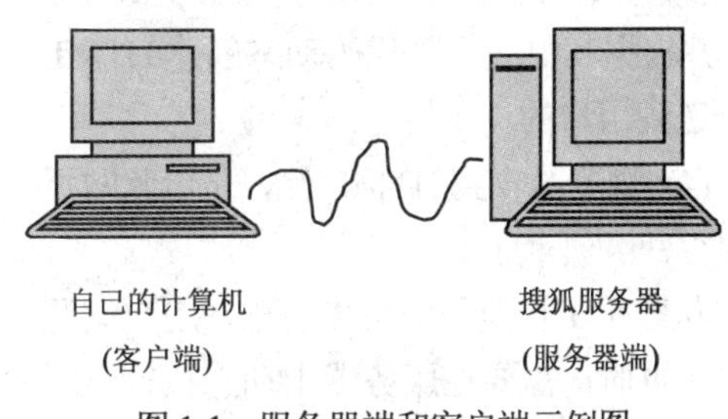

图 1-1　服务器端和客户端示例图

如果在自己的计算机上安装了 Web 服务器软件，其他浏览者通过网络就可以访问该计算机，那么它就是服务器端。很多初学者在调试程序时，往往把自己的计算机既作为服务器端，又作为客户端。

2. 静态网页的工作原理

静态网页也称为普通网页，是相对动态网页而言的。静态并不是指网页中的元素都是静止不动的，而是指网页文件中没有程序代码，只有 HTML(超文本标记语言)标记，一般后缀为.htm、.html、.shtml 或.xml 等。在静态网页中，可以包括 GIF 动画，鼠标经过 Flash 按钮时，按钮可能会发生变化。静态网页一经制成，内容就不会再变化，不管何人何时访问，显示的内容都是一样的。如果要修改网页的内容，就必须修改其源代码，然后重新上传到服务器上。

对于静态网页，用户可以直接双击打开，看到的效果与访问服务器是相同的。这是因为在用户访问该网页之前，网页的内容就已经确定，无论用户何时、以怎样的方式访问，网页的内容都不会再改变。静态网页的工作流程可以分为以下 4 个步骤。

(1) 编写一个静态网页文件，并在 Web 服务器上发布。

(2) 用户在浏览器的地址栏中输入该静态网页的 URL(统一资源定位符)并按回车键，浏览器发送访问请求到 Web 服务器。

(3) Web 服务器找到此静态网页文件的位置，并将它转换为 HTML 流传送到用户的浏览器。

(4) 浏览器收到 HTML 流，显示此网页的内容。

在步骤(2)~(4)中，静态网页的内容不会发生任何变化，其原理如图 1-2 所示。

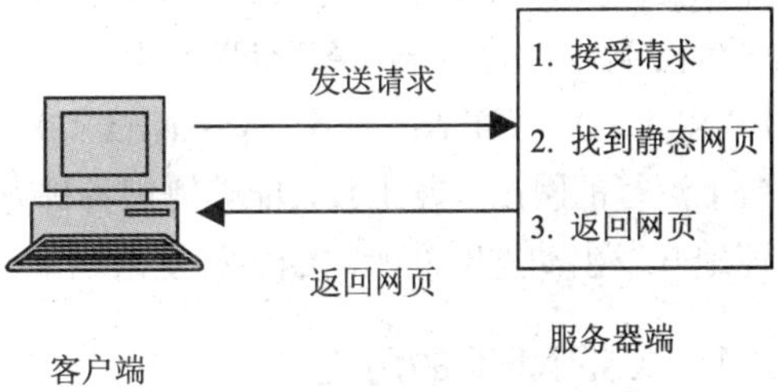

发送请求
1. 接受请求
2. 找到静态网页
3. 返回网页
返回网页
服务器端
客户端

图 1-2　静态网页的工作原理

3. 动态网页的工作原理

动态网页是指在网页文件中除了 HTML 标记以外，还包括一些实现特定功能的程序代码，这些程序代码使得浏览器与服务器之间可以进行交互，即服务器端可以根据客户端的不同请求动态产生网页内容。动态网页的后缀通常根据所用的程序设计语言的不同而不同，一般为.asp、.aspx、.cgi、.php、.perl、.jsp 等。动态网页可以根据不同的时间、不同的浏览者显示不同的信息。常见的留言板、论坛、聊天室都是用动态网页实现的。

动态网页相对复杂，不能直接双击打开。动态网页的工作流程分为以下 4 个步骤。

(1) 编写一个动态网页文件，其中包括程序代码，并在 Web 服务器上发布。

(2) 用户在浏览器的地址栏中输入该动态网页的 URL 并按 Enter 键，浏览器发送访问请求到 Web 服务器。

(3) Web 服务器找到此动态网页的位置，并根据其中的程序代码动态创建 HTML 流传送到用户的浏览器。

(4) 浏览器收到 HTML 流，显示此网页的内容。

从整个工作流程中可以看出，用户浏览动态网页时，需要在服务器上动态执行该网页文件，将含有程序代码的动态网页转化为标准的静态网页，最后把静态网页发送给用户，其原理如图 1-3 所示。

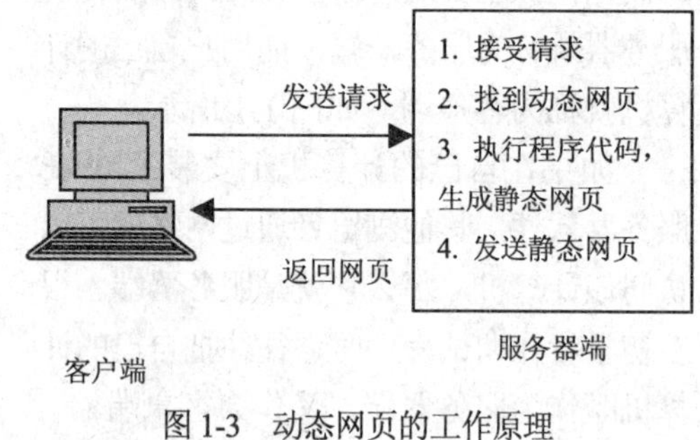

图 1-3　动态网页的工作原理

1.2　ASP.NET 简介

ASP.NET 是 Microsoft 的 Active Server Pages 的新版本，是建立在微软新一代.NET 平台架构上、建立在公共语言运行库上，在服务器后端为用户提供建立强大的企业级 Web 应用服务的编程框架。ASP.NET 为开发能够面向任何浏览器或设备的更安全的、更强的可升级性、更稳定的应用程序提供了新的编程模型和基础结构。使用 ASP.NET 提供的内置服务器控件或者第三方控件，可以创建既复杂又灵活的用户界面，大幅度减少了生成动态网页所需的代码，同时，ASP.NET 能够在服务器上动态编译和执行这些控件代码。

微软在发布 ASP.NET 1.0 时，根本没有期望这项技术能被广泛采用。但随着该技术的发展和完善，ASP.NET 很快变成了用微软技术开发 Web 应用的标准，沉重打击了其他 Web 开发平台的竞争者。后来，ASP.NET 有了一个修正版(ASP.NET 1.1)和之后逐步升级的版本(ASP.NET 2.0、ASP.NET 3.5、ASP.NET 4.0、ASP.NET 4.5)。目前，ASP.NET 作为 Windows 平台上流行的网站开发工具，能够提供各种方便的 Web 开发模型。利用这些模型，用户可以快速地开发出动态网站所需的各种复杂功能。

1.2.1　ASP.NET 的历史

早期的 Web 程序开发是一件非常繁琐的事，一个简单的动态页面就需要编写大量的代码(一般用 C 语言)才能完成。

1996 年，Microsoft 推出了 ASP(Active Server Page)1.0 版。它允许使用 VBScript/JavaScript 这些简单的脚本语言编写代码，并允许将代码直接嵌入 HTML 中，从而使得设计动态 Web 页面变得简单。在进行程序设计时，ASP 能够通过内置的组件，实现了强大的功能(如 Cookie)。ASP 最显著的贡献就是推出了 ActiveX Data Objects(ADO)，它使得程序对数据库的操作变得十分简单。

1998 年，微软发布了 ASP 2.0 和 IIS 4.0。与前一版本相比，2.0 版最大的改进是外部的组件需要初始化。用户能够利用 ASP 2.0 和 IIS 4.0 建立各种 ASP 应用，而且每个组件都有了自己单独的内存空间，可以进行事务处理。

随后，微软开发了 Windows 2000 操作系统，其 Server 版系统提供了 IIS 5.0 和 ASP 3.0。

此次升级，最主要的改变就是把很多事情交给 COM+来做，效率比以前的版本有很大提高，而且更稳定。

ASP.NET 是微软公司于 2002 年推出的新一代体系结构——Microsoft .NET 的一部分，用于在服务器端构建功能强大的 Web 应用，包括 Web 窗体(Web Form)和 Web 服务(Web Services)两部分。随着.NET 技术的出现，ASP.NET 1.0 也应运而生。ASP.NET 1.0 在结构上与前面的 ASP 截然不同，几乎完全是基于组件和模块化的。ASP.NET 1.0 允许开发者以一种非常灵活的方式创建 Web 应用程序，并把常用的代码封装到面向对象的组件中，这些组件可以由客户端用户通过事件来触发。同时，ASP.NET 提出了代码隐藏类(CodeBehind)的概念，把逻辑代码(.aspx.cs)和表现页面(.aspx)分离开来，使用户可以使用后台代码来控制页面的逻辑功能。

2003 年，Microsoft 公司发布了 Visual Studio.NET 2003(简称 VS 2003)，提供了在 Windows 操作系统下开发各类基于.NET 框架的全新应用程序的开发平台。

2005 年，.NET 框架从 1.0 升级到 2.0 版，Microsoft 公司发布了 Visual Studio.NET 2005(简称 VS 2005)。相应的 ASP.NET 1.0 也升级为 ASP.NET 2.0，新版本修正了以前版本中的一些 Bug 并在移动应用程序开发、代码安全以及对 Oracle 数据库和 ODBC 的支持等方面都做了很多改进。

2008 年，Visual Studio.NET 2008(简称 VS 2008)问世了，ASP.NET 相应地从 2.0 版升级到 3.5 版。ASP.NET 3.5 版最重要的新功能在于：支持 Ajax 的网站，改进了对语言集成查询(LINQ)的支持。这些改进提供了新的服务器控件和新的面向对象的客户端类型库等功能。

2010 年，微软公司发布 Visual Studio 2010 正式版本，微软大中华区开发工具及平台事业部总经理谢恩伟总结了 Visual Studio 2010 的五大新特性和功能如下：

(1) 云计算架构；

(2) Agile/Scrum 开发方法；

(3) 搭配 Windows 7 与 Silverlight 4；

(4) 发挥多核并行运算威力；

(5) 更好地支持 C++。

2012 年，Visual Studio 2012 和 ASP.NET 4.5 问世了，它是在已成功发行的 Visual Studio 2010 和 ASP.NET 4 基础之上构建的，它保留了很多令人喜爱的功能，并增加了一些其他领域的新功能和工具，如自动绑定程序集的重定向，可以收集诊断信息，帮助开发人员提高服务器和云应用程序的性能等。

1.2.2　ASP.NET 的优点

ASP.NET 是一种建立在通用语言上的程序构架，能被用于一台 Web 服务器来建立强大的 Web 应用程序。ASP.NET 提供了许多比现在的 Web 开发模式强大的优势。

ASP.NET 可完全利用.NET 框架的强大、安全、高效的平台特性。ASP.NET 是运行在服务器后端的，编译后的普通语言运行时代码，运行时早绑定、即时编译、本地优化、缓存服务、零安装配置、基于运行时代码受管与验证的安全机制等都为 ASP.NET 带来卓越的性能。对 XML、SOAP、WSDL 等 Internet 标准的支持更是为 ASP.NET 在异构网络里提供了强大的扩展性。

1. 威力和灵活性

由于 ASP.NET 基于公共语言运行库，因此，Web 应用程序开发人员可以利用整个平台的威力和灵活性。.NET 框架类库、消息处理和数据访问解决方案都可以从 Web 无缝访问。ASP.NET 与语言无关，所以可以选择最适合应用程序的语言，或跨多种语言分割应用程序。另外，公共语言运行库的交互性保证在迁移到 ASP.NET 时保留基于 COM 的开发中的现有投资。

2. 简易性

ASP.NET 使执行常见任务变得容易，从简单的窗体提交和客户端身份验证，到部署和站点配置。例如，使用 ASP.NET 页框架可以生成将应用程序逻辑与表示代码清楚分开的用户界面，和在类似 Visual Basic 的简单窗体处理模型中处理事件。另外，公共语言运行库利用托管代码服务(如自动引用计数和垃圾回收)简化了程序开发。

3. 可管理性

ASP.NET 采用基于文本的分层配置系统，简化了应用服务器环境和 Web 应用程序的配置。由于配置信息是以纯文本形式存储的，因此可以在没有本地管理工具帮助的情况下应用新设置。这种“零本地管理”思想也扩展到了 ASP.NET 框架应用程序的部署。只需将必要的文件复制到服务器，即可将 ASP.NET 框架应用程序部署到服务器上。即使是在部署或替换运行的编译代码时也不需要重启服务器。

4. 可伸缩性

ASP.NET 在设计时考虑了可缩放性，增加了专门用于在聚集环境和多处理器环境中提高性能的功能。另外，进程受到 ASP.NET 运行库的密切监视和管理，以便当进程行为不正常(泄漏、死锁)时，可以就地创建新进程，以帮助保持应用程序始终可用于处理请求。

5. 自定义性和扩展性

ASP.NET 随附了一个设计周到的结构，它使开发人员可以在适当的级别“插入”代码。实际上，可以用自己编写的自定义组件，扩展或替换 ASP.NET 运行库的任何子组件。

6. 安全性

借助内置的 Windows 身份验证和基于每个应用程序的配置，可以保证应用程序是安全的。

1.2.3 其他常见的网络程序设计技术

1. PHP

PHP 是 Rasmus Lerdorf 于 1994 年开发的，其最初目的是帮助 Lerdorf 记录其个人网站的访问者。1995 年，他开发了一个名为个人主页工具(Personal Home Page Tool)的工具包，也就是 PHP 的第一个公开发布版本。后来，人们开始使用一个递归式的名字 PHP，即 Hypertext Preprocessor(超文本预处理器)，这使得它原来的名字逐渐被人们所遗忘。PHP 现在是一个开放源码的产品，其官方网站是 http://www.php.net，用户可以自由下载。

PHP 程序可以运行在 UNIX、Linux 及 Windows 操作系统上，对客户端浏览器没有特殊要求。PHP、MySQL 数据库和 Apache Web 服务器是一个比较好的组合。

PHP 也是将脚本语言嵌入 HTML 文档中，大量采用了 Perl、C++和 Java 的一些特性，其文件的扩展名是.php、.php3、.phtml。PHP 程序在服务器端执行，转化为标准的 HTML 文件后发送到客户端。

PHP 的主要优点是免费和开放源码，对于许多要考虑成本的商业网站，尤为重要。

2. JSP

JSP 的全称是 Java Server Pages，是 Sun 公司于 1999 年 6 月开发的一种全新的动态页面技术。JSP 是 Java 开发阵营中最具代表性的解决方案，JSP 不仅拥有与 Java 一样的面向对象、便利、跨平台等优点和特性，而且还拥有 Java Servlet 的稳定性，并且可以使用 Servlet 提供的 API、JavaBean 及 Web 开发框架技术，使页面代码与后台处理代码分离，从而提高工作效率。在目前流行的 Web 程序开发技术中，JSP 是比较热门的一种。

JSP 其实就是将 Java 程序片段(Scriptlet)和 JSP 标记(Tag)嵌入普通的 HTML 网页中。当客户端访问一个 JSP 网页时，由 JSP 引擎解释 JSP 标记和其中的程序片段，生成所请求的内容，然后将结果以 HTML 格式返回到客户端。

JSP 的主要优点是开放性、跨平台性，几乎可以运行在所有的操作系统上。而且采用先编译后运行的方式，能够提高执行效率。

1.3　ASP.NET 的开发环境

由于 ASP.NET Web 应用程序格式是文本文件，所以只用类似文本编辑器的工具也可以编写 ASP.NET Web 应用程序，但是如果使用了开发工具可以快速创建复杂的 ASP.NET Web 应用程序。

Visual Studio 系列产品被认为是世界上最好的开发环境之一，Visual Studio 有两个版本：一个是独立而免费的版本，称为 Microsoft Visual Studio Express 2012 for Web；还有一个版本是作为较大的开发套件 Visual Studio 2012 的一部分，它有不同的版本可用，且各个版本的价格各不相同。使用 Visual Studio 的商用版本，可以完全集成 Web 组件。只需要启动 Visual Studio 2012，再创建一个 Web 站点项目或 Web 应用程序项目，就可以启用 Visual Studio 的 Web 组件。

虽然 Visual Studio 的 Express 版本是免费的，但是它包含了创建复杂且功能丰富的 Web 应用程序所需的所有功能和工具。本书中的所有示例都可以用免费的 Express 版本构建出来。

使用 Visual Studio Express 2012 for Web 能够快速构建 ASP.NET 应用程序，并为 ASP.NET 应用程序提供所需的类库、控件和智能提示等支持。本节将介绍如何安装 Visual Studio Express 2012 for Web 以及 Visual Studio Express 2012 for Web 中各窗口的使用和操作方法。

1.3.1　安装 Visual Studio Express 2012 for Web

Microsoft Visual Studio Express 2012 for Web 是功能强大的开发环境，因为是免费的，所以可以从网上下载中文版的软件。在安装 Visual Studio Express 2012 for Web 之前，首先要确

保 IE 浏览器的版本为 7.0 或更高。

Visual Studio Express 2012 for Web 在软件和硬件方面对计算机的配置要求如下。

- 支持的操作系统：Windows 7 SP1(x86 和 x64)、Windows 8(x86 和 x64)、Windows Server 2008 R2 SP1 (x64)、Windows Server 2012 (x64)，即 Windows XP 版本不支持该软件。
- 1.6 GHz 或更快的处理器。
- 1 GB RAM(如果在虚拟机上运行，则为 1.5 GB)。
- 10 GB 可用硬盘空间。
- 600 MB 可用硬盘空间(语言包)。
- 5400 RPM 硬盘。
- 支持 DirectX 9 的视频卡，以 1024×768 或更高显示分辨率运行。

当计算机满足以上条件后就能够安装 Visual Studio Express 2012 for Web 了。安装 Visual Studio Express 2012 for Web 的操作步骤如下(由于读者下载的软件可能有差别，因而以下步骤仅供参考)。

(1) 单击 Visual Studio Express 2012 for Web(VSEW)的光盘或解压缩文件中的.exe 安装程序启动安装，如图 1-4 所示。几分钟后将自动从图 1-4 进入图 1-5 所示安装软件的起始界面。在该界面中，可以选择安装路径，并且选中【我同意许可条款和条件(T)】前面的复选框。当选中后，界面下方将出现【安装(N)】按钮，如图 1-6 所示。

图 1-4　VSEW 安装启动界面

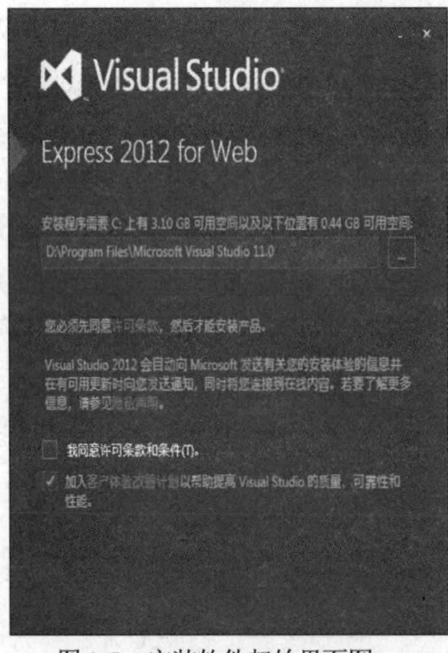

图 1-5　安装软件起始界面图

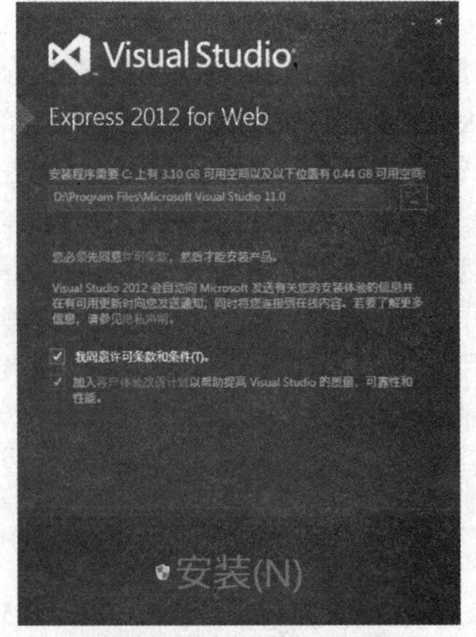

图 1-6　同意条款后的界面

(2) 单击【安装(N)】按钮，可以进行 Visual Studio Express 2012 for Web 的安装，如图 1-7 所示。

在安装 Visual Studio Express 2012 for Web 之前，由于 Visual Studio Express 2012 for Web 有些版本不同，文件尺寸大小不同，有些或者全部的文件需要先从 Internet 网上下载，再开始安装相关组件。安装的速度与网络和硬件有关，安装完后出现如图 1-8 所示的界面。

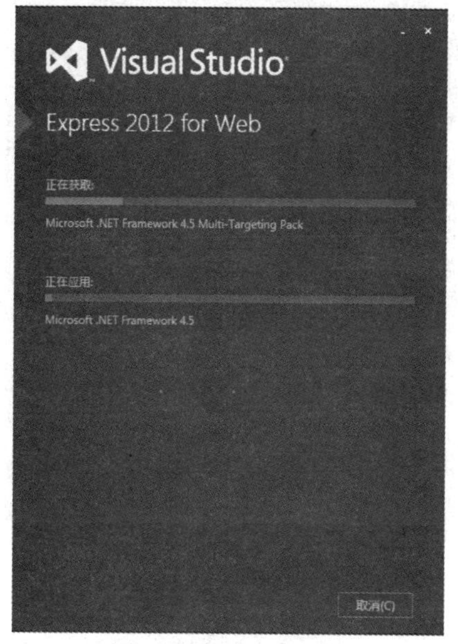

图 1-7　开始安装界面

图 1-8　安装成功界面

(3) 在安装成功后，单击【启动】按钮进入，进行安装后的第一次启动，如图 1-9 所示。进而进入图 1-10 界面，进行软件注册。如果不进行注册，软件的使用期是 30 天。产品的密钥是可以从官网上免费获取的，只要单击界面的超链接【联机注册】，在网站上免费注册一个微软账户(如果有 hotmail 邮箱，则可直接登录)，即可获得密钥。

图 1-9　安装程序起始页

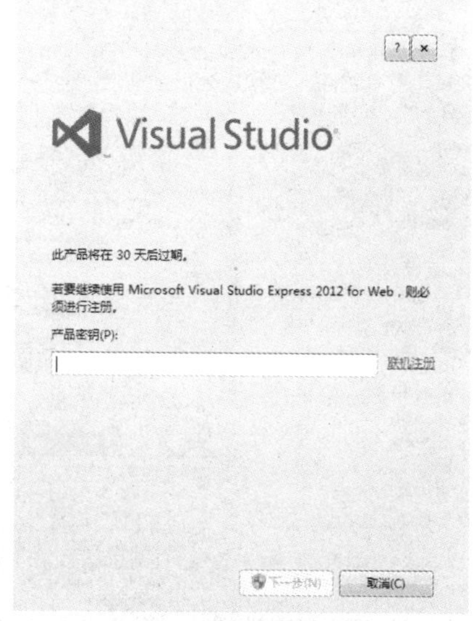

图 1-10　注册页面

(4) 单击【下一步】按钮，如果密钥正确，将进入图 1-11 界面。提示密钥已经成功应用，单击【关闭】按钮，进入图 1-12 界面，提示产品已获得授权。以上顺利安装，密钥添加成功后，将开始启动软件。

图 1-11　密钥成功应用界面

图 1-12　产品获得授权

1.3.2　主窗口

安装 Visual Studio Express 2012 for Web 之后，就能够进行.NET 应用程序的开发了，Visual Studio Express 2012 for Web 极大地提高了开发人员对.NET 应用程序的开发效率。为了能够快速地进行.NET 应用程序的开发，首先需要熟悉 Visual Studio Express 2012 for Web 开发环境。启动 Visual Studio Express 2012 for Web 以后，将呈现 Visual Studio Express 2012 for Web 的主窗口，如图 1-13 所示。

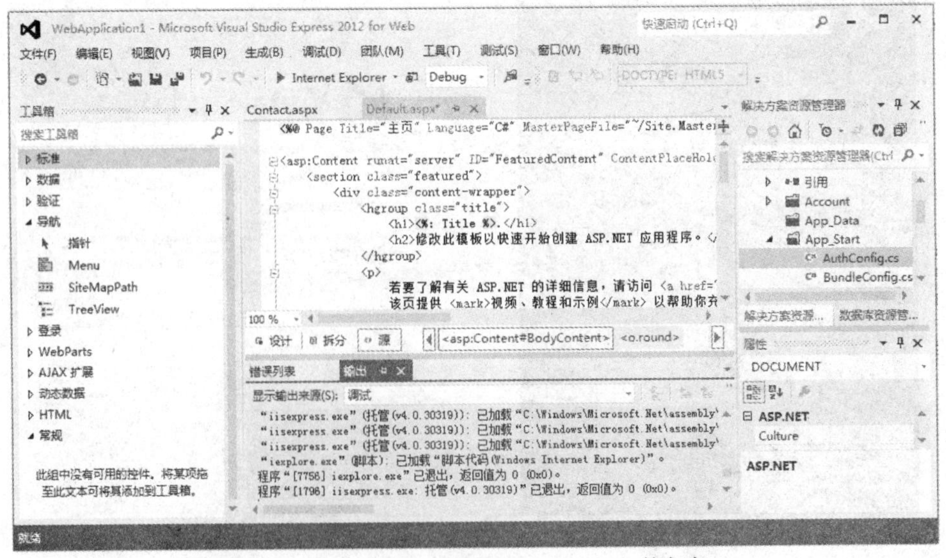

图 1-13　Visual Studio Express 2012 for Web 的主窗口

Visual Studio Express 2012 for Web 主窗口包括多个子窗口，窗口都是可以关闭和自由拖动的，最左侧的是【工具箱】，用于服务器控件的存放；中间是文档窗口，用于应用程序代码的编写和样式控制；中下方的【错误列表】窗口用于呈现错误信息，【输出】窗口用于输出相关结果；右侧是【解决方案资源管理器】窗口和【属性】窗口，用于呈现解决方案以及页面与控件的相应属性。

1.3.3　文档窗口

文档窗口用于代码的编写和样式控制。当用户开发的是基于 Web 的 ASP.NET 应用程序时，文档窗口是以 Web 形式呈现给用户，而代码视图则是以 HTML 代码的形式呈现给用户的，而如果用户开发的是基于 Windows 的应用程序，则文档窗口将会呈现应用程序的窗口或代码，如图 1-14 所示。

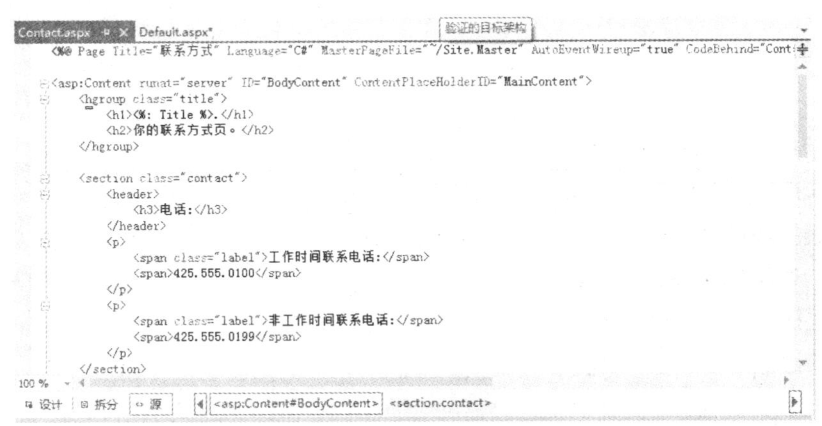

图 1-14　Web 程序开发文档窗口

当进行不同应用程序的开发时，文档窗口也会呈现为不同的样式，以方便开发人员进行应用程序的开发。在 ASP.NET 应用程序中，文档窗口包括 3 个部分。

开发人员可以通过这 3 部分进行高效开发，这 3 部分的功能分别如下。

- 页面标签：当同时打开多个页面时，会呈现多个页面标签，开发人员可以通过单击页面标签进行页面切换。
- 视图栏：用户可以通过视图栏进行视图的切换，Visual Studio Express 2012 for Web 提供了【设计】、【拆分】和【源】3 种视图，开发人员可以在不同的视图中进行页面样式控制和代码的开发。
- 标签导航栏：通过标签导航栏能够选择标签，当用户需要选择页面代码中的<body>标签时，可以通过标签导航栏进行标签或标签内容的选择。

1.3.4　工具箱

Visual Studio Express 2012 for Web主窗口的左侧为开发人员提供了【工具箱】，【工具箱】中包含了Visual Studio Express 2012 for Web对.NET应用程序所支持的控件。对于不同的应用程序，【工具箱】中所呈现的工具也不同。【工具箱】是Visual Studio Express 2012 for Web的基本窗口，开发人员可以使用【工具箱】中的控件进行应用程序开发，如图 1-15 和图 1-16 所示。

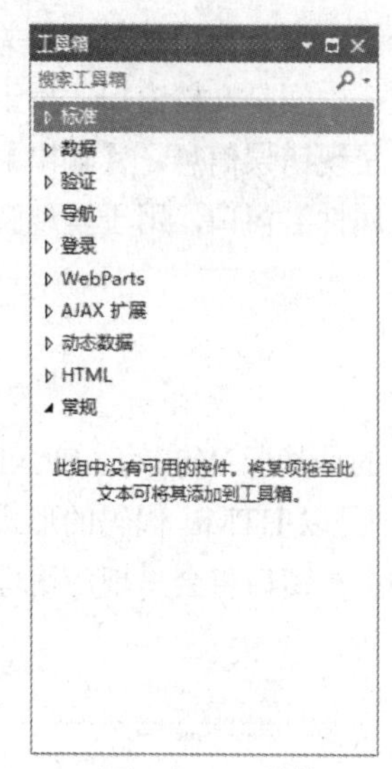

图 1-15　工具箱

图 1-16　选择类别

系统默认为开发人员提供了数十种服务器控件用于应用程序的开发，用户也可以添加工具箱选项卡进行自定义组件的存放。Visual Studio Express 2012 for Web 为开发人员提供了不同类别的服务器控件，这些控件被分为不同的类别，开发人员可以按照需求进行相应类别控件的选择。开发人员还能够在【工具箱】中添加现有的控件。右击【工具箱】的空白区域，在弹出的快捷菜单中选择【选择项】命令，系统会弹出【选择工具箱项】对话框，用于对自定义控件的添加，如图 1-17 所示。

图 1-17　添加自定义组件

组件添加完毕后，就能够在【工具箱】中显示，开发人员能够将自定义组件拖放到主窗口中，以供应用程序开发使用。

1.3.5　错误列表窗口

在应用程序的开发中，通常会遇到错误，这些错误会在【错误列表】窗口中呈现，开发人员可以单击相应的错误进行错误的跳转定位。如果应用程序中出现编程错误或异常，系统会在【错误列表】窗口中呈现，如图 1-18 所示。

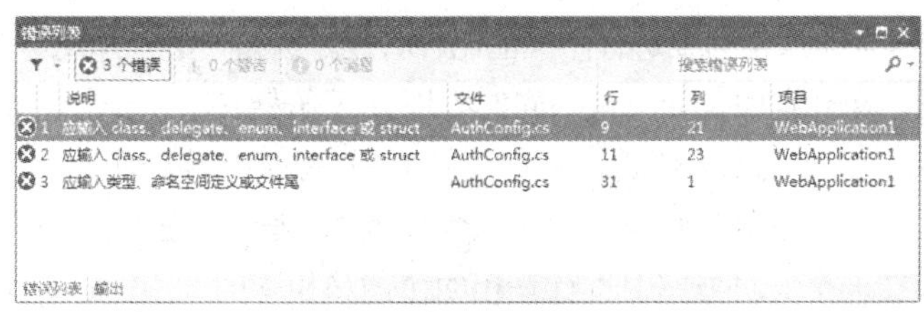

图 1-18　【错误列表】窗口

相对于传统的 ASP 应用程序编程而言，ASP 应用程序出现错误时并不能很好地将异常反馈给开发人员。这一方面是由于开发环境的原因，因为 Dreamweaver 等开发环境并不能原生地支持 ASP 应用程序的开发；另一方面是由于 ASP 本身是解释型编程语言，因而无法进行良好的异常反馈。

对于 ASP.NET 应用程序而言，在应用程序运行前，Visual Studio Express 2012 for Web 会编译现有的应用程序并进行程序中错误的判断。如果 ASP.NET 应用程序出现错误，则 Visual Studio Express 2012 for Web 不会让应用程序运行起来，只有修正了所有的错误后才能够运行。

在【错误列表】窗口中包含【错误】、【警告】和【消息】3 个选项卡，这些选项卡中错误的安全级别不尽相同。对于【错误】选项卡中的错误信息，通常是语法上的错误，如果存在语法上的错误则不允许应用程序的运行，而对于【警告】和【消息】选项卡中的信息安全级别较低，只是作为警告而存在，通常情况下不会危害应用程序的运行和使用，【警告】选项卡如图 1-19 所示。

错误列表　0 个错误　4 个警告　0 个消息　搜索错误列表

	说明	文件	行	列	项目
1	验证 (HTML5): 不支持元素 "o"。	Default.aspx	21	6	WebApplication1
2	验证 (HTML5): 元素 "li" 不能嵌套在元素 "section" 中。	Default.aspx	33	10	WebApplication1
3	验证 (HTML5): 元素 "li" 不能嵌套在元素 "section" 中。	Default.aspx	22	10	WebApplication1
4	验证 (HTML5): 元素 "li" 不能嵌套在元素 "section" 中。	Default.aspx	28	10	WebApplication1

错误列表　输出

图 1-19　【警告】选项卡

在应用程序中如果出现了变量未使用或者在页面布局中出现了布局错误，都可能会出现警告信息。双击相应的警告信息将会跳转到应用程序中的相应位置，方便开发人员检查错误。

1.3.6　解决方案资源管理器

在 Visual Studio Express 2012 for Web 中，为了方便开发人员进行应用程序开发，在 Visual Studio Express 2012 for Web 主窗口的右侧或者左侧会呈现一个【解决方案资源管理器】窗口。开发人员能够在【解决方案管理器】中进行相应文件的选择，双击相应文件后代码就会呈现在主窗口中，如图 1-20 所示。

图 1-20　解决方案资源管理器

在应用程序开发中，通常需要进行不同的组件开发，例如一个人开发用户界面，而另一个同事进行后台开发，在开发中，如果将不同的模块分开开发或打开多个Visual Studio Express 2012 for Web进行开发是非常不方便的。在【解决方案资源管理器】中可以不止一个管理项目，可以创建或者现有的项目添加到解决方案资源管理器中。将一个项目看成是一个“解决方案”，不同的项目之间都在一个解决方案中进行互相的协调和相互的调用。如图1-21和图1-22所示。

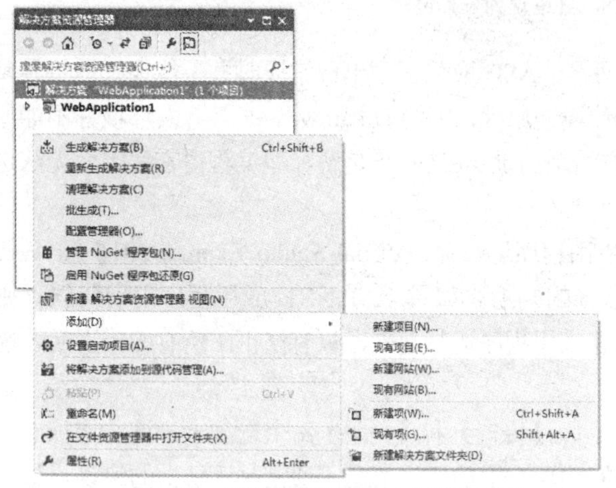

图 1-21　添加项目到解决方案管理列表

图 1-22　多项目的解决方案资源管理器

1.3.7　属性窗口

Visual Studio Express 2012 for Web 提供了非常多的控件，方便开发人员进行应用程序的开发。每个服务器控件都有自己的属性，通过配置不同的服务器控件的属性可以实现复杂的功能。服务器控件的属性如图 1-23 所示。

在控件的【属性】窗口中，可以为控件进行样式属性的配置，包括字体的大小、字体的颜色、字体的粗细、CSS 类等相关的样式属性，有些控件还需要进行数据属性的配置。

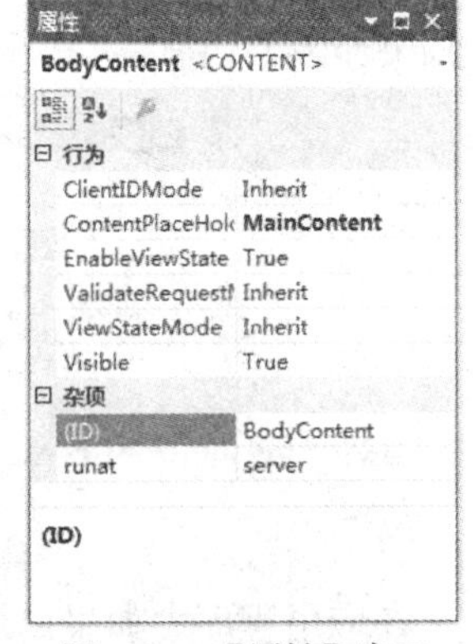

图 1-23　【属性】窗口

1.3.8　输出窗口

Visual Studio Express 2012 for Web 开发中如果有需要系统输出的或者控制台输出的内容，将呈现在输出窗口中，即非在网页窗口中输出的内容等。如图 1-24 所示。

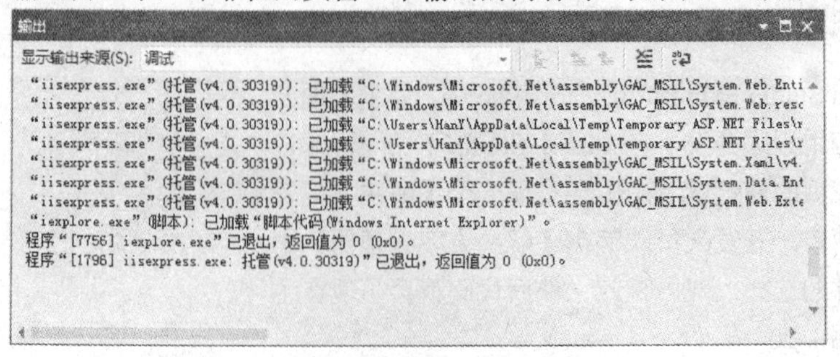

图 1-24　【输出】窗口

1.4　ASP.NET 应用程序基础

使用 Visual Studio Express 2012 for Web 和 SQL Server 2012 能够快速地进行应用程序的开发，同时能够创建负载高的 ASP.NET 应用程序。通常情况下，Visual Studio Express 2012 for Web 负责 ASP.NET 应用程序的开发，而 SQL Server 2012 负责应用程序的数据存储。

1.4.1　创建 ASP.NET 应用程序

使用 Visual Studio Express 2012 for Web 能够进行 ASP.NET 应用程序的开发，微软提供了数十种服务器控件方便开发人员快速地进行应用程序开发。

(1) 启动 Visual Studio Express 2012 for Web 应用程序，当第一次启动时软件会加载用户设置，如图 1-25 所示。启动后进入 Visual Studio Express 2012 for Web 初始界面，如图 1-26 所示。

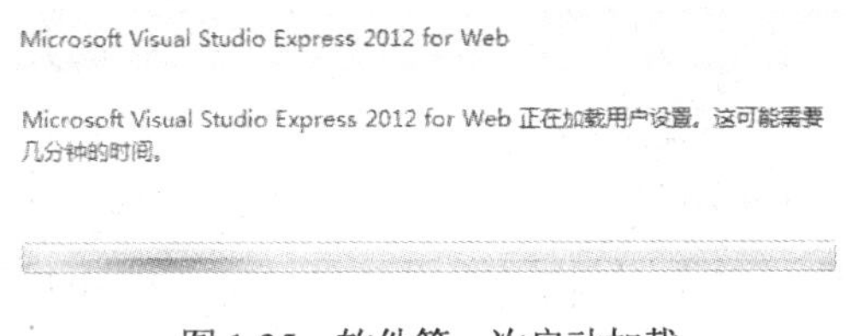

图 1-25　软件第一次启动加载

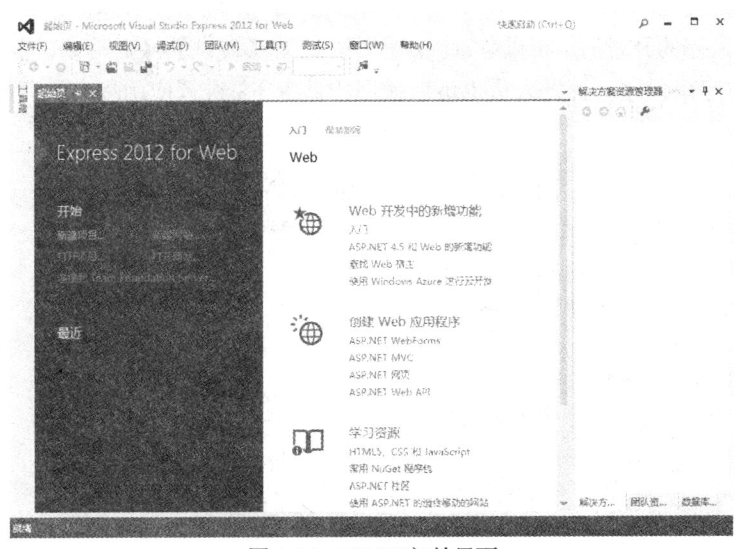

图 1-26　VSEW 初始界面

(2) 选择【文件】|【新建项目】命令，打开【新建项目】对话框，或者在窗口左边窗口中的【开始】区域选择【新建项目…】超链接，如图 1-27 所示。

(3) 可以在左边的树形结构中选择 Visual C# | Web，然后在中间窗口中选择【ASP.NET Web 窗体应用程序】选项，输入项目名称，选择项目所存放的位置，单击【确定】按钮就能创建一个最基本的 ASP.NET Web 窗体应用程序。创建完成后，系统会创建 default.aspx、

default.aspx.cs、default.aspx.designer.cs 以及 Web.config 等文件用于应用程序的开发。

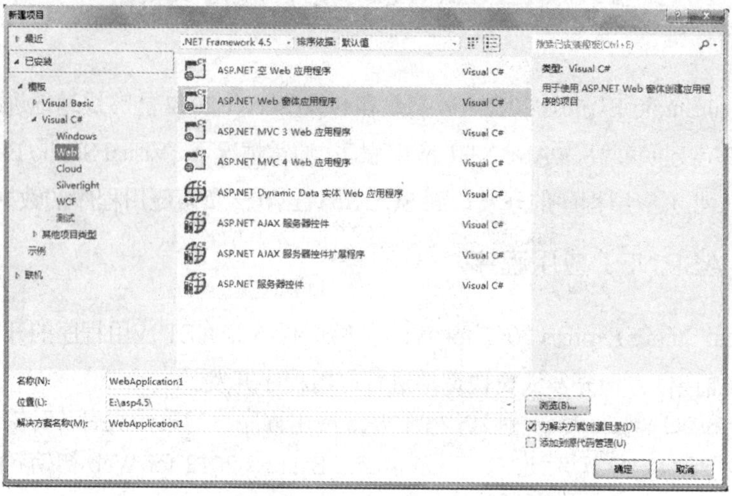

图 1-27　创建 ASP.NET Web 窗体应用程序

1.4.2　运行 ASP.NET 应用程序

创建 ASP.NET Web 窗体应用程序后，就能够进行 ASP.NET 应用程序的开发了，开发人员可以在【解决方案资源管理器】窗口中添加相应的文件和项目进行 ASP.NET 应用程序和组件开发。Visual Studio Express 2012 for Web 提供了数十种服务器控件以便开发人员进行应用程序的开发。

完成应用程序的开发后，可以运行应用程序，选择【调试】|【启动调试】命令即可调试 ASP.NET 窗体应用程序。开发人员也可以使用快捷键 F5 进行应用程序的调试，如图 1-28 所示。

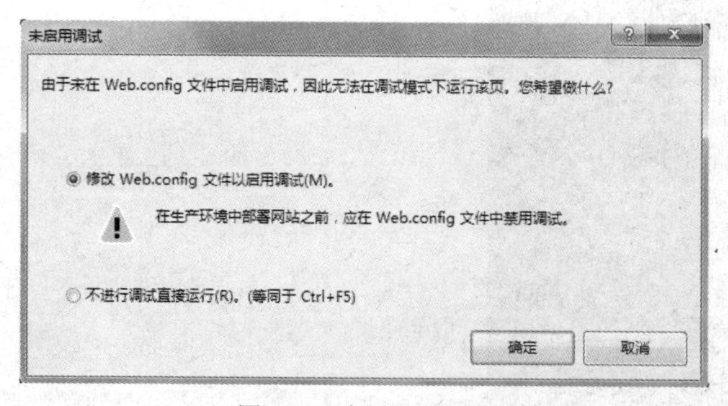

图 1-28　启用调试配置

选择【修改 Web.config 文件以启动调试】单选按钮，进行应用程序的运行。Visual Studio Express 2012 for Web 中包含虚拟服务器，开发人员可以无须安装 IIS 即可进行应用程序的调试。但是一旦进入调试状态，就无法在 Visual Studio Express 2012 for Web 中进行 cs 文件以及类库等源代码的修改。单击【确定】按钮，页面如图 1-29 所示。

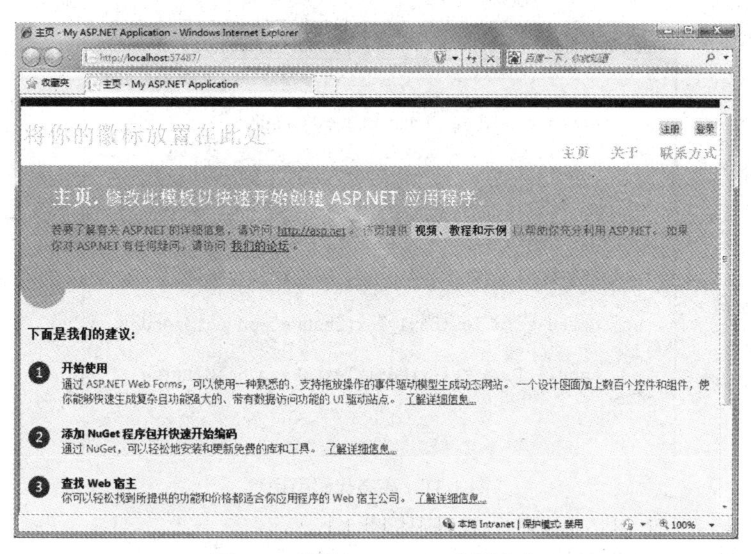

图 1-29　运行 ASP.NET 应用程序

1.5　Visual Studio Express 2012 for Web 辅助功能

Visual Studio Express 2012 for Web 由于使用了 WPF 和托管代码进行了开发，因为微软在 IDE 中加入了很多界面美化元素，增加了更多的新功能或者对过去版本的一些功能进行了增强。Visual Studio 具有多种版本，在本书的内容中将以 Visual Studio Express 2012 for Web 为基础来介绍这个开发环境的一些沿用以前版本或新增的有利于程序员开发的功能及使用特性。

1. 代码提示局部匹配

在代码智能提示方面，现在实现了局部的字符串匹配提示，例如在网页代码中输入一个字符 i，将显示 i 开头的相关代码，并且旁边还有对该标示符的解释，如图 1-30 所示。

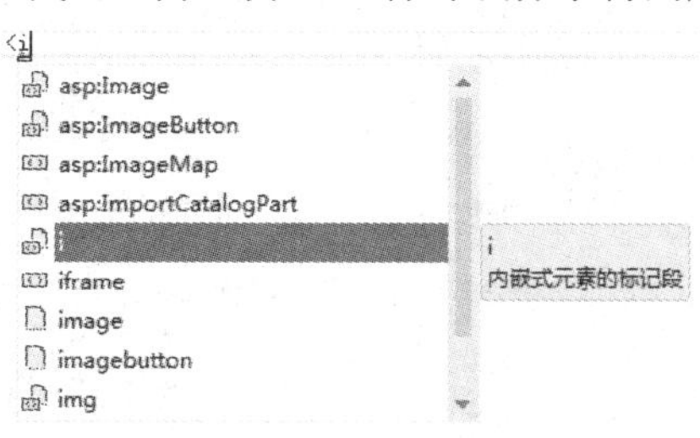

图 1-30　局部字符串匹配提示图

2. 代码高亮突出显示

选择一个标识符，IDE 会为用户突出被使用的地方，在它不同的使用地方将高亮显示。例如代码中有 toString 函数被使用，想要知道 toString 还在哪些其他的地方被引用的话，可以选中单词，稍后 VSEW 会高亮显示所有的 toString 的使用位置，如图 1-31 所示。

```
ScriptManager.aspx.cs
WebSite1.ScriptManager    Page_Load(object sender, EventArgs e)
ic partial class ScriptManager : System.Web.UI.Page

protected void Page_Load(object sender, EventArgs e
{
    Label2.Text = DateTime.Now.ToString();
}
protected void Button1_Click1(object sender, EventA
{
    TextBox1.Text = DateTime.Now.ToString();
}
protected void TextBox1_TextChanged(object sender,
{
    Label1.Text = TextBox1.Text.Length.ToString();
}
100 %
```

图 1-31　高亮代码引用

3. 鼠标滚动缩放代码字体大小

代码编辑器一个明显的改变是，按 Ctrl 键的同时滚动鼠标滚轮，可以放大或缩小编辑器中的代码字体，这对程序员来说，有时候是非常有用的。

4. 插入代码片段(Code Snippets)

代码段是预先开发的代码模板，可以节省程序员对有关语法思考的时间。在 VS 2005 和 VS 2008 中，已经建立了很多代码段。不过，这些只适用于隐藏代码(code behind)。从 VS 2010 就已经开始代码片段支持 Jscript、HTML 以及 ASP.NET 标记，Visual Studio Express 2012 for Web 沿用了该功能。在代码区右击，从弹出的快捷菜单中选择【插入代码段】命令，如图 1-32 所示，在代码区出现如图 1-33 所示的界面。

图 1-32　插入代码段

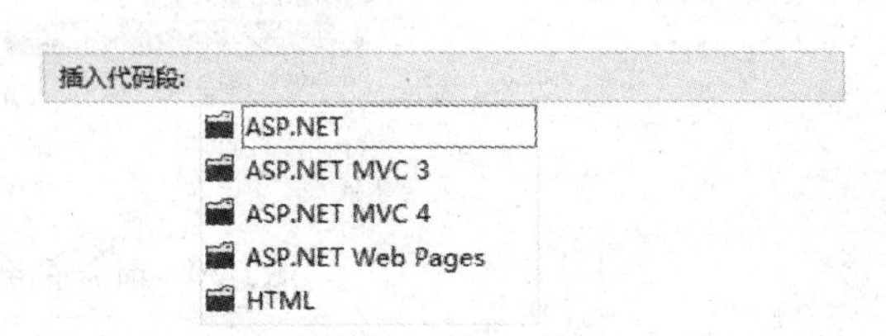

图 1-33　在代码区插入代码段

5. 代码中类的提示窗口

只要是将鼠标指向某个类名，平台将会显示该类的一些基本信息，供程序员参考。如图 1-34 所示。

EventArgs e)
class System.EventArgs
System.EventArgs 是包含事件数据的类的基类。

图 1-34　类的提示窗口

6. 在 ASP.NET 中使用 jQuery

jQuery 是继 prototype 之后又一个优秀的 Javascript 框架。它是轻量级的 js 库。jQuery 还有一个比较大的优势是，它的文档说明很全，而且各种应用也说得很详细，同时还有许多成熟的插件可供选择。jQuery 能够使用户的 HTML 页保持代码和 HTML 内容分离，也就是说，不用再在 HTML 里面插入一堆 JS 来调用命令了，只需定义 id 即可。

Visual Studio Express 2012 for Web 版已经整合了 jQuery 的 1.7.1 版本，并且提供了对 jQuery 的智能感知的支持。在使用 Visual Studio Express 2012 for Web 创建一个 Web 应用程序项目后，可以在 Script 文件夹中看到用于 jQuery 的 3 个 JS 脚本文件，如图 1-35 所示。

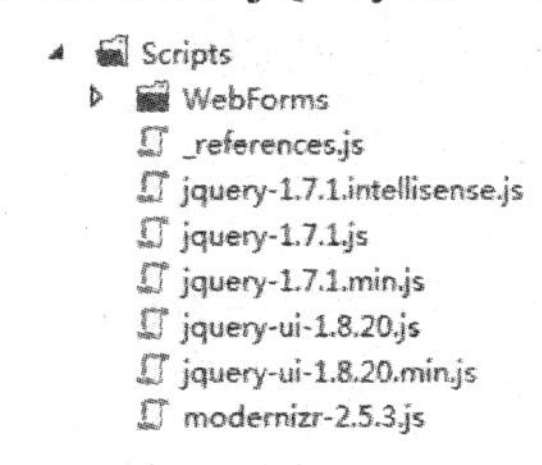

图 1-35　jQuery 脚本库

jQuery 是一个 js 库，主要提供的功能是选择器、属性修改和事件绑定等。jQuery UI 则是在 jQuery 的基础上，利用 jQuery 的扩展性设计的插件，提供了一些常用的界面元素，诸如对话框、拖动行为、改变大小行为等。要使用 jQuery，只需要在页面中添加对 min 压缩版类库的引用，代码如下：

```
<script lang=javascript src="Scripts/jquery-1.7.1.min.js"></script>
```

添加代码后，在 HTML 中即可使用 jQuery 类库。JQuery 将在本书的第 7 章详细讲解。

7. 使用 IIS express

在 Visual Studio Express 2012 for Web 中，IIS Express 替换了 Visual Studio 自带的 ASP.NET 开发服务器。IIS Express 使得开发、运行和测试 Web 程序更加容易。IIS Express 是开发人员进行了优化 IIS 的轻量、独立的版本。 它不但具有 IIS 以及其他函数的所有核心功能同时包括以下优点：

- 它不需要管理员用户权限就能执行大多数任务。
- 它支持 ASP.NET 的所有版本和所有应用程序类型(包括 ASP.NET Web 窗体程序和 ASP.NET MVC 程序)。
- 它支持在同一台计算机上可以独立地运行多个用户。

1.6 本章小结

本章首先介绍了 Web 程序设计的一些基础知识，如 HTTP 协议的工作方式、服务器和浏览器的概念、B/S 开发模式，然后对静态网页和动态网页的工作原理进行了分析和比较：动态网页由于嵌入了程序代码，必须先由服务器把程序代码转换成静态网页才能发送给客户端。

接着从 ASP 的历史、ASP.NET 的优点等方面对 ASP.NET 技术进行简单的介绍，并介绍 ASP.NET 4.5 的开发环境的获取和安装方式，为用户进一步学习奠定基础。最后，本章还对 Visual Studio Express 2012 for Web 各个窗口的功能进行了说明，并介绍了开发 ASP.NET 4.5 程序的一般流程。另外，还介绍了 Visual Studio Express 2012 for Web 相关部分辅助功能可供程序方便开发程序。

1.7 练　习

1. 简单介绍静态网页和动态网页的工作原理。
2. 请比较 ASP、PHP 和 JSP 的优缺点。
3. 请简述 ASP.NET 的优点。
4. 在家使用的 QQ 和访问百度，分别是属于 C/S 模式还是 B/S 模式，此时，谁是服务器端，谁是客户端？
5. 用 Visual Studio Express 2012 for Web 创建一个 ASP.NET Web 应用程序，并且创建页面测试该应用程序。

第2章　XHTML和HTML5

本章对 XHTML 的概念、页面结构、语法规则和标记进行了详细的描述。新的 ASP.NET 4.5 已经开始支持 HTML5，XHTML 和 HTML5 的语法很相似，本章的最后会介绍一些 HTML5 和之前版本语法上常用的标签区别。通过本章的学习，读者能够掌握 XHTML 的基本概念和 HTML5 新特性，并会使用 XHTML 和 HTML5 编写 ASP.NET 网页。

本章的学习目标：

- 理解什么是 HTML、XML 和 XHTML，以及三者之间的关系；
- 掌握动态网页的组成结构；
- 掌握 XHTML 的语法规则；
- 熟悉并使用 XHTML 标记；
- 熟悉 HTML5 和 XHTML 的主要常用区别。

2.1　Web 基本技术

互联网技术正处于日新月异的高速发展中，它汇集了当前信息处理的几乎所有技术手段，来满足用户的需求。下面对 Web 基本技术进行讨论。

2.1.1　HTML

HTML(HyperText Markup Language)超文本标记语言，是制作页面文档的主要编辑语言。无论在何种操作系统下，只要有浏览器就可以运行 HTML 页面文档。作为一种标记语言，HTML 利用近 120 种标记来标识网页的结构及超链接等信息，使页面在浏览器中展示出精彩纷呈的效果。HTML 只是建议 Web 浏览器应该如何显示和排列信息，并不能精确定义格式，因此在不同的浏览器中显示的 HTML 文件效果会不同。

HTML 文件是一种纯文本文件，通常以.htm 或.html 作为文件扩展名。可以用各种类型的工具来创建或者处理 HTML 页面，如记事本、写字板、FrontPage 和 Dreamweaver 等。

由于 HTML 简单易学，得到了广泛的使用。但是，HTML 也存在着不可克服的缺陷。

首先，HTML 的标记是固定的。也就是说，HTML 不允许用户创建自己的标记。所以 HTML 很难做更复杂的事情，如它无法描述矢量图形、科技符号和一些其他特殊显示效果。

其次，HTML 中标记的作用只是建议浏览器用何种方式显示数据。HTML 语言无法解释数据之间的关系，以及相关结构方面的信息，因此不能适应日益增多的信息检索要求和存档要求。

通过上面的讨论可以看出，HTML 尽管很简单方便，但当需要对一定量的数据进行复杂处理时，就力不从心了，而这正是 XML 可以大显身手的地方。

2.1.2　XML

HTML 是很成功的标记语言，目前很多网站是由 HTML 语言制作的。HTML 语法要求比较松散。这对网页编写者来说，比较方便。但对计算机来说，语言的语法越松散，处理起来就越困难。传统的计算机能够处理松散的语法，但随着互联网的发展，对于许多新兴的连接到互联网的设备，如手机，解析网页语法的难度就比较大。于是，人们开始致力于构建另一个标记语言，使它既具有 HTML 的简单性，又具有强大的功能和可扩展性，XML 应运而生。

XML(eXtensible Markup language)，即可扩展标记语言，将网络上的文档规范化，并赋予标记一定的含义。同时，XML 不仅仅只是标记语言，它还提供了一个标准。用户可以利用这个标准定义新的标记语言，并为这个新的标记语言规定它所特有的一套标记。

XML 已经在文件配置、数据存储、基于 Web 的 B2B 交易、存储矢量图形和描述分子结构等众多方面得到广泛的应用。但是，由于目前的浏览器对 XML 的支持还不够完善，XML 在互联网上完全替代 HTML 还需要很长一段时间。

在由 HTML 向 XML 过渡阶段，国际万维网组织(W3C)在 HTML 基础上，按照 XML 格式制定了新的规范 XHTML 1.0，使网络编程人员只要通过简单的更改，就能将 HTML 转为 XHTML，从而为实现由 HTML 向 XML 的过渡找到桥梁。

2.1.3　XHTML

XHTML 是 The Extensible HyperText Markup Language(可扩展标识语言)的缩写。HTML 是一种基本的 Web 网页设计语言，XHTML 是一个基于 XML 的置标语言，看起来与 HTML 有些相像，只有一些小但重要的区别。XHTML 就是一个扮演着类似 HTML 角色的 XML，所以，本质上说，XHTML 是一个过渡技术，结合了部分 XML 的强大功能及大多数 HTML 的简单特性，是一种增强了的 HTML。它的可扩展性和灵活性将适应未来网络应用的需求。虽然 XML 的数据转换能力强大，完全可以替代 HTML，但面对成千上万已有的基于 HTML 语言设计的网站，直接采用 XML 还为时过早。因此，在 HTML 4.0 的基础上，用 XML 的规则对其进行扩展，得到了 XHTML 可扩展超文本标记语言。XHTML 是为了使 HTML 向 XML 顺利过渡而定义的标记语言，它以 HTML 为基础，采用 XML 严谨的语法结构，越来越多的程序员开始利用 XHTML 设计网站结构，编写网页内容。

目前国际上在网站设计中推崇的 Web 标准就是基于 XHTML 的应用(即通常所说的 CSS+DIV)。大部分的浏览器都可以正确地解析 XHTML，即使老版本的浏览器，也将 XHTML 作为 HTML 的一个子集。因此，可以说几乎所有的网页浏览器在正确解析 HTML 的同时，都可以兼容 XHTML。

2.2　XHTML 的基本格式

XHTML 以 HTML 为基础，因此与 HTML 有很多相似之处。通过这一节的学习可掌握

ASP.NET 的页面文档结构和 XHTML 的语法规则。

2.2.1　ASP.NET 的文档结构

下面以建立的 welcome.aspx 为例，来说明 ASP.NET 的文档结构。

首先，创建一个窗体文件，在【解决方案资源管理器】中选择项目名称，右击，在右键菜单中选择【添加】|【新建项】命令，将打开【添加新项】窗口，如图 2-1 和图 2-2 所示。之后的窗口都是如此创建，将不再重复。

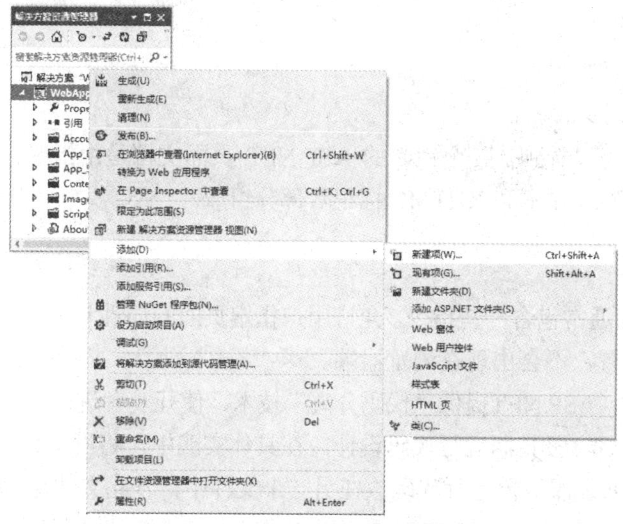

图 2-1　打开添加新建项

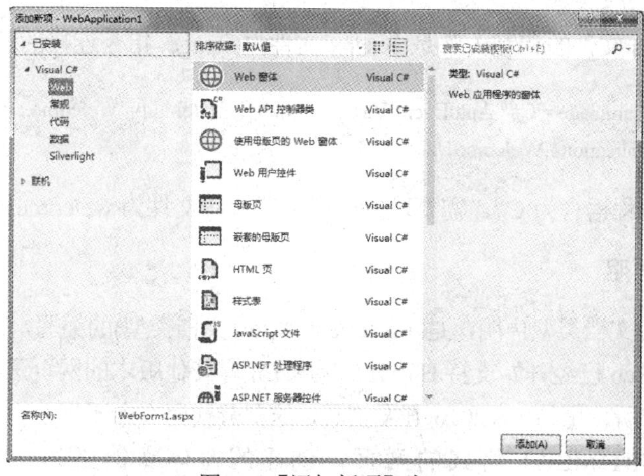

图 2-2　【添加新项】窗口

welcome.aspx 的 XHTML 代码如下：

```
<%@ Page Language="C#" AutoEventWireup="true" CodeBehind="welcome.aspx.cs"
Inherits="WebApplication1.welcome" %>
<!DOCTYPE html>
<html xmlns="http://www.w3.org/1999/xhtml">
<head runat="server">
```

```
<meta http-equiv="Content-Type" content="text/html; charset=utf-8"/>
    <title></title>
</head>
<body>
    <form id="form1" runat="server">
    <div>
    <p>Welcome to ASP.NET 4.5</p>
    </div>
    </form>
</body>
</html>
```

从上面的代码可以看到，一个完整的 ASP.NET 页面文档是由指令、文档类型声明、代码声明、服务器代码、文本和 XHTML 标记等部分组成。

1. 指令

ASP.NET 页面通常包含一些指令，允许用户指定页面的属性和配置信息，对页面进行设置。指令指定的设置，不会出现在浏览器端。

在网页设计时，ASP.NET提供“代码分离”技术，使开发者进行分工协作，分别进行网页界面代码设计和后台服务器运行代码设计。在具体实践中，将网页界面代码放在扩展名为.aspx文件中，将Web服务器运行代码放在另一个文件中，若此文件是由C#编写的，则文件扩展名为.cs。这样做可以使前台HTML界面随着潮流不停地变化，而后台服务器端的代码可以稳定地实现业务处理。

.aspx 文件和.cs 文件的相互关联是由 aspx 文件中@page 指令连接的。如本例中：

```
<%@ Page Language="C#" AutoEventWireup="true" CodeBehind="Welcome.aspx.cs"
Inherits="WebApplication1.Welcome" %>
```

该指令说明编程语言为 C#，需要链接的服务器代码文件为 welcome.aspx.cs。

2. 文档类型声明

DOCTYPE 为文档类型声明，是 document type (文档类型)的缩写，平台 Visual Studio Express 2012 for Web 已经开始支持 HTML5，并且兼容其他版本的网页语言，所以相对于以前的 ASP.NET 4.0 所使用的 VS 2010 开发工具，这部分代码有所不同。由于 VS 2010 默认建立的网页即为 XHTML1.0 格式的网页，创建的窗体文档必须指定本文档遵从的 DTD(Document Type Definition，即：文档类型定义)标准，同时指定了文档中的 XHTML 版本，可以和哪些验证工具一起使用等信息，以保证此文档与 Web 标准的一致。

文档类型声明是每个网页文档必需的，如果网页文档中没有文档类型声明，浏览器就会采用默认的方式，即 W3C 推荐的 HTML 4.0 来处理此 HTML 文档。

如果是 ASP.NET 4.0，文档类型声明部分代码为：

```
<!DOCTYPE html PUBLIC "-//W3C//DTD XHTML 1.0 Transitional//EN"
"http://www.w3.org/TR/xhtml1/DTD/xhtml1-transitional.dtd">
```

"W3C//DTD XHTML 1.0 Transitional"说明此文档符合 W3C 制定的 XHTML 1.0 规范，即声明此文档应该按照 XML 文档规范来配对所有标记。"xhtml1-transitional.dtd"中的 DTD 是文档类型定义，包含了文档的规则，浏览器根据页面所定义的 DTD 来解释页面内的标识，并将其显示出来。

而新的 ASP.NET 4.5 默认使用类似 HTML5 的规则大大简化这部分代码，如下：

```
<!DOCTYPE html>
```

在 Visual Studio Express 2012 for Web 平台工具栏中有可以选择该文档想按照哪种语言版本验证目标构架，如图 2-3 所示。

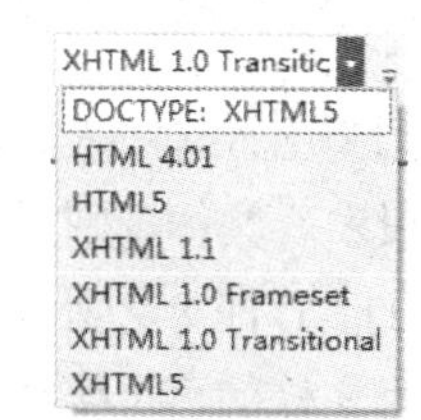

图 2-3　选择验证目标构架

3. 代码声明

包含 ASP.NET 页面的所有应用逻辑和全局变量声明、子例程和函数。页面的代码声明位于 <script>…</script>标记中。

4. 服务器代码

大多数 ASP.NET 页面包含处理页面时在服务器上运行的代码。页面的代码位于 script 标记中，该标记中的开始标记包含 runat="server" 属性。

如本例中的<head runat="server">，说明页面运行时，ASP.NET 将此标记标识为服务器控件，并使其可用于服务器代码。

5. 文本和 XHTML 标记

页面的文本部分用 XHTML 标记来实现，这一部分结构应完全符合 HTML 的文件结构。在上面的例子中可以看到，一个最基本的 HTML 网页结构由以下 3 个部分构成：

```
<html>
        <head>
                <title>标题内容</title>
        </head>
        <body>
              主要内容
        </body>
</html>
```

(1) <html >…</html>：整个 HTML 文件的起止标记，其他 HTML 标记都要被放在这对标记之间。

在 HTML 代码中，仅有<html >…</html>，而在 XHTML 代码中使用了<html html xmlns="http://www.w3.org/1999/xhtml">…</html>。其中的 xmlns 是 XHTML namespace 的缩写，即 XHTML 命名空间，用来声明网页内所用到的标记是属于哪个名称空间的。本例中，指定 HTML 的标记名称空间为 http://www.w3.org/1999/xhtml ，这属于 XML 1.0 的写法。说明整个网页标记应符合 XHTML 规范。

(2) <head>…</head>：HTML 头部文件。

头部文件中包含页面传递给浏览器的信息，这些信息作为一个单独的部分，不是网页的主体内容，但有时对于浏览器而言是很有用的。在头部文件中可以设置页面的标题、关键字、外部链接和脚本语言等内容。例如，用<title>…</title>标记来设置网页的标题，用<script >…</script>标记来插入脚本等。

(3) <body>…</body>：文档内容部分。

<body>…</body>标记之间为页面文档的主体，用来放置页面的内容，是在浏览器中需要显示的内容。对一个最简单的网页来说，<body>…</body>标记符是必须使用的标记符。

2.2.2 XHTML 的语法规则

因为引入 XHTML 的目的是在 HTML 中使用 XML，所以 XHTML 的语法规则比 HTML 严格很多。具体规则如下。

(1) UTF-8 之外的编码，文档必须具有 XML 声明。

当文档的字符编码是默认的 UTF-8 之外的编码时，编程人员必须在 XHTML 页面中添加一个 XML 声明并指定代码。例如：

```
<? xml version="1.0"    encoding="iso-8859-1"?>
```

(2) 页面的 html 标记必须指定命名空间。

html 标记必须指定 XHTML 命名空间，即将 namespace 属性添加到 html 标记中，如例子中的<html xmlns="http://www.w3.org/1999/xhtml">…</html>。

(3) 文档必须包含完整的结构标记。

文档必须包含 head、title 和 body 结构标记。框架集文档必须包含 head、title 和 frameset 结构标记。

(4) 标记必须正确嵌套。

XHTML 要求有严谨的结构，文档中的所有标记必须按顺序正确嵌套，例如，<p>This is a <i> bad example.</p></i>是错误的；<p>This is a <i> good example.</i></p>是正确的。也就是说，一层一层的嵌套必须是严格对称的。

(5) 标记必须成对使用，若是单独不成对的标记，在标记最后加/>结束。例如，
是错误的；
是正确的。

(6) 所有标记名称和属性的名字都必须使用小写。

与 HTML 不同，XHTML 对大小写是敏感的，XHTML 要求所有的标记和属性的名字都必须使用小写。<title>和<TITLE>在 XHTML 是不同的标记。

(7) 属性值必须用引号""括起来。

在 HTML 中，不要求给属性值加引号，但是在 XHTML 中，属性值必须被加引号。例如，<height=80>必须修改为<height="80">。

特殊情况下，若用户需要在属性值里使用双引号，可以使用'表示，例如：

```
<alt="say&apos;hello&apos;">
```

(8) 属性不允许简写，每个属性必须赋值。

XHTML 规定所有属性都必须有一个值，没有值的就重复本身。例如：

```
<input type="checkbox" name="shirt" value="medium" checked>
```

必须修改为：

```
<input type="checkbox" name="shirt" value="medium" checked="true">
```

(9) 使用 id 替代 name 属性。

(10) 图片必须有说明文字。

每个图片标记必须有 ALT 说明文字。即必须对 img 和 area 标记应用文字说明 alt= “说明” 属性。如：

```
<img src="fish.jpg" alt="big fish" />
```

(11) 不要在注释内容中使 “--” 。

“--” 只能发生在 XHTML 注释的开头和结束，也就是说，在内容中它们不再有效。例如下面的代码是无效的：

```
<!--这里是注释-----------这里是注释-->
```

可以用等号或者空格替换内部的虚线，如<!--这里是注释═══这里是注释--> 是正确的。

以上规则的使用是为了使代码有一个统一、唯一的标准，便于以后的数据再利用，为由 HTML 向 XML 过渡打下基础。

2.3 XHTML 标记、标记属性

标记(Tags)是指定界符(一对尖括号)和定界符括起来的文本，用来控制数据在网页中的编排方式，告诉应用程序(例如浏览器)以何种格式表现标记之间的文字。当需要对网页某处内容的格式进行编排时，只要把相应的标记放置在该内容之前，浏览器就会以标记定义的方式显示网页的内容。学习 XHTML 语言的重点就是学习标记的使用。

标记控制文字显示的语法为：

```
<标记名称>
    需进行格式控制的文字
</标记名称>
```

在 XHTML 标记中，往往还可以通过设定一些属性来描述标记的外观和行为方式，以及内在表现，以便对文字编排进行更细微的控制。几乎所有的标记都有自己的属性。例如，style="text-align:center"，其中，style 就是标记的属性，style 的值设置文本格式为居中对齐。

使用标记符有如下一些注意事项。

- 任何标记都用 “<” 和 “>” 括起来，一般情况下，标记是成对出现的。
- 标记名与 “<” 之间不能有空格。
- 某些标记要加上属性，而属性只能加于起始标记中。格式为：

```
<标记名　属性名=属性值　属性名=属性值 …> 网页内容 </标记名>
```

XHTML 文件支持很多种标记，不同的标记代表不同的含义。XHTML 常用的标记包括主体标记、注释标记、分层标记、文本标记、列表标记、表格标记、图像标记和超链接标记等。

2.3.1　主体标记<body>…</body>

主体标记之间定义了网页的所有的显示内容。网页默认的显示格式为：白色背景，12 像素黑色 Times New Roman 字体。

在 XHTML 中，<body>标记用属性 style 来设置样式，如设置字体的大小、颜色、页面的背景色和背景图等。格式为：

```
<标记 style="样式 1：值 1；样式 2：值 2；…">
```

其中，样式与值用冒号分隔，如果 style 属性中包含多个样式，各个样式之间用分号隔开。

style 属性常用的样式如下。

- background-color：设置网页的背景颜色，默认为白色背景。
- color：设置网页中字体的颜色，默认颜色为黑色。
- font-family：设置网页中字体的名称，如宋体、楷体、黑体等。
- font-size：设置网页中字体的大小。
- text-align：设置网页中文本的对齐方式，有 left(左对齐，默认对齐方式)、right(右对齐)和 center (居中对齐)3 种对齐方式。

例如，<body style="font-family:宋体；color:blue">，设置网页字体为宋体，字体的颜色为蓝色。

2.3.2　注释标记<!--注释内容-- >

浏览器会自动忽略注释标记中的文字(可以是单行也可以是多行)而不显示。注释标记常用在比较复杂或多人合作设计的页面中，为代码部分加上说明，方便日后修改，增加页面的可读性和可维护性。

2.3.3　分层标记<div>…</div>

分层标记用来排版大块的 XHTML 段落，为 XHTML 页面内大块(block-level)的内容提供结构和背景的标记。可用 style 属性，在其中加入许多其他样式，以实现对其中包含元素的版面设置。

div 标记除了可以作为文本编辑功能外，还可以用作容器标记，即将按钮、图片、文本框等各种标记放在 div 里面作为它的子对象元素处理。

2.3.4　文本和格式标记

网页中最常用的就是文字了，这里将详细介绍 XHTML 对网页中的文字进行格式设计和排版的常用标记。

(1) 标题字体大小标记 <hn>…</hn>

设定网页的标题格式。由大至小，有 6 种设置标题格式的标记：<h1>、<h2>、<h3>、<h4>、<h5>和<h6>。

(2) 字体的加粗、斜体和下划线标记

<b>…</b>标记：以加粗字的形式输出文本。

<i>…</i>标记：以斜体字的形式输出文本。

<u>…</u>标记：以下划线形式输出文本。

(3) 段落标记

- <p>…</p>

段落标记<p>…</p>的作用是将标记之间的文本内容自动组成一个完整的段落。

- 预格式化标记<pre>…</pre>

预格式化标记<pre>…</pre>使标记之间的文本信息能够在浏览器中按照原格式毫无变化地输出。它可以使浏览器中显示的内容与代码中输入的文本信息格式完全一样。

(4) 换行标记

用于添加一个回车换行，该标记没有结束标记，故在 XHTML 中以</>结束。在编写 XHTML 时，如果在文件中用回车键分开了某一段文字，当在浏览器中显示时，浏览器会忽略源代码中的换行，而并不会显示换行的效果。若要显示网页中的文字换行效果，必须在文件中使用
标记。

(5) 画线标记<hr />

画线标记<hr />单独使用，可以实现段落的换行，并绘制一条水平直线，并在直线的上下两端留出一定的空间。可以使用 style 属性进行设置。其中有以下两个属性。

- width: 设置画线的长度，取值可以是以像素为单位的具体数值，也可以使用相对于其父标记宽度的百分比数值。
- height：设置画线的粗细，单位是像素。

(6) 文本居中标记<center>… </center>

文本居中标记用来将网页中 center 标记内的元素居中显示。

【例 2-1】建立 ASP.NET 页面，命名为text.aspx，主体部分代码如下：

```
<body style="te xt-align:center;font-family:楷体_GB2312;color:blue">
        <!--设置整个页面的字体居中显示，字体为楷体，颜色为蓝色-->
    <form id="form1" runat="server">
    <div >
            设定标题格式示例:
        <h1>设定标题格式，此处用 h1 效果</h1>
        <h6>设定标题格式，此处用 h6 效果</h6>
            <hr style ="width:70%;height:10px;color:Black" />
            <!--画一条分割线，宽度为整个页面的 70%，宽度为 10 像素，颜色为黑色-->
        <p> 字体的特殊效果示例：</p>
        <b>粗体显示</b><br />
        <i>斜体显示</i><br />
            <hr />
    </div>
    </form>
</body>
```

由于本章例子只是一些静态的网页代码，编写完后，可以在代码区域空白处右击，在菜单中选择【在浏览器中查看(Internet Explorer)】命令即可，如图 2-4 所示，将会直接在浏览器中看到运行后的效果。

在浏览器中运行代码，结果如图 2-5 所示。

图 2-4　选择运行网页代码

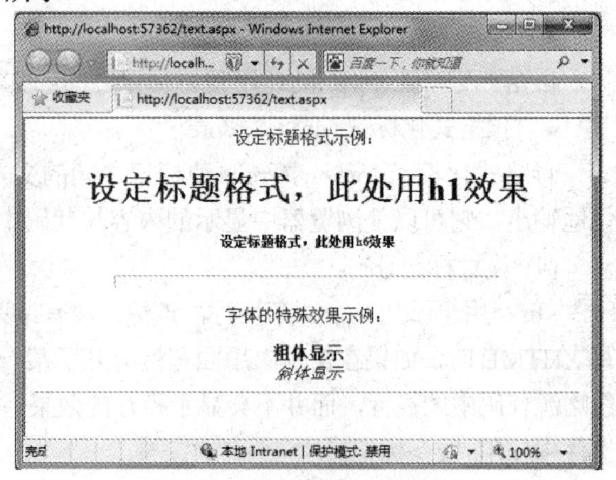

图 2-5　对页面使用文本标记

(7) 列表标记

使用列表标记可以为网页中的文本设置表格。列表标记包括有序列表标记和无序列表标记。

- 无序列表标记<ul>…</ul>和列表项标记<li>…</li>

无序列表是指各个列表项目没有顺序。显示时，在各列表项前面显示特殊符号的缩排列表。语法格式为：

```
<ul  style="list-style-type">
<li>列表项 1
<li>列表项 2
…
<li>列表项 n
</ul>
```

其中，list-style-type 可以有 3 种形式：默认形式 disc(实心圆)、circle(空心圆)和 square(实心方块)。默认形式为 disc 实心圆●。

<li>有自动换行的作用，每个条目自动为一行。每一个<li>创建的项目可以使用 list-style-type 单独指定的项目符号。

- 有序列表标记<ol>…</ol>和列表项标记<li>…</li>

有序列表是在各列表项前面显示数字或字母的缩排列表。有序列表显示时，会在每个条目前面加上一定形式的有规律的项目序号。语法格式为：

```
<ol  style="list-style-type">
<li>列表项 1
<li>列表项 2
…
<li>列表项 n
</ol>
```

其中，list-style-type 可以设为 upper-alpha(大写英文)、lower-alpha(小写英文)、upper-roman(大写罗马数字)、lower-roman(小写罗马数字)和 decimal(十进制数字)等。默认的列表标识符为阿拉伯十进制数字。

同无序列表中一样，<li>有自动换行功能。而且每一个<li>创建的项目可以使用 list-style-type 单独指定的项目符号。

【例 2-2】建立 ASP.NET 页面，名称为list.aspx，其主体部分 XHTML 代码如下：

```
<body>
    <form id="form1" runat="server">
    <div>
        电子产品
      <ul>
            <li>数码相机</li>
            <li style ="list-style-type:disc">移动硬盘</li>
            <li style ="list-style-type:circle">MP3,MP4</li>
            <li style ="list-style-type:square">笔记本电脑</li>
      </ul>
        服装箱包
      <ol >
            <li>针织衫</li>
            <li style ="list-style-type:lower-roman">女鞋</li>
            <li style ="list-style-type:lower-alpha">男夹克</li>
            <li style ="list-style-type:upper-roman">流行男女箱包</li>
      </ol>
    </div>
    </form>
</body>
```

在浏览器中运行代码，结果如图 2-6 所示。

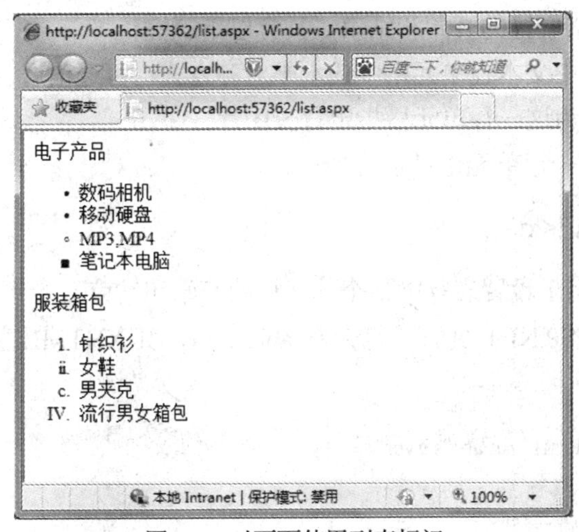

图 2-6　对页面使用列表标记

(8) 空格标记

在 XHTML 中，直接输入多个空格，仅仅会被视为一个空格，而多个回车换行符也仅仅被浏览器解读为一个空格。为了能够显示多个空格，XHTML 保留了 HTML 中的空格标记 。一个 代表一个空格；多个 则代表相应的空格数。

2.3.5 表格标记

通过学习上面的文本标记，可以对网页内容设置字体、段落、对齐方式等，但是由于浏览器的不同，不能精确控制文本具体显示在网页的位置，而使用表格标记就可以对网页中的各个元素的具体位置进行控制。因此，表格在网页设计中的定位功能极其重要，同时也是在网页设计所有编辑方式中最灵活的。

表格由行与列组成，每一个基本表格单位称为单元格。单元格在表格中可以包含文本、图像、表单以及其他页面元素。

1. 表格标记<table>… </table>

表格标记用来声明表格，标志着一个表格的开始和结束，表格的所有定义都在这对标记范围内适用。<table>… </table>标记的常用属性如下。

- align：设置表格在网页中的水平对齐方式，可选值有 left、right、center。
- backGround：为表格指定背景图片。
- bgcolor：为表格设定背景色。
- border：设置表格边框厚度，如果此参数为 0，那么表格不显示边界。
- cellpadding：设置单元格中的数据与表格边线之间的间距，以像素为单位。
- cellspacing：设置各单元格之间的间距，以像素为单位。
- valign：设置表格在网页中的垂直对齐方式，可选值有 top、middle、bottom。
- width：设置整个表格宽度。

2 . 行起止标记<tr>… </tr>

此标记表明了表格一行的开始和结束，具有以下属性。

- align：设置行中文本在单元格中的水平对齐方式，可选值有 left、right、center。
- backGround：为这一行单元格指定背景图片。
- bgcolor：为这一行单元格设定背景色。

3. 单元格起始标记<td>… </td>

单元格起始标记用于设置表行中某个单元格的开始和结束。

【**例 2-3**】建立 ASP.NET 页面，名称为 table.aspx，其 XHTML 主体部分代码如下：

```
<body>
    <form id="form1" runat="server">
    <div>
      <table border="5">
        <tr align ="center" >
        <td bgcolor="red"> 第一行第一列，背景红色 </td>
```

```
            <td bgcolor="blue">第一行第二列，背景蓝色 </td>
            <td bgcolor="green">第一行第三列，背景绿色 </td>
            </tr>
                <!--以上设置第一行，文字居中-->
             <tr >
             <td align="left"> 第二行第一列，左对齐 </td>
             <td align="center">第二行第二列，居中 </td>
             <td align="right">第二行第三列，右对齐 </td>
             </tr>
            <!--以上设置第二行-->
          </table>
        </div>
        </form>
    </body>
```

在浏览器中查看运行结果，如图2-7所示。

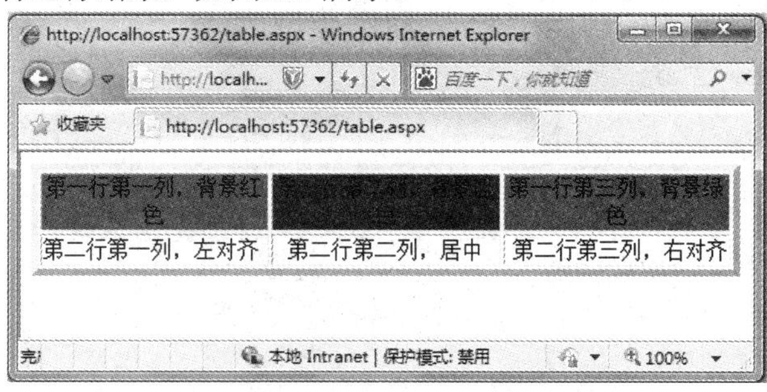

图2-7　对页面使用表格标记

【例2-4】设置表格的边框和间距。

通过<table>标记的border属性设置表格边框为5像素，cellspacing属性设置单元格之间的间距为8像素，cellpadding属性设置单元格内数据与单元格边框之间的边距为10像素，创建页面table1.aspx，相关代码如下：

```
<table width="300" border="5" cellpadding="10" cellspacing="8">
  <tr>
    <td>第一行第一列</td>
    <td>第一行第二列</td>
  </tr>
  <tr>
    <td>第二行第一列</td>
    <td>第二行第二列</td>
  </tr>
</table>
```

运行结果如图2-8所示。

在设计网页时，有时需要设置跨行、跨列的表格，即一个单元格占用多行或者多列。

(1) <td>标记的rowspan属性：用于设置单元格在水平方向上跨越的单元格个数。

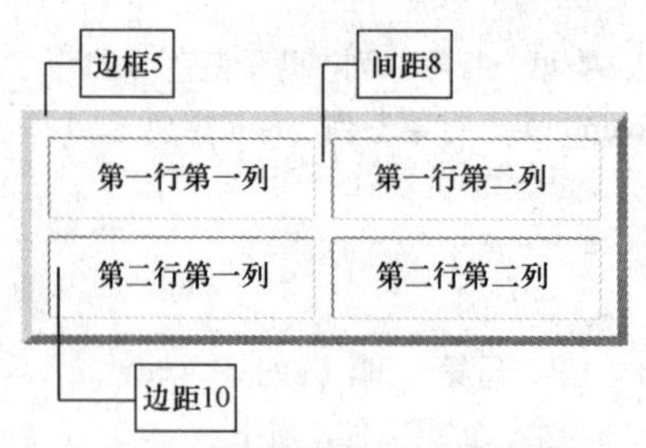

图 2-8　设置表格的边框和间距

(2) <td>标记的 colspan 属性：用于设置单元格在垂直方向上跨越的单元格个数。

【例 2-5】 设置跨行、跨列的表格。

通过<td>标记的 rowspan、colspan 属性分别设置跨行、跨列的单元格，创建页面 table2.aspx，相关代码如下：

```
<table width="300" border="1">
  <tr>
    <td width="85" rowspan="2">跨两行</td>
    <td colspan="2">跨两列</td>
  </tr>
  <tr>
    <td width="128">data1</td>
    <td width="65">data2</td>
  </tr>
  <tr>
    <td>data3</td>
    <td>data4</td>
    <td>data5</td>
  </tr>
</table>
```

运行结果如图 2-9 所示。

图 2-9　设置跨行、跨列的表格

2.3.6　超链接标记<a>…</a>

超链接是通过文字、图像等载体对文件进行链接，引导文件的阅读。互联网的魅力就在于可以通过超链接使任何一个网页，可以任意链接到世界任何角落的其他网页文件。超链接往往用不同的颜色或下划线与网页中的其他文字区别，在阅读文件时，用户通过单击超级链接，能够随时查阅文件相关的详细信息。

1. 超链接命令的格式

```
<a  href="URL"  id="设置锚点"  target="链接目标网页打开的窗口"> 锚点 </a>
```

各参数含义如下。

- 锚点：实现链接的源点，通常当鼠标移动到锚点上会变成小手的形状，浏览者通过在锚点上单击鼠标就可以到达链接目标点。

- href 属性：设定要链接到的文件名称，为必选项。若文件与页面不在同一个目录，需要加上适当的路径，一般路径的格式为 href="域名或 IP 地址/文件路径/文件名#锚点名称"。
- id 属性：用来定义页面内创建的锚点，在实现页面内部链接的时候使用。
- target 属性：设定链接目标网页所要显示的视窗，默认为在当前窗口打开链接目标，可选值有_blank、_parent、_self、_top 及窗体名称。
  - target="_blank"：将链接的目标内容在新的浏览器窗口中打开。
  - target="_parent"：将链接的目标内容在父浏览器窗口中打开。
  - target="_self"：将链接的目标内容在本浏览器窗口中打开(默认值)。
  - target="_top"：将链接的目标内容在顶级浏览器窗口中打开。
  - target="窗体名称"：常用于框架或浮动框架中，将链接的目标内容在“窗体名称”的框架窗体中打开，框架窗体名称已经事先在框架或浮动框架标记中命名。

例如：

```
<a href="http://www.taobao.com"   target="_self" > 淘宝网</a>
```

这一段代码运行后，单击这个超链接，会在本窗口访问淘宝网。

2. 超链接的形式

XHTML 支持的超链接有以下几种形式：不同网页之间的跳转、链接至电子邮件、链接跳转到具体的锚点等。不同的超链接形式有不同的格式.

(1) 链接到其他网页，基本格式如下：

```
<a   href="URL"> 锚点 </a>
```

在此处表示链接的是指定网页。运行时单击链接，转向另一个页面。

(2) 链接到图像上，基本格式如下：

```
<a   href="image_name.jpg" >锚点 </a>
```

运行时，单击超链接，跳转向一幅图片。

(3) 链接到电子邮件，基本格式如下：

```
<a   href="mailto:邮件地址"> 锚点 </a>
```

其中邮件地址形式为：name@site.come。

例如，<a href="mailto: administrator@sohu.com" > 与搜狐网管理员联系</a>，运行后，单击超链接“与搜狐网管理员联系”，将跳转到向管理员邮箱发信的页面。

(4) 页内链接。有的页面文本内容很多，浏览器打开页面往往从页面顶端开始显示，若用户需要的信息不在页面的起始部分，用户将费时费力地从上向下进行搜索。在此时，设置页内的链接是很有必要的。

实现页面内的链接时，需要先使用 id 属性定义一个锚点，格式为：

```
<a  id="锚点名称">预被链接后显示的首部分</a>
```

然后再使用 href 属性指向该锚点，格式为：

```
<a  href="#锚点名称"> </a>
```

#号表示链接目标与<a>标记属于同一个页面。

【例 2-6】建立 ASP.NET 页面，通过<a>标记，使用“相对路径”和“绝对路径”指定 href 属性值，名称为 hyperlink.aspx，其主体部分代码如下：

```
<head runat="server">
<title>建立超链接</title>
</head>
<body>
<font size="20"><b>建立超链接：</b></font>
<p align="center">
<a href="sub_01.htm">了解链接标记 A</a><br/><br/>
<a href="sub_02.htm" target="_blank">练习建立内部链接</a><br/><br/>
<a href="http://www.sina.com.cn" target="_blank">实践建立外部链接</a>
</p>
</body>
```

在浏览器中查看运行结果，如图 2-10 所示。

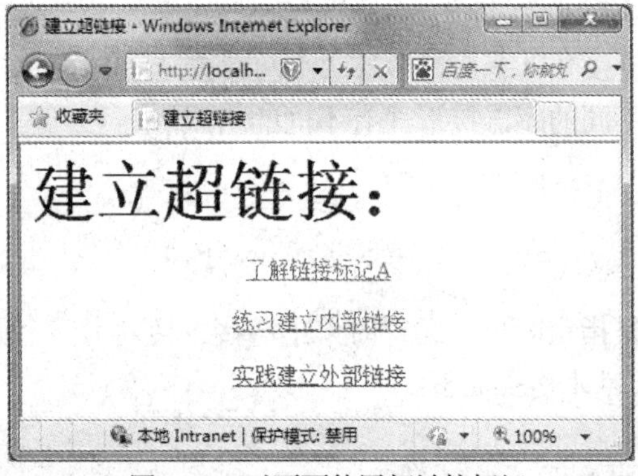

图 2-10　对页面使用超链接标记

【例 2-7】建立 ASP.NET 页面，名称为 hyperlink2.aspx，其主体部分代码如下：

```
<body>
    <form id="form1" runat="server">
    <div>
    第 2 章  XHTML 基础知识
    <ul>
        <li>2.1 web 基本技术</li>
        <li><a href="#html">2.1.1 HTML</a></li>
        <li><a href="#xml">2.1.2 XML</a></li>
        <li><a href="#xhtml">2.1.3 XHTML</a></li>
      </ul>
    <!--在网页头部设定指向锚点的超链接-->
```

```
            <p>
             <a id="html">2.1.1   HTML</a><br/>
             <!--创建锚点 html-->
             HTML(HyperText Markup Language)超文本标记语言，是制作网页文档的.....<br/>
            </p>
            <p>
             <a id="xml">2.1.2   XML </a><br/>
              <!--创建锚点 xml-->
             HTML 是很成功的标记语言，......<br/>
            </p>
            <p>
             <a id="xhtml">2.1.3   XHTML </a><br/>
             <!--创建锚点 xhtml-->
             XML 虽然数据转换能力强大，.....<br/>
            </p>
        </div>
        </form>
    </body>
```

以上代码运行结果如图 2-11 所示。

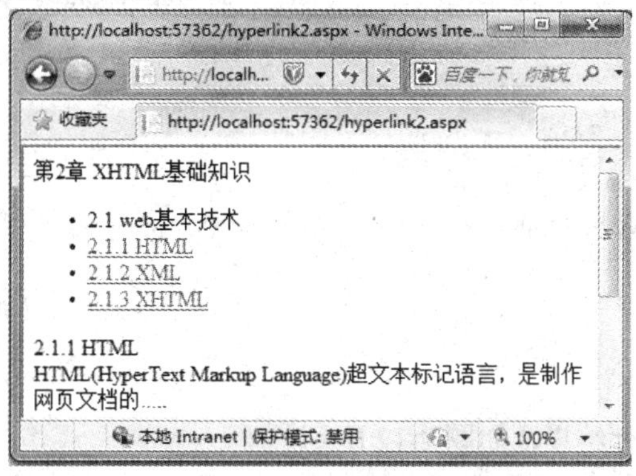

图 2-11　对页面内部使用超链接标记

除了创建文本超链接之外，还可以创建图像超链接，只要将<a>和</a>这对标记放在图片两端即可。如下所示：

```
<a  href=" flower.htm" ><img  src=" flower. jpg"></a>
```

当单击图片 flower. jpg 时，页面将跳转到网页 flower.htm。

2.3.7　图像标记<img />

Web 页面中的图像可以使网页更加生动、直观。常见的图像格式有 GIF、JPEG 和 PNG 等。其中，GIF 和 JPEG 格式能被大多数浏览器所支持。网页中的图像一般使用 72ppi 分辨率、RGB 色彩模式，在 XHTML 中使用<img />标记来向页面中插入图像。

图像标记的语法格式为：

```
<img  src="图像文件名"  [alt="提示文本"]  [border="边框宽度"]  [align="对齐方式"]  [width="宽度像素大小"]  [height="高度像素大小"]  alt="说明">
```

其中各参数的含义如下。

- src：这个属性是必须的，用来链接图像的来源。若图像文件与 XHTML 页面文件处于同一目录下，则只写文件名称；若图像文件与页面不在同一目录，需要加上合适的路径，相对路径和绝对路径均可。
- align：设置图像旁边文字的位置。可以控制文字出现在图片的上方、中间、底端、左侧和右侧。可选值为 top、middle、bottom、left 和 right，默认值为 bottom。
- alt：区别于 HTML，每个图片标记必须有 ALT 说明文字。若用户使用文字浏览器，由于浏览器不支持图像，这些文字会替代图像显示出来；若用户使用支持图像显示的浏览器，当鼠标移动至图像上时这些文字也会显现出来。

【例 2-8】建立 ASP.NET 页面，命名为 picture.aspx，插入图片 apple.jpg，XHTML 主体部分代码如下：

```
<body>
    <form id="form1" runat="server">
    <div>
        <img src="apple.jpg" align="left" width="150"   alt="apple" />  图片左对齐，宽 150 像素
    </div>
    <p>
    </p>
    <div align="center">
    <img / src="apple.jpg" align="middle"    height="100" alt="apple" />  图片居中，长 100 像素<br />
    </div>
    </form>
</body>
```

在浏览器中查看运行结果，如图 2-12 所示。

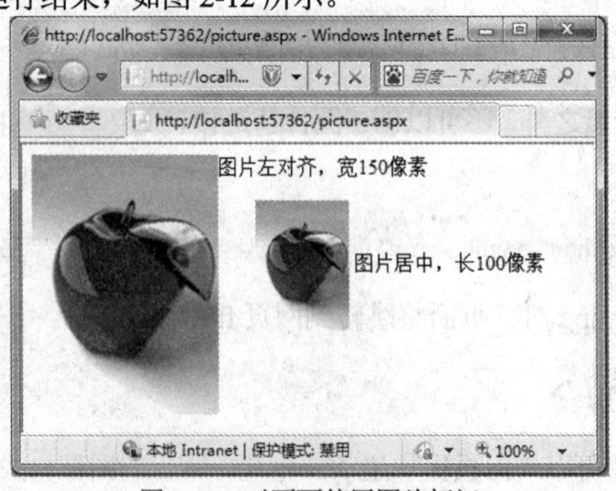

图 2-12　对页面使用图片标记

注意：

当鼠标移至图片上时，会显示出 alt 属性的内容“apple”。

2.3.8　表单<form>…</form>

表单在网页中起着非常重要的作用，它是与用户进行信息交互的主要手段。无论是提交要搜索的信息，还是网上注册等都需要使用表单。表单相当于一个容器，它把需要向服务器传送的信息搜集到一起，以便提交到服务器进行处理。

1. 表单标记<form>

在 HTML 中，只要在需要使用表单的地方插入成对的标记<form>和</form>，就可以插入一个表单。语法格式如下：

```
<form  name=" "  method=" "  action=" ">
    ……
表单元素(如文本框、单选按钮、复选框、列表框、文本区域等)
    ……
</form>
```

上述语法格式包括<form>标记的以下基本属性。

(1) name：该属性表示表单的名称。

(2) method：该属性用于定义提交信息的方式，取值为 post 或 get，默认为 get。两者的区别如下。

- 使用 get 方式提交信息时，表单中的信息会作为字符串自动附加在 URL 的后面，URL 和后面的参数信息会显示在浏览器的地址栏中。get 方式传输的数据量非常小，一般限制在 2KB 左右，但执行效率比较高。例如：

```
http://www.domain.com/test.aspx?name=myname&password=mypassword
```

- 使用 post 方式提交信息时，需要对输入的信息进行包装，存入单独的文件中(不附在 URL 后面)，等待服务器取走，这种方式对信息量大小没有限制。

(3) action：该属性用来指定处理表单数据的程序文件所在的位置，当单击提交按钮后，就将表单信息提交给该属性指定的文件进行处理。

如下是一个建立表单的例子：

```
<form  name="form1 "  method="post "  action=" login.aspx" >
</form>
```

这是一个没有任何内容的表单，还需要向表单中添加各种表单元素。

2. <input>标记

该标记可以在表单中定义单行文本框、单选按钮、复选框等表单元素，基本语法格式如下：

```
<input  name=" "  type=" "  size=" ">
```

不同的元素有不同的属性，具体属性如表 2-1 所示。

表 2-1　<input>标记的属性

属　　性	功　　能
type	插入表单的元素类型，具体取值如表 2-2 所示
name	表单元素的名称
size	单行文本框的长度，取值为数字，表示多少个字符长
maxlength	单行文本框可以输入的最大字符数，取值为数字，表示多少个字符，当大于 size 的属性值时，用户可以移动光标来查看整个输入内容
value	对于单行文本框，表示输入文本框的默认值，为可选属性； 对于单选按钮或复选框，则指定单选按钮被选中后传送到服务器的实际值，为必选属性； 对于按钮，则指定按钮表面上的文本，可选属性
checked	若被加入，则默认选中

表 2-2　type 属性的值

属 性 值	说　　明
text	表示单行文本框
password	表示密码框，输入的字符以“*”或“•”显示
radio	表示单选按钮
checkbox	表示复选框
submit	表示提交按钮，单击后将把表单信息提交到服务器
reset	表示重置按钮，单击后将清除所输入的内容
image	表示图像域，此时 input 标记还有一个重要属性：src，用来指定图像域的来源
hidden	隐藏文本域，类似于 text，但不可见，常用于传递信息

3. <select>标记

复选框和单选按钮是收集用户多重选择数据的有效方式。但是，如果可供选择的项比较多，那么表单将变得很长而难以显示。在这种情况下，就需要使用下拉菜单，下拉菜单用<select>和</select>标记来定义。

<select>标记是和<option>标记配合使用的，一个<option>标记就是下拉菜单中的一个选项。<select>标记和<option>标记的属性分别如表 2-3 和表 2-4 所示。

表 2-3　<select>标记的属性

属　　性	功　　能
name	下拉菜单的名称
size	指定下拉菜单中显示的菜单项数目，取值为数字
multiple	若被加入，表示可同时选中下拉菜单中的多个菜单项，否则，只能选择一个，没有属性值，多选时，按住 Ctrl 键逐个选取

表 2-4　<option>标记的属性

属　　性	功　　能
value	指定菜单项被选中后传送到服务器的实际值，可选属性，如果省略，则将显示的内容传到服务器
selected	若被加入，则表示默认选中，没有属性值

4. <textarea>标记

有些情况下需要一个能够输入多行文本的区域，<textarea>和</textarea>标记就是用于定义一个多行文本域，常用于需要输入大量文字的地方，如留言、自我介绍等。由<textarea>创建的文本域对输入的文本长度没有任何限制，该区域在垂直方向和水平方向上都可以有滚动条。其属性和属性值如表 2-5 所示。

表 2-5　<textarea>标记的属性

属　　性	功　　能
name	多行文本域的名称
rows	多行文本域的行数，取值为数字
cols	多行文本域的列数，取值为数字

【例 2-9】建立表单。

建立表单并应用表格布局来制作个人简历，在表单中插入文本框、单选按钮、下拉菜单、复选框、多行文本域、提交按钮、重置按钮等表单元素，创建页面 form.aspx，代码如下：

```
<head runat="server">
<meta http-equiv="Content-Type" content="text/html; charset=utf-8"/>
    <title></title>
<style type="text/css">
<!--
body{font-size:14px}
-->
</style>
</head>
<body >
<form name="form1" method="post" action="form.aspx"enctype="multipart/form-data">
  <table width="550"   border="0" align="center" cellpadding="2" cellspacing="1" bgcolor="#3399FF">
  <tr align="center" valign="middle" bgcolor="#FFFFFF">
    <td height="30" colspan="4" bgcolor="#B7DAF9">个人简历</td>
  </tr>
  <tr bgcolor="#FFFFFF">
    <td width="16%" height="30">真实姓名:</td>
    <td height="30" colspan="3"><input name="name" type="text" id="name" maxlength="50"></td>
  </tr>
  <tr bgcolor="#FFFFFF">
    <td height="30">年龄:</td>
    <td width="36%" height="30"><input name="age" type="text" id="age" size="10"
maxlength="10"/></td>
    <td width="9%" height="30">性别:         </td>
    <td width="39%" height="30">
 <input name="sex" type="radio" value="0" checked="checked"/>男
    <input type="radio" name="sex" value="1"/>女
</td>
```

```
        </tr>
        <tr bgcolor="#FFFFFF">
          <td height="30">毕业院校:</td>
          <td height="30" colspan="3"><input name="school" type="text" id="school" maxlength="50"></td>
        </tr>
        <tr bgcolor="#FFFFFF">
          <td height="30">所学专业:</td>
          <td height="30" colspan="3"><select name="spe" id="spe">
            <option value="0">选择专业</option>
            <option value="1">计算机应用</option>
            <option value="2">土木工程</option>
            <option value="3">软件工程师</option>
            <option value="4">注册会计师</option>
          </select></td>
        </tr>
        <tr bgcolor="#FFFFFF">
          <td height="30">联系方式:</td>
          <td height="30" colspan="3"><input name="tel" type="text" id="tel"></td>
        </tr>
        <tr bgcolor="#FFFFFF">
          <td height="30">爱 好:</td>
          <td height="30" colspan="3">
           <input name="favorite" type="checkbox" id="favorite" value="0"/> 计算机
              <input name="favorite" type="checkbox" id="Checkbox1" value="1"/>英语
              <input name="favorite" type="checkbox" id="Checkbox2" value="2"/>体育
              <input name="favorite" type="checkbox" id="Checkbox3" value="3"/>旅游
          </td>
        </tr>
        <tr bgcolor="#FFFFFF">
          <td height="30">工作简历:</td>
          <td height="30" colspan="3"><textarea name="summery" cols="60" rows="8"
id="summery"></textarea></td>
        </tr>
        <tr bgcolor="#FFFFFF">
          <td height="30"> </td>
          <td height="30" colspan="3" align="center"><input type="submit" name="Submit" value="提交">
                     <input type="reset" name="Submit2"
value="重置"></td>
        </tr>
      </table>
      </form>
      </body>
```

运行结果如图 2-13 所示。

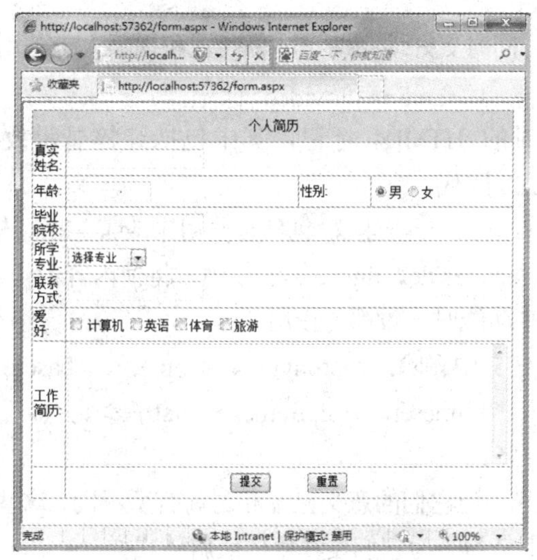

图 2-13　建立表单

2.4　HTML5 的介绍

HTML5 是下一代 HTML， HTML5 将成为 HTML、XHTML 以及 HTML DOM 的新标准。目前，HTML5 仍处于完善之中，不过大部分现代浏览器已经具备了某些 HTML5 支持。HTML5 规定了两种 serialization 形式：一种是宽松的 HTML 风格，一种是严格的 XML/XHTML 风格。人们有时把 XML/XHTML 风格的 HTML5 serialization 称作 XHTML5，但这个 XHTML 只剩下名号了，和 XHTML 1/2 的独立规范不一样，应当避免混淆。

2.4.1　HTML5 的发展史

HTML 5 的第一份正式草案于 2008 年 1 月 22 日公布。

2012 年 12 月 17 日，万维网联盟(W3C)正式宣布凝结了大量网络工作者心血的 HTML5 规范已经正式定稿。根据 W3C 的发言稿称：“HTML5 是开放的 Web 网络平台的奠基石”。

2013 年 5 月 6 日， HTML5.1 正式草案公布。该规范定义了第五次重大版本，第一次要修订万维网的核心语言：超文本标记语言(HTML)。在这个版本中，新功能不断推出，以帮助 Web 应用程序的作者，努力提高新元素互操作性。

本次草案的发布，从 2012 年 12 月 27 日至今，进行了多达近百项的修改，包括 HTML 和 XHTML 的标签，相关的 API、Canvas 等，同时 HTML5 的图像 img 标签及 svg 也进行了改进，性能得到进一步提升。

支持 Html5 的浏览器包括Firefox(火狐浏览器)、IE9及其更高版本、Chrome(谷歌浏览器)，Safari、Opera、Maxthon 以及基于 IE 或Chromium(Chrome 的工程版或称实验版)所推出的360 浏览器、搜狗浏览器、QQ 浏览器、猎豹浏览器等国产浏览器。

2.4.2　HTML5 的新改革

HTML5 提供了一些新的元素和属性，如<nav>(网站导航块)和<footer>。这种标签将有利于搜索引擎的索引整理，同时更好地帮助小屏幕装置和视障人士使用。除此之外，还为其他浏览要素提供了新的功能，如<audio>和<video>标记。

(1) 取消了一些过时的 HTML4 标记，其中包括纯粹显示效果的标记。如<font>和<center>，它们已经被 CSS 取代。

HTML5 吸取了 XHTML2 一些建议，包括一些用来改善文档结构的功能，如新的 HTML 标签 header、footer、dialog、aside、figure 等的使用，将使内容创作者更加容易地创建文档，之前的开发者在实现这些功能时一般都是使用 div。

以下标签已从 HTML5 中删除：<acronym>、<applet>、<basefont>、<big>、<center>、<dir>、<font>、<frame>、<frameset>、<noframes>、<strike>、<tt>。

(2) 将内容和展示分离。

b 和 i 标签依然保留，但它们的意义已经和之前有所不同，这些标签的意义只是为了将一段文字标识出来，而不是为了为它们设置粗体或斜体式样。u、font、center、strike 这些标签则被完全去掉了。

(3) 一些全新的表单输入对象。

HTML5 拥有多个新的表单输入类型。这些新特性提供了更好的输入控制和验证，包括日期、URL、Email 地址，其他的对象则增加了对非拉丁字符的支持。HTML5 还引入了微数据，这一使用机器可以识别的标签标注内容的方法，使 Web 的处理更为简单。总的来说，这些与结构有关的改进使内容创建者可以创建更干净、更容易管理的网页。这样的网页对搜索引擎，对读屏软件等更为友好。

新的输入类型如表 2-6 所示。

表 2-6　type 属性的新增值

属 性 值	说　　明
email	表示 email 类型用于应该包含 e-mail 地址的输入域。在提交表单时，会自动验证 email 域的值
url	表示 url 类型用于应该包含 URL 地址的输入域。在提交表单时，会自动验证 url 域的值
number	表示 number 类型用于应该包含数值的输入域。用户还能够设定对所接受的数字的限定：参考表 2-7
range	表示 range 类型用于应该包含一定范围内数字值的输入域。range 类型显示为滑动条。用户还能够设定对所接受的数字的限定：参考表 2-7
Date pickers	(date, month, week, time, datetime, datetime-local)表示 HTML5 拥有多个可供选取日期和时间的新输入类型： date - 选取日、月、年 month - 选取月、年 week - 选取周和年 time - 选取时间(小时和分钟) datetime - 选取时间、日、月、年(UTC 时间) datetime-local - 选取时间、日、月、年(本地时间)
search	表示 search 类型用于搜索域，如站点搜索或 Google 搜索。 search 域显示为常规的文本域

当 type 属性是 number 或 range 时，可以添加以下属性对所接受的数字加以限定，如表 2-7 所示。

表 2-7　当 type 属性是 number 或 range 时

属　性　值	说　　明
max	值是个数字，规定属性 number 或 range 允许的最大值
min	值是个数字，规定属性 number 或 range 允许的最小值
step	值是个数字，规定合法的数字间隔(如果 step="3"，则合法的数是 -3,0,3,6 等)
value	规定默认值

【例 2-10】 HTML5 表单示例。

建立表单使用 HTML5 新特性来制作，在表单中插入 fieldset，文本框、单选按钮、时间、数字框、邮件框、颜色、range、url、提交按钮、重置按钮等表单元素，创建页面 form.html。代码如下：

```
<!DOCTYPE HTML>
<html>
<head>
<title>form example 1</title>
</head>
<body>
<form>
  <fieldset>
    <legend>HTML5 表单实例</legend>
    姓　名:
    <input type="text" name="txt_name" autofocus="autofocus" required="required" />*必填
    <br /><br />
    性　别:
    <input type="radio" name="radiogroup1" value="男"  />男
    <input type="radio" name="radiogroup1" value="女" checked="checked"/>女<br /><br />
出生年月:<input type="date" name="txt_birth" value="2000-05-01" /><br /><br />
身高(100cm-220cm):<input type="number" name="txt_height" value="165" min="100" max="220"
/><br /><br />
电子邮件:<input type="email" name="user_email" placeholder="请输入电子邮件"/> <br /><br />
颜色偏好:<input type="color" name="select_color" /><br /><br />
 外语水平：低<input type="range" name="txt_grade" min="0" max="100" />高<br /><br />
个人空间:<input type="url" name="user_url" placeholder="请输入个人空间"/><br /><br />
 <input type="submit" value="提交"><input type="reset" value="重置">
  </fieldset>
</form>
</body>
</html>
```

运行结果如图 2-14 所示。

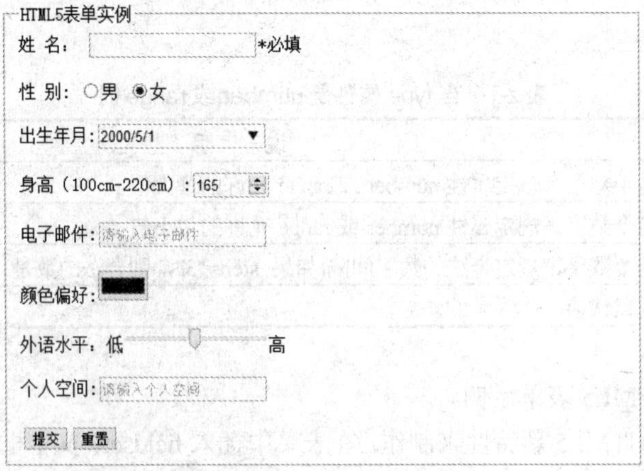

HTML5表单实例
姓 名：　*必填
性 别：○男 ◉女
出生年月：2000/5/1
身高（100cm-220cm）：165
电子邮件：请输入电子邮件
颜色偏好：
外语水平：低　高
个人空间：请输入个人空间
提交 重置

图 2-14　建立表单

(4) 全新的，更合理的 Tag。

多媒体对象将不再全部绑定在 object 或 embed Tag 中，而是视频有视频的 Tag，音频有音频的 Tag。

(5) 本地数据库。

这个功能将内嵌一个本地的 SQL 数据库，以加速交互式搜索，缓存以及索引功能。同时，那些离线 Web 程序也将因此获益匪浅。不需要额外安装插件就可以实现交互数据。

(6) Canvas 对象。

将给浏览器带来直接在上面绘制矢量图的能力，这意味着用户可以脱离 Flash 和 Silverlight，直接在浏览器中显示图形或动画。

(7) 浏览器中的真正程序。

将提供 API 实现浏览器内的编辑、拖放，以及各种图形用户界面的能力。内容修饰 Tag 将被剔除，而使用 CSS。

(8) Html5 取代 Flash 在移动设备的地位。

(9) 其突出的特点就是强化了 Web 页的表现性，追加了本地数据库。

由于，本书中涉及的网页代码使用 Html5 新特性的不是很多，大部分和 XHTML 相似，这里就不再详细讲解。

2.5　本 章 小 结

很多网页开发工具，都是兼容使用 HTML 和 XHTML 语言。本章主要介绍了一些常用的 XHTML 标记的用法，从而为动态网页制作技术的学习打下良好的基础。

首先，介绍了 HTML、XML 和 XHTML 语言的特点。

接下来，着重介绍了 XHTML 的基本结构和语法规则。XHTML 文档至少由以下 3 对标记组成：<HTML>…</HTML>、<HEAD>…</HEAD>和<BODY>…</BODY>。

并且通过具体的例子分别讲述了文字、图片、超链接、表格和表单等 HTML 标记的用法。

主要内容如下。

- <p>标记和
标记：段落标记和换行标记，进行文字的排版时经常用到。
- <a>标记：用于创建超链接，最重要的属性是 href，设置目标网页的 URL 地址。
- <img>标记：插入图像的标记，要注意 src 属性的设置。如果图像显示不出来，一般就是 src 属性设置得不对。
- <table>标记：创建表格的标记，表格在网页中常被用于页面的布局，几乎所有的网页都会用到。<table>标记用于创建一个表格，<tr>标记和<td>标记分别创建表格中的一行和一个单元格。
- <form>标记：表单标记，表单常用于和用户的交互。应熟练掌握在表单中插入文本框、单选按钮、复选框、下拉菜单等表单控件的方法。

最后，由于语言的发展，HTML5 也被 Visual Studio Express 2012 for Web 平台所接受和使用，所以对新的 HTML5 做了简要介绍，主要针对其与 HTML4 不同之处进行讲解。

2.6　练　　习

1. 简要回答什么是 HTML 和 XHTML。
2. 段落标记<p>与换行标记
的区别是什么?
3. 表格的基本标记有哪些?
4. 用 XHTML 语言编写符合以下要求的页面。标题为 An example of image，在浏览器窗口中显示一个图像。图像的宽度为 200 个像素点，高度为 150 个像素点，边框宽度为 10 个像素点。
5. 请根据如图 2-15 所示创建一个表单。

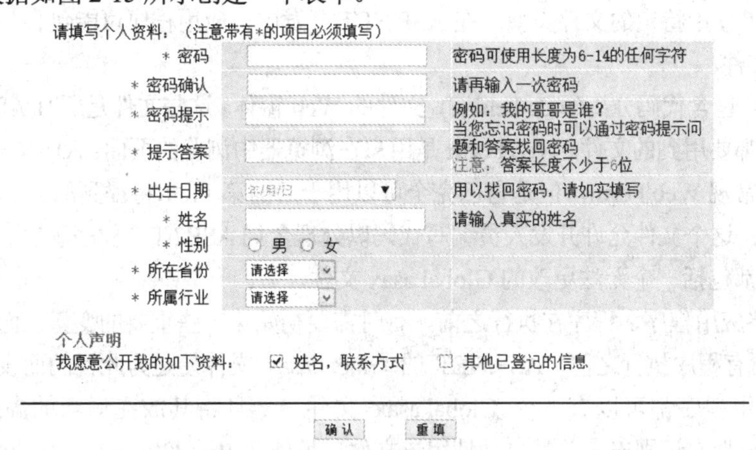

图 2-15　实例图

6. 在网页中做一张课程表，要求所有的文字均居中，背景为黄色，表格居中，宽度为 500 像素，单元格间距与单元格边距为 20 像素。

第3章　创建ASPX网页技术简介

用 ASP.NET 创建的网站中最基本的网页是以.aspx 作为后缀的网页，这种网页简称为 ASPX 网页(或 Web 窗体页)。本章将介绍创建 ASPX 网页所需的基础知识，这些知识有助于运用 ASP.NET 的强大功能来创建 Web 站点，同时，本章也会介绍一个重要的概念——网页代码模型。

本章的学习目标：

- 掌握 ASP.NET 程序结构；
- 了解 ASP.NET 页面的运行机制和页面的生命周期；
- 理解 ASPX 网页代码模型；
- 了解 ASP.NET 状态管理的方式；
- 了解配置文件 Web.config 的配置方法。

3.1　ASP.NET 程序结构

3.1.1　ASP.NET 文件类型介绍

ASP.NET 使用特定的文件类型。在 ASP.NET 开发中，应用程序可能包含如下类型的一个或者多个文件。

- .aspx：包含代码分离(code-behind) 文件的 Web 窗体。这些文件是所有 ASP.NET Web 站点都要用到的文件。Web Form 是用户在浏览器中浏览的页面。AJAX Web Form 类似于常规 Web Form，但是它已完全可以用于后面第 11 章将提到的 Ajax 控件。
- .asax：这个文件允许开发人员编写代码以处理全局 ASP.NET 程序事件。每个应用程序中都包括一个无法更改的 Global.asax 文件。

作为网络应用程序，程序在执行之前，有时需要初始化一些重要的变量，而且这些工作必须发生在所有程序执行之前，ASP.NET 的 Global.asax 文件便是为此目的而设计的。每个 ASP.NET 应用程序都可以有一个 Global.asax 文件。一旦将其放在适当的虚拟目录中，ASP.NET 就会把它识别出来并且自动使用该文件。另外，由于 Global.asax 在网络应用程序中的特殊地位，它被存放的位置也是固定的，必须被存放在当前应用所在的虚拟目录的根目录下。如果放在虚拟目录的子目录中，则 Global.asax 文件将不会起任何作用。

在应用程序中添加了“全局应用程序类”，也就是 Global.asax。该文件是应用程序用来保持应用程序级的事件、对象和变量的。一个 ASP.NET 应用程序只能有一个 Global.asax 文件。

按照 Visual Studio Express 2012 for Web 模板添加的 Global.asax 文件结构如下所示。

```
namespace WebApplication1
{    public class Global : HttpApplication
    {  void Application_Start(object sender, EventArgs e)
        { // 在应用程序启动时运行的代码
            BundleConfig.RegisterBundles(BundleTable.Bundles);
            AuthConfig.RegisterOpenAuth();
        }
        void Application_End(object sender, EventArgs e)
        {
            //  在应用程序关闭时运行的代码
        }
        void Application_Error(object sender, EventArgs e)
        {
            // 在出现未处理的错误时运行的代码
        }
    }
}
```

在窗体页中，只能处理单个页面的事件，而在 Global.asax 文件中可以处理整个应用程序的事件。除了上述代码模板中列举的事件外，在 Global.asax 文件中还可以加入其他事件的处理函数。如表 3-1 所示列出了可以在 Global.asax 中处理的事件。

表 3-1　可以在 Global.asax 中处理的事件

事　件	说　明
Application_Start	在应用程序接收到第一个请求时调用，通常在此函数中定义应用程序级的变量或状态
Session_Start	类似于 Application_Start，不过是针对每个客户端第一次访问应用程序时调用
Application_BeginRequest	虽然在VS2008 的代码模板中没有该事件的处理，不过可以在Global.asax中添加。该事件是在每个请求到达服务器，并且在处理该请求之前触发
Application_AuthenticateRequest	每个请求都会触发该事件，并且可以在此函数中设置自定义的验证
Application_Error	在应用程序中抛出任何错误时都会触发该事件。通常在此函数中提供应用程序级的错误处理或者记录错误事件
Session_End	以进程内模式使用会话状态时，如果用户离开应用程序将会触发该事件
Application_End	应用程序关闭时触发该事件。该函数很少使用，因为 ASP.NET 可以很好地关闭和清除内存对象

与页面指令一样，Global.asax 文件也可以使用应用程序指令，这些指令都可以包含特定于该指令的一个或多个属性/值对。下面列出了 ASP.NET 中支持的应用程序指令。

(1) @Application。定义 ASP.NET 应用程序编译器所使用的应用程序特定的属性，该指令只能在 Global.asax 文件中使用。

(2) @Import。将命名空间导入到应用程序中。

(3) @Assembly。在分析时将程序集链接到应用程序。

- .ashx：执行一个通用句柄的页面。
- .asmx：一个 ASP.NET Web 服务，包括相应的代码分离文件。可以被其他系统调用，包括浏览器，可以含有能在服务器上执行的代码。
- .ascx：Web 用户控件。最大的优势是含有可重复用在站点的多个页面中的页面片段。
- .config：含有用在整个站点中的全局配置信息，本章后面将介绍如何使用 web.config。
- .htm：一个标准的 HTML 页面。可用来显示 Web 站点中的静态 HTML。
- .css：一种在站点上使用的层叠式列表，含有允许定制 Web 站点的样式和格式的 CSS 代码。
- .sitemap：一种 Web 程序的站点地图，含有一个层次结构，表示站点中 XML 格式的文件。站点地图用于导航。
- .skin：用于指定 ASP.NETA theme 的文件，含有设计 Web 站点中的控件的信息。
- .browser：浏览器定义文件。
- .disco：一种可选择的文件。

也可以使用列表中没有的其他文件，这取决于程序被编译与配置的方式。

3.1.2 ASP.NET 文件夹

开发者在对程序进行设计时，应该将特定类型的文件存放在某些文件夹中，以方便今后开发中的管理和操作。ASP.NET 保留了一些文件名称和文件夹名称，程序开发人员可以直接使用，并且还可以在应用程序中增加任意多个文件和文件夹，如图 3-1 所示，而无须每次在给解决方案添加新文件时重新编译它们。ASP.NET 4.5 能够自动、动态地预编译 ASP.NET 应用程序，并为应用程序定义好一个文件夹结构，这些定义好的文件夹就可以自动编译代码，在整个应用程序中访问应用程序主题，并在需要时使用全局资源。下面介绍这些定义好的文件夹及其工作方式。

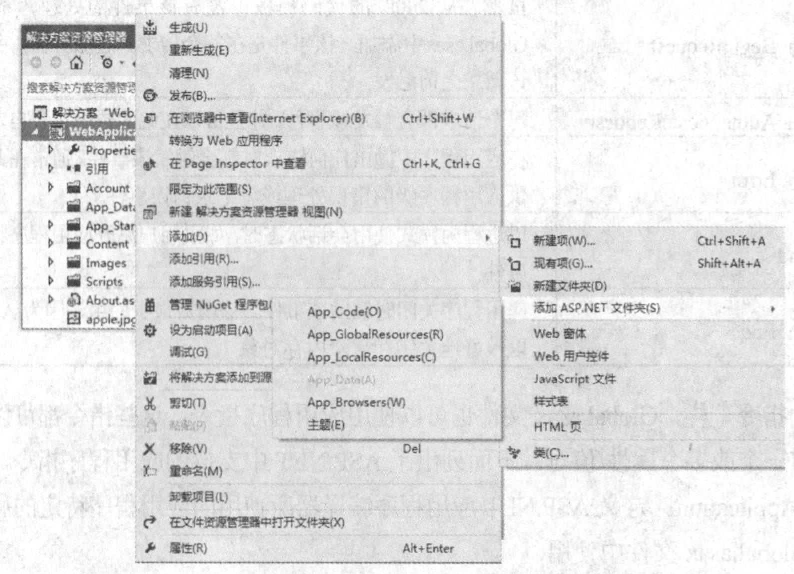

图 3-1　添加 ASP.NET 规定的特殊文件夹

1. App_Data 文件夹

App_Data 文件夹用于保存应用程序使用的数据库。它是一个集中存储应用程序所用数据库的地方。App_Data 文件夹可以包含 Microsoft SQL Express 文件(.mdf)、Microsoft Access 文件(.mdb)、XML 文件等。

应用程序使用的用户账户具有对 App_Data 文件夹中任意文件的读写权限。该用户账户默认为 ASP.NET 账户。在该文件夹中存储所有数据文件的另一个原因是，许多 ASP.NET 系统，从成员和角色管理系统到 GUI 工具，如 ASP.NET MMC 插件和 ASP.NET Web 站点管理工具，都构建为使用 App_Data 文件夹。

2. App_Code 文件夹

App_Code 文件夹在 Web 应用程序根目录下，它存储所有应当作为应用程序的一部分动态编译的类文件。这些类文件自动链接到应用程序，而不需要在页面中添加任何指令或声明来创建依赖性。App_Code 文件夹中放置的类文件可以包含任何可识别的 ASP.NET 组件——自定义控件、辅助类、build 提供程序、业务类、自定义提供程序、HTTP 处理程序等。

在开发网站时，对 App_Code 文件夹的更改将导致整个应用程序的重新编译。对于大型项目，这可能不受欢迎，而且很耗时。为此，鼓励大家将代码进行模块化处理到不同的类库中，按逻辑上相关的类集合进行组织。应用程序专用的辅助类大多应当放置在 App_Code 文件夹中。

App_Code 文件夹中存放的所有类文件应当使用相同的语言。如果类文件使用两种或多种语言编写，则必须创建特定语言的子目录，以包含用多种语言编写的类。一旦根据语言组织这些类文件，就要在 web.config 文件中为每个子目录添加设置。关于 web.config 文件将在 3.5.1 中进行介绍。

App_Code 文件夹和 Bin 文件夹是 ASP.NET 网站中的共享代码文件夹，如果 Web 应用程序是要在多个页之间共享的代码，就可以将代码保存在 Web 应用程序根目录下的这两个特殊文件夹中的某个文件夹中。当创建这些文件夹并在其中存储特定类型的文件时，ASP.NET 将使用特殊方式进行处理。

3.1.3　其他文件夹介绍

1. 主题文件夹

主题是为站点上的每个页面提供统一外观和操作方式的一种新方法。通过 skin 文件、CSS 文件和站点上服务器控件使用的图像来实现主题功能。所有这些元素都可以构建一个主题，并存储在解决方案的主题文件夹中。把这些元素存储在主题文件夹中，就可以确保解决方案中的所有页面都能利用该主题，并把其元素应用于控件和页面的标记。

2. App_GlobalResources 文件夹

资源文件是一些字符串表，当应用程序需要根据某些事情进行修改时，资源文件可用于这些应用程序的数据字典。可以在该文件夹中添加程序集资源文件(.resx)，它们会动态编译，成为解决方案的一部分，供程序中的所有.aspx 页面使用。在使用 ASP.NET1.0/1.1 时，必须使用 resgen.exe 工具，把资源文件编译为.dll 或.exe，才能在解决方案中使用。而在 ASP.NET 4.0 中，资源文件的处理就容易多了。除了字符串之外，还可以在资源文件中添加图像和其他文件。

3. App_LocalResources 文件夹

App_GlobalResources 文件夹用于合并可以在应用程序范围内使用的资源。如果对构造应用程序范围内的资源不感兴趣，而对只能用于一个.aspx 页面的资源感兴趣，就可以使用 App_LocalResources 文件夹。可以把专用于页面的资源文件添加到 App_LocalResources 文件夹中，方法是构建.resx 文件，如下所示。

```
Default.aspx.resx
Default.aspx.fi.resx
Default.aspx.ja.resx
Default.aspx.en-gb.resx
```

现在，可以从 App_LocalResources 文件夹的相应文件中检索在 Default.aspx 页面上使用的资源声明。如果没有找到匹配的资源，就默认使用 Default.aspx.resx 资源文件。

4. App_Browsers 文件夹

该文件夹包含 ASP.NET 用于标识个别浏览器并确定其功能的浏览器定影(.browser)文件。.browser 文件是 XML 文件，可以标识向应用程序发出请求的浏览器，并理解这些浏览器的功能。另外，如果要修改这些默认的浏览器定义文件，只需将 Browsers 文件夹中对应的.browser 文件复制到应用程序的 App_Browsers 文件夹中，修改其定义即可。

3.2 页 面 管 理

ASP.NET 页面是扩展名为.aspx 的文本文件，可以被部署在 IIS 虚拟目录树之下，可以在任何浏览器中向客户提供信息，并使用服务器端代码来实现应用程序的功能。页面由代码和标签(tag)组成，它们在服务器上动态地编译并执行，为提出请求的客户端浏览器(或设备)生成显示内容。对于 Web 开发人员来说，如果想提高页面的运行效率，首先需要了解 ASP.NET 页面是如何组织和运行的。

3.2.1 ASP.NET 页面代码模式

ASP.NET 的页面包含两部分：一部分是可视化元素，包括标签、服务器控件以及一些静态文本等；另一部分是页面的程序逻辑，包括事件处理句柄和其他程序代码。ASP.NET 提供了两种模式来组织页面元素和代码：一种是单一文件模式；另一种是后台代码模式。两种模式的功能是一样的，可以在两种模式中使用同样的控件和代码，但要注意使用的方式不同。

1. 单一文件模式

在单一文件模式下，页面的标签和代码在同一个.aspx 文件中，程序代码包含在<script

runat="server"></script>的服务器程序脚本代码块中，并且代码中间可以实现对一些方法和属性以及其他代码的定义，只要在类文件中可以使用的都可以在此处进行定义。运行时，单一页面被视为继承 Page 类。

2. 后台代码模式

后台代码模式将可视化元素和程序代码分别放置在不同的文件中，如果使用 C#，则可视化页面元素为.aspx 文件，程序代码为.cs 文件，根据使用语言的不同，代码文件的后缀也不同，这种模式也被称为代码分离模式。

ASP.NET 在后台代码分离模式上有很大改进，简单易用且健壮性强，一个典型的代码分离模式的例子如下：

```
<%@ Page Title="主页" Language="C#" MasterPageFile="~/Site.master" AutoEventWireup="true"
    CodeBehind="Default.aspx.cs" Inherits="WebApplication1._Default" %>
<asp:Content ID="HeaderContent" runat="server" ContentPlaceHolderID="HeadContent">
</asp:Content>
<asp:Content ID="BodyContent" runat="server" ContentPlaceHolderID="MainContent">
    <h2>
        欢迎使用 ASP.NET!
    </h2>
    <p>
若要了解关于 ASP.NET 的详细信息，请访问 <a href="http://www.asp.net/cn" title="ASP.NET 网站
">www.asp.net/cn</a>。
    </p>
    <p>
        您还可以找到 <a href="http://go.microsoft.com/fwlink/?LinkID=152368"
            title="MSDN ASP.NET 文档">MSDN 上有关 ASP.NET 的文档</a>。
    </p>
</asp:Con

tent>
```

ASP.NET 的代码分离模式，把一个程序文件分为一个.aspx 文件和一个对应的.aspx.cs 文件，前者是界面代码(主要用 html 编写)，后者则是一些控制代码(在 ASP.NET4.5 中可以选择用 C#或者 Visual Basic 编写)，.aspx 文件顶部的页面设置把两个文件联系在一起，在进行程序设计时，每一个控件都可以触发事件，这些事件的代码单独在一个文件中，而网页的页面设计在单独的一个文件中，两个基本上是分离的，代码文件更简洁。

3.2.2　页面的往返与处理机制

ASP.NET 页面的处理过程如下。

(1) 用户通过客户端浏览器请求页面，页面第一次运行。如果程序员通过编程让它执行初步处理，如对页面进行初始化操作等，可以在 Page_load 事件中进行处理。

(2) Web 服务器在其硬盘中定位所请求的页面。

(3) 如果 Web 页面的扩展名为.aspx，就把这个文件交给 aspnet-isapi.dll 进行处理。如果

以前没有执行过这个页面，那么就由 CLR 编译并执行，得到纯 HTML 结果；如果已经执行过，那么就直接执行编译好的程序并得到纯 HTML 结果。

(4) 把 HTML 流返回给浏览器，浏览器解释并执行 HTML 代码，显示 Web 页面的内容。

(5) 当用户输入信息、从可选项中进行选择，或单击按钮后，页面可能会再次被发送到 Web 服务器，在 ASP.NET 中被称为“回发”。更确切地说，页面发送回其自身。例如，用户正在访问 default.aspx 页面，则单击该页面上的某个按钮可以将该页面发送回服务器，发送的目标还是 default.aspx。

(6) 在 Web 服务器上，该页面再次被运行，并执行后台代码指定的操作。

(7) 服务器将执行操作后的页面以 HTML 的形式发送至客户端浏览器。

只要用户访问同一个页面，该循环过程就会继续。用户每次单击某个按钮时，页面中的信息就会发送到 Web 服务器，然后该页面再次运行。每次循环称为一次“往返行程”。由于页面处理发生在 Web 服务器上，因此页面可以执行的每个操作都需要一次到服务器的往返行程。

有时，可能需要代码仅在首次请求页面时执行，而不是每次回发时都执行，这时就可以使用 Page 对象的 IsPostBack 属性来避免对往返行程执行不必要的处理。

3.2.3　页面的生命周期

ASP.NET 页面在运行时将经历一个生命周期，在生命周期中将执行一系列处理步骤。这些步骤包括初始化、实例化控件、还原和维护状态、运行事件处理程序代码以及呈现给用户。了解页面的生命周期非常重要，因为这样做就能在生命周期的合适阶段编写相应的代码，以达到预期效果。此外，如果要开发自定义控件，就必须熟悉页面的生命周期，以便正确进行控件的初始化，使用视图状态数据填充控件属性以及运行所有控件的行为代码。

ASP.NET 页面的生命周期顺序如下。

(1) 页请求：页请求发生在页生命周期开始之前。当用户请求页时，ASP.NET 将确定是否需要分析和编译页(从而开始页的生命周期)，或者是否可以在不运行页的情况下发送页的缓存版本以进行响应。

(2) 开始：在开始阶段，将设置页属性，如 Request 和 Response 对象。在此阶段，页还将确定请求是回发请求还是新请求，并设置 IsPostBack 属性。

(3) 页初始化：页初始化期间，可以使用页中的控件，并设置每个控件的 UniqueID 属性。此外，任何主题都将应用于页。如果当前请求是回发请求，则回发数据尚未加载，并且控件属性值尚未还原为视图状态中的值。

(4) 加载：加载期间，如果当前请求是回发请求，则将使用从视图状态和控件状态恢复的信息加载控件属性。

(5) 验证：在验证期间，将调用所有验证程序控件的 Validate 方法，此方法将设置各个验证程序控件和页的 IsValid 属性。

(6) 回发事件处理：如果请求是回发请求，则将调用所有事件处理程序。

(7) 呈现：在呈现之前，会针对该页和所有控件保存视图状态。在呈现阶段，页会针对每个控件调用 Render 方法，它会提供一个文本编写器，用于将控件的输出写入页的 Response 属性的 OutputStream 中。

(8) 卸载：完全呈现页并已将页发送至客户端、准备丢弃该页后，将调用卸载。此时，将卸载页属性(如 Response 和 Request)并执行清理操作。

3.2.4　ASP.NET 页生命周期事件

在页生命周期的每个阶段中，将引发相应的处理事件。如表 3-2 所示列出了常用的页生命周期事件。

表 3-2　页生命周期事件

事 件 名 称	使 用 说 明
Page_PreInit	检查 IsPostBack 属性，确定是不是第一次处理该页；创建或重新创建动态控件；动态设置主控页；动态设置 Theme 属性；读取或设置配置文件属性值
Page_Init	读取或初始化控件属性
Page_Load	读取和更新控件属性
控件事件	使用这些事件来处理特定控件事件，如 Button 控件的 Click 事件或 TextBox 控件的 TextChanged 事件
Page_PreRender	该事件对页或其控件的内容进行最后更改
Page_Unload	使用该事件来执行最后的清理工作，如关闭打开的文件和数据库连接，或完成日志记录或其他请求特定任务

【例 3-1】验证 ASP.NET 页生命周期事件的触发顺序。

(1) 在项目中创建文件 Default2.aspx。

(2) 在 Default2.aspx 中添加代码，创建一个 Label 控件，名字为 lbText，代码如下：

```
<asp:Label ID="lbText" runat="server" Text="Label"></asp:Label>
```

(3) 在 Default2.aspx.cs 中，添加如下代码：

```
protected void Page_Load(object sender, EventArgs e)
{
    lbText.Text += "Page_Load <hr> ";
}
protected void Page_PreInit(object sender, EventArgs e)
{
    lbText.Text +=   "Page_PreInit <hr>";
}
protected void Page_Init(object sender, EventArgs e)
{
    lbText.Text += "Page_Init <hr>";
}
protected void Page_PreLoad(object sender, EventArgs e)
{
    lbText.Text += "Page_PreLoad <hr>";
}
protected void Page_PreRender(object sender, EventArgs e)
{
```

```
        lbText.Text += "Page_PreRender <hr>";
    }
```

程序运行后在浏览器中将呈现如图 3-2 所示的效果。

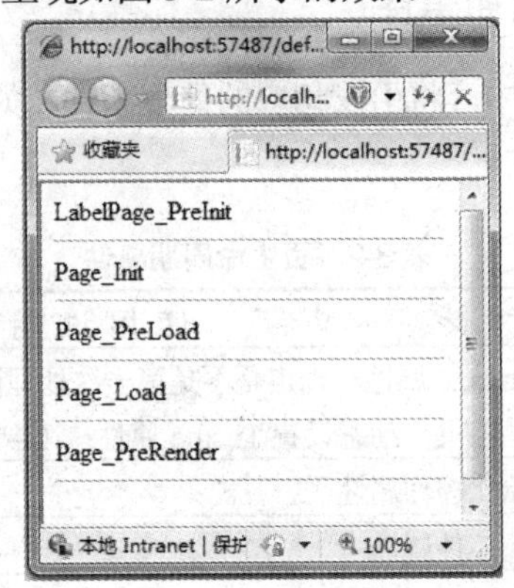

图 3-2　ASP.NET 页生命周期事件触发顺序

1. 页面加载事件(Page_PreInit)

每当页面被发送到服务器时，页面就会重新被加载，启动 Page_PreInit 事件，执行 Page_PreInit 事件代码块。当需要对页面中的控件进行初始化时，可以使用此事件，示例代码如下所示：

```
protected void Page_PreInit(object sender, EventArgs e)          //Page_PreInit 事件
        {
            Label1.Text = "OK";          //标签赋值
        }
```

在上述代码中，当触发了 Page_PreInit 事件时，就会执行该事件的代码，上述代码将 Lable1 的初始文本值设置为“OK”。Page_PreInit 事件能够让用户在页面处理中，让服务器加载时只执行一次而当网页被返回给客户端时不被执行。在 Page_PreInit 中可以使用 IsPostBack 来实现，当网页第一次加载时 IsPostBack 属性为 false，当页面再次被加载时，IsPostBack 属性将被设置为 true。IsPostBack 属性的使用会影响到应用程序的性能。

2. 页面加载事件(Page_Init)

Page_Init 事件与 Page_PreInit 事件基本相同，其区别在于 Page_Init 不能保证完全加载各个控件。虽然在 Page_Init 事件中，依旧可以访问页面中的各个控件，但是当页面回送时，Page_Init 依然执行所有的代码并且不能通过 IsPostBack 来执行某些代码，示例代码如下：

```
protected void Page_Init(object sender, EventArgs e)      //Page_Init 事件
{     if (!IsPostBack)      //判断是否第一次加载
      {   Label1.Text ="OK";      //将成功信息赋值给标签
      }
  else
      {
```

```
            Label1.Text = "IsPostBack";         //将回传的值赋值给标签
        }
    }
```

3. 页面载入事件(Page_Load)

大多数初学者会认为 Page_Load 事件是当页面第一次访问时触发的事件，其实不然，在 ASP.NET 页生命周期内，Page_Load 远远不是第一次触发的事件，通常情况下，ASP.NET 事件顺序如下：

(1) Page_Init()

(2) Load ViewState

(3) Load Postback data

(4) Page_Load()

(5) Handle control events

(6) Page_PreRender()

(7) Page_Render()

(8) Unload event

(9) Dispose method called

Page_Load 事件是在网页加载时一定会被执行的事件。在 Page_Load 事件中，一般都需要使用 IsPostBack 来判断用户是否进行了操作，因为 IsPostBack 指示该页是否为响应客户端回发而加载，或者它是否正被首次加载和访问，示例代码如下：

```
protected void Page_Load(object sender, EventArgs e)     //Page_Load 事件
{
    if (!IsPostBack)
    {
        Label1.Text = "OK";     //第一次执行的代码块
    }
 else
    {
     Label1.Text = "IsPostBack";                        //如果用户提交表单等
    }
}
```

上述代码使用了 Page_Load 事件，在页面被创建时，系统会自动在代码隐藏页模型的页面中增加此方法。当用户执行了操作，页面响应了客户端回发，则 IsPostBack 为 true，于是执行 else 中的操作。

4. 页面卸载事件(Page_Unload)

在页面被执行完毕后，可以通过 Page_Unload 事件来执行页面卸载时的清除工作，当页面被卸载时，执行此事件。以下情况都会触发 Page_Unload 事件。

- 页面被关闭；

- 数据库连接被关闭；
- 对象被关闭；
- 完成日志记录或者其他的程序请求。

3.2.5　ASP.NET 页面指令

页面指令用来通知编译器在编译页面时需要做出的特殊处理。当编译器处理 ASP.NET 应用程序时，可以通过这些特殊指令要求编译器做特殊处理，如缓存、使用命名空间等。当需要执行页面指令时，通常的做法是将页面指令包括在文件的头部，示例代码如下：

```
<%@ Page   Language="C#" AutoEventWireup="true" CodeBehind="Default.aspx.cs"
Inherits="MyWeb._Default" %>
```

上述代码中，使用了@Page 页面指令来定义 ASP.NET 页面分析器和编译器使用的特定页的属性。当创建代码隐藏页模型的页面时，系统会自动增加@Page 页面指令。

ASP.NET 页面支持多个页面指令，常用的页面指令有如下 8 个。

- @ Page：定义 ASP.NET 页分析器和编译器使用的页特定(.aspx 文件)属性，语法格式为<%@ Page attribute="value" [attribute="value"…]%>。
- @Control：定义 ASP.NET 页分析器和编译器使用的用户控件(.ascx 文件)特定的属性。该指令只能为用户控件配置。语法格式为<%@ Control attribute="value" [attribute="value"…]%>。
- @Import：将命名空间导入到当前页中，使所导入的命名空间中的所有类和接口可用于该页。导入的命名空间可以是.NET Framework 类库或用户自定义的命名空间的一部分。语法格式为<%@ Import namespace="value" %>。
- @ Implements：提示当前页或用户控件实现指定的.NET Framework 接口。语法格式为<%@ Implements interface="ValidInterfaceName" %>。
- @ Reference：以声明的方式将页或用户控件链接到当前页或用户控件。语法格式为<%@ Reference page | control="pathtofile" %>。
- @ OutputCache：以声明的方式控制 ASP.NET 页或用户控件的输出缓存策略。
- @Assembly：在编译过程中将程序集链接到当前页，以使程序集的所有类和接口都可以用在该页上。语法格式为<%@ Assembly Name="assemblyname" %>或<%@ Assembly Src="pathname" %>的方式。
- @ Register：将别名与命名空间以及类名关联起来，以便在自定义服务器控件语法中使用简明的表示法。

3.3　ASP.NET 的网页代码模型

ASP.NET 网页由以下两部分组成。

- 可视元素：包括标记、服务器控件和静态文本。
- 页的编程逻辑：包括事件处理程序和其他代码。

ASP.NET 提供了两个用于管理可视元素和代码的模型，即单文件页模型和代码隐藏页模型。这两个模型功能相同，两种模型中可以使用相同的控件和代码。

3.3.1　创建 ASP.NET 网站

在 ASP.NET 中，可以创建 ASP.NET 网站和 ASP.NET 应用程序，ASP.NET 网站的网页元素包含可视元素和页面逻辑元素。创建 ASP.NET 网站，首先需要创建网站，选择【文件】|【新建网站】命令，打开【新建网站】对话框，如图 3-3 所示。

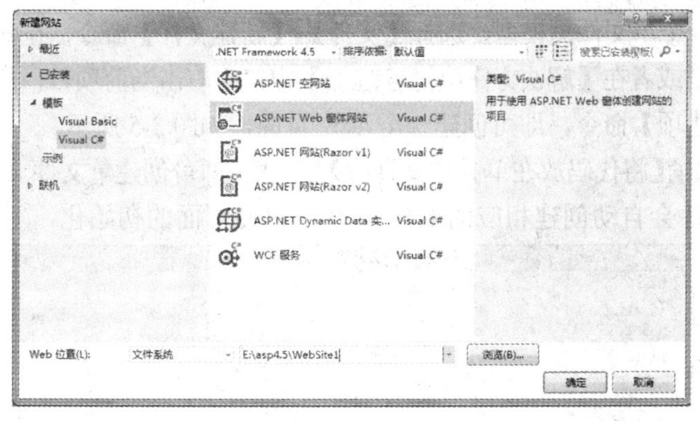

图 3-3　【新建网站】对话框

在【Web 位置】选项中，一般选择【文件系统】，地址为本机的本地地址，也可按实际需求进行选择，如图 3-4 所示。创建了 ASP.NET 网站后，系统会自动创建一个代码隐藏页模型页面 Default.aspx。ASP.NET 网页一般由以下 3 部分组成。

图 3-4　选择站点存放的位置

- 可视元素：包括 HTML 标记、服务器控件。
- 页面逻辑元素：包括事件处理程序和代码。
- designer.cs 页文件：用来为页面的控件做初始化工作，一般只有 ASP.NET 应用程序(Web Application)才有。

ASP.NET 页面中包含两种代码模型，一种是单文件页模型，另一种是代码隐藏页模型。这两个模型的功能完全一样，都支持控件的拖拽，以及智能的代码生成。

3.3.2　单文件页模型

在单文件页模型中，页的标记及其程序代码位于同一个后缀为.aspx 的文件中。可以通过下面的操作创建一个单文件页模型，选择【文件】|【新建文件】命令，在弹出的对话框中选择【Web 窗体】，或者在【解决方案资源管理器】窗口中右击当前项目，从弹出的快捷菜单中选择【添加新建项】命令，即可创建一个.aspx 页面，如图 3-5 所示。

在创建时，取消【将代码放在单独的文件中】复选框，即可创建单文件页模型的 ASP.NET 文件。创建后文件会自动创建相应的 HTML 代码以便页面的初始化，示例代码如下：

图 3-5　创建单文件页模型

```
<%@ Page Language="C#" %>
<!DOCTYPE html>
<script runat="server">
</script>
<html xmlns="http://www.w3.org/1999/xhtml">
<head runat="server">
<meta http-equiv="Content-Type" content="text/html; charset=utf-8"/>
    <title></title>
</head>
<body>
    <form id="form1" runat="server">
    <div>
    </div>
    </form>
</body>
</html>
```

上面的代码演示了一个单文件页。业务逻辑代码位于<script>…</script>标记的模块中，以便与其他显示代码隔离开。服务器端运行的代码一律在<script>标记中注明 runat="server" 属性，此属性将其标记为 ASP.NET 应执行的代码。一个<script>模块可以包括多个程序段，每个网页也可以包括多个<script>模块。代码中的<script>…</script>模块中定义的是一段事件处理代码，可以在其中创建控件代码。

代码第一行的<%@ Page Language="C#" %>是一条指令，@ Page 指令用于定义 ASP.NET 页分析器和编译器使用的特定于页的属性。只能包含在.aspx 文件中，这里 Language="C#"指定网页使用的语言是"C#"。

<script runat="server">中的 runat 是<script>标记的一个属性，属性值为"server"，表示<script>块中包含的代码在服务器端而不是客户端运行，此属性对于服务器端代码是必需的。

在对单文件页进行编译时，编译器将生成并编译一个从Page基类派生或从使用@ Page指令的 Inherits 属性定义的自定义基类派生的新类。例如，在应用程序的根目录中创建一个名为 SamplePage1 的新 ASP.NET 网页，则随后将从Page类派生一个名为 ASP.SamplePage1_aspx 的新类。在生成页之后，生成的类将编译成程序集，并将该程序集加载到应用程序域，然后对该页类进行实例化并执行该页类，以将输出呈现到浏览器。如果对影响生成的类的页进行更改(无论是添加控件还是修改代码)，则已编译的类代码将失效，并生成新的类。单文件页模型如图 3-6 所示。

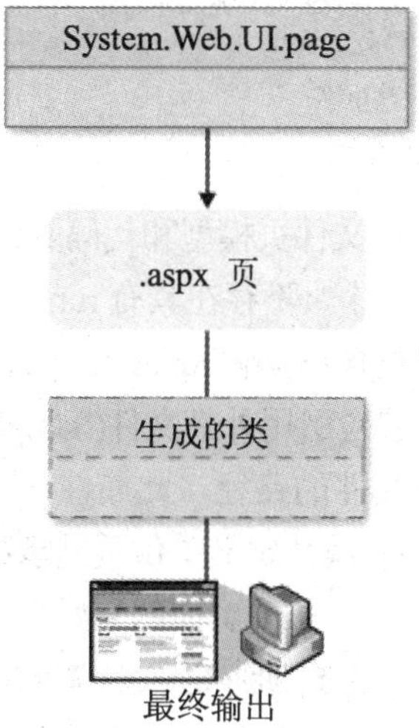

System.Web.UI.page

.aspx 页

生成的类

最终输出

图 3-6　单文件页模型

3.3.3　代码隐藏页模型

在创建网页时，如果选中【将代码放在单独的文件中】复选框，即可创建代码隐藏页模型的 ASP.NET 文件。代码隐藏页模型与单文件页模型不同的是，代码隐藏页模型将事务处理代码都存放在单独的.cs 文件中，当 ASP.NET 网页运行时，ASP.NET 类会先处理.cs 文件中的代码，再处理.aspx 页面中的代码。这种过程被称为代码分离。

在代码隐藏页模型中，页的标记和服务器端元素(包括控件声明)仍位于.aspx 文件中，而页代码则位于单独的代码隐藏(Code-Behind)文件中，该文件的后缀依据使用的程序语言而确定。如果使用 C#语言，文件的后缀是“.aspx.cs”；如果使用 VB.NET 语言，则文件的后缀是“.aspx.vb”。

代码分离有一种好处，就是在.aspx 文件中，开发人员可以将页面直接作为样式来设计，即美工人员也可以设计.aspx 页面，而.cs 文件则由程序员来完成事件处理。同时，将 ASP.NET 中的页面样式代码和逻辑处理代码分离能够使维护变得简单。在.aspx 页面中，代码隐藏页模型的.aspx 页面代码基本上和单文件页模型的代码相同，所不同的是在 script 标记中代码默认被放在了同名的.cs 文件中。因此，前面部分中使用的单文件页示例被分成两个文件：SamplePage.aspx 和 SamplePage.aspx.cs。标记位于一个文件中(在本示例中为 SamplePage.aspx)，并且与单文件页类似，如下面的示例代码所示：

```
<%@ Page  Language="C#"  CodeFile="SamplePage.aspx.cs"  Inherits="SamplePage"
AutoEventWireup="true" %>
<html>
<head runat="server" >
   <title>代码隐藏模型</title>
</head>
<body>
  <form id="form1" runat="server">
    <div>
        <asp:Label id="Label1" runat="server" Text="Label" ></asp:Label> <br />
      <asp:Button id="Button1" runat="server" onclick="Button1_Click" Text="Button" >
      </asp:Button>
    </div>
  </form>
</body>
</html>
```

单文件页模型和代码隐藏页模型相比，.aspx 页有两处差别：第一个差别是，在代码隐藏页模型中，不存在具有 runat="server"属性的 script 块(如果要在页中编写客户端脚本，则该页可以包含不具有 runat="server"属性的 script 块)；第二个差别是，代码隐藏页模型中的 @ Page 指令包含引用外部文件(SamplePage.aspx.cs)和类的属性。如 CodeFile 属性指定页引用的代码隐藏文件的路径，此属性与 Inherits 属性一起使用可以将代码隐藏源文件与网页相关联。Inherits 属性定义了供页继承的代码隐藏类，它可以是从 Page 类派生的任何类，默认情况下为生成的.aspx 页面的原始名称。AutoEventWireup 属性指示页的事件是否自动绑定，如果启用了事件自动绑定，则为 true；否则为 false。

程序代码位于单独的文件 SamplePage.aspx.cs 中。下面的示例代码演示了一个与单文件页包含相同 Click 事件处理程序的代码隐藏文件。

```
Using System;
using System.Web;
using System.Web.UI;
using System.Web.UI.WebControls;
public partial class SamplePage : System.Web.UI.Page
{
     protected void Button1_Click(object sender, EventArgs e)
     {
          Label1.Text = "Clicked at " + DateTime.Now.ToString();
     }
}
```

1. 命名空间的引用

文件前面包含一系列命名空间的引用。如：

```
using System;
using System.Web;
using System.Web.UI;
```

```
using System.Web.UI.WebControls;
```

2. 指定类的基类

下面的语句是对网页类定义的框架：

```
public partial class SamplePage : System.Web.UI.Page
{
    …
}
```

表明网页类 SamplePage 派生自 System.Web.UI.Page。在类的定义中，修饰词 partial class 代替了传统的 class，这说明网页是一个“分布式类”。

那么，什么是分布式类，为什么要使用分布式类？有的类具有比较复杂的功能，因而拥有大量的属性、事件和方法。如果将类的定义都写在一起，文件会很庞大，代码的行数也会很多，不便于阅读和调试。为了降低文件的复杂性，C#提出了“分布式类”的概念。

在分布式类中，允许将类的定义分散到多个代码片段中，而这些代码片段又可以存放到两个或两个以上的源文件中，每个文件只包括类定义的一部分。只要所有文件使用了相同的命名空间，相同的类名，而且每个类的定义前都有 partial 修饰符，编译器就会自动将这些文件编译到一起，形成一个完整的类。

例如：

```
//第一个文件为 exp1.cs
using System;
public partial class partexp
{
    Public void SomeMethod ()
    {
    }
}
// 第二个文件为 exp2.cs
using System;
public partial class partexp
{
    Public void SomeOtherMethod ()
    {
    }
}
```

上面 exp1.cs 与 exp2.cs 两个文件使用同一命名空间 System，同一类名 partexp，而且都加上了 partial 修饰符。编译后生成的类将自动将两个方法组合到一起，所以结果类中包括了两个方法：SomeMethod ()和 SomeOtherMethod ()。

注意：

并非所有的.NET 编程语言都可用于为 ASP.NET 网页创建代码隐藏文件。必须使用支持分部式类的语言。例如，J#不支持分部式类，因此也不支持为 ASP.NET 页创建代码隐藏文件。

如图 3-7 所示为代码隐藏页中类的继承模型。

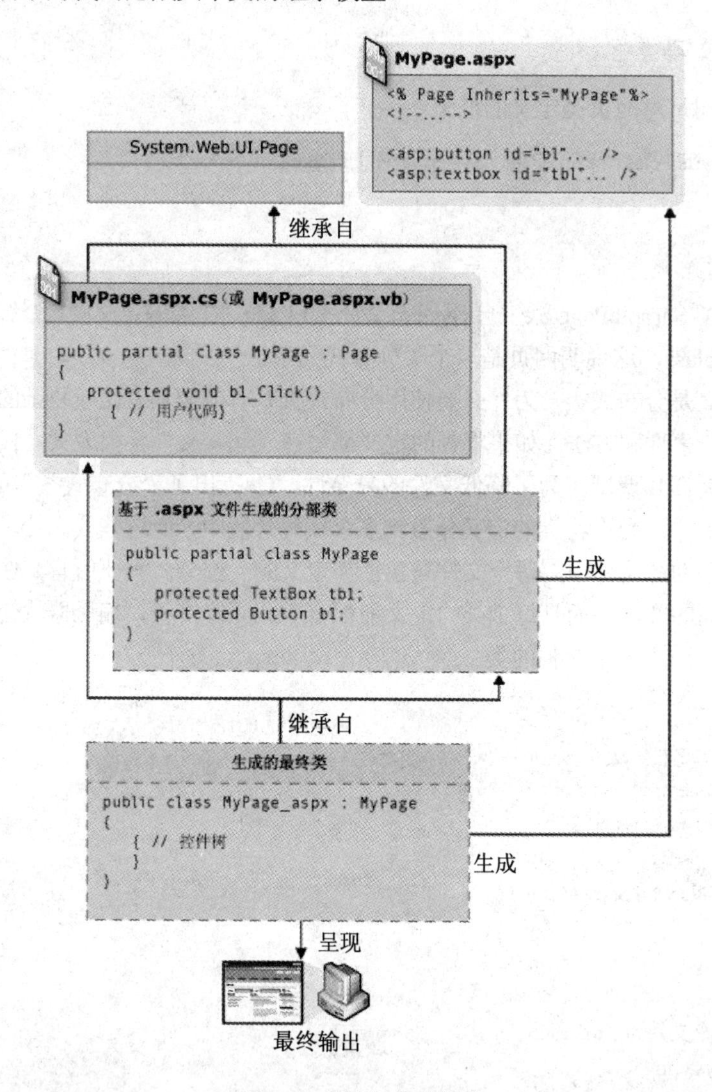

图 3-7　代码隐藏页模型

单文件页模型和代码隐藏页模型功能相同。在运行时，这两个模型以相同的方式执行，而且它们之间没有性能差异。因此，页模型的选择取决于其他因素，例如，要在应用程序中组织代码的方式、将页面设计与代码编写分开是否重要等。 一般来说，对于那些代码不太复杂的网页来说，最好采用单文件页模型；而对于代码比较复杂的网页，则最好采用代码隐藏页模型。

3.3.4　ASP.NET 网站和 ASP.NET 应用程序的区别

参考 1.4 节，创建 ASP.NET Web 应用程序流程。在 ASP.NET 中，可以创建 ASP.NET 网站和 ASP.NET Web 应用程序，在这些项目中都可新建 ASPX 网页和 ASP.NET 文件夹(包括 App_Browsers、App_Data、App_GlobalResources、App_LocalResources、App_Themes)。

ASP.NET 网站有一点好处，就是在编译后，编译器将整个网站编译成一个 DLL(动态链接库)，在更新时，只需要更新编译后的 DLL(动态链接库)文件即可。但是 ASP.NET 网站也有一个缺点，编译速度慢，并且类的检查不彻底。

相比之下，ASP.NET Web 应用程序不仅加快了速度，只生成一个程序集，而且可以拆分成多个项目进行管理。ASP.NET 网站和 ASP.NET 应用程序的开发过程和编译过程具体区别如下。

(1) Web 应用程序 Default.aspx 显示有两个原有文件及 Default.aspx.cs 和 Default.aspx.designer.cs；Web 网站 Default.aspx 显示有一个原有文件 Default.aspx.cs。

(2) Web 应用程序有重新生成和发布两项；Web 网站只有一个发布网站。

(3) Web 应用程序和一般的 WinForm 没有什么区别，引用的都是命名空间等；Web 网站在引用后出现一个 Bin 文件夹存放 DLL 和 PDB 文件。

(4) Web 应用程序可以作为类库被引用；Web 网站则不可以作为类库被引用。

(5) Web 应用程序可以添加 ASP.NET 文件夹，其中不包括 bin、App_Code；Web 网站可以添加 ASP.NET 文件夹，其中包括 BIN、App_Code。

(6) Web 应用程序还可添加组件和类；Web 网站则没有。

(7) 源文件虽然都是 Default.aspx.cs，但是 Web 应用程序有命名空间，多了一项 System.Collections 空间引用。

ASP.NET Web 应用程序主要有以下特点：

- 可以将 ASP.NET 应用程序拆分成多个项目，以方便开发、管理和维护；
- 可以从项目中和源代码管理中排除一个文件或项目；
- 支持 VSTS 的 Team Build，方便每日构建；
- 可以对编译前后的名称、程序集等进行自定义；
- 对 App_GlobalResources 的 Resource 强类支持。

ASP.NET 网站编程模型具有以下特点：

- 动态编译该页面，而不用编译整个站点；
- 当一部分页面出现错误时不会影响到其他的页面或功能；
- 不需要项目文件，可以把一个目录当作一个 Web 应用来处理。

总体来说，ASP.NET 网站适用于较小的网站开发，因为其动态编译的特点，无须整站编译。而 ASP.NET Web 应用程序则更适合于大型的网站开发、维护等。

3.4 状态管理

3.4.1 页面状态概述

状态管理是对同一页或不同页的多个请求维持状态以及页面信息的过程。由于 HTTP 协议是一个无状态的协议，所以服务器每处理完客户端的一个请求后就认为任务结束，当客户端再次请求时，服务器会将其作为一次新的请求处理，即使是相同的客户端也是如此。此外，到服务器的每一次往返过程都将销毁并重新创建页，因此，如果超出了单个页的生命周期，页信息将不存在。

ASP.NET 提供了几种在服务器与客户端往返过程之间维持状态的方式，分别应用于不同的目的。

- 视图状态：用于保存本窗体页的状态。
- 控件状态：用于存储控件状态数据。
- 隐藏域：呈现为 <input type= "hidden"/> 元素，用于存储一个值。
- 应用程序状态：用于保存整个应用程序的状态，状态存储在服务器端。
- 会话状态：用于保存单一用户的状态，状态存储在服务器端。
- Cookie 状态：用于保存单一用户的状态，状态存储在浏览器端。

下面分别介绍前 3 种，其他 3 种将在第 4 章中介绍。

3.4.2　视图状态

什么是视图状态(ViewState)？简单地说，视图状态就是本窗体的状态，保持视图状态就是在反复访问本窗体页时，能够保持状态的连续性。

为什么要保持视图状态呢？ASP.NET 的目标之一是尽量使网站的设计与桌面系统一致。ASP.NET 中的事件处理模型是实现本目标的重要措施，该模型是基于服务器处理事件的，当服务器处理完事件后通常再次返回到本窗体以继续后面的操作。如果不保持视图状态，那么当窗体页返回时，窗体页中原有的状态(数据)就都不再存在，这种情况下怎样继续窗体的操作？

当输入完数据，单击“提交”按钮时，提交数据的同时，网页被重新启动，网页中原有的数据都不见了。这就是不保持视图的结果。如果将这些控件都改为标准控件，再按照前面的方法操作，当单击“提交”按钮提交后数据仍然可以保持。

系统是用什么方法来保持视图状态的呢？原来微软在这里采用了一种比较特殊的方式，只要从浏览器端打开网页的源文件来查看一下，就会发现在源代码中已经自动增加了一段代码。如下所示：

```
<input type="hidden" name="__VIEWSTATE" id="__VIEWSTATE"
value="/wEPDwUKMTI1MTk2NDQzM2RktqBBkQfTn3tE+bfKS0ehcOwAmqo=" />
```

这说明在网页中已经自动增加了一个隐藏(type="hidden")控件，控件的名字为"_VIEWSTATE"。由于这个新控件是隐藏控件，因此增加它并不会改变页面的布局。控件的 value 属性就是窗体页中各个控件以及控件中的数据(状态)。为了安全，这些数据被序列化为 Base64 编码的字符串，已经变得难以辨认。当网页提交时，它都会以“客户端到服务端”的形式来回传递一次，当处理完成后，最后会以处理后的新结果作为新的 ViewState 存储到页面中的隐藏字段，并与页面内容一起返回到客户端，从而恢复了窗体页中各控件的状态。

使用视图状态的优点如下。

- 不需要任何服务器资源：视图状态包含在页代码内。
- 实现简单：视图状态无须使用任何自定义编程。
- 增强的安全功能：视图状态中的值经过哈希计算和压缩，并且针对 Unicode 实现进行编码，其安全性要高于使用隐藏域。

虽然使用视图状态可以带来很多方便，但是要注意以下问题。

- 视图状态提供了特定 ASP.NET 页面的状态信息。如果需要在多个页上使用信息，或访问网站时保留信息，则应使用另一种方法(如应用程序状态、会话状态或个性化设置)来维护状态。
- 视图状态信息将序列化为 XML，然后使用 Base64 编码进行编码，这将生成大量的数据。将页回发到服务器时，视图状态信息将作为页回发信息的一部分发送。如果视图状态包含大量信息，则会影响页的性能。
- 虽然使用视图状态可以保存页和控件的值，但在某些情况下，需要关闭视图状态。例如使用 GridView 控件显示数据，单击 GridView 控件的【下一页】按钮，此时，GridView 控件呈现的数据已经不再是前一页的数据，此时如果使用视图状态将前一页数据保存下来，不仅没有必要而且还会生成大量隐藏字段，增大页面的体积，所以应当关闭视图状态以移除由 GridView 控件生成的大量隐藏字段。假设此处的 GridView 控件名为 gv，那么下面的代码将禁用该控件的视图状态：

```
gv.EnableViewState = false;
```

如果整个页面控件都不需要维持状态视图，则可以设置整个页面的视图状态为 false：

```
<%@ Page EnableViewState="false"%>;
```

- 某些移动设备不允许使用隐藏字段。因此，视图状态对于这些设备无效。

3.4.3　控件状态

ASP.NET 页框架提供了 ControlState 属性作为在服务器往返过程中存储自定义控件数据的方法。从 ASP.NET 2.0 开始支持控件状态机制。控件的状态数据现在能通过控件状态而不是视图状态被保持，控件状态是不能够被禁用的。如果控件中需要保存控件之间的逻辑，比如选项卡控件要记住每次回发时当前已经选中的索引 SelectIndex 时，就适合使用控件状态。当然，ViewState 属性完全可以满足此需求，如果视图状态被禁用的话，自定义控件就不能正确运行。控件状态的工作方式与视图状态完全一致，并且默认情况下在页面中它们都是存储在同一个隐藏域中。

使用控件状态的优点主要有以下 3 点。

- 不需要任何服务器资源：默认情况下，控件状态存储在页的隐藏域中。
- 可靠性：因为控件状态不像视图状态那样可以关闭，控件状态是管理控件状态的可靠方法。
- 通用性：可以编写自定义适配器来控制如何存储控件状态数据及其存储位置。

使用控件状态的缺点主要是需要一些编程。虽然 ASP.NET 页框架为控件状态提供了基础，但是控件状态是一个自定义的状态保持机制。为了充分利用控件状态，程序员必须自己编写代码来保存和加载控件状态。

3.4.4 隐藏域

在 ASP 中，通常使用隐藏域来保存页面信息。在 ASP.NET 中，同样具有隐藏域来保存页面的信息。但是隐藏域的安全性并不高，最好不要在隐藏域中保存过多的信息。

隐藏域具有以下优点。

- 不需要任何服务器资源。隐藏域在页上存储和读取。
- 广泛的支持。几乎所有浏览器和客户端设备都支持具有隐藏域的窗体。
- 实现简单。隐藏域是标准的 HTML 控件，不需要复杂的编程逻辑。

使用隐藏域的缺点主要如下。

- 潜在的安全风险。隐藏域可以被篡改。如果直接查看页输出源，可以看到隐藏域中的信息，这将导致潜在的安全性问题。
- 简单的存储结构。隐藏域不支持复杂数据类型。隐藏域只提供一个字符串值域存放信息。如果需要将复杂数据类型存储在客户端上，可以使用视图状态。视图状态内置了序列化，并且将数据存储在隐藏域中。
- 性能注意事项。由于隐藏域存储在页本身，因此，如果存储较大的值，用户显示页和发布页时的速度可能会减慢。
- 存储限制。如果隐藏域中的数据量过大，某些代理和防火墙将阻止对包含这些数据的页的访问。

以上几种维持状态的方法都属于客户端状态管理，虽然使用客户端状态并不占用服务器资源，但是这些状态都具有潜在的安全隐患。下面总结了一些客户端状态的优缺点和使用情况。

- 视图状态：当需要存储少量回发到自身的页信息时使用。
- 控件状态：需要在服务器的往返过程中存储少量控件状态信息时使用。不需要任何服务器资源，控件状态是不能被关闭的，提供了控件管理的更加可靠和更通用的方法。
- 隐藏域：实现简单，当需要存储少量回发到自身或另一个页的页信息时使用，也可以在不存在安全性问题时使用。

3.5 ASP.NET 配置管理

使用 ASP.NET 配置系统的功能，可以配置整个服务器上的所有 ASP.NET 应用程序、单个 ASP.NET 应用程序和各个页面或应用程序子目录，也可以配置各种具体的功能，如身份验证模式、页缓存、编译器选项、自定义错误、调试和跟踪选项等。

3.5.1 web.config 文件介绍

ASP.NET 提供了一个丰富而可行的配置系统，以帮助管理人员轻松快捷地建立自己的 Web 应用环境。

Web配置文件web.config是Web应用程序的数据设置文件，它是一份XML文件，内含Web应用程序相关设定的XML标记，可以用来简化ASP.NET应用程序的相关设置。它用来存储ASP.NET应用程序的配置信息(如最常用的设置ASP.NET Web应用程序的身份验证方式)，它可以出现在应用程序的每一个目录中，统一命名为web.config，并且可以出现在ASP.NET 应用程序的多个目录中。ASP.NET 配置层次结构具有下列特征：

- 使用应用于配置文件所在的目录及其所有子目录中的资源的配置文件。
- 允许将配置数据放在将使它具有适当范围(整台计算机、所有的Web应用程序、单个应用程序或该应用程序中的子目录)的位置。
- 允许重写从配置层次结构中的较高级别继承的配置设置。还允许锁定配置设置，以防止它们被较低级别的配置设置所重写。
- 将配置设置的逻辑组组织成节点的形式。

在运行状态下，ASP.NET会根据远程URL请求，把访问路径下的各个web.config配置文件叠加，产生一个唯一的配置集合。

举例来说，一个对URL为http://localhost/website/ownconfig/test.aspx的访问，ASP.NET会根据以下顺序来决定最终的配置情况：

(1) .\Microsoft.NET\Framework\{version}\web.config　　(默认配置文件)

(2) .\webapp\web.config　　(应用的配置)

(3) .\webapp\ownconfig\web.config　　(自己的配置)

web.config是ASPX区别于ASP的一个方面，可以用这个文件配置很多信息。ASP.NET允许配置内容与静态内容、动态页面和商业对象放置在同一应用的目录结构下。当管理人员需要安装新的 ASP.NET 应用时，只需将应用目录复制到新的机器上即可。在运行时对web.config文件的修改不需要重启服务就可以生效。当然，web.config文件是可以扩展的。用户可以自定义新配置参数并编写配置节处理程序以对其进行处理。

ASP.NET的配置系统具有以下优点。

- ASP.NET的配置内容以纯文本方式保存，可以以任意标准的文本编辑器、XML解析器和脚本语言解释、修改配置内容。
- ASP.NET提供了扩展配置内容的架构，以支持第三方开发者配置自己的内容。
- ASP.NET配置文件的更改被系统自动监控，无须管理人员手工干预。

3.5.2　配置文件的语法规则

自定义web.config文件配置节的过程分为以下两步。

(1)在配置文件顶部<configSections>和</configSections>标记之间声明配置节的名称和处理该节中配置数据的.NET Framework类的名称。格式如下：

```
<configuration>
配置内容
…
</configuration>
```

(2) <configSections> 区域之后为声明的节做实际的配置设置。

具体定义配置的内容，以供应用使用。Web 配置文件是一个 XML 文件，在 XML 标记中的属性就是设定值，标记名称和属性值的格式是字符串，第一个开头字母是小写，之后每个单词首字母大写，如<appSetting>。Web 配置文件示例如下：

```
<?xml version="1.0" encoding="utf-8"?>
<configuration>
  <configSections>
    <!-- For more information on Entity Framework configuration, visit
http://go.microsoft.com/fwlink/?LinkID=237468 -->
    <section name="entityFramework"
type="System.Data.Entity.Internal.ConfigFile.EntityFrameworkSection, EntityFramework, Version=5.0.0.0,
Culture=neutral, PublicKeyToken=b77a5c561934e089" requirePermission="false" />
  </configSections>
  <connectionStrings>
    <add name="DefaultConnection" providerName="System.Data.SqlClient" connectionString="Data
Source=(LocalDb)\v11.0;Initial Catalog=aspnet-WebSite1(2)-20140211172100;Integrated
Security=SSPI;AttachDBFilename=|DataDirectory|\aspnet-WebSite1(2)-20140211172100.mdf" />
  </connectionStrings>
  <system.web>
    <compilation debug="false" targetFramework="4.5" />
    <httpRuntime targetFramework="4.5" />
    <pages>
      <namespaces>
        <add namespace="System.Web.Optimization" />
      </namespaces>
      <controls>
        <add assembly="Microsoft.AspNet.Web.Optimization.WebForms"
namespace="Microsoft.AspNet.Web.Optimization.WebForms" tagPrefix="webopt" />
      </controls>
    </pages>
    <authentication mode="Forms">
      <forms loginUrl="~/Account/Login.aspx" timeout="2880" />
    </authentication>
    <profile defaultProvider="DefaultProfileProvider">
      <providers>
        <add name="DefaultProfileProvider" type="System.Web.Providers.DefaultProfileProvider,
System.Web.Providers, Version=1.0.0.0, Culture=neutral, PublicKeyToken=31bf3856ad364e35"
connectionStringName="DefaultConnection" applicationName="/" />
      </providers>
    </profile>
    <membership defaultProvider="DefaultMembershipProvider">
      <providers>
        <add name="DefaultMembershipProvider"
type="System.Web.Providers.DefaultMembershipProvider, System.Web.Providers, Version=1.0.0.0,
```

```
Culture=neutral, PublicKeyToken=31bf3856ad364e35" connectionStringName="DefaultConnection"
enablePasswordRetrieval="false" enablePasswordReset="true" requiresQuestionAndAnswer="false"
requiresUniqueEmail="false" maxInvalidPasswordAttempts="5" minRequiredPasswordLength="6"
minRequiredNonalphanumericCharacters="0" passwordAttemptWindow="10" applicationName="/" />
        </providers>
      </membership>
      <roleManager defaultProvider="DefaultRoleProvider">
        <providers>
          <add name="DefaultRoleProvider" type="System.Web.Providers.DefaultRoleProvider,
System.Web.Providers, Version=1.0.0.0, Culture=neutral, PublicKeyToken=31bf3856ad364e35"
connectionStringName="DefaultConnection" applicationName="/" />
        </providers>
      </roleManager>
      <sessionState mode="InProc" customProvider="DefaultSessionProvider">
        <providers>
          <add name="DefaultSessionProvider"
type="System.Web.Providers.DefaultSessionStateProvider, System.Web.Providers, Version=1.0.0.0,
Culture=neutral, PublicKeyToken=31bf3856ad364e35" connectionStringName="DefaultConnection" />
        </providers>
      </sessionState>
    </system.web>
    <entityFramework>
      <defaultConnectionFactory type="System.Data.Entity.Infrastructure.LocalDbConnectionFactory,
EntityFramework">
        <parameters>
          <parameter value="v11.0" />
        </parameters>
      </defaultConnectionFactory>
    </entityFramework>
  </configuration>
```

可以看到，这段配置信息是一个基于 XML 格式的文件，根标记是<configuration>，所有的配置信息均被包括在<configuration>和</configuration>标签之间，其子标记<appSettings>、<connectionsStrings>和<system.web>是各设定区段。在<system.web>下的设定区段属于 ASP.NET 相关设定，在一个 web.config 配置文件中，通常可以看到多个<system.web>配置块，用户也可以根据需要创建自己的<system.web>。

在 Web 配置文件的<appSettings>区段可以创建 ASP.NET 程序所需要的参数，每个<add>标记可以创建一个参数，属性 key 是参数名称，value 是参数值。ASP.NET 2.0 以后新增了<connectionStrings>区段，可以指定数据库连接字符串，在<connectionStrings>标记的<add>子标记也可以创建连接字符串，属性 name 是名称，connectionStrings 是连接字符串的内容，如表 3-3 所示列出了常用设定区段标记的说明。

表 3-3　常用设定区段标记说明

设 定 区 段	说　　明
<anonymousIdentification>	控制 Web 应用程序的匿名用户
<authentication>	设定 ASP.NET 的验证方式(为 Windows、Forms、PassPort、None 共 4 种)。该元素只能在计算机、站点或应用程序级别声明。<authentication>元素必需与<authorization>节配合使用
<authorization>	设定 ASP.NET 用户授权，控制对 URL 资源的客户端访问(如允许匿名用户访问)。此元素可以在任何级别(计算机、站点、应用程序、子目录或页)上声明。必须与<authentication>节配合使用
<browserCaps>	设定浏览程序兼容组件 HttpBrowserCapabilities
<compilation>	设定 ASP.NET 应用程序的编译方式
<customErrors>	设定 ASP.NET 应用程序的自动错误处理
<globalizations>	关于 ASP.NET 应用程序的全球化设定，也就是本地化设定
<httpHandlers>	设定 HTTP 处理是对应到 URL 请求的 HttpHandler 类
<httpModules>	创建、删除或清除 ASP.NET 应用程序的 HTTP 模块
<httpRuntime>	ASP.NET 的 HTTP 的执行其相关设定
<machineKey>	设定在使用窗体基础验证的 Cookie 数据时，用来加密和解密的密钥
<membership>	设定 ASP.NET 的 Membership 机制
<pages>	设定 ASP.NET 程序的相关设定，即 Page 指引命令的属性
<profile>	设定个人化信息的 Profile 对象
<roles>	设定 ASP.NET 的角色管理
<sessionState>	设定 ASP.NET 应用程序的 Session 状态 HttpModule
<siteMap>	设定 ASP.NET 网站导航系统
<trace>	设定 ASP.NET 跟踪服务
<webParts>	设定 ASP.NET 应用程序的网页组件
<webServices>	设定 ASP.NET 的 Web 服务

3.6　本 章 小 结

本章首先对 ASP.NET 的程序结构进行了介绍，对 ASP.NET 开发网站的过程中创建的主要不同文件类型的功能和主要文件夹的使用做了详细讲解，为后面的网站开发做好基础。

接下来主要讲解了 ASP.NET 的网页运行机制，在了解了这些基本运行机制后，就能够在.NET 框架下进行 ASP.NET 开发了。所有的 ASPX 网页都具有一些共同的属性、事件和方法。

然后介绍了 ASP.NET 页面是如何组织和运行的，包括页面的往返与处理机制、页面的生命周期和事件。ASP.NET 页面生命周期是 ASP.NET 中非常重要的概念，熟练掌握 ASP.NET 页面生命周期可对 ASP.NET 开发起到促进作用。

在编写 ASP.NET 网页时，可以选择单文件页模型和代码隐藏页模型。在单文件页模型中，页的标记及其程序代码位于同一个后缀名为.aspx 的文件中；而在代码隐藏页模型中，页的标记和服务器端元素仍位于.aspx 文件中，页代码则位于单独的代码隐藏文件中。ASP.NET 提供了几种在服务器往返过程之间维持状态的方式。本章介绍了其中的 3 种：视图状态、控件状态和隐藏域。对于它们的优缺点逐一进行了比较。

最后，对 ASP.NET 的配置文件 web.config 的配置方法进行了简要介绍。

3.7　练　习

1. ASP.NET 页面的处理过程是怎样的？
2. ASP.NET 页的生命周期分哪几个阶段？
3. ASP.NET 的网页代码模型有几种？各有什么特点？
4. ASP.NET 状态管理有哪些方式？

第4章　ASP.NET常用内置对象

ASP.NET 内置了大量的对象，提供了丰富的功能。简单地说，对象就是把一些功能都封装好了，只要使用它的属性、方法和事件就可以了。对象也是用类实现的，只不过可以看做是没有界面的类。本章主要介绍 ASP.NET 的核心对象，主要包括 Response、Request、Application、Session、Server 等。

本章的学习目标：

- 了解 ASP.NET 对象的概况及其属性、方法和事件；
- 了解并掌握常用内部对象的概念及其属性、方法。

4.1　ASP.NET 对象的概况及属性方法事件

所谓对象(Object)，可以泛指日常生活中看到的和看不到的一切事物，在程序中可以用一种仿真的方式来表示对象。一般的对象都有一些静态的特征，如对象的外观、大小等，这在面向对象程序中就是对象的属性(attribute)。一般的对象如果是有生命、可以动作的，在面向对象程序中就是对象的方法(method)。所以在面向对象程序的概念中，对象有两个重点：一个是“属性”、另一个是“方法”。

一般而言，对象的定义就是每个对象都具有不同的功能与特征，不同的对象属于不同的类(Class)，类定义了对象的特征，而对象的特征就是对象的属性、方法和事件，没有类就没有对象。

- 属性代表对象的状态、数据和设置值。属性的设置语法如下：

```
对象名. 属性名=语句
```

- 方法可以执行的动作。方法的调用语法如下：

```
对象名. 方法(参数)
```

- 事件的概念比较抽象，通常是一个执行的动作，也就是对象所认识的动作，事件的执行由对象触发。

ASP.NET 的早期版本 ASP 中就包含有 Page、Response、Request 等对象。而在 ASP.NET 4.0 中，这些对象仍然存在，使用的方法也大致相同。所不同的是这些对象改由.NET Framework 中封装好的类来实现，并且由于这些对象是在 ASP.NET 页面初始化请求时自动创建的，所以能在程序中的任何地方直接调用，而无须对类进行实例化操作。

表 4-1　ASP.NET 内部对象简要说明

对　　象	功　　能
Page	页面对象，用于整个页面的操作
Request	从客户端获取信息
Response	向客户端输出信息
Session	存储特定用户的信息
Application	存储同一个应用程序中所有用户之间的共享信息
Server	创建 COM 组件和进行有关设置
Cookie	用于保存 Cookie 信息
ViewState	存储数据信息，一直有效

Page 对象的事件贯穿页面执行的整个过程。大多数情况下，只需关心 Page_Load 事件即可，可以参看第 3 章例【3-1】。下面将分别介绍除 page 之外的另外 7 个对象的常用属性及方法。

4.2　Request 对象

4.2.1　Request 对象简介

Request 对象主要是让服务器取得客户端浏览器的一些数据，包括从 HTML 表单中用 Post 或者 GET 方法传递的参数、Cookie 和用户认证。在程序中无须做任何声明即可直接使用。它与后面要讲解的 Response 对象一起使用，达到沟通客户端与服务器端的作用，使它们之间可以很简单地交换数据，由此可见该对象的重要性。Request 对象可以接收客户端通过表单或者 URL 地址串发送来的变量，同时，也可以接收其他客户端的环境变量，如浏览器的基本情况、客户端的 IP 地址等。所有从前端浏览器通过 HTTP 协议送往后端 Web 服务器的数据，都是借助 Request 对象完成的，总而言之，Request 对象用于接收所有从浏览器发往服务器的请求内的所有信息。Request 对象可用于页面间传递参数，如通过超链接传递页面参数。语法如下：

```
Request . [属性|方法]  [变量或字符串]
```

例如：

```
Request . QueryString ["user_name"]
```

Request 对象的常用属性、方法如表 4-2 和表 4-3 所示，接下来对常用的功能逐一进行介绍。

表 4-2　Request 对象常用属性列表

属　性	说　明
ApplicationPath	获得 ASP.NET 应用程序虚拟目录的根目录
Browser	获取和设置客户端浏览器的兼容性信息
ContentLength	客户端发送信息的字节数
ContentType	获取和设置请求的 MIME 类型
Cookies	获取客户端 Cookie
FilePath	当前请求的虚拟路径
Files	获取客户端上传的文件集合
Form	获取表单变量集合
Headers	获取 HTTP 头信息
HttpMethod	HTTP 数据传输方法，如 GET、POST
Path	获取当前请求的虚拟路径
PhysicalPath	获取请求的 URL 物理路径
QueryString	获取查询字符串集合
ServerVariables	获取服务器变量集合
TotalBytes	获取输入文件流的总大小
Url	获取当前请求的 URL
UrlReferrer	获取该请求的上一个页面
UserAgent	客户端浏览器信息
UserHostAddress	客户端 IP 地址
UserHostName	客户端 DNS 名称
UserLanguages	客户端语言

表 4-3　Request 对象方法列表

名　称	说　明
BinaryRead	以二进制方式读取指定字节的输入流
MapPath	映射虚拟路径到物理路径
SaveAs	保存 HTTP 请求到硬盘
ValidateInput	验证客户端的输入是否存在危险的数据

虽然 Request 对象的属性很多，但常用的只有 QueryString、Path、Browser、UserHostAddress、ServerVariables、ClientCertificate。

4.2.2　使用 QueryString 属性

QueryString 属性可以获取标识在 URL 后面的所有返回的变量及其值。在超链接中，常常需要从一个页面跳转到另外一个页面，跳转的页面需要获取 HTTP 的值来进行相应的操作，如新闻页面的 news.aspx?id=1。为了获取传递过来的 id 值，可以使用 Request 的 QueryString 属性。

例如，当客户端送出如下请求时，QueryString 将会得到 name 与 age 两个变量的值：

```
http :/ /....../ temp.aspx?name=白云&age=22
```

注意：

问号？后面可以有多个变量参数，参数之间用&连接。

【例 4-1】 Request.QueryString 的使用方法。

创建两个文件 Default.aspx 和 Default2.aspx。在 Default.aspx 中插入一个超链接，其代码如下：

```
<body>
<a href="Default2.aspx?id=1&name=ASP.NET4.5&action=get">Request . QueryString 的使用方法
</a></body>
```

在 Default2.aspx.cs 中，用 Request.QueryString 获取变量的值并进行显示，代码如下：

```
protected void Page_Load(object sender, EventArgs e)
    {
     if (Request.QueryString["id"] != null)                //在第一变量非空值时
     Response.Write("页面传递的第一个参数为："              //输出第一个变量
          + Request.QueryString["id"].ToString() + "<br/>");
     if (Request.QueryString["name"] != null)              //在第二变量非空值时
     Response.Write("页面传递的第二个参数为："              //输出第二个变量
          + Request.QueryString["name"].ToString() + "<br/>");
     if (Request.QueryString["action"] != null)            //在第三个变量非空值时
     Response.Write("页面传递的第三个参数为："              //输出第三个变量
          + Request.QueryString["action"].ToString() + "<br/>");
    }
```

程序的运行结果如图 4-1 所示。

单击超链接后的运行结果如图 4-2 所示。

图 4-1　运行 Default.aspx

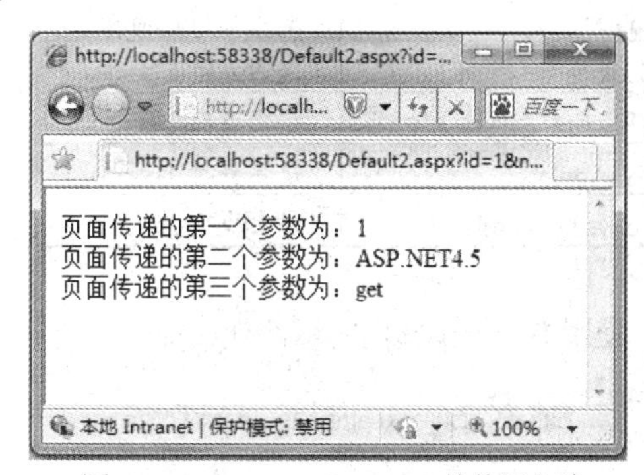

图 4-2　Request.QueryString 的使用方法

当使用 Request 对象的 QueryString 属性来接收传递的 HTTP 值时，可以看到访问页面的路径为 http://localhost:58338/Default.aspx 时，默认传递的参数为空，因为其路径中没有对参数的访问。而当单击超链接后，访问的页面路径变为 http://localhost:58338//Default2.aspx?id=1&name=ASP.NET4.5&action=get，从路径中可以看出该地址传递了 3 个参数，这 3 个参数分别为 id=1、name=ASP.NET4.5 以及 action=get。

4.2.3　使用 Path 属性

通过使用 Path 的方法可以获取当前请求的虚拟路径，示例代码如下。

```
Label2.Text = Request.Path.ToString();          //获取请求路径
```

在应用程序中使用 Request.Path.ToString()，就能够获取当前正在被请求的文件的虚拟路径的值，当需要对相应的文件进行操作时，可以使用 Request.Path 的信息进行判断。

4.2.4　使用 Browser 属性

由于浏览器之间的差异，当用不同的浏览器对同一网页进行浏览时，可能导致显示结果的不一致，而解决这种问题的最好方法就是针对不同的浏览器书写不同的 Web 网页。要做到这一点，首先就要判断客户端浏览器的特性，通过使用 Request 对象的 Browser 属性就可以方便地获取客户端浏览器的特性，如类型、版本、是否支持背景音乐等。

语法格式如下：

```
Request . Browser ["浏览器特性名称"]
```

常用的浏览器特性名称如表 4-4 所示。

表 4-4　浏览器特性名称

名　　称	说　　明
Browser	浏览器类型名称
Version	浏览器版本名称
MajorVersion	浏览器主版本
MinorVersion	浏览器次版本
Frames	是否支持框架功能，True 表示支持，False 表示不支持，下同
Tables	是否支持表格功能
Cookies	是否支持 Cookies
VBScript	是否支持 VBScript
JavaApplets	是否支持 Java 小程序
ActiveXControls	是否支持 ActiveX 控件

使用 Browser 属性的示例代码如下：

```
Label3.Text = Request.Browser.ToString();          //获取浏览器信息
```

这些属性能够获取服务器和客户端的相应信息，也可以通过“?”号进行 HTTP 的值的传递和获取。

【例 4-2】 Request 对象的 Path、Browser 的使用方法。

(1) 创建两个文件 UserHostAddress.aspx 和 UserHostAddress1.aspx。

(2) 在 UserHostAddress.aspx 中添加如下代码：

```
<a href=UserHostAddress1.aspx>UserHostAddress,Path,Brower 的测试</a>
```

(3) 在 UserHostAddress1.aspx 中添加如下代码：

```
<form id="form1" runat="server">
  <div>
    <br />
    Path:
    <asp:Label ID="Label2" runat="server" Text="Label"></asp:Label>
    <br />
    Brower:<asp:Label ID="Label3" runat="server" Text="Label"></asp:Label>
  </div>
  </form>
```

(4) 在 UserHostAddress1.aspx.cs 中添加如下代码：

```
protected void Page_Load(object sender, EventArgs e)
  {
      Label2.Text = Request.Path.ToString();
      Label3.Text = Request.Browser.ToString();
  }
```

(5) 运行结果如图 4-3 和图 4-4 所示。

图 4-3　UserHostAddress.aspx

图 4-4　单击超链接后

4.2.5　ServerVariables 属性

利用 Request 对象的 ServerVariables 属性可以方便地取得服务器端或客户端的环境变量信息，如客户端的 IP 地址等。语法格式如下：

```
Request . ServerVariables ["环境变量名称"]
```

常用的环境变量名称如表 4-5 所示。

表 4-5　常用的环境变量

环境变量名称	说　明
ALL_HTTP	客户端浏览器所发出的所有 HTTP 标题文件
CONTENT_LENGTH	发送到客户端的文件长度
CONTENT_TYPE	发送到客户端的文件类型
PATH_INFO	路径信息，通常是将当前的 URL 与查询字符串组合在一起

(续表)

环境变量名称	说　明
QUERY_STRING	HTTP 请求中问号？后的内容
REMOTE_ADDR	客户端 IP 地址
REMOTE_HOST	客户端主机名
REQUEST_METHOD	数据请求的方法，对 HTTP 请求方式，可以是 GET、HEAD、POST 等
SCRIPT_NAME	当前脚本程序的名称
SERVER_NAME	服务器的主机名或 IP 地址
SERVER_PORT	服务器接受请求的 TCP/IP 端口号，默认为 80
SERVER_PROTOCOL	信息检索的协议名称和版本
SERVER_SOFTWARE	Web 服务器软件的名称和版本
URL	URL 的基本部分，不包括查询字符串

4.2.6 ClientCertificate 属性

如果客户端浏览器支持 SSL 3.0 或 PCT1 协议，则可以利用 ClientCertificate 属性获取当前请求的客户端安全证书。语法格式如下：

```
Request . ClientCertificate [关键字]
```

如果客户端浏览器未送出身份验证信息，或者服务器端也未设置向客户端浏览器要求身份验证的命令，那么将返回空值。如果有，将返回相应的身份验证信息。

4.3 Response 对象

Request 对象与 Response 对象就像一般程序语言中的 Input 及 Output 命令(或函数)一样，若要让 ASP.NET 程序能够接收来自前端用户的信息，或者想将信息传递给前端，都必须依赖这两个对象。简言之，Request 对象负责 ASP.NET 的 Input 功能，而 Response 对象则负责 Output 功能。

4.3.1 Response 对象简介

Response 对象实际上是在执行 system.web 命名空间中的 HttpResponse 类。CLR 会根据用户的请求信息建立一个 Response 对象，Response 将用于回应客户端浏览器，告诉浏览器回应内容的报头、服务器端的状态信息以及输出指定的内容。常用的方法和属性分别如表 4-6 和表 4-7 所示。

表 4-6　Response 对象的方法

方　法	说　明
Write	Response 对象最常用的方法，用来送出信息给客户端
Redirect	引导客户端浏览器至新的 Web 页面

(续表)

方　法	说　明
WriteFile	将页面以文件流的方式输出到客户端。常与 Response 对象的 ContentType 属性一起使用
AppendToLog	给 Web 服务器添加日志信息
AppendHeader	将一个 HTTP 头添加到输出流
Clear	清除缓冲区中的所有 HTML 页面 语法：Response. Clear 此时，Response 对象的 BufferOutput 属性必须被设置为 True，否则会报错
End	将缓冲区的 HTML 数据输出到客户端，停止页面程序的执行 语法：Response. End
Flush	立刻送出缓冲区中的 HTML 数据，但不停止页面程序的执行 语法：Response. Flush 此时，Response 对象的 BufferOutput 属性必须被设置为 True，否则会报错

表 4-7　Response 对象的属性

属　性	说　明
BufferOutput	设置 Response 对象的信息输出是否支持缓存处理，取值为 True 或 False，默认为 True
ContentType	指定送出文件的 MIME 类型。默认文件类型为“text/HTML”，还有“image/GIF”、“image/JPEG”等
Charset	设置或获取文件所用的字符集
Cookies	获取相应的 Cookie 集合

4.3.2　利用 Write 方法输出信息

利用 Write 方法就可以在客户端输出信息，其语法格式如下：

```
Response .Write(变量数据或字符串)
```

例如：

```
Response.Write (user_name&"您好")          //user_name 是一个变量，表示用户名
Response.Write ("现在是："&now())          //now()是时间函数
Response.Write ("业精于勤而荒于嬉<p>")     //输出字符串
```

4.3.3　使用 Redirect 方法引导客户至另一个 URL 位置

在网页中，可以利用超链接引导客户至另一个页面，但是必须要在客户端单击超链接后才行。可是有时希望自动引导(也称重定向)客户至另一个页面，而不需要单击超链接。例如，进行网上考试时，当考试时间结束时，就自动引导客户端至结束界面。

使用 Redirect 方法就可以自动引导客户至另一个页面，其语法格式如下：

```
Response.Redirect (网址变量或字符串)
```

例如：

```
Response.Redirect ("http://www.edu.cn")     //引导至中国教育网
Response.Redirect ("index.aspx")            //引导至网站内的另一个页面 index.aspx
```

```
theURL="http://www.pku.edu.cn"
Response.Redirect (theURL)                //引导至变量表示的网址
```

4.3.4 关于 BufferOutput 属性

BufferOutput 属性用于设置页面中是否使用缓存技术。页面中使用缓存就是页面下载到客户端前，先暂时存放在服务器端的缓冲区中，等到页面程序全部编译成功后，再从缓冲区输出到客户端浏览器，这样可以加快用户浏览页面的速度。如果不使用页面缓存技术，页面将直接下载到客户端浏览器，其下载过程完全依赖于网络速度，当页面下载量过大时，经常会出现页面不能显示的情况。

BufferOutput 属性的取值为 True 或 False，默认为 True。其语法格式如下：

```
Response.BufferOutput = True | False
```

【例 4-3】 设置不同的 BufferOutput 属性，比较页面输出信息的变化，了解页面缓存技术。

(1) 创建文件 BufferOutput.aspx。

(2) 在 BufferOutput.aspx.cs 文件的， Page_Load 函数内添加如下代码：

```
01    Response.BufferOutput = true;                      //设置 BufferOutput 属性为 True
02    Response.Write("使用缓存机制！" + "<Br>");          //输出页面信息
03    Response.Clear();                                  //清除缓存区
04    Response.BufferOutput = false;                     //设置 BufferOutput 属性为 False
05    Response.Write("不使用缓存机制！" + "<Br>");        //输出页面信息
06    Response.Clear();                                  //清除缓存区
```

浏览该页面，结果如图 4-5 所示。

上面第 01 行设置 BufferOutput 属性为 True，即将输出信息暂存到缓冲区中。第 02 行输出页面信息，这时该输出信息先存储到缓冲区中。由于第 03 行清除缓存，所以第 02 行已存储到缓冲区的信息被清除，结果没有输出该页面信息。第 04 行代码设置 BufferOutput 属性为 False，即输出信息不用先存储到缓冲区。虽然在第 06 行中清除缓冲区，但由于输出信息没有存储到缓冲区，所以该命令不影响第 05 行代码输出页面信息。

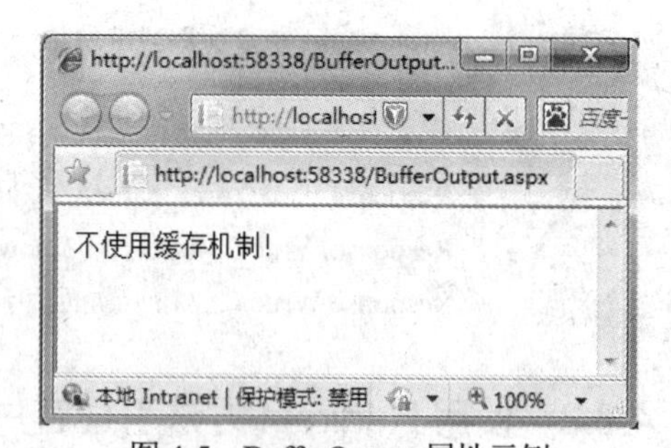

图 4-5　BufferOutput 属性示例

4.3.5 输出缓存资料

输出缓存资料就是不等页面完全编译存储到缓冲区，就可以中途将缓存资料输出。如果页面的数据资料太大，就需要中途将缓存的资料输出，清空缓存，以方便页面继续存储到缓存中。

Response 对象可通过 Flush、End 方法将缓冲区中的数据输出显示到客户端，但 Flush 方法没有停止页面程序的执行，而 End 方法则会停止页面程序的执行。

【例 4-4】下面通过一个具体的实例来对 Flush 和 End 两种方法进行比较。

(1) 创建文件 FlushandEnd.aspx。

(2) 在 FlushandEnd.aspx.cs 文件的，Page_Load 函数内添加如下代码：

```
01    Response .Write ("这是第一句<br>");                //输出第一句
02    Response.Flush();                                  //执行 Flush 方法
03    Response .Write ("这是第二句<br>");                //输出第二句
04    Response.End();                                    //执行 End 方法
05    Response.Write ("这是第三句<br>");                 //输出第三句
```

浏览该页面，结果如图 4-6 所示。

在执行第 02 行代码之后，还可以执行第 03 行代码，输出“这是第二句”，这说明 Flush 方法没有终止后面程序的执行。执行第 04 行代码之后，却没有输出“这是第三句”，这说明执行 End 方法之后，终止了后面程序的执行。

图 4-6　Response.End 方法示例

4.3.6　WriteFile 方法

Response 对象的 WriteFile 方法与 Write 方法一样，都是向客户端输出数据。Write 方法是输出该方法中带的字符串，而 WriteFile 方法则可以输出二进制信息，它不进行任何字符转换，直接输出。其语法格式如下：

```
Response.WriteFile (变量或字符串)
```

如下面的例子将显示一张图片：

```
Response.ContentType ="image/JPEG";              //定义文件类型
Response.WriteFile ("Example.jpg");              //输出图片文件
```

4.4　Cookie 对象

Cookie 是服务器为用户访问而存储的特定信息，是一个保存在用户硬盘上的普通文本文件。这些特定信息包括用户的注册名、用户上次访问的页面、用户的首选项等。当用户再次访问该网站时，网站将从这个 Cookie 中自动读取这些信息，从而确认用户的身份。

4.4.1　Cookie 对象简介

Cookie 对象是由 System.Web. HttpCookie 类实现的，是一种可以在客户端保存信息的方法。Cookie 对象保存在客户端，使用 Cookie 对象能够持久化的保存用户信息，所以 Cookie 对象能够长期保存。Web 应用程序可以通过获取客户端的 Cookie 信息来判断用户的身份进行认证。

由于 HTTP 协议是一个无状态的协议，所以，对于页面的每一次请求，都被看做是一次新的会话。这样就无法知道用户最近都访问了哪些页面，这对于那些需要获取用户身份才能工作下去的应用来说十分不方便。而 Cookie 作为用户和服务器之间进行交换的小段信息，可以弥补 HTTP 协议的这一缺陷。

用户每次访问站点时，Web 应用程序都可以读取 Cookie 信息。当用户请求站点中的页面时，应用程序发送给该用户的不仅仅是一个页面，还有一个包含日期和时间的 Cookie，用户的浏览器在获取页面的同时也获得了该 Cookie，并将它存储在用户本地磁盘中。以后，如果该用户再次请求站点中的页面，当该用户输入 URL 时，浏览器便会在本地硬盘中查找与该 URL 关联的 Cookie。比如当用户登录某些网站的邮箱后，如果在 Cookie 中记录了用户名信息，那么在 Cookie 信息失效以前，该用户在同一台计算机再次登录时就不需要提供用户名了。

Cookie 有两种形式：会话 Cookie 和永久 Cookie。会话 Cookie 是临时性的，只有浏览器打开时才存在，一旦会话结束或超时，这个 Cookie 就不存在了。永久 Cookie 则是永久性地存储在用户的硬盘上，并在指定的日期之前一直有效。相比于 Session 和 Application 而言(后面将会介绍)，Cookie 有如下优点。

- 可以配置到期的规则：Cookie 可以在浏览器会话结束后立即到期，也可以在客户端中无限保存。
- 简单：Cookie 是一种基于文本的轻量级结构，包括简单的键值对。
- 数据持久性：Cookie 能够在客户端长期进行数据保存。
- 无需任何服务器资源：Cookie 无需任何服务器资源，存储在本地客户端中。

虽然 Cookie 具有若干优点，这些优点能够弥补 Session 对象和 Application 对象的不足，但是 Cookie 对象同样有如下缺点。

- 大小限制。Cookie 有大小限制，并不能无限保存 Cookie 文件。大多数浏览器支持最多可达 4096 字节的 Cookie。浏览器还限制了站点可以在用户计算机上保存的 Cookie 数。大多数浏览器只允许每个站点保存 20 个 Cookie。如果试图保存更多的 Cookie，则最先保存的 Cookie 就会被删除。还有些浏览器会对来自所有站点的 Cookie 总数作出限制，这个限制通常为 300 个。
- 不确定性。如果客户端配置为禁用 Cookie，则 Web 应用中使用的 Cookie 将被限制，客户端将无法保存 Cookie。
- 安全风险。现在有很多的软件能够伪装 Cookie，这意味着保存在本地的 Cookie 并不安全，Cookie 能够通过程序修改来伪造，这会导致 Web 应用在认证用户权限时出现错误。

在 Windows 9X 系统计算机中，Cookie 文件的存放位置为 C:/Windows/Cookies，在 Windows NT/2000/XP 系统计算机中，Cookie 文件的存放位置为 C:/Documents and Settings/用户名/Cookies。Internet Explorer 将站点的 Cookie 保存的文件名的格式为：用户名@网站地址[数字].txt。打开 Cookie 文件时，经常会发现文件的内容是一串无意义的字符。这是因为多数情况下，Cookie 会以某种方式进行加密和解密。

4.4.2　Cookie 对象的属性和方法

Cookie 对象的主要属性如下。

- Name：获取或设置 Cookie 的名称。
- Value：获取或设置 Cookie 的 Value。
- Expires：获取或设置 Cookie 的过期日期和事件。
- Version：获取或设置符合 HTTP 维护状态的 Cookie 版本。

Cookie 对象的主要方法如下。

- Add：增加 Cookie 变量。
- Clear：清除 Cookie 集合内的变量。
- Get：通过变量名称或索引得到 Cookie 的变量值。
- Remove：通过 Cookie 变量名称或索引删除 Cookie 对象。
- Set：用于更新 Cookie 的变量值。

4.4.3　Cookie 对象的使用

浏览器负责管理用户系统上的 Cookie。ASP.NET 包含两个内部 Cookie 集合：Request 对象的 Cookies 集合和 Response 对象的 Cookies 集合。Cookie 通过 Response 对象发送到浏览器。创建 Cookie 时，需要指定 Name 属性和 Value 属性。每个 Cookie 必须有一个唯一的名称，以便以后从浏览器读取 Cookie 时可以识别它。由于 Cookie 按名称存储，因此用相同的名称命名两个 Cookie 会导致其中一个 Cookie 被覆盖。

有两种方法可以向用户计算机中写入 Cookie。可以直接为 Cookies 集合设置 Cookie 属性，也可以创建 HttpCookie 对象的一个实例并将该实例添加到 Cookies 集合中。下面的代码演示了两种编写 Cookie 的方法。

```
Response.Cookies["userName"].Value = "patrick";
Response.Cookies["userName"].Expires = DateTime.Now.AddDays(1);
```

或

```
HttpCookie    MyCookie = new    HttpCookie("MyCookie ");
MyCookie.Value = Server.HtmlEncode("一个 Cookie 应用程序");          //设置 Cookie 的值
MyCookie.Expires = DateTime.Now.AddDays(5);                          //设置 Cookie 过期时间
Response.Cookies.Add(MyCookie);                                      //新增 Cookie
```

也可以用 Response 对象的 AppendCookie 方法进行 Cookie 对象的创建，修改最后一行代码如下。

```
HttpCookie    MyCookie = new    HttpCookie("MyCookie ");
MyCookie.Value = Server.HtmlEncode("一个 Cookie 应用程序");          //设置 Cookie 的值
MyCookie.Expires = DateTime.Now.AddDays(5);                          //设置 Cookie 过期时间
Response.AppendCookie(MyCookie);
```

此示例向 Cookies 集合添加了两个 Cookie，一个名为 userName，另一个名为 MyCookie。

对于第一个 Cookie，Cookies 集合的值是直接设置的。对于第二个 Cookie，代码创建了一个 HttpCookie 类型的对象实例，设置其属性，然后通过 Add 方法或 AppendCookie 方法将其添加到 Cookies 集合中。在实例化 HttpCookie 对象时，必须将该 Cookie 的名称作为构造函数的一部分进行传递。

浏览器向站点发出请求时，会随请求一起发送该站点的 Cookie。在 ASP.NET 应用程序中，可以使用 Request 对象读取 Cookie，并且读取方式与将 Cookie 写入 Response 对象的方式基本相同。下面的代码示例演示了两种方法，通过这两种方法可以获取名为 username 的 Cookie 的值，并将其显示在 Label 控件中。

```
if  (Request.Cookies["userName"] != null)
    Label1.Text = Server.HtmlEncode(Request.Cookies["userName"].Value);
```

或

```
if  (Request.Cookies["userName"] != null)
{
    HttpCookie MyCookie = Request.Cookies["userName"];
    Label1.Text = Server.HtmlEncode(MyCookie.Value);
}
```

在尝试获取 Cookie 的值之前，应确保该 Cookie 存在；如果该 Cookie 不存在，将会收到 NullReferenceException 异常。

【例 4-5】Cookie 的使用。

(1) 创建 Cookie.aspx 页面。

(2) 在 Cookie.aspx.cs 中添加代码，创建一个 Cookie，当下次客户登录时获取到上次写入的 Cookie 信息。代码如下：

```
protected void Page_Load(object sender, EventArgs e)
        {
            try
            {
                HttpCookie MyCookie = new HttpCookie("MyCookie ");        //创建 Cookie 对象
                MyCookie.Value = Server.HtmlEncode("一个 Cookie 应用程序");//Cookie 赋值
                MyCookie.Expires = DateTime.Now.AddDays(5);//Cookie 持续时间
                Response.AppendCookie(MyCookie);                //添加 Cookie
                Response.Write("Cookies  创建成功");                           //输出成功
                Response.Write("<hr/>获取 Cookie 的值<hr/>");
                HttpCookie GetCookie = Request.Cookies["MyCookie"];//获取 Cookie
                //输出 Cookie 值
                Response.Write("Cookies 的值:" + GetCookie.Value.ToString() + "<br/>");
                Response.Write("当前时间: " + DateTime.Now.ToString()+ "<br/>");
                Response.Write("Cookies 的过期时间:" + MyCookie.Expires.ToString() + "<br/>");
                // 从当前运行时间计算 5 天后过期
            }
            catch
```

```
        {
            Response.Write("Cookies 创建失败");        //抛出异常
        }
    }
```

(3) 用户第一次登录网站时，运行结果如图 4-7 所示，获取 Cookie 信息时出错，抛出异常错误，这是第一次运行写入，当下次运行或者刷新页面时，将看到如图 4-8 所示的结果，将上一次写入到 Cookie 的信息读出并显示。

图 4-7　程序第一次运行

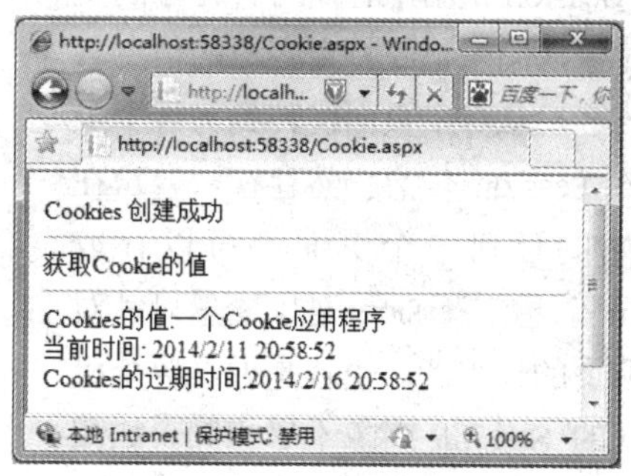

图 4-8　再次运行程序

4.4.4　检测用户是否启用了 Cookie

对于程序设计人员来说，获取客户是否启用了 Cookie 功能是十分重要的，因为客户可以通过设置浏览器的功能来禁用 Cookie。如果用户禁止使用 Cookie，那么对于使用了 Cookie 功能的网页就可能出现错误。

例如，用户禁止使用 Cookie，而网页的程序设计却使用 Cookie 来记录用户的某些爱好，用户花了很长时间来设定自己的爱好，但是下次再访问的时候，以前的设置都没有保存下来，这会让用户感到困惑。所以，在用户禁止了这个功能的时候，网页程序应该能够检测出来并告知用户产生问题的原因，同时提示用户重新设置 Cookie 的值。最直接的检测方法就是在客户端保存一个 Cookie，然后立即访问这个 Cookie。如果这个 Cookie 的值与原来保存的值相同，说明 Cookie 没有被禁止；否则，就说明客户禁止了 Cookie。

另外，需要注意的是，虽然 Cookie 在应用程序中非常有用，但应用程序不应只依赖 Cookie，不要使用 Cookie 支持关键功能。这是因为用户可能随时清除其计算机上的 Cookie。即便存储的 Cookie 距到期日期还有很长时间，但用户还是可以决定删除所有 Cookie，清除 Cookie 中存储的所有信息。

4.5　Session 对象

在上网时，可以利用超链接方便地从一个页面跳转到另一个页面。但是这样也带来一个问题，怎样记载客户的信息呢？例如，用户在首页输入了自己的用户名和密码，如果在其他页面还要使用该用户名，那么怎样记住用户在首页输入的用户名呢？

至今为止，主要有以下两种方法。

- 利用 Request 对象的 QueryString 方法一页一页地传过去。这种方法的缺点是太麻烦。
- 利用 Cookies 保存用户名。

下面再来学习一种更简洁的方法：利用 Session(会话)对象。

4.5.1 Session 对象简介

Session 对象是由 System .Web .HttpSessionState 类实现的，是 HttpSessionState 类的一个实例，Session 是用来存储跨页程序的变量或对象，用来记载特定客户的信息。即使该客户从一个页面跳转到另一个页面，该 Session 信息仍然存在，客户在该网站的任何一个页面都可以存取 Session 信息。Session 对象变量只针对单一网页的使用者，也就是说，各个机器之间的 Session 对象不尽相同。如图 4-9 所示。

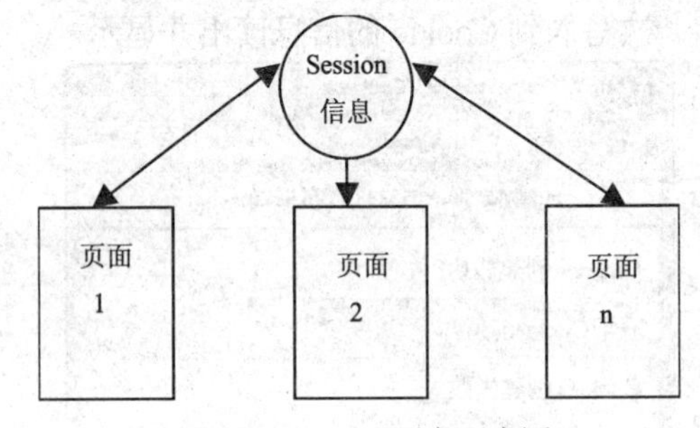

图 4-9　Session 对象示意图

需要特别强调的是：Session 信息是对一个客户的，不同客户的信息用不同的 Session 对象记载。例如，用户 A 和用户 B，当用户 A 访问该 Web 应用时，应用程序可以显式的为该用户增加一个 Session 值，同样地，用户 B 访问该 Web 应用时，应用程序又为用户 B 增加一个 Session 值。

Session 的工作原理还是比较复杂的。当客户端第一次访问一个应用程序时，ASP.NET 会自动产生一个长整数 SessionID，并把这个 SessionID 存放在客户端的 Cookies 内。当客户端再次访问该应用程序时，ASP.NET 会去检查客户端的 SessionID，并返回该 SessionID 对应的 Session 信息。如果客户端不支持 Cookies，ASP.NET 将把 SessionID 存储在每个链接的 URL 中，来确保 Session 的正常运行。

Session 对象的属性主要如下。

- SessionID：对于不同的用户会话，SessionID 是唯一的，其为只读属性。
- IsNewSession：如果用户访问页面时是创建新会话，则此属性将返回 true，否则将返回 false。
- Timeout：Session 的有效期时长，即一个会话结束之前会等待用户没有任何活动的最长时间，默认为 20 分钟。
- Keys：根据索引号获取变量值。
- Count：获取会话状态集合中的项数。

Session 对象的方法主要如下。

- Abandon：清除 Session 对象。
- Add：创建一个 Session 对象。
- Clear：此方法将清除全部的 Session 对象变量，但不结束会话。

常用的事件有 Session_OnStart(在开始一个新会话时触发)和 Session_OnEnd(在会话被放弃或过期时触发)，需要和后面介绍的 Global.asax 文件结合使用。

4.5.2　Session 对象的使用

利用 Session 存储信息其实很简单，可以把变量或字符串等信息很容易地保存在 Session 中。Session 对象可以不需要 Add 方法进行创建，而直接使用下面的语法结构进行创建。

```
Session ["Session 名字"] = 变量、常量、字符串或表达式
```

例如：

```
Session ["user_name"] =name
Session ["age"] =22
Session ["company"] = "IBM"
```

注意：

第一次给一个 Session 赋值时即自动创建 Session 对象，以后再赋值就是更改其中的值了。

读取 Session 的语法也很简单，只要将 Session["Session 名字"]像一个变量一样使用就可以了。不过，如果读取一个不存在的 Session，将返回 Nothing。

4.5.3　Session_Start 和 Session_End 事件

Session_Start 事件在 Session 对象开始时被触发。通过 Session_Start 事件可以统计应用程序当前访问的人数，同时也可以进行一些与用户配置相关的初始化工作，示例代码如下。

```
protected void Session_Start(object sender, EventArgs e)
{
    Application ["online"] = Application ["online"]+1;  //在线人数加 1
}
```

与之相反的是 Session_End 事件，当 Session 对象结束时则会触发该事件。当使用 Session 对象统计在线人数时，可以通过 Session_End 事件减少在线人数的统计数字，同时也可以对用户配置进行相关的清理工作。示例代码如下。

```
protected void Session_End(object sender, EventArgs e)
{
    Application ["online"] = Application ["online"]-1;  //在线人数减 1
}
```

当用户离开页面或者 Session 对象生命周期结束时被触发，可以在 Session_End 中清除用户信息进行相应的统计操作。

4.5.4　Timeout 属性

Session 对象是不是一直有效呢？不是的，Session 对象有它的有效期，默认为 20 分钟。客户端如果超过 20 分钟没有和服务器端进行交互(比如开着计算机离开了)或者关闭了浏览器，服务器就会销毁这些 Session 对象，以释放 Session 对象所占用的内存空间。

很多时候需要修改 Session 对象的有效期，比如在网上考试时，可能考生打开试卷后 90 分钟后才会递交试卷，就希望将有效期改成 90 分钟。这时就要用到 Timeout 属性，语法格式

如下。

```
Session.Timeout = 整数(分钟)
```

例如：

```
Session.Timeout = 90                    //将有效期改为 90 分钟
```

注意：

在使用 Session 对象时，经常会发生错误，比如丢失了用户名等信息，就是因为有效期的问题。

4.5.5　Abandon 方法

一旦调用 Abandon 方法，当前会话就不再有效，同时会启动新的会话。其语法格式如下。

```
Session.Abandon()
```

例如：

```
Session ["user_name"] = "晓晓"
Session.Abandon()
```

4.5.6　Session 对象的注意事项

状态服务器是 ASP.NET 中引入的一个新对象，它可以单独存储 Session 对象的内容，即使 ASP.NET 服务器进程失败，状态服务器也可以保存和管理这些 Session 信息。

无论使用什么方法，都会使用服务器的资源来存储 Session 信息。当服务器负载不大时，使用 Session 对象的方法保存用户信息是十分有效的。但是，当服务器的负载过大时，这种方法就会加重服务器的负担。对于一个在线人数上百万的网站来说，为每个用户维护一定数量的会话信息，会占用巨大的服务器资源。所以，在确定是否使用 Session 对象时，要仔细考虑这些内容，才能保证网站资源的有效利用。

4.6　Application 对象

Application 对象是 HttpApplication 类的实例，将在客户端第一次从某个特定的 ASP.NET 应用程序虚拟目录中请求任何 URL 资源时创建。对于 Web 应用上的每个 ASP.NET 应用程序都要创建一个单独的实例，然后通过内部 Application 对象公开对每个实例进行引用。

Application 对象主要用于在线人数统计、创建聊天室、读取数据库中的数据等。Application 对象最典型的应用是聊天室，大家的发言都存放到一个 Application 对象中，彼此就可以看到其他人的发言内容了。

4.6.1　Application 对象简介

Application 对象由 System .Web . HttpApplicationState 类实现，用来保存所有客户的公共信息。Application 的原理是在服务器端建立一个状态变量来存储所需的信息。需要注意的是，首先，这个状态变量是建立在服务器的内存中的；其次，这个状态变量可以被网站的所有用户访问。

从 Web 站点的主目录开始，每个目录和子目录都可以作为一个 Application 对象。只要在一个目录中没有找到其他的 Application 对象，那么该目录中的每一个文件和子目录都是这个 Application 对象的一部分。

Application 对象是应用程序级的对象，用来存储 ASP.NET 应用程序中多个会话和请求之间的全局共享信息，与此相反，Session 对象可以记载特定客户的信息。简而言之，不同的客户可以访问公共的 Application 对象，但必须访问不同的 Session 对象。

Application 对象不像 Session 对象那样有有效期的限制，从该应用程序启动直到该应用程序停止，Application 对象是一直存在的。如果服务器重新启动，那么 Application 对象中的信息就丢失了。

Application 对象具有如下特性。

- 数据可以在 Application 对象内进行数据共享，一个 Application 对象可以覆盖多个用户。
- Application 对象可以用 Internet 服务管理器来设置而获得不同的属性。
- 单独的 Application 对象可以隔离出来并运行在内存之中。
- 可以停止一个 Application 对象而不会影响其他 Application 对象。

Application 常用的属性有以下 6 个。

- AllKeys：获取访问 HttpApplicationState 集合的所有键。
- Contents：获取 HttpApplicationState 对象的引用。
- Count：获取 HttpApplicationState 集合的数量。
- Item：通过名称和索引访问 HttpApplicationState 集合。
- Keys：获取访问 HttpApplicationState 集合的所有键，从 NameObjectCollectionBase 继承。
- StaticObjects：获取所有使用<object>标签声明的应用程序集对象。

Application 对象也有它的事件和方法。方法主要有下面 5 个。

- Lock：锁定 Application 对象以促进访问同步。
- Unlock：解除锁定。
- Add：新增一个 Application 对象变量。
- Clear：清除全部的 Application 对象变量。
- Remove：使用变量名称移除一个 Application 对象变量。

4.6.2　利用 Application 对象存储信息

Application 的使用方法可以把变量、字符串等信息很容易地保存在 Application 中。语法格式如下。

```
Application ["Application 名字"]= 变量、常量、字符串或表达式
```

将信息保存到 Application 中的方法主要有以下两种。

(1) 可以通过使用 Application 对象的方法对 Application 对象进行操作，其中使用 Add 方法能够创建 Application 对象，示例代码如下。

```
Application.Add("App", "Myname");           //增加 Application 对象 App
Application.Add("App1", "MyValue");         //增加 Application 对象 App1
```

如果需要使用 Application 对象，可以通过索引 Application 对象的变量名进行访问，代码如下。

```
Response.Write(Application["App1"].ToString());    //输出 Application 对象
```

Application 对象通常可以用来统计在线人数。在页面加载后可以通过配置文件使用 Application 对象的 Add 方法创建 Application 对象。当用户离开页面时，可以使用 Application 对象的 Remove 方法移除 Application 对象。代码如下。

```
        Application.Remove("App");
```

(2) 可以直接把变量、字符串等信息保存在 Application 中，当 Web 应用不希望用户在客户端修改已经存在的 Application 对象时，可以使用 Lock 对象进行锁定，当执行完相应的代码块后可以解锁。示例代码如下。

```
Application .Lock( );
Application ["user_name"] = uname;        //将 user_name 变量存入 Application
Application .Unlock( );
```

注意：

Lock 方法和 Unlock 方法是非常重要的，因为任何客户都可以存取 Application 对象。如果正好有两个客户同时更改一个 Application 对象的值怎么办？这时，就可以利用 Lock 方法先将 Application 对象锁定，以防止其他客户更改。更改后，再利用 Unlock 方法解除锁定。不过，读取 Application 对象时就没必要这样了。

注意：

Session 对象和 Application 对象都能够进行在应用程序中对在线人数或应用程序的统计和计算。在选择对象时，可以按照具体的应用要求(特别是对象生命周期的要求)，选择不同的内置对象。

4.7 Server 对象

Server 对象是 HttpServerUtility 的一个实例，该对象提供了对服务器上的方法和属性进行访问。Server 对象是专为处理服务器上的特定任务而设计的，特别是与服务器的环境和处理

活动有关的任务。

4.7.1　Server 对象简介

Server 对象提供了一些非常有用的属性和方法，主要用于创建 COM 对象和 Scripting 组件、转化数据格式、管理其他页的执行。语法格式如下。

```
Server.方法 (变量或字符串)
Server.属性 = 属性值
```

Server 对象的常用属性和方法分别如表 4-8 和表 4-9 所示。

表 4-8　Server 对象的属性

属　　性	说　　明
ScriptTimeout	规定脚本文件的最长执行时间，超过时间就停止执行脚本，以秒计
MachineName	获取远程服务器的名称

表 4-9　Server 对象的方法

方　　法	说　　明
CreateObject	创建 COM 对象的一个服务器实例
HTMLEncode	将字符串转换为 HTML 格式输出
HTMLDecode	与 HTMLEncode 相反，还原为原来的字符串
URLEncode	将字符串转换为 URL 的编码输出
URLDecode	与 URLEncode 相反，还原为原来的字符串
MapPath	将虚拟路径转化为对应的物理文件路径
Execute	停止执行当前网页，转到新的网页执行，执行完后返回原网页，继续执行 Execute 方法后面的语句
Transfer	停止执行当前网页，转到新的网页执行。和 Execute 方法不同的是：执行完以后不返回原网页，而是停止执行过程

4.7.2　MachineName 属性

使用 MachineName 属性获取服务器名称。

【例 4-6】MachineName 属性的使用。

(1) 创建页面 MachineName.aspx。

(2) 在文件 MachineName.aspx 中添加如下代码。

```
服务器名称：<asp:Label ID="Label1" runat="server" ForeColor="black" Text="Label"></asp:Label>
```

(3) 在文件 MachineName.aspx.cs 中添加代码获取服务器的名称，并且将服务器的名称变成小写输出，代码如下。

```
protected void Page_Load(object sender, EventArgs e)
    {
        Label1.Text ="服务器名称："+ Server.MachineName.ToLower();
    }
```

(4) 程序运行结果如图 4-10 所示。

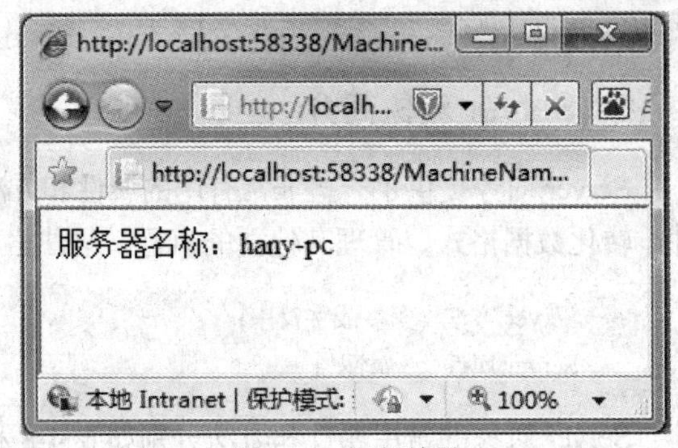

图 4-10　运行结果

4.7.3　ScriptTimeout 属性

该属性用来规定脚本文件执行的最长时间，默认为 90 秒。如果超过最长时间脚本文件还没有执行完，就自动停止执行。这样做，可以防止某些可能进入死循环的错误导致服务器过载问题。

对于运行时间较长的页面可能需要增大这个值。比如，上传一个很大的文件，修改该属性的方法如下。

```
Server . ScriptTimeout = 300          将最长执行时间设置为 300 秒
```

4.7.4　CreateObject 方法

该方法可用于创建组件、应用程序或脚本对象的实例。在 ASP.NET 中，该方法用得不多，语法格式如下。

```
Server . CreateObject (ActiveX Server 组件)
```

例如：

```
Object MyObject;
MyObject = Server.CreateObject("Acme.Component.3");
```

4.7.5　Execute 方法

该方法用来停止执行当前网页，转到新的网页执行，执行完以后返回原网页，继续执行 Execute 方法后面的语句。其语法格式如下。

```
Server . Execute (变量或字符串)
```

例如：

```
Server.Execute("http://www.contoso.com/updateinfo.aspx");
```

4.7.6　Transfer 方法

该方法和 Execute 方法非常相似，唯一的区别是执行完新的网页后，并不返回原网页，而是停止执行过程。该方法可以把控制传递出去，可以把原来页面的所有内置对象和这些对象的状态都传递给新的页面，比如 Request 对象的查询字符串。使用这种方法还可以把一个大的程序划分成小的模块，然后用 Transfer 方法把各个模块联系起来。

其语法格式如下。

```
Server . Transfer (变量或字符串)
```

4.7.7　HtmlDecode 方法和 HtmlEncode 方法

在 ASP.NET 中，默认编码是 UTF-8，所以在使用 Session 和 Cookie 对象保存中文字符或者其他字符集时经常会出现乱码，为了避免乱码的出现，可以使用 HtmlDecode 和 HtmlEncode 方法进行编码和解码。HtmlEncode 方法用来转化字符串，它可以将字符串中的 HTML 标记转换为字符实体。如将“<”转换为“<”，将“>”转换为“>”。其语法格式如下。

```
Server.HtmlEncode (变量或字符串)
Server.HtmlDecode(变量或字符串)
```

特别是 HtmlEncode 方法，在需要输出 HTML 语句时非常有用。浏览器是解释执行的，它将网页文件中的 HTML 标记逐一解释执行。但是，有时候就希望直接将 HTML 标记输出到屏幕上，比如在考试 HTML 知识时，就需要在页面中输出 HTML 语句。

另外，还可以通过 HtmlEncode 方法防止脚本入侵。脚本入侵是指网络上一些恶意用户在提交给页面的信息中包含一些特殊脚本程序(如包含<script>和</script>)，如果没有对其进行特殊处理，则服务器将会执行这些脚本程序。

【例 4-7】演示 HtmlEncode 和 HtmlDecode 方法的使用。

(1) 创建 HtmlEncode.aspx。

(2) 在设计页面上添加如下代码。

```
<body>
        <form id="form1" runat="server">
        解码前的输出：  <asp:Label ID="Label1" runat="server" Text="Label"></asp:Label>
        <br />
        使用 HtmlEcode 后的输出：<asp:Label ID="Label2" runat="server" Text="Label"></asp:Label>
        <br />
        使用 HtmlDecode 后的输出：<asp:Label ID="Label3" runat="server" Text="Label"></asp:Label>
        </form>
</body>
```

(3) 在 HtmlEncode.aspx.cs 中添加如下代码。

```
protected void Page_Load(object sender, EventArgs e)
    {
        String TestString = "测试<H2>方法</H2>";
        String EncodedString = Server.HtmlEncode(TestString);
        Label1.Text = TestString;
        Label2.Text = EncodedString; //进行编码转换后的输出效果
        Label3.Text = Server.HtmlDecode(EncodedString);//解除效果
    }
```

(4) 保存文件，运行程序，结果如图4-11所示。

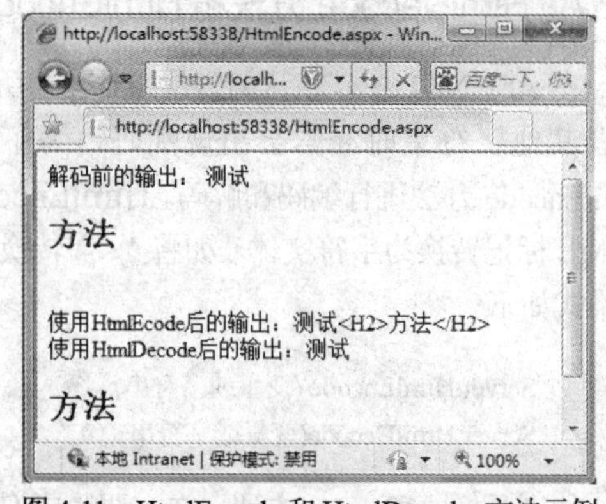

图 4-11　HtmlEncode 和 HtmlDecode 方法示例

4.7.8　MapPath 方法

在创建文件、删除文件或者读取文件类型的数据库时(如 Access 和 SQLite)，都需要指定文件的物理路径执行文件的操作，如 D:\Program Files。但是这样做很容易就显示了物理路径，如果有非法用户进行非法操作，很容易造成安全问题。

所以在页面中，一般使用的是虚拟路径(相对路径或绝对路径)。利用 MapPath 方法，就可以将虚拟路径转换为物理路径。Server.MaPath 方法将虚拟路径转换为绝对路径。这种方法需要包含或执行其他文件并需要指定路径名，但路径名又常常在发生变化的情况下使用。语法格式如下。

```
Server . MapPath (虚拟路径字符串)
```

4.7.9　URLEncode 方法

该方法也是用来转化字符串的，它可以将其中的特殊字符，像 ?、&、/ 和空格等转化为 URL 编码，如把空格转化为它的 URL 编码“+”。其语法格式如下。

```
Server.URLEncode (字符串)
```

为什么要使用该方法呢？主要有以下两个原因。

- 目前的操作系统允许文件名有空格等特殊字符，如果使用 IE 浏览器，一般没有问题，因为浏览器会自动转化空格等特殊字符。但是如果使用别的浏览器，就可能不支持空格等特殊字符，此时就需要用该方法进行人工转化。
- 在利用 Request 对象的 QueryString 方法获取标识在 URL 后面的参数时，参数可能带有空格等特殊字符，如<a href = "temp.aspx?name = 王 三">，IE 浏览器一般能正确识别，而其他浏览器可能就无法识别空格以后的字符，从而认为 name 的值是“王”。这时候也需要用该方法进行转化。比如修改为如下代码。

```
<a href = “temp.aspx?name = <% = Server.URLEncode ("王 三")%>”>
```

在页面提交的信息中，由于包括文字、数字、特殊符号等，并以 UTF-8 编码提交到服务器时，经常出现乱码。要解决这一问题就需要通过 Server 对象的 UrlEncode 方法对其进行 URL 编码转换，再通过 UrlDecode 方法进行解码。URL 编码可以确保所有浏览器均正确地传输 URL 字符串中的文本。UrlDecode 方法将 URL 编码向文本字符串进行解码转换。

【例 4-8】UrlEncode 和 UrlDecode 方法的应用。

(1) 创建 UrlEncode.aspx。

(2) 设置存储到 Cookie 中的用户资料，包括登录时间和用户名，保存前先进行 URL 编码。用户再次登录时，可以获取这两项资料并进行 URL 解码。在 UrlEncode.aspx.cs 设计页面上添加如下代码。

```
HttpCookie  MyCookie=Request.Cookies["User_location"];      //获取 Cookie 对象
if (MyCookie == null)                                        //Cookie 为空时生成用户及时间
{
    string Location_txt=Server.UrlEncode("王先生"+"|"+DateTime.Now.ToString());
    HttpCookie MyCookie_t = new HttpCookie("User_location", Location_txt);  //创建 Cookie 对象
    MyCookie_t.Expires.AddYears(100);                        //设 100 年后过期
    Response.Cookies.Add(MyCookie_t);                        //添加 Cookie
    Response.Redirect(Request.Url.ToString());               //返回页面
}
 else
 {
    Response.Write("现在登录时间：" + DateTime.Now.ToString() + "<br/>");//用户目前登录时间
    string[] Loca_txt =Server .UrlDecode (MyCookie.Value).Split(new char[]
           { '|' });                                 //获取用户名
    Response.Write("用户名：" + Loca_txt[0].ToString() + "<br/>");          //输出用户名
    Response.Write("上次登录时间：" + Loca_txt[1].ToString() + "<br/>");
                                                                  //输出上次登录时间
    MyCookie.Value = Loca_txt[0].ToString() + "|" + DateTime.Now.ToString();
                                                                //再次保存更新 Cookie
 }
```

运行结果如图 4-12 所示。

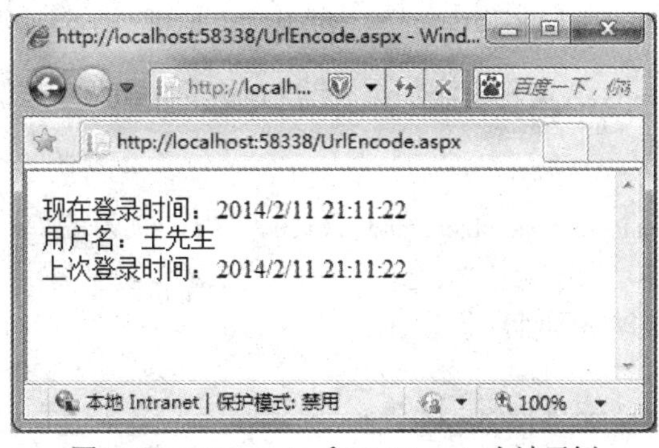

图 4-12　UrlEncode 和 UrlDecode 方法示例

4.8　ViewState 对象

ViewState(视图状态)对象是 Page 对象的一个属性，是状态管理中常用的一种对象，可以用来保存页和控件的值。视图状态是 ASP.NET 页框架默认情况下用于保存往返过程之间的页面信息以及控件值的方法。

Session 值是保存在服务器内存上，那么可以肯定，大量的使用 Session 将导致服务器负担加重，而 ViewState 由于只是将数据存入到页面隐藏控件里不再占用服务器资源。因此，可以将一些需要服务器“记住”的变量和对象保存到 ViewState 里面，而 Session 则只应该应用在需要跨页面且与每个访问用户相关的变量和对象存储上，另外，Session 在默认情况下 20 分钟就过期而 ViewState 则永远不会过期。

但 ViewState 并不是能存储所有的.net 类型数据,它仅仅支持 String、Integer、Boolean、Array、ArrayList、Hashtable 以及自定义的一些类型。

【例 4-9】演示 ViewState 的使用。

(1) 创建 ViewState.aspx。

(2) 在设计页面上添加 3 个 Label 控件、2 个 TextBox 控件和 2 个 Button 控件到页面上，代码如下。

```
姓    名：<asp:TextBox ID="TextBox1" runat="server"></asp:TextBox>
 <br />
 年    龄：<asp:TextBox ID="TextBox2" runat="server"></asp:TextBox>
 <br />
 邮 箱 地 址：<asp:TextBox ID="TextBox3" runat="server"></asp:TextBox>
 <br />
 <asp:Button ID="Button1" runat="server" Text="保存状态数据" OnClick="Button1_Click"/>
 <asp:Button ID="Button2" runat="server" Text="读取状态数据" OnClick="Button2_Click" />
 <br />
 显示状态信息：<br />
 <asp:Label ID="Label1" runat="server" Text="Label"></asp:Label>
```

(3) 在 ViewState.aspx.cs 文件中添加页面的 Load 事件和两个按钮的单击事件处理程序，代码如下。

```
protected void Page_Load(object sender, EventArgs e)
{
    if (!Page.IsPostBack)
    {
        ViewState.Add("name", "Tom");
        ViewState.Add("age", 33);
    }
}
protected void Button1_Click(object sender, EventArgs e)
{
```

```
            if (TextBox1.Text != "")
                ViewState["name"] = TextBox1.Text;
            if (TextBox2.Text != "")
                ViewState["age"] = TextBox2.Text;
        }
        protected void Button2_Click(object sender, EventArgs e)
        {
            Label3.Text = "ViewState 信息如下:<br>姓名：";
            Label3.Text += ViewState["name"];
            Label3.Text += "<br>年龄：";
            Label3.Text += ViewState["age"];
        }
```

(4) 编译并运行程序，单击【读取状态数据】按钮，读取 ViewState 的初值，如图 4-13 所示；输入姓名和年龄后，单击【保存状态数据】按钮，然后再次单击【读取状态数据】按钮，读取 ViewState 的新值，如图 4-14 所示。

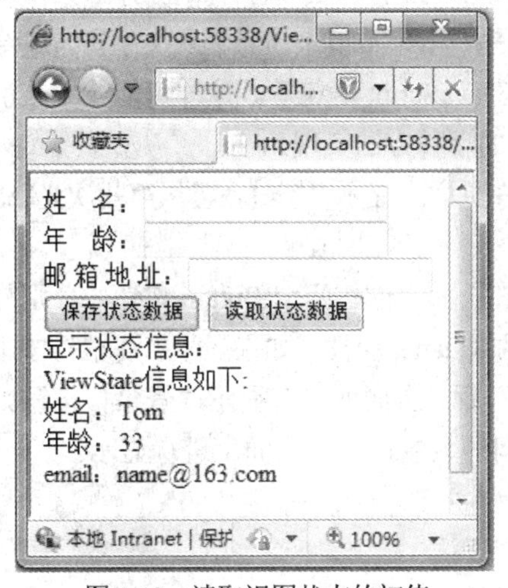

图 4-13　读取视图状态的初值

图 4-14　读取 ViewState 中的新值

4.9　本 章 小 结

本章所讲的对象和第 5 章将要介绍的服务器控件在本质上都是.NET 框架中的类。除此之外，.NET 还提供了其他大量的类，大家可以参考.NET 框架的示例文档进行学习。

本章重点介绍了以下 7 个对象。

- Request 对象：用来获取客户端信息。
- Response 对象：可以向客户端输出信息。
- Cookie 对象：一种可以在客户端保存信息的方法。
- Session 对象：记载特定客户的信息。
- Application 对象：存储 ASP.NET 应用程序中多个会话和请求之间的全局共享信息。

- Server 对象：专为处理服务器上的特定任务。
- ViewState 对象：保存数据信息。

每个对象都有一些常用的方法和属性，可结合具体的示例进行学习。

由于 Web 应用程序从本质上来讲是无状态的，为了维持客户端的状态，可以使用 ASP.NET 内置对象，包括 Session、Cookie、Application、ViewState 对象等。

4.10　练　　习

1. 如果设置 Session 时没有设置有效期，则关闭浏览器后 Session 还有效吗？

2. 请将 Response 对象的 Write 方法与利用标签控件输出信息进行比较。

3. Application 对象的 lock()和 unlock()方法在什么情况下使用，只用其中的一种方法行吗，为什么？

4. Application、Session 和 Cookie 对象都是保存数据的，三者有什么区别？

5. 将来开发留言板时，经常会碰到这样的问题，本来希望来访者输入文字留言，结果来访者可能输入了一段 HTML 语句，比如输入一些 JavaScript 语句等。这样可能就无法正常显示了。如果要防止这种情况，可以采用本章介绍的哪种方法实现？

6. 请开发一个页面，用 Cookies 保存信息，在页面上显示“您好，您是第几次光临本站”的欢迎信息。

7. 请编写一个页面，用 Session 保存信息，在页面上创建两个 Button 按钮，分别是“登录”和“注销”，这两个按钮不同时显示，并且添加 label 控件，如果显示“注销”按钮的同时会显示“admin 用户已登录”，当单击“注销”后，页面就只会显示“登录”按钮。

8. 编写程序，利用 Application 记录用户访问的数量，并在页面上进行显示。

第5章　ASP.NET常用服务器控件

ASP.NET 服务器控件是 ASP.NET 网页中的对象，当客户端浏览器请求服务器端的网页时，这些控件对象将在服务器上运行然后向客户端浏览器呈现 HTML 标记。使用 ASP.NET 服务器控件，可以大幅减少开发 Web 应用程序所需编写的代码量，提高开发效率和 Web 应用程序的性能。

本章的学习目标：

- 了解 Web 控件的种类和属性；
- 掌握基本的标准控件；
- 掌握验证控件、登录控件、导航控件、用户控件的使用。

5.1　服务器控件概述

在网页上经常看到输入信息用的文本框、单选按钮、复选框、下拉列表等元素，它们都是控件。控件是可重复使用的组件或对象，有自己的属性和方法，可以响应事件。

ASP.NET 服务器控件是服务器端 ASP.NET 网页上的对象，当用户通过浏览器请求 ASP.NET 网页时，这些控件将运行并把生成的标准的 HTML 文件发送至客户端浏览器来呈现。

网站部署在 Web 服务器上，人们可以通过浏览器来访问这个站点。当客户端请求一个静态的 HTML 页面时，服务器找到对应的文件直接将其发送给用户端浏览器；而在请求 ASP.NET 页面时(扩展名为.aspx 的页面)，服务器将在文件系统中找到并读取对应的页面，然后将页面中的服务器控件转换成浏览器可以解释的 HTML 标记和一些脚本代码，再将转换后的结果页面发送给用户。

在 ASP.NET 页面上，服务器控件表现为一个标记，例如<asp:textbox…/>。这些标记不是标准的 HTML 元素，因此，如果它们出现在网页上，浏览器将无法理解，然而，当从 Web 服务器上请求一个 ASP.NET 页面时，这些标记都将被转换为 HTML 元素，因此浏览器只会接收到它能理解的 HTML 内容。

在创建.aspx 页面时，可以将任意的服务器控件放置到页面上，然而请求服务器上该页面的浏览器将只会接收到 HTML 和 JavaScript 脚本代码。Web 浏览器无法理解 ASP.NET，而只能理解 HTML 和 JavaScript——但它不能处理 ASP.NET 代码。服务器读取 ASP.NET 代码并进行处理，将所有 ASP.NET 特有的内容转换为 HTML 以及(如果浏览器支持的话)一些 JavaScript 代码，然后将最新生成的 HTML 发送回浏览器。

5.1.1　控件的种类

启动 Visual Studio Express 2012 for Web 后，选择【视图】|【工具箱】命令，可以看到【工具箱】中有以下控件，如图 5-1 所示。

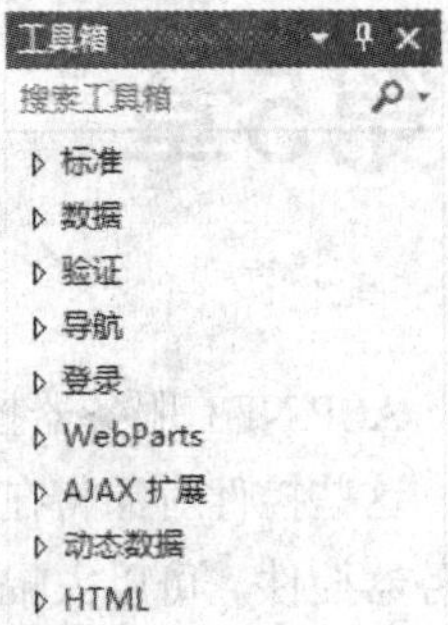

工具箱
搜索工具箱
▷ 标准
▷ 数据
▷ 验证
▷ 导航
▷ 登录
▷ WebParts
▷ AJAX 扩展
▷ 动态数据
▷ HTML

图 5-1　工具箱

- 标准控件：标准控件是 ASP.NET 的基础控件，它包括了 ASP.NET 日常开发中经常使用的基本控件。
- 数据控件：数据控件包括数据源控件和数据绑定控件。有关内容参见本书的第 8 章和第 9 章。
- 验证控件：验证控件用来实现对标准控件的数据内容进行校验，从而根据验证的结果来判断页面可以提交还是提示用户相关的检验失败信息。
- 导航控件：导航控件用于实现网站或各个应用的导航功能。
- 登录控件：登录控件用于辅助完成网站用户的注册、登录、修改信息、获取密码等认证功能，通过该组控件，可以轻松地构建出复杂的登录认证模块。
- WebParts 控件：Web 部件控件，是用来实现定义和布局 Web 部件的相关控件。
- AJAX 扩展控件：主要用来实现 Web 2.0 的一些页面效果，并提高客户端的工作效率。
- 动态数据控件：这种类别的控件用于动态数据 Web 站点。动态数据站点允许在数据库中快速创建用户界面来管理数据。
- HTML 控件：提供了对标准 HTML 元素的类封装，使开发人员可以对其进行编程。

5.1.2　在页面中添加 HTML 服务器控件

给 HTML 标记添加 runat="server"属性，该标记就变成了 HTML 服务器控件。每个 HTML 服务器控件都是一个对象，因此，可以在服务器上以编程方式访问其属性和方法，并为其编写在服务器端运行的事件处理程序；用户输入到 HTML 服务器控件中的值可以高速缓存，并自动维护控件的视图状态；另外，还可以指定 ASP.NET 验证控件来验证 HTML 服务器控件的值。

比较服务器端属性添加前后的代码：

```
<input id="Button1" type="button" value="button"/>
```

添加服务器端属性之后的代码如下。

```
<input id="Button1" type="button" value="button" runat="server"/>
```

可以看到，只要在代码中添加了一个 runat="server"的属性即可。

5.1.3　在页面中添加 Web 服务器控件

添加 Web 服务器控件有两种方式：可以通过工具箱选择待添加的控件，然后直接将该控件拖动到需要添加的页面位置；也可以直接进入页面的源视图，通过 HTML 语法，直接将该控件添加到页面的相应位置。

下面通过一个简单的示例，来描述如何添加 Web 服务器控件。

(1) 启动 Visual Studio Express 2012 for Web，选择【文件】|【新建网站】命令，将网站命名为 ControlDemo，在网站中添加一个新的 aspx 页面，命名为 OperateControl.aspx。

(2) 双击新建的页面，进入页面的设计视图。打开【工具箱】，在【标准】控件组中选择 Label 控件，然后将其拖动到页面中。这时页面的设计视图中会自动出现一个 Label 控件，该控件的默认名称为 Label1。

(3) 切换到页面的源视图，可以看到，在页面中自动增加了如下代码。

```
<asp: Label  ID=" Label1" runat="server" Text=" Label"></asp: Label>
```

通过上面的步骤可以看出，如果要在页面中添加一个控件，通过源视图的 HTML 代码或者通过设计视图的可视化编辑，都可以完成控件的添加。

5.1.4　以编程方式添加服务器控件

除了 5.1.3 节介绍的通过页面直接添加控件的方法以外，还可以在页面后台的 cs 代码文件中进行添加。以编程方式添加服务器控件需要先构造出该控件的一个实例，然后再对控件的实例属性进行设定。下面的代码演示了如何在页面中添加一个 Label 控件和一个 Panel 控件，同时将该 Label 控件再添加到 Panel 控件中。

```
//定义 Label 对象
Label myLabel = new Label ( );
//定义 Label 对象显示的文本为 test
myLabel.Text = "test" ;
//定义 Panel 对象
Panel Panel1 = new Panel ( );
//将 Label 添加到 Panel 中
Panel1.Controls.Add(myLabel);
```

5.1.5　设置服务器控件属性

每个控件都有自己的属性，如 ID、Text 属性等，通过设置不同的属性，可以改变服务器控件的展现内容和显示风格等。

在 ASP.NET 中，可以通过 3 种方式来设置服务器控件的属性：一是通过“属性”对话框直接设置；二是在控件的 HTML 代码中设置；三是通过页面的后台代码以编程的方式设置控件的属性。

通过【属性】窗口直接进行设置是最简单的方式，设置的时候，只需右击该控件，从弹出的快捷菜单中选择“属性”命令，即可对控件的属性进行设置。

在对控件的 HTML 代码进行设置的时候，Visual Studio Express 2012 for Web 会根据控件的类型，给予自动提示，即在每个控件的作用域内，按空格键，会弹出该控件在此作用域内的所有可设置属性，属性窗口和提示特性，请参考本书第 1 章内容。

除了设置控件的初始属性之外，还可以通过后台页面的代码部分，设置经过某些响应或事件之后控件的属性信息。如下所示：

```
protected void Page_Load(object sender, EventArgs e)
{
    Label1.Visible = false;                    //在 Page_Load 中设置 Label1 的可见性
}
```

上述代码编写了一个 Page_Load(页面加载)事件，当页面初次被加载时，会执行 Page_Load 中的代码。这里通过编程的方法对控件的属性进行设置，当页面加载时，控件的属性会被应用。

5.2　标准服务器控件

给 HTML 标记添加 runat="server"属性，该标记就变成了 HTML 服务器控件。每个 HTML 服务器控件都是一个对象，因此可以在服务器上以编程的方式来访问其属性和方法，并为其编写在服务器端运行的事件处理程序。

5.2.1　标签控件(Label)

使用 Label 控件可以在页面上的固定位置显示文本。与静态文本不同，可以通过设置控件的 Text 属性来自定义所显示的文本。其语法格式如下。

```
<asp:Label   id="控件名称"   Text="显示的文字"   runat="server" />
```

例如：

```
protected void Page_PreInit(object sender, EventArgs e)
{
        Label1.Text = "Hello World";                                    //标签赋值
}
```

【例 5-1】演示 Label 控件的使用。

(1)创建文件 Label.aspx，添加代码，或者直接从工具箱中拖放两个 Label 控件。添加代码如下。

```
<body>
    <asp:Label ID="Label1" runat="server" Text="Label"></asp:Label>
    <br /><asp:Label ID="Label2" runat="server" Text="Label"></asp:Label>
</body>
```

(2) 在 Label.aspx.cs 中添加代码，在页面初始化时将 Label1 的文本属性设置为“ASP.NET 4.5”。对于 Label 标签，同样也可以显式 HTML 样式。示例代码如下。

```
protected void Page_PreInit(object sender, EventArgs e)
{          //输出 HTML
```

```
        Label1.Text = " ASP.NET 4.5<hr/><span style=\"color:green\"> ASP.NET 4.5</span>";
        Label1.Font.Size = FontUnit.Large;//设置字体大小
        //输出 HTML
        Label2.Text = " ASP.NET 4.5<hr/><span style=\"color:green\"> ASP.NET 4.5</span>";
        Label2.Font.Size = FontUnit.XXLarge;
    }
```

上述代码中，Label1 的文本属性被设置为一串 HTML 代码，当 Label 文本被呈现时，会以 HTML 效果显式，运行结果如图 5-2 所示。

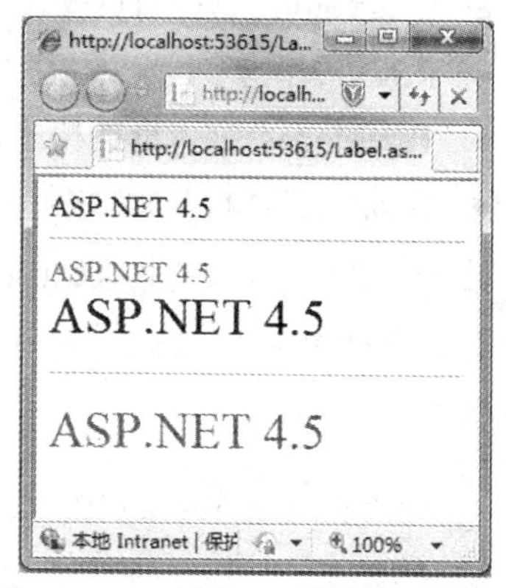

图 5-2　Label 的 Text 属性的运行效果

如果开发人员只是为了显示一般的文本或者 HTML 效果，则不推荐使用 Label 控件，因为服务器控件过多，会导致网站性能下降。使用静态的 HTML 文本能够让页面解析速度更快。显示于 Label 控件中的长文本在小屏幕设备上的呈现效果可能不好，因此，最好使用 Label 控件显示短文本。

5.2.2　TextBox(文本框)控件

TextBox 服务器控件是用来让用户向 ASP.NET 网页输入文本的控件。默认情况下，该控件的 TextMode 属性设置为 TextBoxMode.SingleLine，即显示为一个单行文本框。但也可以将 TextMode 属性设置为 TextBoxMode.MultiLine，以显示多行文本框(该文本框将作为 textarea 元素呈现)。也可以将 TextMode 属性设置为 TextBoxMode.Password，以显示屏蔽用户输入的文本框。通过使用 Text 属性可以获得 TextBox 控件中显示的文本。

另外，将 TextMode 属性设置为 TextBoxMode.Password 可有助于确保用户在输入密码时其他人无法看到。但是，输入到文本框中的文本没有以任何方式进行加密，为了提高安全性，在发送其中带有密码的页时，可以使用安全套接字层(SSL)和加密。

在 Web 开发中，Web 应用程序通常需要和用户进行交互，例如用户注册、登录、发帖等，那么就需要文本框控件(TextBox)来接收用户输入的信息。开发人员还可以使用文本框控件制作高级的文本编辑器用于 HTML，以及文本的输入与输出。

通常情况下，默认的文本控件(TextBox)是一个单行的文本框，用户只能在文本框中输入一行内容。TextBox 的语法格式如下：

```
<asp:Textbox   id="控件名称"
       TextMode=" SingleLine | Multiline | Password"
       Text="显示的文字"
       MaxLength="整数，表示输入的最大的字符数"
       Rows="整数，当为多行文本时的行数"
       Columns="整数，当为多行文本时的列数"
       Wrap="True | False，表示当控件内容超过控件宽度时是否自动换行"
       AutoPostBack="True | False，表示在文本修改以后，是否自动上传数据"
       OnTextChanged="当文字改变时触发的事件过程"
       runat="server" />
```

文本框控件常用的属性如下。

- AutoPostBack：在文本修改以后，是否自动重传。
- Columns：文本框的宽度。
- EnableViewState：控件是否自动保存其状态以用于往返过程。
- MaxLength：用户输入的最大字符数。
- ReadOnly：是否为只读。
- Rows：作为多行文本框时所显式的行数。
- TextMode：文本框的模式，可设置为单行、多行或者密码。
- Wrap：文本框是否换行。

【例 5-2】演示文本框 TextBox 控件的使用。

创建文件 TextBox.aspx，添加代码，或者直接从工具箱中拖放 3 个文本框控件。添加代码如下：

```
    用户名：<asp:TextBox ID="TextBox1" runat="server"></asp:TextBox>
            <br /> <br />
          密码：<asp:TextBox ID="TextBox3" runat="server" TextMode="Password"></asp:TextBox>
           <br /> <br />
          个人简介：<asp:TextBox ID="TextBox2" runat="server" Height="101px"
TextMode="MultiLine"
            Width="325px"></asp:TextBox>
```

上述代码演示了 3 种文本框的使用方法，运行后的效果如图 5-3 所示。

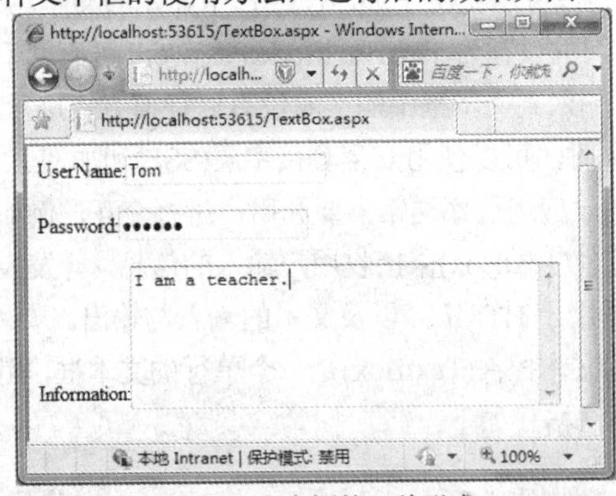

图 5-3　文本框的 3 种形式

无论是在 Web 应用程序开发还是 Windows 应用程序开发中，文本框控件都是非常重要的。文本框在用户交互中能够起到非常重要的作用。

5.2.3　按钮控件(Button、LinkButton、ImageButton)

在 Web 应用程序和用户交互时，常常需要提交表单、获取表单信息等操作。在这期间，按钮控件是非常必要的。按钮控件能够触发事件，或者将网页中的信息回传给服务器。在 ASP.NET 中，包含 3 类按钮控件，分别为 Button、LinkButton、ImageButton。如表 5-1 所示的是 3 种按钮控件的比较。

表 5-1　按钮控件的比较

控　件	说　明
Button	显示一个标准命令按钮，该按钮呈现为一个 HTML input 元素
LinkButton	呈现为页面中的一个超链接。但是，它包含使窗体被发回服务器的客户端脚本(可以使用 HyperLink 服务器控件创建真实的超链接)
ImageButton	将图形呈现为按钮。这对于提供丰富的按钮外观非常有用。ImageButton 控件还提供有关图形内已单击位置的坐标信息

Button 是一个普通按钮控件，其语法格式如下。

```
<asp:Button  id="控件名称"
Text="按钮上的文字"
CommandArgument="此按钮管理的命令参数"
CommandName="与此按钮关联的命令"
OnCommand="事件过程名称"
OnClick="事件过程名称"
runat="server"/>
```

LinkButton 是一个具有超链接的外观和普通按钮功能的控件，其语法格式如下。

```
<asp:linkbutton  id="控件名称"  Text="按钮上的文字"  OnClick="事件过程名称"
runat="server" />
```

ImageButton 控件用来创建一个图像提交按钮，其语法格式如下。

```
<asp:ImageButton id="控件名称" ImageUrl="要显示图像的 URL" OnClick="事件过程名称"
runat="server" />
```

1．按钮事件

当用户单击任何 Button(按钮)服务器控件时，都会将该页发送到服务器。这使得在基于服务器的代码中，网页被处理，任何挂起的事件被引发。这些按钮还可以引发它们自己的 Click 事件，可以为这些事件编写“事件处理程序”。

2．按钮回发行为

当用户单击按钮控件时，该页回发到服务器。默认情况下，该页回发到其本身，重新生成相同的页面并处理该页上控件的事件处理程序。

可以配置按钮以将当前页面回发到另一页面。这对于创建多页窗体非常有用。

按钮控件用于事件的提交，按钮控件包含一些通用属性，按钮控件的常用属性如下。

- CausesValidation：按钮是否导致激发验证检查。
- CommandArgument：与此按钮管理的命令参数。
- CommandName：与此按钮关联的命令。

- ValidationGroup：使用该属性可以指定单击按钮时调用页面上的哪些验证程序。如果未建立任何验证组，则会调用页面上的所有验证程序。

这 3 种按钮控件对应的事件通常是 Click 单击和 Command 命令事件。在 Click 单击事件中，通常用于编写用户单击按钮时需要执行的事件。

【例 5-3】 演示 Button、LinkButton、ImageButton 控件的 Click 单击事件。

(1) 创建文件 Button.aspx，添加如下代码。

```
<body>
    <form id="form1" runat="server">
    <asp:Button ID="Button1" runat="server" OnClick="Button1_Click"  Text="Button" />
      普通的按钮
        <br /><br />
     <asp:LinkButton ID="LinkButton1" runat="server"
     OnClick="LinkButton1_Click">LinkButton</asp:LinkButton>Link 类型的按钮
       <br /><br />
     <asp:ImageButton  ID="ImageButton1" runat="server"  ImageUrl="image.png" Height=50
        AlternateText="this is a ImageButton." OnClick="ImageButton1_Click"/>
       图像类型的按钮
      <br /> <br />
        <asp:Label ID="Label1" runat="server" Text="Label"></asp:Label>
        <br />
        <asp:Label ID="Label2" runat="server" Text="Label"></asp:Label>
        <br />
        <asp:Label ID="Label3" runat="server" Text="Label"></asp:Label>

    </form>
</body>
```

(2) 在 Button.aspx.cs 中添加如下代码。

```
protected void Button1_Click(object sender, EventArgs e)
{
    Label1.Text = "普通按钮被触发";        //输出信息
}
protected void LinkButton1_Click(object sender, EventArgs e)
{
    Label2.Text = "超链接按钮被触发";           //输出信息
}
protected void ImageButton1_Click(object sender, ImageClickEventArgs e)
{
    Label3.Text = "图片按钮被触发";        //输出信息
}
```

运行后，分别单击 Button、LinkButton 和图片。

上述代码分别为 3 种按钮生成了事件，其代码是将 Label1、Label2、Label3 的文本设置为相应的文本，运行效果如图 5-4 和图 5-5 所示。

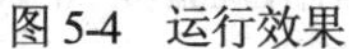
图 5-4　运行效果

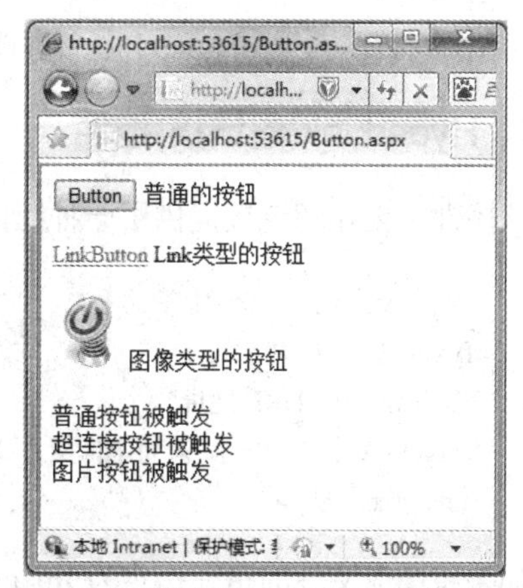

图 5-5　3 种类型按钮的 Click 事件触发后的效果

按钮控件的 Click 事件并不能传递参数，所以处理的事件相对简单。而 Command 事件可以传递参数，负责传递参数的是按钮控件的 CommandArgument 和 CommandName 属性，如图 5-6 所示。

将 CommandArgument 和 CommandName 属性分别设置为“Hello!”和“Show”，创建一个 Command 事件并在事件中编写相应的代码，示例代码如下。

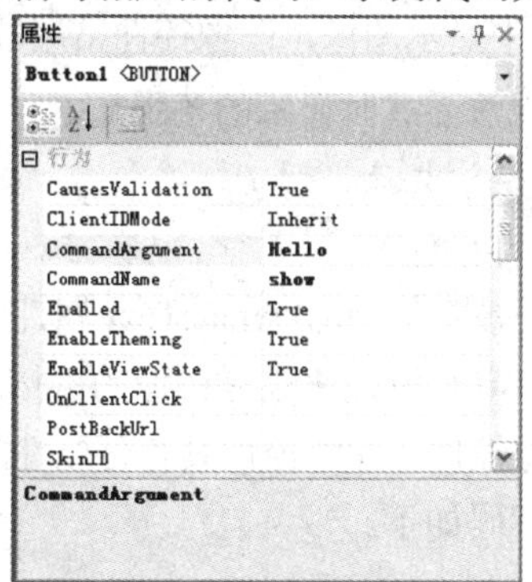

图 5-6　CommandArgument 和 CommandName 属性

```
protected void Button1_Command(object sender, CommandEventArgs e)
    {   if (e.CommandName == "Show")
     //如果 CommandNmae 属性的值为 Show，则运行下面代码
        {
            Label1.Text = e.CommandArgument.ToString();
          //CommandArgument 属性的值赋值给 Label1
        }
    }
```

当按钮同时包含 Click 和 Command 事件时，通常情况下会执行 Command 事件。

Command 事件有一些 Click 不具备的好处，就是传递参数。可以对按钮的 CommandArgument 和 CommandName 属性分别进行设置，通过判断 CommandArgument 和 CommandName 属性来执行相应的方法。这样，一个按钮控件就能够实现不同的方法，使得多个按钮与一个处理代码关联或者一个按钮能根据不同的值进行不同的处理和响应。相比

Click 单击事件而言，Command 命令事件具有更高的可控性。

5.2.4　HyperLink(超链接)控件

该控件为创建超链接提供了一种简便的方法。语法格式如下。

```
<asp:HyperLink  id="控件名称"
Text="显示文字"
NavigateUrl="URL 地址"
Target="目标框架，默认为本框架，_blank 为新窗口"
runat="server" />
```

如果将图像文件的路径指定为 ImageUrl 属性，那么这个图像就会取代 Text 属性，成为<a>元素中的内容。例如：

```
<asp:HyperLink  id="hyperlink1"  ImageUrl="images/pict.jpg"  Target="_blank"
NavigateUrl=http://www.microsoft.com  Text="Microsoft Official Site"  runat="server"/>
```

5.2.5　图像控件(Image)

图像控件用于在 Web 窗体中显示图像，图像控件常用的属性如下。

- AlternateText：在图像无法显式时显示的备用文本。
- ImageAlign：图像的对齐方式。
- ImageUrl：要显示图像的 URL。

当图片无法显示时，图片将被替换为 AlternateText 属性中的文字，ImageAlign 属性用来控制图片的对齐方式，而 ImageUrl 属性用来设置图像的链接地址。同样，HTML 中也可以使用<img src="" alt="">来替代图像控件。图像控件具有可控性的优点，就是通过编程来控制图像控件。图像控件的基本声明代码如下。

```
<asp:Image ID="Image1" runat="server" />
```

除了显示图形以外，Image 控件的其他属性还允许为图像指定各种文本，各属性含义如下。

- ToolTip：浏览器显式在工具提示中的文本。
- GenerateEmptyAlternateText：如果将此属性设置为 true，则呈现的图片的 alt 属性将设置为空。

开发人员能够为 Image 控件配置相应的属性，以便在浏览时呈现不同的样式，也可以直接通过编写 HTML 代码创建并呈现 Image 控件，示例代码如下。

```
<asp:Image ID="Image1" runat="server"
        AlternateText="图片连接失效" ImageUrl="http://www.shangducms.com/images/cms.jpg" />
```

上述代码设置了一个图片控件，当图片失效的时候提示图片连接失效。当双击图像控件时，系统并没有生成事件所需要的代码段，这说明 Image 控件不支持任何事件。

5.2.6 CheckBox(复选框)和 CheckBoxList(复选框列表)控件

CheckBox 控件和 CheckBoxList 控件分别用于向用户提供选项和选项列表。CheckBox 控件适合用在选项不多且比较固定的情况，当选项较多或者需要在运行时动态决定有哪些选项时，使用 CheckBoxList 控件则比较方便。CheckBox 控件的语法格式如下：

```
< asp:Checkbox  id="控件名称"
        Checked="True | False"
       Text="关联文字，为复选框创建标签"
        AutoPostBack="True | False "
       OnCheckedChanged="单击事件触发的事件过程"
       runat="server" />
```

CheckBoxList 控件的语法格式如下：

```
<asp:CheckBoxList id="控件名称"   AutoPostBack="True | False"
        OnSelectedIndexChanged="改变选择时触发的事件过程"
       RepeatColumns="整数，表示显示的列数，默认为 1"
       RepeatDirection="Vertical | Horizontal，表示排列方向"
       RepeatLayout="Flow | Table，表示排列布局"
       SelectedIndex="索引值，从 0 开始，表示默认选中项。在运行时设置"
       runat="server">
       <asp: ListItem Value="选项值 0" Selected="True | False">选项文字 0
       </asp: ListItem >
      <asp: ListItem Value="选项值 1" Selected="True | False">选项文字 1
      </asp: ListItem >
         ……
</asp:CheckBoxList >
```

【例 5-4】演示 CheckBox、CheckBoxList 控件的使用。

(1) 创建 CheckBox.aspx 文件，在设计页面上添加一个 Button、一个 Label、两个 CheckBox 和一个 CheckBoxList 控件。

(2) 在设置 CheckBoxList 的选项时，可以通过 ListItem 窗口进行设置。如图 5-7 所示，可以通过单击【编辑项…】来打开【ListItem 集合编辑器】对话框，单击【添加】按钮，可以添加多选项，如图 5-8 所示。

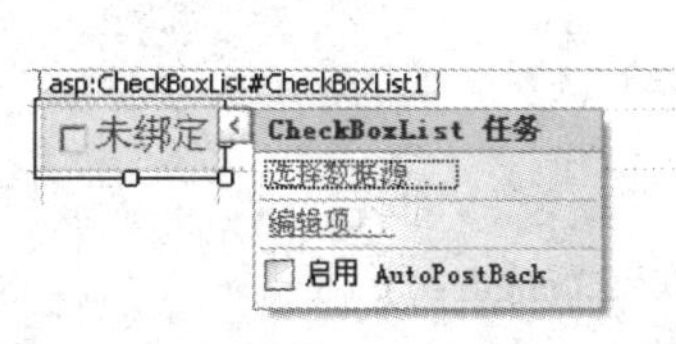

图 5-7　选择 CheckBoxList 任务

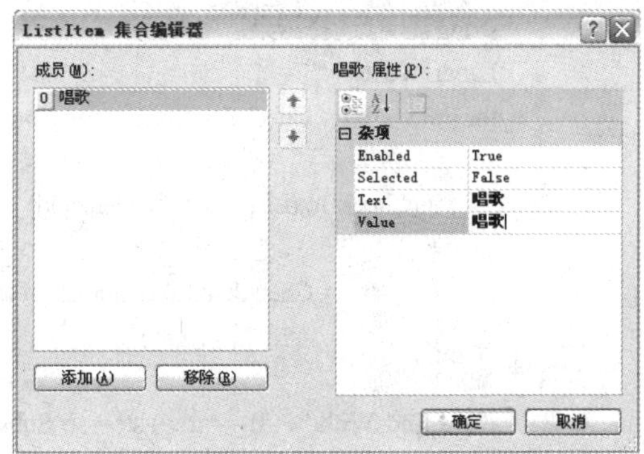

图 5-8　【ListItem 集合编辑器】对话框

(3) 在 CheckBox.aspx 页面源中添加如下代码。

```
<form id="form1" runat="server">
    <asp:CheckBoxList ID="CheckBoxList1" runat="server">
        <asp:ListItem>唱歌</asp:ListItem>
        <asp:ListItem>跳舞</asp:ListItem>
        <asp:ListItem>读书</asp:ListItem>
        <asp:ListItem>运动</asp:ListItem>
    </asp:CheckBoxList>
   <asp:Button ID="Button1" runat="server" onclick="Button1_Click1" Text="Button" />
<br />
    <asp:CheckBox ID="CheckBox1" runat="server"
              oncheckedchanged="CheckBox1_CheckedChanged1" />改变风格
              <br />
    <asp:CheckBox ID="CheckBox2" runat="server"
                oncheckedchanged="CheckBox2_CheckedChanged1" />改变颜色
                <br />
    <asp:Label ID="Label1" runat="server" Text="Label"></asp:Label>
              <br />
    </form>
```

(4) 在 CheckBox.aspx.cs 中添加如下代码。

```
using System;
using System.Collections.Generic;
using System.Linq;
using System.Web;
using System.Web.UI;
using System.Web.UI.WebControls;
public partial class CheckBox : System.Web.UI.Page
{
    protected void Page_Load(object sender, EventArgs e)
    {
    }
    protected void Button1_Click1(object sender, EventArgs e)
    {
        string str = "选择结果：";
        Label1.Text = "";
        for (int i = 0; i < CheckBoxList1.Items.Count; i++)
        {
            if (CheckBoxList1.Items[i].Selected)
            {
                str += CheckBoxList1.Items[i].Text + "、";
            }
        }
        if (str.EndsWith("、") == true) str = str.Substring(0, str.Length - 1);
        Label1.Text = str;
```

```
        if (str == "选择结果：")
        {
            string scriptString = "alert('请作出选择！');";
            Page.ClientScript.RegisterClientScriptBlock(this.GetType(), "warning!",
                                    scriptString, true);
        }
        else
        {
            Label1.Visible = true;
            Label1.Text = str;
        }
    }
    protected void CheckBox1_CheckedChanged1(object sender, EventArgs e)
    {
        this.CheckBoxList1.BackColor =
              CheckBox1.Checked ? System.Drawing.Color.Beige : System.Drawing.Color.Azure;
        CheckBoxList1.RepeatDirection =
             CheckBox1.Checked ? RepeatDirection.Horizontal : RepeatDirection.Vertical;
    }
    protected void CheckBox2_CheckedChanged1(object sender, EventArgs e)
    {
        if (CheckBox2.Checked)
        {
            this.CheckBoxList1.ForeColor = System.Drawing.Color.Red;
            Label1.ForeColor = System.Drawing.Color.Red;
        }
        else
        {
            this.CheckBoxList1.ForeColor = System.Drawing.Color.Black;
            Label1.ForeColor = System.Drawing.Color.Black;
        }
    }
}
```

(5) 运行结果如图 5-9 和图 5-10 所示。

图 5-9　运行初始状态

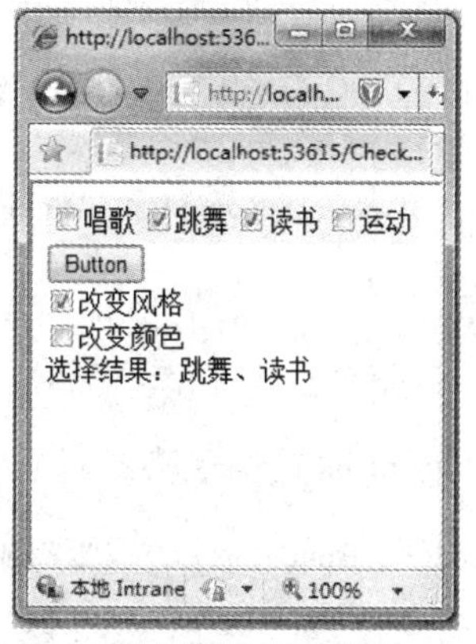

图 5-10　选择复选框后单击 Button

5.2.7 RadioButton 和 RadioButtonList 控件

在向 ASP.NET 网页添加单选按钮时，可以使用两种服务器控件实现：单个 RadioButton 控件或 RadioButtonList 控件。这两种控件都允许用户从一小组互斥的预定义选项中进行选择。这些控件允许定义任意数目带标签的单选按钮，并将它们水平或垂直排列。

每类控件都有各自的优点。单个 RadioButton 控件可以更好地控制单选按钮组的布局。例如，可以在各单选按钮之间加入文本(即非单选按钮文本)。

RadioButtonList 控件不允许用户在按钮之间插入文本，但如果想将按钮绑定到数据源，使用这类控件要方便得多。在编写代码以检查所选定的按钮方面，它也稍微简单一些。

RadioButton 控件的语法格式如下：

```
< asp:RadioButton   id="控件名称"
                    Checked="True | False，表示控件是否被选中"
                    Text="关联文字，为单选按钮创建标签"
                    TextAlign=" True | False，表示文本标签相对于控件的对齐方式"
                    GroupName="单选控件所处的组名称"
                    AutoPostBack="True | False "
                    OnCheckedChanged="单击触发的事件过程"
                    runat="server" />
```

单选按钮控件通常用 Checked 属性来判断某个选项是否被选中，多个单选按钮控件之间可能存在着某些联系，这些联系通过 GroupName 进行约束和联系，示例代码如下：

```
<asp:RadioButton ID="RadioButton1" AutoPostBack="true"   runat="server" GroupName="choose"
    Text="Choose1" />
<asp:RadioButton ID="RadioButton2"  AutoPostBack="true"   runat="server" GroupName="choose"
    Text="Choose2" />
```

上述代码声明了两个单选按钮控件，并将 GroupName 属性都设置为“choose”。单选按钮控件中最常用的事件是 CheckedChanged，当控件的选中状态改变时，则触发该事件，示例代码如下：

```
protected void RadioButton1_CheckedChanged(object sender, EventArgs e)
{
    Label1.Text = "第一个被选中";
}
protected void RadioButton2_CheckedChanged(object sender, EventArgs e)
{
    Label1.Text = "第二个被选中";
}
```

RadioButtonList 的语法格式如下：

```
<asp:RadioButtonList id="控件名称"
    AutoPostBack="True | False"
    OnSelectedIndexChanged="改变选择时触发的事件过程"
```

```
        RepeatColumns="整数，表示显示的列数，默认为 1"
        RepeatDirection="Vertical | Horizontal，表示排列方向"
        RepeatLayout="Flow | Table，表示排列布局"
        SelectedIndex="索引值，从 0 开始，表示默认选中项。只能在运行时设置"
        runat="server">
        <asp: ListItem Value="选项值 0" Selected="True | False">
         选项文字 0
         </asp: ListItem >
        <asp: ListItem Value="选项值 1" Selected="True | False">
         选项文字 1
        </asp: ListItem >
          ......
</asp:RadioButtonList>
```

1. 对单选按钮分组

单选按钮很少单独使用，通常是进行分组以提供一组互斥的选项。在一个组内，每次只能选择一个单选按钮。有以下两种方法创建分组的单选按钮。

(1) 先向页面中添加单个的 RadioButton 控件，然后将所有这些控件手动分配到一个组中。具有相同组名的所有单选按钮被视为该组的组成部分。

(2) 向页面中添加一个 RadioButtonList 控件。该控件中的列表项将自动进行分组。

2. RadioButton 事件

在单个 RadioButton 控件和 RadioButtonList 控件之间，事件的工作方式略有不同。

单个 RadioButton 控件在用户单击该控件时引发 CheckedChanged 事件。默认情况下，该事件并不导致向服务器发送页面，但通过将 AutoPostBack 属性设置为 true，可以使该控件强制立即发送。

与单个 RadioButton 控件相反，RadioButtonList 控件在用户更改列表中选定的单选按钮时会引发 SelectedIndexChanged 事件。默认情况下，此事件并不导致向服务器发送页面，但可以通过将 AutoPostBack 属性设置为 true 来指定此选项。

5.2.8　列表控件(DropDownList 和 ListBox)

在 Web 开发中，经常需要使用列表控件，让用户的输入变得简单。例如在用户注册时，用户的所在地是有限元素的集合，而且用户不喜欢经常输入，这时可以使用列表控件。列表控件能够简化用户输入并且防止用户输入实际中不存在的数据，如性别的选择等。

1.　DropDownList 列表控件

列表控件能在一个控件中为用户提供多个选项，同时还能避免用户输入错误的选项。DropDownList 是一个单项选择下拉列表框控件，其语法格式如下：

```
<asp:DropDownList id="控件名称"
        AutoPostBack="True | False"
        OnSelectedIndexChanged="改变选择时触发的事件过程"
```

```
        runat="server">
        <asp: ListItem   Value="选项值 1"   Selected="True | False">
        选项文字 1
        </asp: ListItem>
        <asp: ListItem   Value="选项值 2"   Selected="True | False">
        选项文字 2
        </asp: ListItem>
        ……
</asp:DropDownList >
```

以上代码创建了一个DropDownList列表控件，并能手动增加列表项。同时，DropDownList列表控件也可以绑定数据源控件。DropDownList 列表控件最常用的事件是 SelectedIndex-Changed，当 DropDownList 列表控件的选择项发生变化时，则会触发该事件。

2. ListBox 列表控件

相对于 DropDownList 控件而言，ListBox 控件可以指定是否允许用户多项选择，其语法格式如下：

```
<asp:ListBox id="控件名称"
        AutoPostBack="True | False"
        OnSelectedIndexChanged="改变选择时触发的事件过程"
        SeletionMode="Single | Multiple，表示单选或多选，默认为单选"
        Rows="整数，表示显示的行数"
        runat="server">
        <asp: ListItem   value="选项值 1"   selected="True | False">
        选项文字 1
        </asp: ListItem >
         <asp: ListItem   value="选项值 2"   selected="True | False">
        选项文字 2
        </asp:l ListItem >
……
</asp:ListBox>
```

相对于 DropDownList 控件而言，ListBox 控件可以指定是否允许用户多项选择。设置 SelectionMode 属性为 Single 时，表明只允许用户从列表框中选择一项，而当 SelectionMode 属性设置为 Multiple 时，用户可以按住 Ctrl 键或者使用 Shift 组合键从列表中选择多项。

【例 5-5】演示 DropDownList、ListBox 控件的使用。

(1) 创建文件 DropDownList.aspx，添加一个 DropDownList、一个 ListBox 和两个 Label 控件，并且使用 ListItem 为 DropDownList 和 ListBox 控件添加选项，代码如下：

```
<form id="form1" runat="server">
    <div>
    <asp:DropDownList ID="DropDownList1" runat="server" AutoPostBack="True"
OnSelectedIndexChanged="DropDownList1_SelectedIndexChanged1">
```

```
            <asp:ListItem>请选择一门课程</asp:ListItem>
            <asp:ListItem>ASP.NET</asp:ListItem>
            <asp:ListItem>JSP</asp:ListItem>
            <asp:ListItem>PHP</asp:ListItem>
            <asp:ListItem>数据结构</asp:ListItem>
            <asp:ListItem>操作系统</asp:ListItem>
            <asp:ListItem>数据库原理</asp:ListItem>
        </asp:DropDownList>
        <asp:Label ID="Label1" runat="server" Text="Label"></asp:Label>
        <br />
         <asp:ListBox ID="ListBox1" runat="server" AutoPostBack="True"
            onselectedindexchanged="ListBox1_SelectedIndexChanged"
            SelectionMode="Multiple">
            <asp:ListItem>请选择多门课程</asp:ListItem>
            <asp:ListItem>ASP.NET</asp:ListItem>
            <asp:ListItem>JSP</asp:ListItem>
            <asp:ListItem>PHP</asp:ListItem>
            <asp:ListItem>数据结构</asp:ListItem>
            <asp:ListItem>操作系统</asp:ListItem>
            <asp:ListItem>数据库原理</asp:ListItem>
        </asp:ListBox>
        <asp:Label ID="Label2" runat="server" Text="Label"></asp:Label>
    </div>
    </form>
```

(2) 在 DropDownList.aspx.cs 中添加如下代码。

```
protected void DropDownList1_SelectedIndexChanged1(object sender, EventArgs e)
    {
        Label1.Text = "你选择了" + DropDownList1.Text + "课程";
    }
    protected void ListBox1_SelectedIndexChanged(object sender, EventArgs e)
    {
        string str = "";
        Label2.Text = "";
        for (int i = 0; i < ListBox1.Items.Count; i++)
        {
            if (ListBox1.Items[i].Selected)
            {
                str += ListBox1.Items[i].Text + "、";
            }
        }
        Label2.Text = "你选择了" + str + "课程";
    }
```

如果允许用户选择多项，只需要设置其 SelectionMode 属性为 Multiple 即可，如图 5-11

所示。

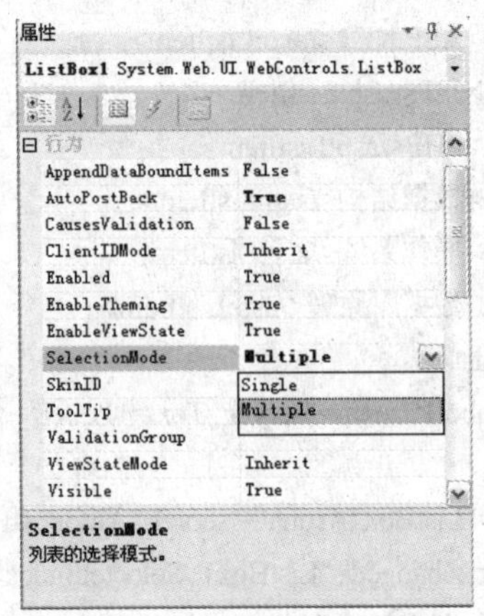

图 5-11　设置 SelectionMode 属性

(3) 运行代码，效果如图 5-12 和图 5-13 所示。

图 5-12　列表初始效果

图 5-13　列表选择之后的效果

5.2.9　MultiView 和 View 控件

MultiView 和 View 控件可以制作出选项卡的效果。MultiView 控件用作一个或多个 View 控件的外部容器。View 控件又可包含标记和控件的任何组合。

如果要切换视图，可以使用控件的 ID 或者 View 控件的索引值。在 MultiView 控件中，一次只能将一个 View 控件定义为活动视图。如果某个 View 控件定义为活动视图，则它所包含的子控件会呈现到客户端。可以使用 ActiveViewIndex 属性或 SetActiveView 方法定义活动视图。如果 ActiveViewIndex 属性为空，则 MultiView 控件不向客户端呈现任何内容。如果活动视图设置为 MultiView 控件中不存在的 View，则会在运行时引发 ArgumentOutOfRangeException。

MultiView 控件的一些常用的属性和方法如下。

- ActiveViewIndex 属性：用于获取或设置当前被激活显示的 View 控件的索引值。默认值为 -1，表示没有 View 控件被激活。
- SetActiveView 方法：用于激活显示特定的 View 控件。
- ActiveViewChanged 事件：当视图切换时被激发。

MultiView 控件一次显示一个 View 控件，并公开该 View 控件内的标记和控件。通过设置 MultiView 控件的 ActiveViewIndex 属性，可以指定当前可见的 View 控件。

1. 呈现 View 控件内容

未选择某个 View 控件时，该控件不会呈现到页面中。但是，每次呈现页面时都会创建所有 View 控件中的所有服务器控件的实例，并且将这些实例的值存储为页面的视图状态的一部分。

无论是 MultiView 控件还是各个 View 控件，除当前 View 控件的内容外，都不会在页面中显示任何标记。例如，这些控件不会以与 Panel 控件相同的方式来呈现 div 元素，也不支持可以作为一个整体应用于当前 View 控件的外观属性。但是，可以将一个主题分配给 MultiView 或 View 控件，控件将把该主题应用于当前 View 控件的所有子控件。

2. 引用控件

每个 View 控件都支持 Controls 属性，该属性包含该 View 控件中的控件集合。也可以在代码中单独引用 View 控件中的控件。

3. 在视图间导航

除了通过将 MultiView 控件的 ActiveViewIndex 属性设置为要显示的 View 控件的索引值进行导航外，MultiView 控件还支持可以添加到每个 View 控件的导航按钮。

若要创建导航按钮，可以向每个 View 控件中添加一个按钮控件(Button、LinkButton 或 ImageButton)，然后可以将每个按钮的 CommandName 和 CommandArgument 属性设置为保留值，以使 MultiView 控件移动到另一个视图。

【例 5-6】 View 和 MultiView 控件示例。

(1) 在网站根目录下，添加新页面 MultiViewControl.aspx。

(2) 切换到 MultiViewControl.aspx 页的【设计】视图。

(3) 输入静态文本“按书名、类别或出版社搜索？”，如图 5-14 所示，添加 3 个 RadioButton 控件到页面上。切换到【源】视图，修改其 HTML 代码如下：

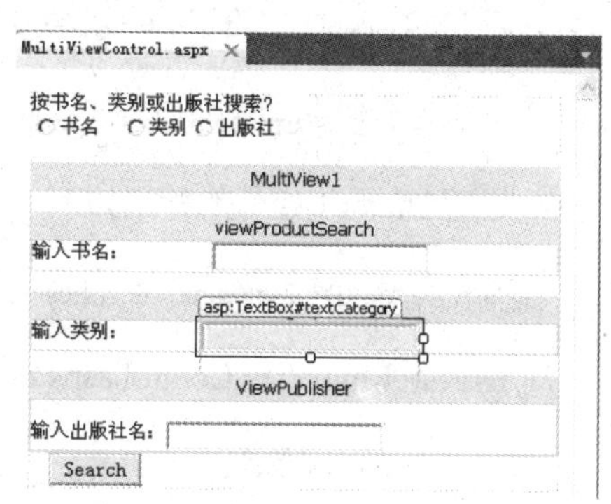

图 5-14　添加控件

```
按书名、类别或出版社搜索?
<br />
 <asp:RadioButton ID="radioProduct"  runat="server"  AutoPostBack="true"
 GroupName="SearchType" Text="书名" OnCheckedChanged="radioButton_CheckedChanged" />
<asp:RadioButton ID="radioCategory"  runat="server"  AutoPostBack="true"
 GroupName="SearchType" Text="类别" OnCheckedChanged="radioButton_CheckedChanged" />
<asp:RadioButton  ID="radioPublisher"  runat="server"  GroupName="SearchType"
  AutoPostBack="True" Text="出版社"   OnCheckedChanged="radioButton_CheckedChanged" />
```

请注意将 3 个 RadioButton 的 CheckChanged 事件的处理程序设置为 onchecked changed= "radioButton_CheckedChanged"，这样单击任意一个 RadioButton，响应它们的处理程序都是相同的。

(4) 从【工具箱】的【标准】选项卡中，拖动 MultiView 控件到页面上，再拖动 3 个 View 控件到 MultiView 上，拖动一个 Button 控件到页面上。

分别单击 3 个 View 控件，将 ID 属性分别改为 viewProductSearch、viewCategorySearch、ViewPublisher；直接输入静态文本“输入书名”、“输入类别”、“输入出版社名”；从【工具箱】的【标准】选项卡中，分别拖动 3 个 Textbox 控件到 3 个 View 控件上，将 ID 属性分别修改为 textProductName、textCategory、textPublisher。

(5) 切换到源视图中，可以看到如下所示的代码。

```
<asp:MultiView ID="MultiView1" runat="server">
            <asp:View ID="viewProductSearch" runat="server">
                输入书名：       
                <asp:TextBox ID="textProductName" runat="server">
                </asp:TextBox>
            </asp:View>
            <asp:View ID="viewCategorySearch" runat="server">
                输入类别：      
                <asp:TextBox ID="textCategory" runat="server">
                </asp:TextBox>
            </asp:View>
            <asp:View ID="ViewPublisher" runat="server">
              输入出版社名：<asp:TextBox ID="textPublisher" runat="server"></asp:TextBox>
            </asp:View>
        </asp:MultiView> 
```

(6) 设置 Button1 控件的标记如下：

```
<asp:Button ID="btnSearch" OnClick="Button1_Click" runat="server" Text="Search" />
```

(7) 切换到 MultiViewControl.aspx.cs，在“类”体内添加如下代码。

```
public enum SearchType
{
    NotSet = -1,
    Products = 0,
    Category = 1,
    Publisher = 2
}
protected void Page_Load(object sender, EventArgs e)
{
     MultiView1.ActiveViewIndex = 0;
}
protected void Button1_Click(Object sender, System.EventArgs e)
{
    if (MultiView1.ActiveViewIndex > -1)
    {
```

```
            SearchType mSearchType = (SearchType)MultiView1.ActiveViewIndex;
            switch (mSearchType)
            {
                case SearchType.Products:
                    DoSearch(textProductName.Text, mSearchType);
                    break;
                case SearchType.Category:
                    DoSearch(textCategory.Text, mSearchType);
                    break;
                case SearchType.Publisher:
                    DoSearch(textPublisher.Text, mSearchType);
                    break;
                case SearchType.NotSet:
                    break;
            }
        }
    }
    protected void DoSearch(String searchTerm, SearchType type)
    {
        // Code here to perform a search.
        string scriptString = "alert('"+"您输入的"+searchTerm+"');";
        Page.ClientScript.RegisterClientScriptBlock(this.GetType(), "success", scriptString, true);
        // Response.Write("您输入的"+ searchTerm );
    }

    protected void radioButton_CheckedChanged(Object sender, System.EventArgs e)
    {
        if (radioProduct.Checked)
        {
            MultiView1.ActiveViewIndex = (int)SearchType.Products;
        }
        else if (radioCategory.Checked)
        {
            MultiView1.ActiveViewIndex = (int)SearchType.Category;
        }
        else if (radioPublisher.Checked)
        {
            MultiView1.ActiveViewIndex = (int)SearchType.Publisher;
        }
    }
```

(8) 运行代码，当选中不同的单选按钮时，下面就显示相对应的 View 内容，效果如图 5-15 和图 5-16 所示。

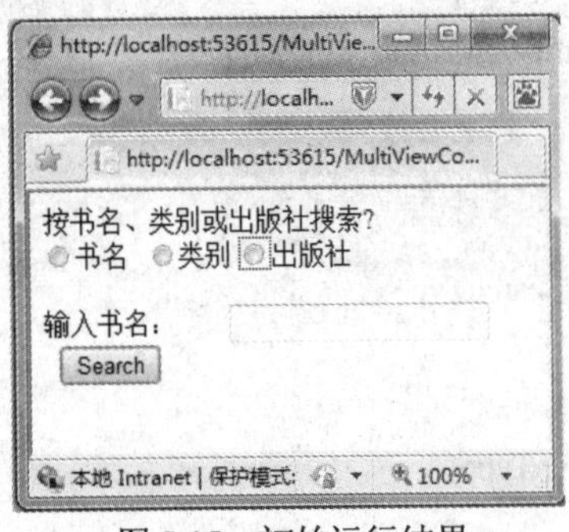

图 5-15　初始运行结果

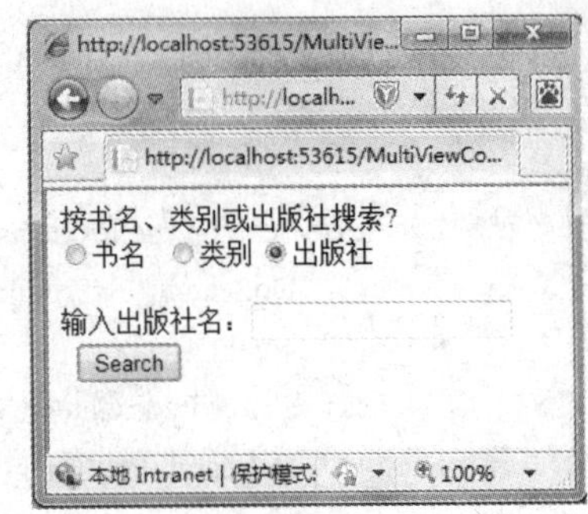

图 5-16　选择之后的结果

5.2.10　广告控件(AdRotator)

AdRotator 服务器控件提供一种在 ASP.NET 网页上显示广告的方法。该控件可以显示.gif 文件或其他图形图像。当用户单击广告时，系统会将它们重定向到指定的目标 URL。

AdRotator 服务器控件可以从数据源(通常是 XML 文件或数据库表)提供的广告列表中自动读取广告信息，如图形文件名和目标 URL。可以将信息存储在一个 XML 文件或数据库表中，然后将 AdRotator 控件绑定到相应的数据源。

AdRotator 控件会随机选择广告，每次刷新页面时都将更改显示的广告。广告可以加权以控制广告条的优先级别，这可以使某些广告的显示频率比其他广告高。也可以编写在广告间循环的自定义逻辑。

AdRotator 控件的所有属性都是可选的。XML 文件中可以包括下列属性。

- ImageUrl：要显示的图像的 URL。
- NavigateUrl：单击 AdRotator 控件时要转到的网页的 URL。
- AlternateText：图像不可用时显示的文本。
- Keyword：可用于筛选特定广告的广告类别。
- Impressions：一个指示广告的可能显示频率的数值(加权数值)。在 XML 文件中，所有 Impressions 值的总和不能超过 2,048,000,000 - 1。
- Height：广告的高度(以像素为单位)。此值会重写 AdRotator 控件的默认高度设置。
- Width：广告的宽度(以像素为单位)。此值会重写 AdRotator 控件的默认宽度设置。

【例 5-7】使用 AdRotator 服务器控件显示数据库中的广告。

(1) 在 App_Data 文件夹中新建名为 ImageFile.xml 的文件，然后添加如下代码。

```
<?xml version="1.0" encoding="utf-8" ?>
<Advertisements>
  <Ad>
    <ImageUrl>~/google.png</ImageUrl>
    <NavigateUrl>http://www.google.com</NavigateUrl>
    <AlternateText>Ad for Google, Ltd. Web site</AlternateText>
    <Impressions>100</Impressions>
  </Ad>
  <Ad>
```

```
        <ImageUrl>~/yahoo.png</ImageUrl>
        <NavigateUrl>http://www.yahoo.com</NavigateUrl>
        <AlternateText>Ad for Yahoo Web site</AlternateText>
        <Impressions>50</Impressions>
    </Ad>
</Advertisements>
```

(2) 新建文件 Ad.aspx 文件，添加一个 AdRotator 控件。

(3) 单击 AdRotator 控件的【智能标记】，选择【新建数据源】，如图 5-17 所示，打开【数据源配置向导】对话框，选择【xml 文件】选项，如图 5-18 所示，单击【确定】按钮，打开【配置数据源】对话框中，将【数据文件】输入框设置为“~/App_Data/ImageFile.xml”，最后单击【确定】按钮，如图 5-19 所示。

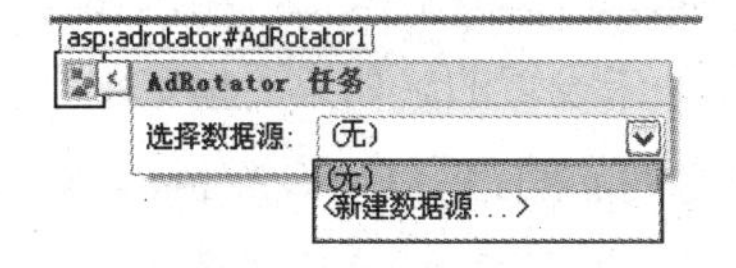

图 5-17　AdRotator 控件

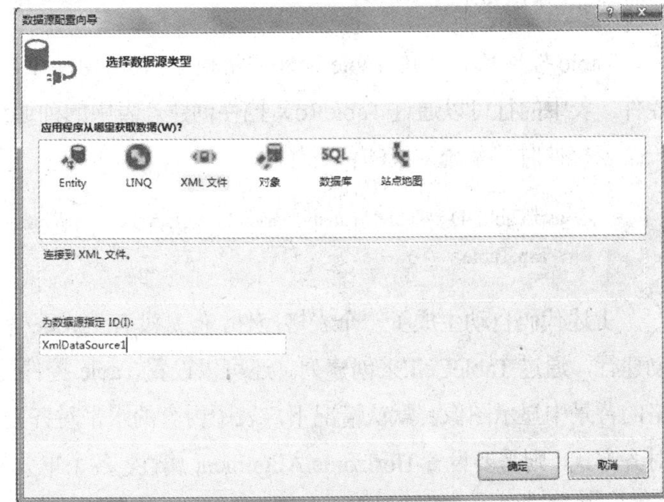

图 5-18　【数据源配置向导】对话框

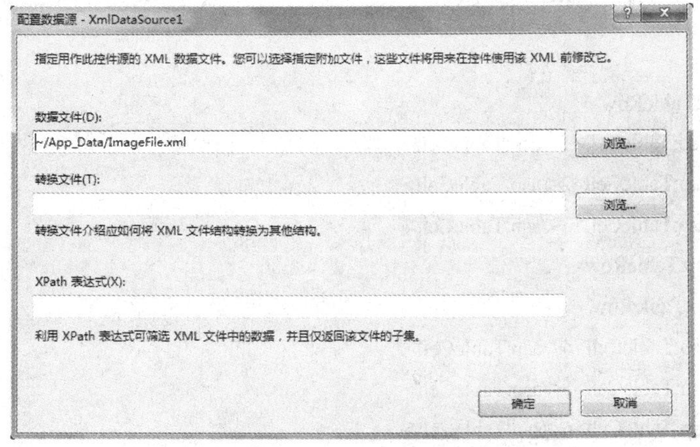

图 5-19　【配置数据源】对话框

(4) 测试广告。单击几次浏览器的【刷新】按钮，可显示不同的广告信息，出现的广告是随机变化的，如图 5-20 和 5-21 所示。

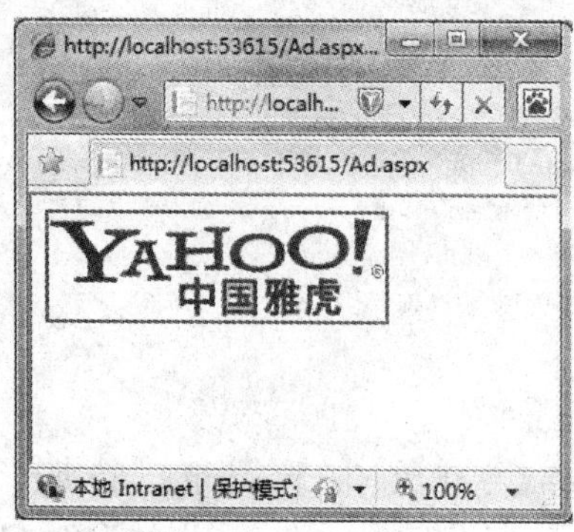

图 5-20　广告效果 1

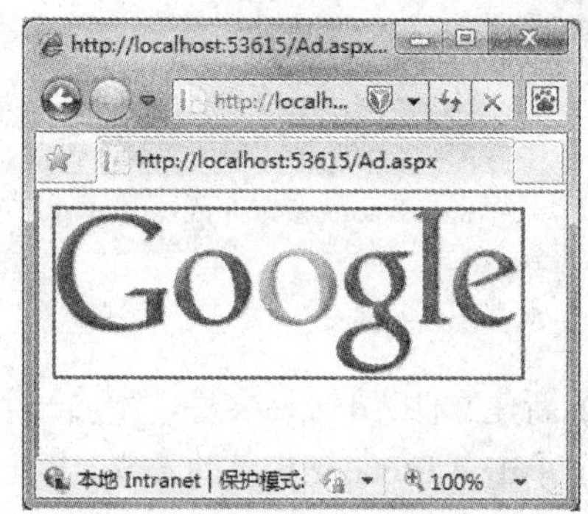

图 5-21　广告效果 2

5.2.11　表格控件(Table)

Table 控件和 HTML Table 控件非常相似。表格控件(Table)用来提供可编程的表格服务器控件，表中的行可以通过 TableRow 控件创建，表中的列通过 TableCell 控件来实现。当创建一个表控件时，系统生成的代码如下：

```
<asp:Table ID="Table1" runat="server" Height="121px" Width="177px">
</asp:Table>
```

上述代码自动生成了一个表格控件，但是没有生成表格中的行和列，必须通过 TableRow 创建行，通过 TableCell 来创建列。还可以设置 Table 控件的 BackImageUrl 属性，用来在表格的背景中显示图像。默认情况下，表中内容的水平对齐方式是未设置的。如果要指定水平对齐方式，则需要设置 HorizontalAlignment 属性。各个单元格之间的间距由 CellSpacing 属性控制。通过设置 CellPadding 属性，可以指定单元格内容与单元格边框之间的空间量。要显示单元格边框，可以设置 GridLines 属性。可显示水平线、垂直线或同时显示这两种线。示例代码如下：

```
<asp:TableRow>
  <asp:TableCell>1</asp:TableCell>
  <asp:TableCell>2</asp:TableCell>
  <asp:TableCell>3</asp:TableCell>
</asp:TableRow>
<asp:TableRow>
  <asp:TableCell>4</asp:TableCell>
  <asp:TableCell>5</asp:TableCell>
  <asp:TableCell>6</asp:TableCell>
  </asp:TableRow>
  <asp:TableRow>
  <asp:TableCell>7</asp:TableCell>
  <asp:TableCell>8</asp:TableCell>
  <asp:TableCell>9</asp:TableCell>
```

```
        </asp:TableRow>
        </asp:Table>
```

上述代码创建了一个 3 行 3 列的表格。

表控件和静态表的区别在于：表控件能够动态地为表格创建行或列，实现一些特定的程序需求。

【例 5-8】Table 的示例。

(1) 创建 Table.aspx 页面。

(2) 创建一个 2 行 4 列的表格，同时创建一个 Button 按钮控件来实现动态增加一行的效果。代码如下：

```
    <%@ Page Language="C#" AutoEventWireup="true" CodeFile="table.aspx.cs" Inherits="table" %>
    <!DOCTYPE html PUBLIC "-//W3C//DTD XHTML 1.0 Transitional//EN"
"http://www.w3.org/TR/xhtml1/DTD/xhtml1-transitional.dtd">
    <script runat="server">
        protected void Button1_Click(object sender, EventArgs e)
        {
            TableRow row = new TableRow();
            Table1.Rows.Add(row);                          //创建一个新行
            for (int i = 9; i < 13; i++)                   //遍历 4 次创建新列
            {
                TableCell cell = new TableCell();          //定义一个 TableCell 对象
                cell.Text = i.ToString();                  //编写 TableCell 对象的文本
                row.Cells.Add(cell);                       //增加列
            }
        }
    </script>
    <html >
    <head>
        <title>Table 控件</title>
    </head>
    <body style="font-style: italic">
        <form id="form1" runat="server">
        <div>
            <asp:Table ID="Table1" runat="server" Height="121px" Width="177px"
                BackColor="Silver">
            <asp:TableRow ID="row">
             <asp:TableCell>1</asp:TableCell>
             <asp:TableCell>2</asp:TableCell>
             <asp:TableCell>3</asp:TableCell>
             <asp:TableCell BackColor="White">4</asp:TableCell>
            </asp:TableRow>
            <asp:TableRow>
             <asp:TableCell>5</asp:TableCell>
```

```
                <asp:TableCell >6</asp:TableCell>
                <asp:TableCell BackColor="White">7</asp:TableCell>
                <asp:TableCell>8</asp:TableCell>
            </asp:TableRow>
            </asp:Table>
            <br />
            <asp:Button ID="Button1" runat="server" Text="添加" onclick="Button1_Click" />
        </div>
        </form>
</body>
```

(3) 页面运行效果如图 5-22 所示，单击【添加】按钮，系统会在表格中创建新行，如图 5-23 所示。

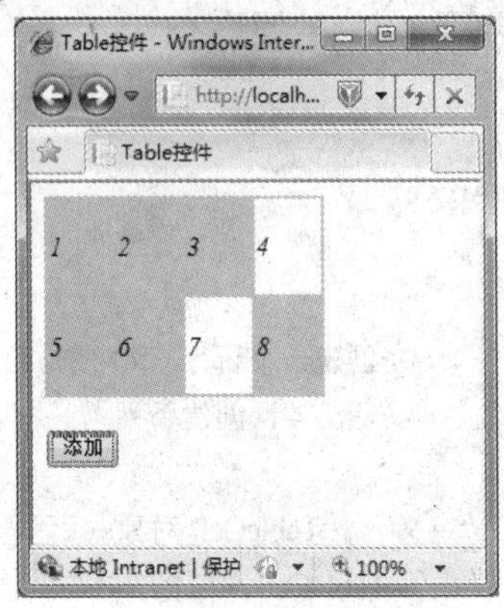

图 5-22　原表格

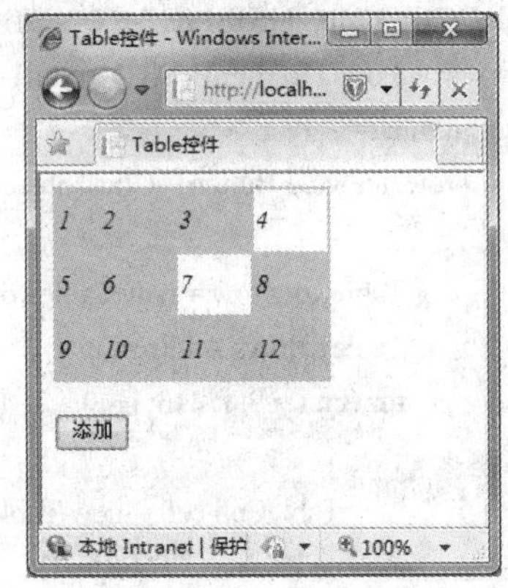

图 5-23　动态增加一行

在动态创建行和列的时候，也可以修改行和列的样式等属性，创建自定义样式的表格。通常，表不仅可用来显示表格的信息，还是一种传统的布局网页的形式，创建网页表格有如下 3 种形式。

- HTML 格式的表格：即<table>标记显示的静态表格。
- HtmlTable 控件：将传统的<table>控件通过添加 runat="server"属性转换为服务器控件。
- Table 表格控件：就是本节介绍的表格控件。

虽然创建表格有以上 3 种方法，但是推荐开发人员尽量使用静态表格，当不需要对表格做任何逻辑事务处理时，最好使用 HTML 格式的表格，因为这样可以极大地降低页面逻辑、增强性能。

5.2.12　Literal 控件和 Panel 控件

Literal 控件和 Panel 控件均可作为容器控件，但二者的适用场合不同，下面分别进行介绍。

1. Literal 控件

Literal 控件可以作为页面上其他内容的容器，常用于向页面中动态添加内容。

对于静态内容，无需使用容器，可以将标记作为 HTML 直接添加到页面中。但是，如果要动态添加内容，则必须将内容添加到容器中。典型的容器有 Label、Literal、Panel 和 PlaceHolder 控件。

Literal 控件与 Label 控件的区别在于 Literal 控件不向文本中添加任何 HTML 元素(Label 控件将呈现一个 span 元素)。因此，Literal 控件不支持包括位置属性在内的任何样式属性。但是，Literal 控件允许指定是否对内容进行编码。

Panel 和 PlaceHolder 控件呈现为 div 元素，这将在页面中创建离散块，与 Label 和 Literal 控件进行内嵌呈现的方式不同。

通常情况下，当希望文本和控件直接呈现在页面中而不使用任何附加标记时，可以使用 Literal 控件。

Literal 控件最常用的属性是 Mode 属性，该属性用于指定控件对所添加的标记的处理方式。可以将 Mode 属性设置为以下值。

- Transform：将对添加到容器中的任何标记进行转换，以适应请求浏览器的协议。如果向使用 HTML 外的其他协议的移动设备呈现内容，此设置非常有用。
- PassThrough：添加到容器中的任何标记都将按原样呈现在浏览器中。
- Encode：将使用 HtmlEncode 方法对添加到容器中的任何标记进行编码，这会将 HTML 编码转换为其文本表示形式。例如，<b>标记将呈现为<b>。当希望浏览器显示而不解释标记时，编码将很有用。编码对于安全也很有用，有助于防止在浏览器中执行恶意标记。显示来自不受信任的源字符串时推荐使用此设置。

2. Panel 控件

Panel 控件在 ASP.NET 网页内提供了一种容器控件，可以将它用作静态文本和其他控件的父控件，向该控件中添加其他控件和静态文本。

可以将 Panel 控件用作其他控件的容器。当以编程的方式创建内容并需要一种将内容插入到页面中的方法时，Panel 控件尤为适用。以下部分描述了可以使用 Panel 控件的其他方法。

(1) 动态生成的控件的容器

Panel 控件为在运行时创建的控件提供了一个方便的容器。

(2) 对控件和标记进行分组

对于一组控件和相关的标记，可以通过把其放置在 Panel 控件中，然后操作此 Panel 控件将它们作为一个单元进行管理。例如，可以通过设置 Panel 控件的 Visible 属性来隐藏或显示该面板中的一组控件。

(3) 具有默认按钮的窗体

可以将 TextBox 控件和 Button 控件放置在 Panel 控件中，然后通过将 Panel 控件的 DefaultButton 属性设置为面板中某个按钮的 ID 来定义一个默认的按钮。如果用户在面板内的文本框中进行输入并按 Enter 键，这与用户单击特定的默认按钮具有相同的效果。这有助于用户更有效地使用项目窗体。

(4) 向其他控件添加滚动条

有些控件(如 TreeView 控件)没有内置的滚动条。通过在 Panel 控件中放置滚动条控件，可以添加滚动行为。若要向 Panel 控件添加滚动条，需要设置 Height 和 Width 属性，将 Panel

控件限制为特定的大小，然后再设置 ScrollBars 属性。

(5) 页上的自定义区域

可以使用 Panel 控件在页面上创建具有自定义外观和行为的区域。

- 创建一个带标题的分组框：可以设置 GroupingText 属性来显示标题。呈现页时，Panel 控件的周围将显示一个包含标题的框，其标题就是 GroupingText 属性。不能在 Panel 控件中同时指定滚动条和分组文本。如果设置了分组文本，其优先级高于滚动条。
- 在页面上创建具有自定义颜色或其他外观的区域：Panel 控件支持外观属性如 BackColor 和 BorderWidth，可以设置外观属性为页面上的某个区域创建独特的外观。

【例 5-9】Panel 和 Literal 控件的示例。

(1) 创建 PanelExample.aspx 页面。在页面上添一个 Panel、三个 CheckBox、两个 Literal 控件。窗口设计如图 5-24 所示。

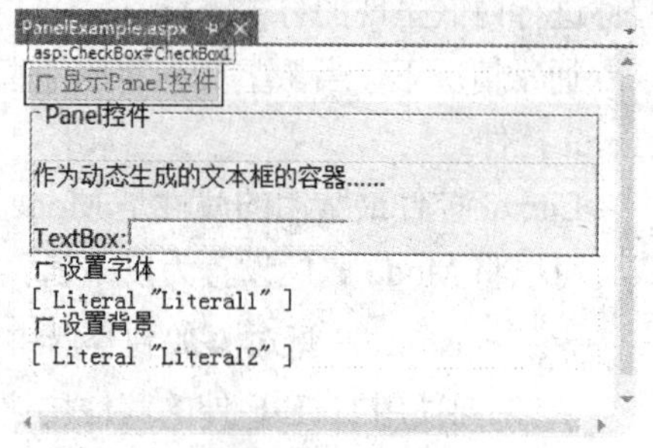

图 5-24　窗口设计

代码如下：

```
<asp:CheckBox ID="CheckBox1" runat="server"
            oncheckedchanged="CheckBox1_CheckedChanged" Text="显示 Panel 控件"
            AutoPostBack="True" />

        <asp:panel id="myPanel" runat="server" backcolor="#eeeeee" Visible="false"
        GroupingText="Panel 控件">
        <p>作为动态生成的文本框的容器…… </p>
            TextBox:<asp:TextBox ID="TextBox1" runat="server"></asp:TextBox>
</asp:panel>
<asp:CheckBox ID="CheckBoxChangeFont" runat="server" AutoPostBack="True"
        oncheckedchanged="CheckBoxChangeFont_CheckedChanged" Text="设置字体"/>
          <br />    <asp:Literal ID="Literal1" runat="server"></asp:Literal>
            <br />
<asp:CheckBox ID="CheckBoxChangeBkGround" runat="server" AutoPostBack="True"
      oncheckedchanged="CheckBoxChangeBkGround_CheckedChanged" Text="设置背景"/>
      <br />
        <asp:Literal ID="Literal2" runat="server"></asp:Literal>
```

(2) 在 PanelExample.aspx.cs 中，根据下面的代码设置各控件的事件处理程序。

```
protected void CheckBox1_CheckedChanged(object sender, EventArgs e)
        {
            myPanel.Visible = CheckBox1.Checked;
        }
        protected void CheckBoxChangeFont_CheckedChanged(object sender, EventArgs e)
        {
            if (CheckBoxChangeFont.Checked)
            {
```

```
            this.myPanel.Font.Italic = true;
            this.myPanel.ForeColor = System.Drawing.Color.Red;
            Literal1.Text = "当前所显示字型是“斜体”，颜色是“红色”";
        }
        else
        {
            this.myPanel.Font.Italic = false;
            this.myPanel.ForeColor = System.Drawing.Color.Blue;
            Literal1.Text = "当前所显示字型是“默认字体”，颜色是“蓝色”";
        }
    }
    protected void CheckBoxChangeBkGround_CheckedChanged(object sender, EventArgs e)
    {
        if (CheckBoxChangeBkGround.Checked)
        {
            this.myPanel.BackColor = System.Drawing.Color.Bisque;//Bisque 橘黄色
            Literal2.Text = "当前所显示背景颜色是“Bisque 橘黄色”。";
        }
        else
        {
            this.myPanel.BackColor = System.Drawing.Color.Beige;//Beige  米黄色
            Literal2.Text = "当前所显示背景颜色是“Beige  米黄色”。";
        }
    }
```

(3) 运行程序，效果如图 5-25 和 5-26 所示。

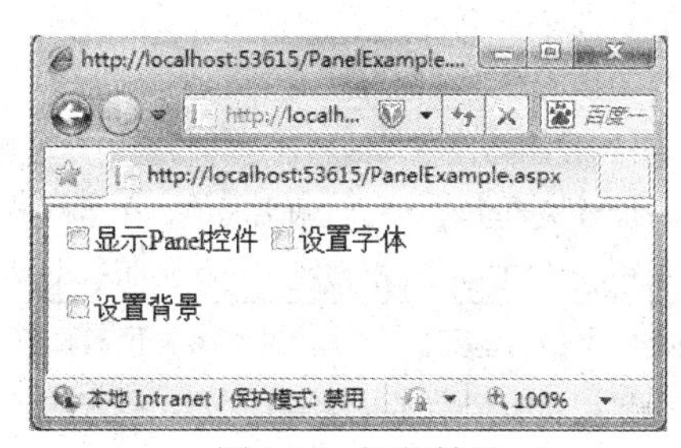

图 5-25　运行效果

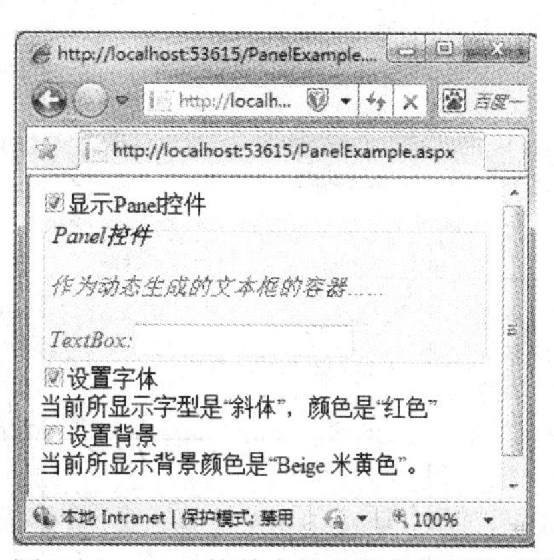

图 5-26　panel 控件中的内容改变后的效果

5.3　验证控件

在交互式页面中，经常需要使用输入控件来收集用户输入的信息。为了确保用户提交到服务器的信息在内容和格式上都是合法的，就必须编写代码来验证用户输入的内容。可以在客户端用 JavaScript 代码进行验证，也可以在页面提交到服务器上后进行验证，然而不管哪种方式，都是一项特别繁琐的工作。

ASP.NET 中的验证控件为程序员提供了方便，它们几乎涉及所有的常见验证情况。可以验证服务器控件中用户的输入，并在验证失败的情况下显示一条自定义的错误消息。验证控件直接在客户端执行，用户提交后执行相应的验证，无需使用服务器端验证操作，从而减少了服务器与客户端之间的往返过程。

5.3.1　验证控件及其作用

ASP.NET 验证控件是一个服务器控件集合，允许这些控件验证关联的输入服务器控件(如 TextBox)，并在验证失败时显示自定义消息，每个验证控件执行特定类型的验证。一个输入控件可以同时被多个验证控件关联验证。ASP.NET 提供的验证控件如表 5-2 所示。

表 5-2　ASP.NET 的验证控件

验证类型	使用的控件	说　明
必选项	RequiredFieldValidator	必选项验证控件，验证一个必填字段，如果这个字段没填，那么将不能提交信息
与某值的比较	CompareValidator	比较验证。将用户输入与一个常数值或者另一个控件或特定数据类型的值进行比较(使用小于、等于或大于等比较运算符)，同时也可以用来校验控件中的内容的数据类型：如整型、字符串型等。如比较密码和确认密码两个字段是否相等
范围检查	RangeValidator	范围验证。RangeValidator 控件可以用来判断用户输入的值是否在某一特定范围内。可以检查数字对、字母对和日期对限定的范围。属性 MaximumValue 和 MinimumValue 用来设置范围的最大值和最小值
模式匹配	RegularExpressionValidator	正则表达式验证。它根据正则表达式来验证用户输入字段的格式是否合法，如电子邮件、身份证、电话号码等。ControlToValidate 属性选择需要验证的控件，ValidationExpression 属性则编写需要验证的表达式的样式
用户定义	CustomValidator	用户定义验证控件，使用自己编写的验证逻辑检查用户输入。此类验证使用户能够检查正在运行时派生的值。在运行定制的客户端 JavaScript 或 VBScript 函数时，可以使用这个控件
验证汇总	ValidationSummary	验证汇总。该控件不执行验证，但该控件将本页所有验证控件的验证错误信息汇总为一个列表并集中显示，列表的显示方式由 DisplayMode 属性设置

因此，可通过使用 CompareValidator 和 RangeValidator 控件分别检查某个特定值或值范围，还可以使用 CustomValidator 控件定义自己的验证条件，或者使用 ValidationSummary 控件显示网页上所有验证控件的结果摘要。

在 ASP.NET 中，输入服务器控件中可以被验证控件关联验证的属性如表 5-3 所示。

表 5-3　可以被验证控件关联验证的属性

输入服务器控件	被验证的属性
HtmlInputText	Value
HtmlTextArea	Value
HtmlSelect	Value
HtmlInputFile	Value
TextBox	Text
ListBox	SelectedItem.Value
DropDownList	SelectedItem.Value
RadioButtonList	SelectedItem.Value

5.3.2　验证控件的属性和方法

所有的验证控件都继承自 BaseValidator 类。BaseValidator 类为所有的验证控件提供了一些公用的属性和方法，如表 5-4 所示。

表 5-4　验证控件的公共属性和方法

成　员	含　义
ControlToValidate 属性	验证控件将验证的输入控件的 ID，如果此为非法 ID，则引发异常
Display 属性	指定的验证控件的显示行为
EnableClientScript 属性	指示是否启用客户端验证，通过将 EnableClientScript 属性设置为 false，可在支持此功能的浏览器上禁用客户端验证
Enabled 属性	指示是否启用验证控件，通过将该属性设置为 false 可以阻止验证控件验证输入控件
ErrorMessage 属性	当验证失败时在 ValidationSummary 控件中显示的错误信息。如果未设置验证控件的 Text 属性，则验证失败时，验证控件中仍显示此文本。ErrorMessage 属性通常用于为验证控件和 ValidationSummary 控件提供各种消息
ForeColor 属性	指定当验证失败时用于显示错误消息的文本颜色
IsValid 属性	指示 ControlToValidate 属性所指定的输入控件是否被确定为有效
Text 属性	设置此属性后，验证失败时会在验证控件中显示此消息。如果未设置此属性，则在该控件中显示 ErrorMessage 属性中指定的文本
Validate 方法	验证相关的输入控件，并更新 IsValid 属性

验证控件总是在服务器上执行验证检查。它们还具有完整的客户端实现，该实现允许支持 DHTML 的浏览器(如 Microsoft Internet Explorer 4.0 或更高版本)在客户端执行验证。客户端验证通过在向服务器发送用户输入前检查用户输入来增强验证过程。在提交窗体前即可在客户端检测到错误，从而避免了服务器端验证所需信息的来回传递。

客户端的验证经常被使用，因为它有非常快的响应速度。如果不需要客户端验证，可以利用 EnableClientScript 属性关闭该功能。通过将 EnableClientScript 属性设置为 false，可在支持此功能的浏览器上禁用客户端验证。

每个验证控件，以及 Page 对象本身，都有一个 IsValid 属性，利用该属性可以进行页面有效性的验证，只有当页面上的所有验证都成功时，Page.IsValid 属性才为真。

默认情况下，在单击按钮控件如 Button、ImageButton 或 LinkButton 时执行验证。可通过将按钮控件的 CausesValidation 属性设置为 false 来禁止在单击按钮控件时执行验证。“取消”或“清除”按钮的 Causes Validation 属性通常设置为 false，以防止在单击按钮时执行验证。

5.3.3 表单验证控件(RequiredFieldValidator)

在实际应用中，如在用户填写表单时，有一些项目是必填项，例如用户名和密码。在 ASP.NET 中，系统提供了 RequiredFieldValidator 验证控件进行验证。使用 RequiredFieldValidator 控件能够指定用户在特定的控件中必须提供相应的信息，如果不输入相应的信息，RequiredFieldValidator 控件就会提示相应的错误信息。其语法格式如下：

```
<asp:RequiredFieldValidator id="控件名称"
Display="Dynamic | Static | None"
ControlToValidate="被验证的控件的名称"
    ErrorMessage="错误发生时的提示信息"
    runat="server" />
```

【例 5-10】RequiredFieldValidator 控件

创建 RequiredFieldValidator.aspx 页面，添加语句声明了一个 RequiredFieldValidator 控件，示例代码如下：

```
    <form id="form1" runat="server">
    <div>
        姓名:<asp:TextBox ID="TextBox1" runat="server"></asp:TextBox>
            <asp:RequiredFieldValidator ID="RequiredFieldValidator1" runat="server"
                ControlToValidate="TextBox1"
ErrorMessage="姓名 NotNull">
</asp:RequiredFieldValidator><br />
        密码:<asp:TextBox ID="TextBox2" runat="server"></asp:TextBox><br />
            <asp:Button ID="Button1" runat="server" Text="登陆" /><br />
      </div>
    </form>
```

在进行验证时，RequiredFieldValidator 控件必须绑定到一个服务器控件，在上述代码中，验证控件 RequiredFieldValidator 绑定的服务器控件为 TextBox1，当 TextBox1 中的值为空时，则会提示自定义错误信息“姓名 Not Null”，TextBox2 没有绑定，所以就没有提示，如图 5-27 和图 5-28 所示。

图 5-27　单击 Button 前

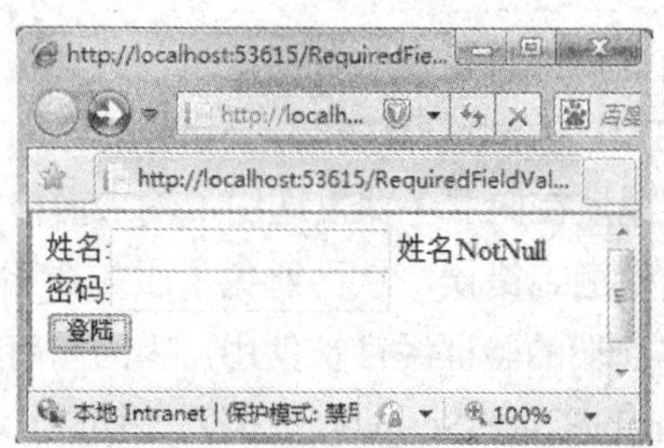

图 5-28　RequiredFieldValidator 控件检测

5.3.4　比较验证控件(CompareValidator)

当用户输入信息时，难免会输入错误信息，如当需要了解用户的生日时，用户很可能输入了其他字符串。CompareValidator 控件用于将输入控件的值与常数值或其他输入控件的值相比较，以确定这两个值是否与由比较运算符(小于、等于、大于等等)指定的关系相匹配。CompareValidator 控件的特有属性如下。

- ControlToCompare：以字符串形式输入的表达式。要与另一控件的值进行比较。
- Operator：要使用的比较运算。
- Type：要比较两个值的数据类型。
- ValueToCompare：以字符串形式输入的表达式。

当使用 CompareValidator 控件时，可以方便地判断用户的输入是否正确，示例代码如下：

```
<body>
    <form id="form1" runat="server">
    <div>
        请输入开学日期:
        <asp:TextBox ID="TextBox1" runat="server"></asp:TextBox>
        <br />
        请输入放假日期:
        <asp:TextBox ID="TextBox2" runat="server"></asp:TextBox>
        <asp:CompareValidator ID="CompareValidator1" runat="server"
            ControlToCompare="TextBox2" ControlToValidate="TextBox1"
            CultureInvariantValues="True" ErrorMessage="输入日期格式错误！请重新输入！"
            Operator="GreaterThan"
            Type="Date">
        </asp:CompareValidator>
        <br />
        <asp:Button ID="Button1" runat="server" Text="Button" />
        <br />
    </div>
    </form>
</body>
```

上述代码判断 TextBox1 的输入格式是否正确，当输入的格式错误时，会提示错误。

5.3.5　范围验证控件(RangeValidator)

范围验证控件(RangeValidator)可以检查用户的输入是否在指定的上限与下限之间。通常用于检查数字、日期、货币等。该控件有以下几个属性。

- MinimumValue：指定有效范围的最小值。
- MaximumValue：指定有效范围的最大值。
- Type：指定要比较的值的数据类型。

RangeValidator 控件可以检查用户的输入是否在指定的上限与下限之间；可以检查数字对、字母对和日期对限定的范围。边界表示为常数。使用 ControlToValidate 属性指定要验证的输入控件。MinimumValue 和 MaximumValue 属性分别指定有效范围的最小值和最大值。Type 属性用于指定要比较的值的数据类型。在执行任何比较之前，先将要比较的值转换为该数据类型。代码如下：

```
<body>
    <form id="form1" runat="server">
    <div>
        请输入开学日期:
        <asp:TextBox ID="TextBox1" runat="server"></asp:TextBox>
        <br />
        请输入放假日期:
        <asp:TextBox ID="TextBox2" runat="server"></asp:TextBox>
        <asp:RangeValidator ID="RangeValidator1" runat="server"
            ControlToValidate="TextBox1"    ErrorMessage="超出规定范围，请重新填写"
            MaximumValue="2010/1/1" MinimumValue="2007/1/1" Type="Date">
            </asp:RangeValidator>
        <asp:RangeValidator ID="RangeValidator2" runat="server"
            ControlToValidate="TextBox2"    ErrorMessage="超出规定范围，请重新填写"
            MaximumValue="2010/1/1" MinimumValue="2007/1/1" Type="Date">
            </asp:RangeValidator>
        <br />
        <asp:Button ID="Button1" runat="server" Text="提交" />
        <br />
    </div>
    </form>
</body>
```

5.3.6 自定义验证控件(CustomValidator)

有时候要进行的验证操作对于标准验证控件来说太复杂了，此时可以用 CustomValidator 控件来进行验证。该控件用自定义的函数验证方式，验证函数在页面的代码块中定义。其语法格式如下：

```
<asp: CustomValidator id="控件名称"
    ControlToValidate="被验证的控件名称"
    ClientValidationFunction="客户端验证函数"
     OnServerValidate="服务器端验证函数"
     ErrorMessage="错误发生时的提示信息"
    Display="Dynamic | Static | None"
    runat="server" />
```

若要创建服务器端验证函数，需要为执行验证的 ServerValidate 事件提供处理程序。通过将 ServerValidateEventArgs 对象的 Value 属性作为参数传递到事件处理程序，可以访问来自要验证的输入控件的字符串。验证结果将被存储在 ServerValidateEventArgs 对象的 IsValid

属性中。

CustomValidator 控件同样也可以在客户端实现验证，该验证函数可用 VBScript 或 Javascript 来实现，而在 CustomValidator 控件中需要使用 ClientValidationFunction 属性指定与 CustomValidator 控件相关的客户端验证脚本的函数名称。

5.3.7　正则验证控件(RegularExpressionValidator)

上述控件中，虽然能够实现一些验证，但是其验证能力是有限的，例如，在验证过程中，只能验证是否是数字，或者是否是日期。也可能在验证时，只能验证一定范围内的数值，虽然这些控件提供了一些验证功能，但却限制了开发人员进行自定义验证和错误信息的开发。为了实现一个验证，很可能需要多个控件同时搭配使用。正则验证控件就解决了这个问题，正则验证控件的功能非常强大，它用于确定输入控件的值是否与某个正则表达式所定义的模式相匹配，如电子邮件、电话号码以及序列号等。其语法格式如下：

```
<asp:RegularExpressionValidator id="控件名称"
    ControlToValidate="被验证的控件的名称"
    ValidationExpression="正则表达式"
    ErrorMessage="错误发生时的提示信息"
    Display="Dynamic | Static | None"
    runat="server" />
```

ValidationExpression 属性用于指定验证条件的正则表达式。常用的正则表达式字符及其含义如表 5-5 所示。

表 5-5　常用正则表达式字符及其含义

正则表达式字符	含　义
[……]	匹配括号中的任何一个字符
[^……]	匹配不在括号中的任何一个字符
\w	匹配任何一个字符(a~z、A~Z 和 0~9)
\W	匹配任何一个空白字符
\s	匹配任何一个非空白字符
\S	与任何非单词字符匹配
\d	匹配任何一个数字(0~9)
\D	匹配任何一个非数字(^0~9)
[\b]	匹配一个退格键字符
{n,m}	最少匹配前面表达式 n 次，最大为 m 次
{n,}	最少匹配前面表达式 n 次
{n}	恰恰匹配前面表达式 n 次
?	匹配前面表达式 0 或 1 次{0,1}
+	至少匹配前面表达式 1 次{1,}
*	至少匹配前面表达式 0 次{0,}
|	匹配前面表达式或后面表达式

(续表)

正则表达式字符	含　义
(...)	在单元中组合项目
^	匹配字符串的开头
$	匹配字符串的结尾
\b	匹配字符边界
\B	匹配非字符边界的某个位置

下面再来列举几个常用的正则表达式。

- 验证电子邮件：\w+([-+.]\w+)*@\w+([-.]\w+)*\.\w+([-.]\w+)*或\S+@\S+\.　\S+。
- 验证网址：HTTP：//\S+\.　\S+或 HTTP：//\S+\.　\S+。
- 验证邮政编码：\d{6}。
- [0-9]：表示 0~9 十个数字。
- \d*：表示任意个数字。
- \d{3,4}-\d{7,8}：表示中国大陆的固定电话号码。
- \d{2}-\d{5}：验证由两位数字、一个连字符再加 5 位数字组成的 ID 号。
- <\s*(\S+)(\s[^>]*)?>[\s\S]*<\s*\/\l\s*>：匹配 HTML 标记。

从【工具箱】的【验证】组中，将 RegularExpressionValidator 控件拖动到页面上。选择此控件，然后在【属性】窗口中找到【行为】下的 ValidationExpression，单击 ValidationExpression 属性右边的省略号按钮，即可打开【正则表达式编辑器】对话框，如图 5-29 所示。

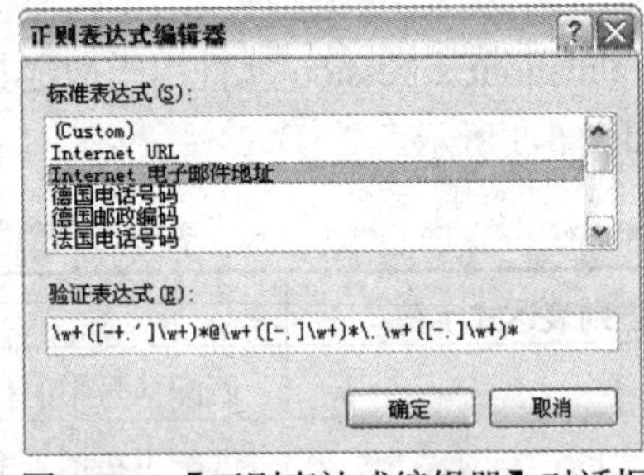

图 5-29　【正则表达式编辑器】对话框

系统自动生成的代码如下：

```
<asp:RegularExpressionValidator ID="RegularExpressionValidator1" runat="server"
    ErrorMessage="RegularExpressionValidator"
ValidationExpression="\w+([-+.']\w+)*@\w+([-.]\w+)*\.\w+([-.]\w+)*"></asp:RegularExpressionValidator>
```

同样，开发人员也可以自定义正则表达式来规范用户的输入。使用正则表达式能够加快验证速度并在字符串中快速匹配，而另一方面，使用正则表达式能够减少复杂的应用程序的功能开发和实现。

注意：

当用户输入为空时，其他验证控件都会验证通过。所以，在验证控件的使用中，通常需要同表单验证控件(RequiredFieldValidator)一起使用。

5.3.8　验证组控件(ValidationSummary)

ValidationSummary 控件本身没有验证功能，但是可以集中显示所有未通过验证的控件的错误提示信息，其语法格式如下：

```
<asp:ValidationSummary id="控件名称"
      HeaderText="标题文字"
  DisplayMode="List | ButtetList | SingleParagraph，将摘要显示为列表、项目符号列表或单个段落"
          ShowSummary= "True|False，控制显示还是隐藏 ValidationSummary 控件"
          ShowMessageBox="True|False，是否在消息框中显示摘要"
      runat="server" />
```

使用ValidationSummary控件可以为用户提供将窗体发送到服务器时所出现的错误列表。ValidationSummary 控件中为页面上每个验证控件显示的错误信息，是由每个验证控件的 ErrorMessage 属性指定的。如果没有设置验证控件的 ErrorMessage 属性，将不会在 ValidationSummary 控件中为该验证控件显示错误信息。

当有多个错误发生时，ValidationSummary 控件能够捕获多个验证错误并呈现给用户，这样就避免了一个表单需要多个验证时需要使用多个验证控件进行绑定，使用 ValidationSummary 控件就无需为每个需要验证的控件进行绑定。

5.4 登 录 控 件

对于目前常用的网站系统，登录已经成为一个必不可少的功能，例如论坛、电子邮箱、在线购物等。登录功能能够让网站准确地验证用户身份。用户访问该网站时，可以注册并登录，登录后的用户还能够注销登录状态以保证用户资料的安全性。ASP.NET 提供了一系列登录控件，方便了登录功能的开发。

5.4.1 登录控件(Login)

登录控件是一个复合控件，它包含了用户名和密码文本框，以及一个询问用户是否希望在下一次访问该页面时记住其身份的复选框。当用户选中该复选框时，下一次用户访问此网站，将自动进行身份验证。创建一个登录控件，系统会自动生成相应的 HTML 代码，如图 5-30 所示。

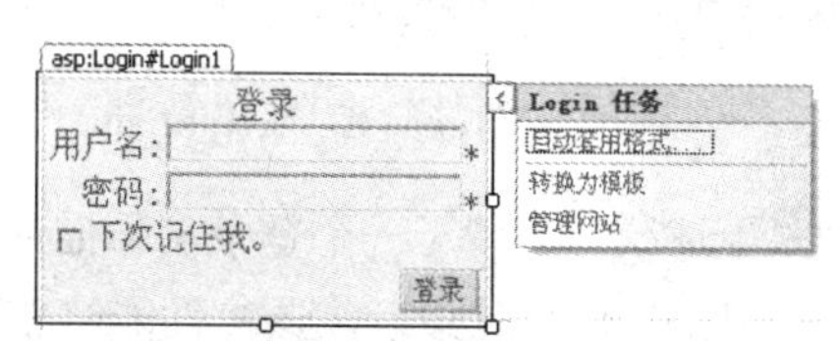

图 5-30　登录控件

开发人员能够使用登录控件执行用户登录操作而无需编写复杂的代码，登录控件常用的属性如下。

- Orientation：控件的一般布局。
- TextLayout：标签相对于文本框的布局。
- CreatUserIconUrl：用户创建用户连接的图标的 URL。
- CreatUserText：为“创建用户”连接显示的文本。
- CreatUserUrl：创建用户页的 URL。
- DestinationPageUrl：用户成功登录时被定向到的 URL。
- DisplayRememberMe：是否显示“记住我”复选框。

- HelpPageText：为帮助连接显示的文本。
- HelpPageUrl：帮助页的 URL。
- PasswordRecoveryIconUrl：用于密码回复连接的图标的 URL。
- PasswordRecoveryUrl：为密码回复连接显示的文本。
- PasswordRecoveryText：密码回复页的 URL。
- FailuteText：当登录尝试失败时显示的文本。
- InstructionText：为给出说明所显示的文本。
- LoginButtonImageUrl：为“登录”按钮显示的图像的 URL。
- LoginButtonText：为“登录”按钮显示的文本。
- LoginButtonType：“登录”按钮的类型。
- PasswordLableText：密码标识文本框内的文本。
- TitleText：为标题显示的文本。
- UserName：用户名文本框内的初始值。
- UserNameLableText：标识用户名文本框的文本。
- Enabled：控件是否处于启动状态。

开发人员能够在页面中拖动相应的登录控件实现登录操作，使用登录控件进行登录操作，可以直接进行用户信息的查询，而无需进行复杂的开发。

5.4.2 登录名称控件(LoginName)

登录名称控件(LoginName)是一个用来显示已经成功登录的用户的控件。在 Web 应用程序开发中，开发人员常常需要在页面中通知相应的用户已经登录，如用户在登录成功后，可以在相应的页面中提示“您已登录，您的用户名是 XXX”等，这样，不仅能够提高用户的友好度，也能够让开发人员在 Web 应用程序中方便地对用户信息做收集整理。

开发人员可以在应用程序中拖动 LoginName 控件用于用户名的呈现，拖动到页面中，系统生成的 HTML 代码如下：

```
<asp:LoginName ID="LoginName1" runat="server" />
```

上述代码实现了一个登录名称控件，开发人员能够将该控件放置在页面中的任何位置进行呈现，当用户登录后，该控件能够获取用户的相应信息并呈现用户名在控件中。登录名称控件的页面效果如图 5-31 所示。

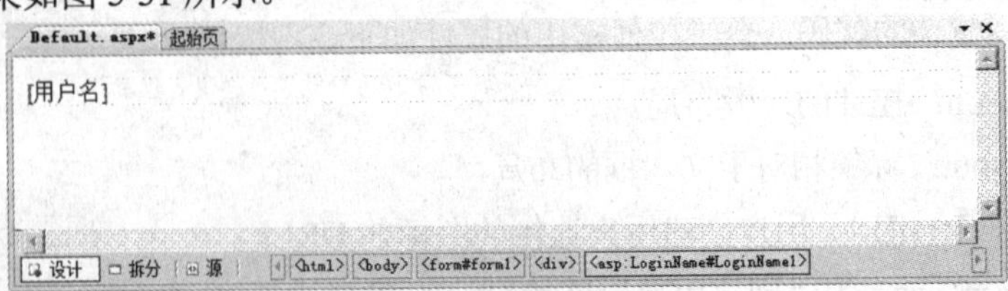

图 5-31　登录名称控件

在 LoginName 控件中，最常用的属性是 FormatString 属性，该属性用于格式化用户名输出。在控件的 FormatString 属性中，“{0}”字符串用于显式用户名，开发人员能够配置相应的字符串进行输出，例如配置为“您好，{0}，您已经登录！”，可以在相应的占位符中呈现具体的用户名，如图 5-32 所示。

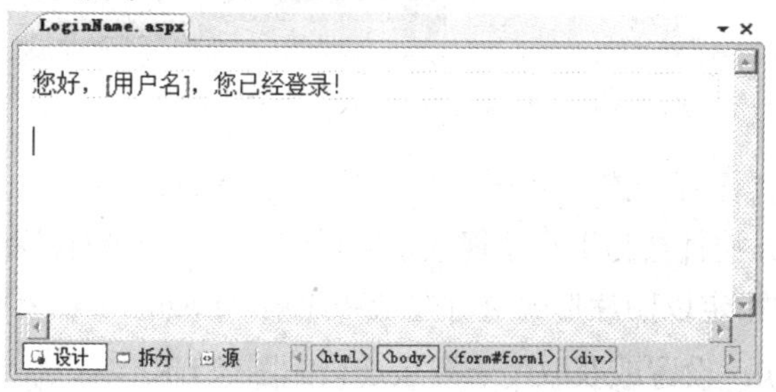

图 5-32　格式化输出用户名

正如图 5-32 所示，当对 LoginName 进行格式化设置后，用户名能够被格式化输出，例如当用户 sunrain 登录 Web 应用后，该控件会呈现“您好，sunrain，您已经登录！”。开发人员只需要通过简单的配置就能够实现复杂的登录显示功能。

5.4.3　登录视图控件(LoginView)

在应用程序的开发过程中，通常需要对不同身份和权限的用户进行不同登录样式的呈现，开发人员可以为用户配置内置对象以呈现不同的页面效果。但是，在页面请求时，还需要对用户的身份进行验证。在 ASP.NET 2.0 之后的版本中，系统提供了 LoginView 控件用于不同用户权限之间的视图的区分。

在开发一个应用程序时，开发人员希望应用程序能够实现如下功能：当用户在网站中没有登录时，用户看到的视图是没有登录时的视图，包括网站的风格、系统的提示信息等。而当用户登录后，用户看到的视图是登录后的视图，同样包括网站的风格、系统的提示信息等。LoginView 控件为开发人员提供了不同权限的用户，以查看不同的视图，开发人员可以拖动 LoginView 控件到页面中，以编辑不同的页面进行开发。如图 5-33 所示。

图 5-33　LoginView 控件呈现的形式

5.4.4　登录状态控件(LoginStatus)

登录状态控件(LoginStatus)用于显式用户验证时的状态，LoginStatus 包括“登录”和“注销”两种状态。LoginStatus 控件的状态是由相应的 Page 对象的 Request 属性中的 IsAuthenticated 属性决定的。开发人员能够直接将 LoginStatus 控件拖放到页面中，从而让用户能够通过相应的状态进行登录或注销操作，LoginStatus 控件默认的 HTML 代码如下：

```
<asp:LoginStatus ID="LoginStatus1" runat="server" />
```

上述代码就呈现了一个 LoginStatus 控件，LoginStatus 控件默认是以文本的形式呈现的，如图 5-34 所示。

图 5-34　LoginStatus 控件呈现效果

当用户没有登录操作时，该控件会呈现登录字样给用户，以便用户进行登录操作；当用户登录后，LoginStatus 控件会为用户呈现注销字样，以便用户进行注销操作。开发人员还能够为 LoginStatus 控件指定以图片形式进行登录和注销，LoginStatus 控件的常用属性如下。

- LoginImageUrl：设置或获取用于登录连接的图像 URL。
- LoginText：设置或获取用于登录连接的文本。
- LogoutAction：设置或获取一个值，用于用户从网站注销时执行的操作。
- LogoutImageUrl：设置或获取一个值，用于登出图片的显示。
- LogoutPageUrl：设置或获取一个值，用于登出连接的图像 URL。
- LougoutText：设置或获取一个值，用于登出连接的文本。
- TagKey：获取 LoginStatus 控件的 HtmlTextWriterTag 的值。

LoginStatus 控件还包括两个常用事件，分别是 LoggingOut 和 LoggedOut。当用户单击注销按钮时会触发 LoggingOut 事件，开发人员能够在 LoggingOut 事件中编写相应的事件以清除用户的身份信息，这些信息包括 Session、Cookie 等。程序员还可以在 LoggedOut 事件中规定在用户离开网站时必须执行的操作。

5.4.5　密码更改控件(ChangePassword)

在应用程序开发中，开发人员需要编写密码更改控件，让用户能够快速地进行密码更改。在应用程序的使用中，用户会经常需要更改密码，例如用户登录后发现自己的用户信息可能被其他人改动过，就会怀疑密码泄露了，这样用户就可以通过更改密码控件进行密码的更换。另外，如果用户在注册时的密码是系统自动生成的，用户同样需要在密码更改控件中修改新的密码，以便用户记忆。

ASP.NET 提供了密码更改控件，以便开发人员能够轻松地实现密码更改功能。拖放一个密码更改控件到页面中，系统会自动生成相应的 HTML 代码。

ChangePassword 控件包括密码、新密码和确认新密码，如图 5-35 所示。

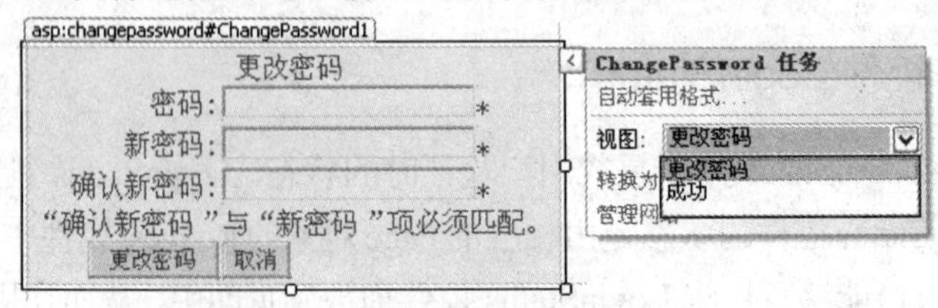

图 5-35　ChangePassword 控件

当用户需要更改密码时，必须先输入旧密码进行密码的验证，如果用户输入的旧密码是正确的，则系统会将新密码替换旧密码，以便用户下次登录时使用新密码。如果用户输入的旧密码不正确，则系统会认为是一个非法用户而不允许更改密码。ChangePassword 控件同样允许开发人员自动套用格式或者通过编写模板进行 ChangePassword 控件的样式布局，如图

5-36 所示。

开发人员可以自动套用格式进行更改密码控件的呈现，不仅如此，开发人员还能单击右侧的功能导航进行模板的转换，转换成模板后开发人员就能够进行模板的自定义了。ChangePassword 控件可以使用 Web.config 中的 membership 进行成员资格配置，所以 ChangePassword 控件能够实现不同场景的不同功能。

- 用户登录情况：开发人员能够使用 ChangePassword 控件允许用户在不登录的情况下进行密码的更改。

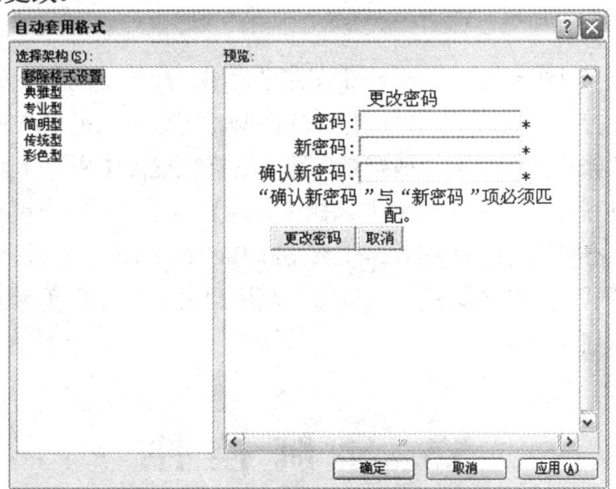

图 5-36　【自动套用格式】对话框

- 更改用户密码：开发人员能够使用 ChangePassword 控件让一个登录的用户进行另一个用户的密码更改。

在 ChangePassword 控件中，可以通过配置相应属性进行 ChangePassword 控件的样式或者是功能的设置，保证在一定的安全范围内进行安全的用户信息操作。

5.4.6　生成用户控件(CreateUserWizard)

生成用户控件(CreateUserWizard)为 MembershipProvider 对象提供了用户界面，使用该控件能够方便地让开发人员在页面中生成相应的用户，同时，当用户访问该应用程序时，可以使用 CreateUserWizard 控件的相应功能进行注册，如图 5-37 所示。

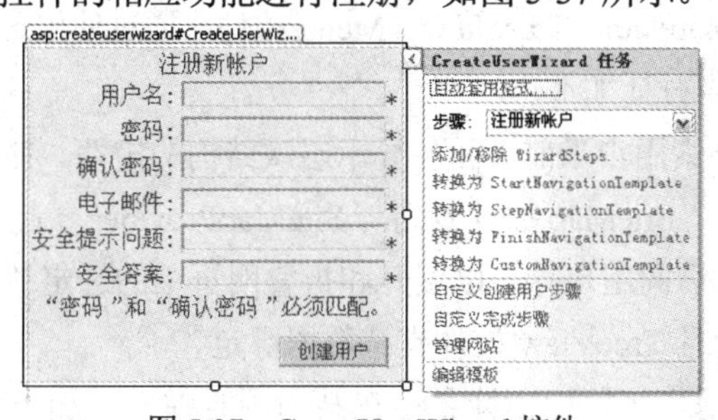

图 5-37　CreateUserWizard 控件

CreateUserWizard 控件默认包括多个文本框控件以便用户的输入，例如用户名、密码、确认密码、电子邮件、安全提示问题和安全答案等项目。其中，用户名、密码、确认密码用于身份验证和数据插入，为系统提供用户信息；而电子邮件和安全答案用于，当用户忘记密码或更改密码时，向用户发送相应的邮件，以便提高系统身份认证的安全性。

```
<asp:CreateUserWizard ID="CreateUserWizard1" runat="server">
        <WizardSteps>
            <asp:CreateUserWizardStep runat="server" />
            <asp:CompleteWizardStep runat="server" />
        </WizardSteps>
</asp:CreateUserWizard>
```

上述代码创建了一个 CreateUserWizard 控件进行用户注册功能的实现，开发人员还可以为 CreateUserWizard 控件中相应的模板进行样式控制。例如，当用户注册完毕后，用户会跳转到一个页面提示“帐户注册完毕，请登录”等，这样就提高了用户体验。单击【自定义完成步骤】按钮或者在快捷窗口下拉菜单中选择【完成】命令即可完成模板的实现。

另外，开发人员还能够通过 HeadTemplate、SideBarTemplate 等模板，对 CreateUserWizard 控件的页面呈现和样式进行控制，这不仅能够提高用户体验和友好度，还能够帮助用户按照步骤执行操作，降低了出错率。

5.5　导 航 控 件

在网站制作中，经常需要制作导航，以便用户能够更加方便快捷地查阅到相关的信息和资讯，或者跳转到相关的版块。网站导航主要提供了如下功能。

(1) 使用站点地图描述网站的逻辑结构。添加或移除页面时，开发人员可以简单地通过修改站点地图来管理页面导航。

(2) 提供导航控件，在页面上显示导航菜单。导航菜单以站点地图为基础。

(3) 可以以代码方式使用 ASP.NET 网站导航，以创建自定义导航控件或修改在导航菜单中显示的信息的位置。

在 Web 应用中，导航是非常重要的。ASP.NET 提供了站点导航的一种简单的方法，即使用站点导航控件 SiteMapPath、TreeView、Menu 等。

导航控件包括 SiteMapPath、TreeView、Menu 控件，通过使用这 3 个控件，可以在页面中轻松建立导航，其基本特征如下。

- SiteMapPath：检索用户当前页面并显示层次结构的控件。使用户可以导航回到层次结构中的其他页。SiteMap 控件专门与 SiteMapProvider 一起使用。
- TreeView：提供纵向用户界面以展开和折叠网页上的选定节点，以及为选定项提供复选框功能。而且 TreeView 控件支持数据绑定。
- Menu：提供在用户将鼠标指针悬停在某一项时弹出附加子菜单的水平或垂直用户界面。

这 3 个导航控件都能够快速地建立导航，并且能够调整相应的属性为导航控件进行自定义。SiteMapPath 控件使用户能够从当前位置导航回站点层次结构中较高的页，但是该控件并不允许用户从当前页面向前导航到层次结构中较深的其他页面。相比之下，使用 TreeView 或Menu控件,用户可以打开节点并直接选择需要跳转的特定页,这两个控件不像SiteMapPath 控件一样直接读取站点地图。TreeView 和 Menu 控件不仅可以自定义选项，也可以绑定一个 SiteMapDataSource。

TreeView 和 Menu 控件有一些区别，具体区别有如下几点。

- Menu 展开时，是弹出形式的展开，而 TreeView 控件则是就地展开。
- Menu 控件并不是按需下载，而 TreeView 控件则是按需下载的。
- Menu 控件不包含复选框，而 TreeView 控件包含复选框。
- Menu 控件允许编辑模板，而 TreeView 控件不允许模板编辑。
- Menu 在布局上是水平和垂直，而 TreeView 控件只能是垂直布局。
- Menu 可以选择样式，而 TreeView 控件不行。

开发人员在网站开发的时候，可以通过使用导航控件来快速地建立导航，为浏览者提供方便，也为网站做出信息指导。在用户的使用中，通常情况下导航控件中的导航值是不能被用户所更改的，但是开发人员可以通过编程的方式让用户也能够修改站点地图的节点。

在最细微的层次上，网站不过是由多个网页组成的集合。然而，这些网页通常都是逻辑上相关联且以某种方式分类的。例如，一个网上商店可以按产品分类组织网站，如书籍、CD、DVD 等。这些部分又可以分别按各自的种类分类，如书籍可以分为计算机类书籍、经济类书籍等。将网页分组成不同的逻辑类别称为网站的结构。

定义网站的结构后，大多数 Web 开发人员将创建网站导航。网站导航是用于帮助用户浏览网站的用户界面元素集合。常见的导航元素包括面包条、菜单和树视图。这些用户界面元素常用于完成两种任务：一是让用户知道自己在所访问网站中的位置；二是让用户更容易、更快速地跳转到网站的其他部分。

5.5.1　SiteMapPath 导航控件

要使用 SiteMapPath 导航控件，首先需要使用站点地图定义网站的结构，创建站点地图文件，然后使用 SiteMapPath 控件实现网站导航。

要创建站点地图，可以遵循在应用程序中添加 ASP.NET 网页的步骤。在【解决方案资源管理器】面板中右击应用程序名称，从弹出的快捷菜单中选择【添加新项】命令，然后在弹出的【添加新项】对话框中，选择【站点地图】选项，并单击【添加】按钮，即可为应用程序添加一个名为 Web.sitemap 的站点地图。

注意：

添加站点地图到应用程序中时，需要将站点地图放在 Web 应用程序的根目录下，并保持其文件为 Web.sitemap。如果将该文件放在另一个文件夹中或修改为不同的文件名，SiteMapPath 导航控件将不能找到站点地图，也就不能知道网站的结构，因为，默认情况下，SiteMapPath 导航控件只在根目录下寻找名为 Web.sitemap 的文件。

添加站点地图后，在【解决方案资源管理器】面板中双击 Web.sitemap，打开该文件，将显示默认情况下站点地图中的标记，程序清单如下：

```
<?xml version="1.0" encoding="utf-8" ?>
<siteMap xmlns="http://schemas.microsoft.com/AspNet/SiteMap-File-1.0" >
        <siteMapNode url="" title=""   description="">
            <siteMapNode url="" title=""   description="" />
            <siteMapNode url="" title=""   description="" />
        </siteMapNode>
</siteMap>
```

站点地图是指描述网站逻辑结构的 XML 文件，该文件的扩展名为.sitemap。这个 XML 文件包含了网站的逻辑结构。要定义网站的结构，需要手工编辑这个文件。

注意：

内部没有内容的 XML 元素可以采用两种形式的结束标签：一种是冗余方式，如<myTag attribute="value"…></myTag>；另一种是简洁方式，如<myTag attribute= "value"…/>。

定义好站点地图以后，就可以使用 SiteMapPath 控件显示导航路径了，也就是显示当前页面在网站中的位置。只需将该控件拖放到站点地图中包含的.aspx 页面上，就能自动实现导航，而无需开发者编写任何代码。

注意：

只有包含在站点地图中的网页才能被 SiteMapPath 控件导航；如果将 SiteMapPath 控件放置在站点地图中未列出的网页中，那么该控件将不会显示任何信息。

SiteMapPath 控件像大多数 Web 控件一样，也有许多可用于定制其外观的属性。如表 5-6 所示为 SiteMapPath 控件的常用属性。

表 5-6　SiteMapPath 控件的常用属性

属 性 名	说 明
CurrentNodeStyle	定义当前节点的样式，包括字体、颜色、样式等
NodeStyle	定义导航路径上所有节点的样式
ParentLevelsDisplayed	指定在导航路径上显示的相对于当前节点的父节点层数。默认值为-1，表示父级别数没有限制
PathDirection	指定导航路径上各节点的显示顺序。默认值为 RootToCurrent，即按从左到右的顺序显示从根节点到当前节点的路径。另一选项为 CurrentToRoot，即按相反的顺序显示导航路径
PathSeparator	指定导航路径中节点之间分隔符。默认值为“>”，也可自定义为其他符号
PathSeparatorStyle	定义分隔符的样式
RenderCurrentNodeAsLink	是否将导航路径上当前页名称显示为超链接。默认值为 false
RootNodeStyle	定义根节点的样式
ShowToolTips	当鼠标悬停于导航路径的某个节点时，是否显示相应的工具提示信息。默认值为 true，即当鼠标悬停于某节点上时，显示该节点在站点地图中定义的 Description 属性值
SiteMapProvide	允许为 SiteMapPath 控件指定其他的站点地图提供者

下面通过具体的例子演示如何利用站点地图和 SiteMapPath 控件实现自动导航。

【例 5-11】创建如图 5-38 所示的站点地图，然后利用 SiteMapPath 控件实现自动导航。

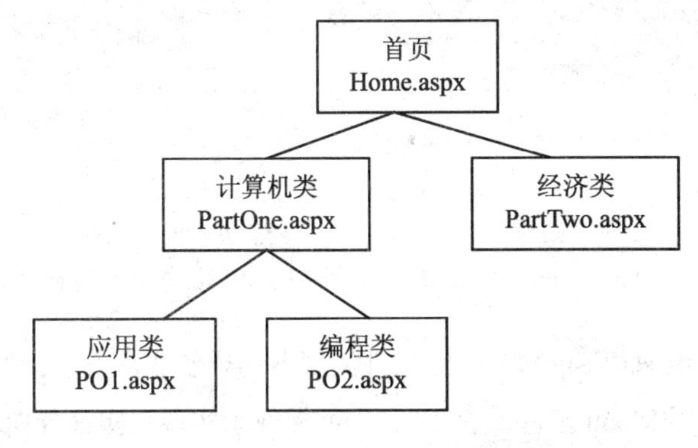

图 5-38　网上书店网站的逻辑结构

(1) 在应用程序中添加一个名为 Web.sitemap 的站点地图。

(2) 将 Web.sitemap 文件中的内容修改为如下形式。

```
<?xml version="1.0" encoding="utf-8" ?>
<siteMap xmlns="http://schemas.microsoft.com/AspNet/SiteMap-File-1.0" >
    <siteMapNode url="~/Home.aspx" title="主页"  description="Home">
    <siteMapNode url="~/PartOne.aspx" title="计算机类"  description="单击此链接转到计算机类" >
    <siteMapNode url="~/PO1.aspx" title="应用类"  description="单击此链接转到应用类" />
    <siteMapNode url="~/PO2.aspx" title="编程类"  description="单击此链接转到编程类" />
        </siteMapNode>
        <siteMapNode url="~/PartTwo.aspx" title="经济类"  description="单击此链接转到经济类" >
        </siteMapNode>
    </siteMapNode>
</siteMap>
```

注意：

站点地图文件中只能有一个根节点，即位于<sitemap>下方的第一个<siteMapNode>元素中的 Home.aspx 页面。在根节点下可以嵌套任意多个子节点，子节点仍然用<siteMapNode>定义。

在每个节点的定义中，title 实现在导航控件中显示指定页面的名称，description 实现鼠标悬停于导航控件的某个节点上时所要显示的提示信息，url 实现指定节点对应的页面路径。

(3) 保存文件，完成站点地图的设计。定义了站点地图之后，就可以在导航控件中轻松地实现导航功能。

(4) 在【解决方案资源管理器】中，分别添加名为 Home.aspx、PartOne.aspx、PartTwo.aspx、PO1.aspx 和 PO2.aspx 的网页。

(5) 切换到 Home.aspx 的【设计】视图，向页面中拖放一个 SiteMapPath 控件，即可以看到该页面相对应于 Home.aspx 的导航路径，如图 5-39 所示。

(6) 切换到 PO2.aspx 的【设计】视图，向页面中拖放一个 SiteMapPath 控件，即可看到该页面相对应于 Home.aspx 和 PartOne.aspx 的导航路径，如图 5-40 所示。

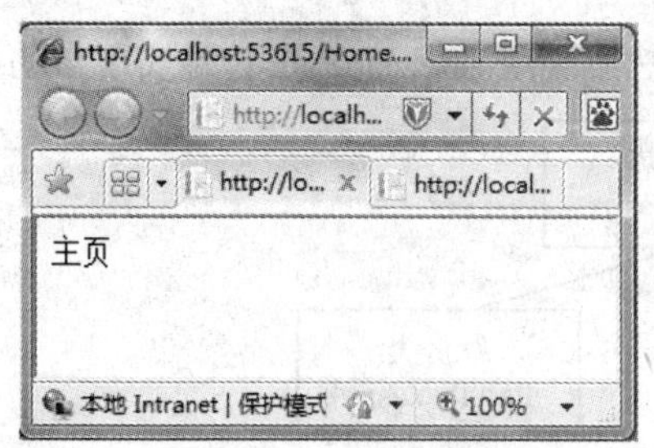

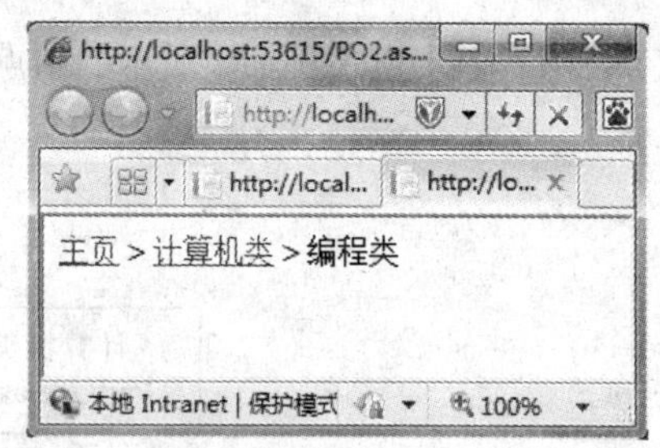

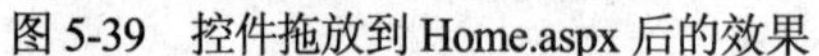

图 5-39　控件拖放到 Home.aspx 后的效果　　图 5-40　控件拖放到 PO2.aspx 后的效果

可见，利用站点地图和 SiteMapPath 控件实现自动导航非常方便。如果不希望采用这种方式导航，也可以利用 Menu 控件或者 TreeView 控件来实现自定义导航功能。

5.5.2　Menu 导航控件

Menu 控件主要用于创建一个菜单，让用户快速选择不同的页面，从而完成导航功能。该控件可以包含一个主菜单和多个子菜单。菜单有静态和动态两种显示模式：静态显示模式是指定义的菜单始终完全显示；动态显示模式是指需要用户将鼠标停留在菜单项上时才显示子菜单。

Menu 控件的常用属性如表 5-7 所示。Menu 控件的属性很多，这里不逐一介绍。

表 5-7　Menu 控件的常用属性

属 性 名	说 明
DynamicEnableDefaultPopOutImage StaticEnableDefaultPopOutImage	是否在菜单各项之间显示分隔图像。默认值为 true
DynamicPopOutImageUrl StaticPopOutImageUrl	设置菜单中自定义分隔图像的 URL
DynamicBottomSeparatorImageUrl StaticBottomSeparatorImageUrl	指定在菜单项下方显示图像的 URL。默认值为空字符串("")，即菜单项下方不显示任何图像
DynamicTopSeparatorImageUrl StaticTopSeparatorImageUrl	指定在菜单项上方显示图像的 URL。默认值为空字符串("")，即菜单项上方不显示任何图像
DynamicHorizontalOffset StaticHorizontalOffset	指定菜单相对于其父菜单的水平距离，单位是像素，默认值为 0。该属性值可正可负，为负值时，各菜单之间的距离会缩小
DynamicVerticalOffset StaticVerticalOffset	指定菜单相对于其父菜单项的垂直距离
DynamicMenuStyle StaticMenuStyle	设置 Menu 控件的整个外观样式
DynameicMenuItemStyle StaticMenuItemStyle	设置单个菜单项的样式
DynamicSelectedStyle StaticSeletedStyle	设置所选菜单项的样式
DynamicHoverStyle StaticHoverStyle	设置当鼠标悬停在菜单项上时的样式
MaximumDynamicDisplayLevels	设置动态菜单的最大层数，默认值为 3
Orientation	设置菜单的展开方向，有 Horizontal 和 Vertical 两个选项，默认值为 Vertical，即垂直方向

Menu 控件的用法非常灵活，设计者可以利用它定义各种菜单样式，实现类似于 Windows 窗口菜单的功能。

下面通过一个具体的例子演示如何利用 Menu 控件实现自定义导航功能。

【例 5-12】假定网站的结构如图 5-41 所示，利用 Menu 控件在网页中添加一个菜单，实现自定义导航功能。

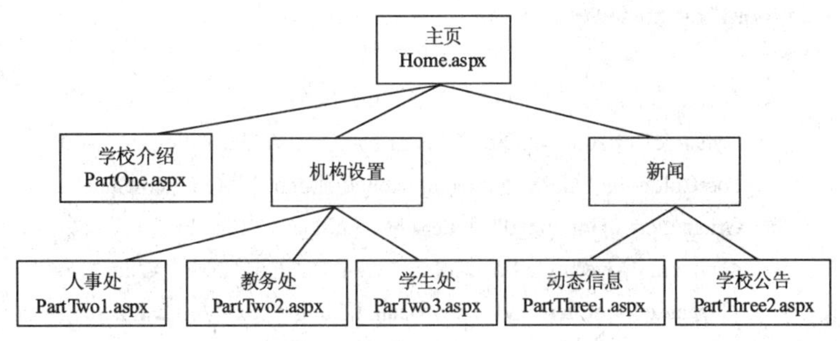

图 5-41　学校网站的逻辑结构

具体设计步骤如下。

(1) 新建一个名为 Menu_Ex 的 ASP.NET Web 窗体应用程序。

(2) 在应用程序中分别添加名为 PartOne.aspx、PartTwo1.aspx、PartTwo2.aspx、PartTwo3.aspx、PartThree1.aspx 和 PartThree2.aspx 的网页。

(3) 在应用程序中添加一个名为 MenuExample.aspx 的网页，然后切换到【设计】视图，向页面中拖放一个 Menu 控件。

(4) 将 Menu 控件的【Orientation】属性设置为 Horizontal，以便使其横向排列。

(5) 单击 Menu 控件右上方的小三角符号，选择【编辑菜单项】，如图 5-42 所示，在弹出的【菜单项编辑器】对话框中，输入各级菜单项，如图 5-43 所示。

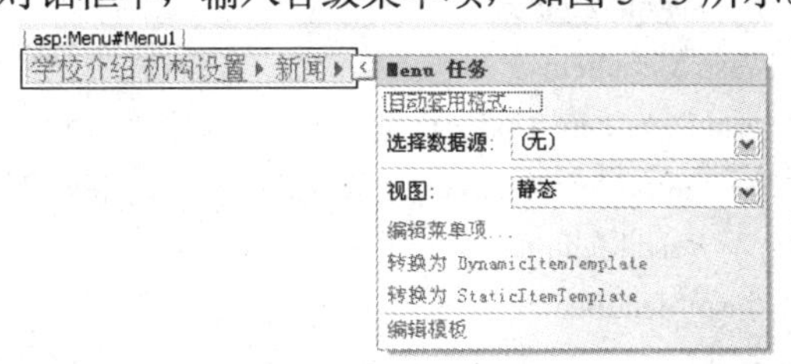

图 5-42　Menu 控件

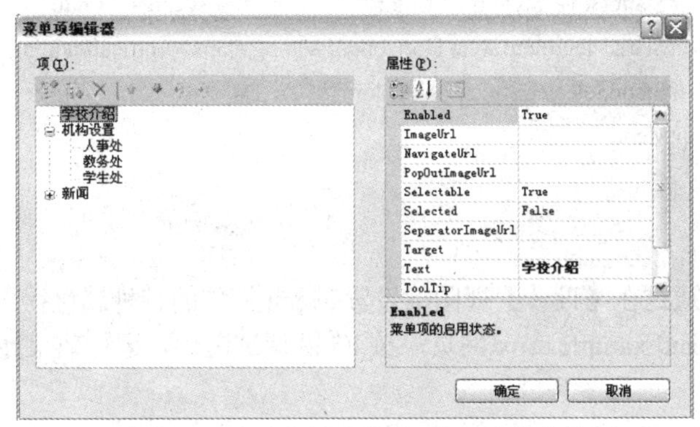

图 5-43　在【菜单项编辑器】中编辑菜单

(6) 在右侧的【属性】列表框中，利用【NavigateUrl】属性设置各菜单项链接的网页，全部设置完成后，单击【确定】按钮。

(7) 也可以在如图 5-42 所示中，选择【自动套用格式】选项，设置一般的显示格式，本例选择的是【简明型】。

(8) 切换到 MenuExample.aspx 的【源】视图，将<body>和</body>之间的代码修改如下：

```
<form id="form1" runat="server">
    <div>
        <asp:Menu ID="Menu1" runat="server" BackColor="#B5C7DE"
            DynamicHorizontalOffset="2" Font-Names="Verdana" Font-Size="0.8em"
            ForeColor="#284E98" onmenuitemclick="Menu1_MenuItemClick"
            Orientation="Horizontal" StaticSubMenuIndent="10px">
            <DynamicHoverStyle BackColor="#284E98" ForeColor="White" />
            <DynamicMenuItemStyle HorizontalPadding="5px" VerticalPadding="2px" />
            <DynamicMenuStyle BackColor="#B5C7DE" />
            <DynamicSelectedStyle BackColor="#507CD1" />
            <Items>
                <asp:MenuItem NavigateUrl="~/PartOne.aspx" Text="学校介绍" Value="学校介绍">
                </asp:MenuItem>
                <asp:MenuItem Text="机构设置" Value="机构设置">
                 <asp:MenuItem NavigateUrl="~/PartTwo1.aspx" Text="人事处" Value="人事处">
                    </asp:MenuItem>
                 <asp:MenuItem NavigateUrl="~/PartTwo2.aspx" Text="教务处" Value="教务处">
                    </asp:MenuItem>
                 <asp:MenuItem NavigateUrl="~/PartTwo3.aspx" Text="学生处" Value="学生处">
                    </asp:MenuItem>
                </asp:MenuItem>
                <asp:MenuItem Text="新闻" Value="新闻">
                    <asp:MenuItem Text="动态信息" Value="动态信息"></asp:MenuItem>
                    <asp:MenuItem Text="学生公告" Value="学生公告"></asp:MenuItem>
                </asp:MenuItem>
            </Items>
            <StaticHoverStyle BackColor="#284E98" ForeColor="White" />
            <StaticMenuItemStyle HorizontalPadding="5px" VerticalPadding="2px" />
            <StaticSelectedStyle BackColor="#507CD1" />
        </asp:Menu>
    </div>
    </form>
```

当然，也可以通过在【设计】视图下设置 Menu 控件的各种属性得到上面的代码。

(9) 切换到 MenuExample.aspx 网页，按 F5 键调试运行，运行效果如图 5-44 所示。

5.5.3　TreeView 导航控件

图 5-44　Menu 控件的运行效果

TreeView 控件与 Menu 控件相似，都提供了导航功能。TreeView 控件与 Menu 控件的区别在于它不再像 Menu 控件那样由菜单项和子菜单组成，而是用一个可折叠树显示网站的各个部分。根节点下可以包含多个子节点，子节点下又可以包含子节点，最下层是叶节点。访问者可以快速看到网站的所有部分及其位置于网站结构层次中的位置。树中的每一个节点都显示为一个超链接，被单击时把用户引导到相应的部分。

TreeView 控件也包含很多属性，其中常用的属性如表 5-8 所示。

表 5-8　TreeView 控件的常用属性

属　性　名	说　　明
CollapseImageUrl	节点折叠后显示的图像。默认情况下，常用带方框的“+”号作为可展开指示图像
ExpandImageUrl	节点展开后显示的图像。默认情况下，常用带方框的“-”号作为可折叠指示图像
EnableClientScript	是否可以在客户端处理节点的展开和折叠事件。默认值为 true
ExpandDepth	第一次显示 TreeView 控件时，树的展开层次数。默认值为 FullyExpand(即-1)，表示展开所有节点
Nodes	设置 TreeView 控件的各级节点及其属性
ShowExpandCollapse	是否显示折叠、展开图像。默认值为 true
ShowLines	是否显示连接子节点和父节点之间的连线。默认值为 false
ShowCheckBoxes	指示在哪些类型节点的文本前显示复选框。共有 5 个属性值：None(所有节点均不显示)、Root(仅在根节点前显示)、Parent(仅在父节点前显示)、Leaf(仅在叶子节点前显示)和 All(所有节点前均显示)。默认值为 None

除了表 5-8 所示的常用属性外，TreeView 控件还有很多与外观相关的属性，可以用来定制 TreeView 的外观，TreeView 控件的外观属性如表 5-9 所示。

表 5-9　TreeView 控件的外观属性

属　性　名	说　　明
HoverNodeStyle	当鼠标悬停于节点上时，节点的样式
LeafNodeStyle	叶子节点的样式
LevelStyle	特殊深度节点的样式
NodeStyle	所有节点的默认样式
ParentNodeStyle	父节点的样式
RootNodeStyle	根节点的样式
SelectedNodeStyle	选定节点的样式

下面通过一个例子来演示如何利用 TreeView 控件来实现自定义导航。

【例 5-13】利用 TreeView 控件实现的导航功能，当单击“节点”时，导航到对应的网页。

(1) 在应用程序中添加一个名为 TreeView.aspx 的网页，然后切换到【设计】视图，向页面中拖放一个 TreeView 控件。

(2) 单击 TreeView 控件右上方的小三角符号，选择【编辑节点】，在弹出的【Treeview 节点编辑器】对话框中，输入各节点的名称，如图 5-45 所示。

这里说明一点，为了让读者能看到添加节点后的效果，图 5-45 所示的是添加后重新进入编辑状态看到的效果。如果是第一次添加节点，不会看到图中左侧 TreeView 控件显示的效果。

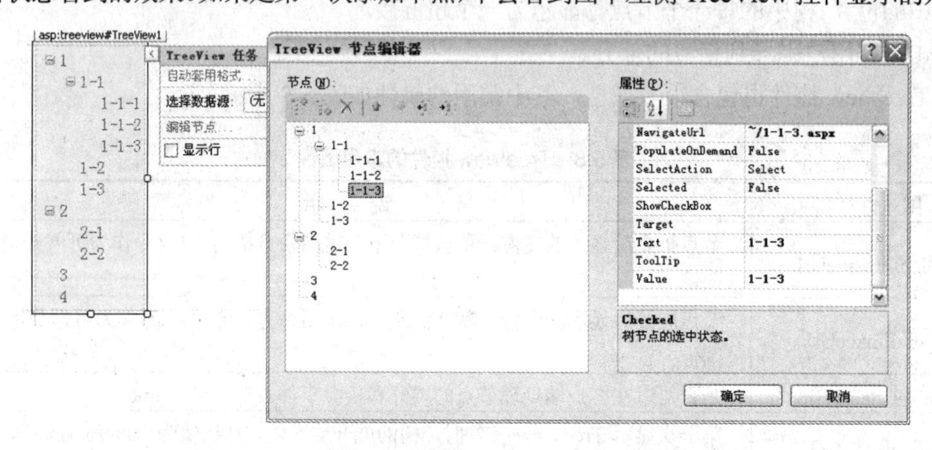

图 5-45　编辑 TreeView 节点

(3) 在【TreeView 节点编辑器】对话框右侧的【属性】列表框中，利用【NavigateUrl】属性设置各节点链接的网页，全部设置完成后，单击【确定】按钮。

(4) 切换到 TreeView.aspx 的【源】视图，将<body>和</body>之间的代码修改如下：

```
<form id="form1" runat="server">
<div>
    <asp:TreeView ID="TreeView1" runat="server">
        <Nodes>
            <asp:TreeNode Text="1" Value="1">
                <asp:TreeNode Text="1-1" Value="1-1">
                    <asp:TreeNode NavigateUrl="~/1-1-1.aspx" Text="1-1-1" Value="1-1-1">
                    </asp:TreeNode>
                    <asp:TreeNode NavigateUrl="~/1-1-2.aspx" Text="1-1-2" Value="1-1-2">
                    </asp:TreeNode>
                    <asp:TreeNode NavigateUrl="~/1-1-3.aspx" Text="1-1-3" Value="1-1-3">
                    </asp:TreeNode>
                </asp:TreeNode>
                <asp:TreeNode Text="1-2" Value="1-2"></asp:TreeNode>
                <asp:TreeNode Text="1-3" Value="1-3"></asp:TreeNode>
            </asp:TreeNode>
            <asp:TreeNode Text="2" Value="2">
                <asp:TreeNode Text="2-1" Value="2-1"></asp:TreeNode>
```

```
                <asp:TreeNode Text="2-2" Value="2-2"></asp:TreeNode>
            </asp:TreeNode>
            <asp:TreeNode Text="3" Value="3"></asp:TreeNode>
            <asp:TreeNode Text="4" Value="4"></asp:TreeNode>
        </Nodes>
    </asp:TreeView>
</div>
</form>
```

(5) 切换到 TreeView.aspx 网页，调试运行，可以分别展开和折叠相应的节点。

5.6　HTML 控件

工具箱的 HTML 类别中包含许多 HTML 控件，它们看起来与标准类别中的控件很相似。例如，Input (Button)控件看起来就像<asp:Button>。类似地，Select 控件有<asp:DropDownList>和<asp:ListBox>作为它的对应控件。

在 Visual Studio Express 2012 for Web 中，从工具箱添加到页面上的 HTML 控件只是已设置了某些属性的 HTML 元素，当然也可通过输入 HTML 标记在源视图中创建 HTML 元素。

默认情况下，ASP.NET 文件中的 HTML 元素被视为传递给浏览器的标记，作为文本进行处理，并且不能在服务器端代码中引用这些元素，只能在客户端通过 JavaScript 和 VBScript 等脚本语言来控制。若要使这些元素能以编程方式进行访问，可以通过添加 runat="server"属性表明应将 HTML 元素作为服务器控件进行处理，这样就可以使用基于服务器的代码对其进行编程引用了。

标准控件和 HTML 控件之间似乎有一些重叠，但是 HTML 控件的功能比标准类别中的控件的功能少得多。一般来说，标准类别中的真正服务器控件提供了更多的功能。不过这种功能是有代价的。因为它们增加了复杂度，所以处理服务器控件会多花一点时间。然而，在大多数 Web 站点上，用户可能不会注意到这一差别。只有当有一个高通信量的 Web 站点且在页面上有很多控件时，使用 HTML 控件才会提供稍好一些的性能。

在大多数情况下，人们更愿意使用服务器控件而不是与它们对应的 HTML 控件。因为服务器控件提供了更多的功能，在页面中更灵活，可以给用户带来更丰富的体验，而且更好地支持页面设计，因此值得选择。如果十分确信不需要服务器控件提供的这些功能，则可以选择 HTML 控件。

5.7　用户控件

有时可能需要控件具有 ASP.NET 内置服务器控件没有的功能。在这种情况下，用户可以创建自己的控件。有两种实现方法，可以创建用户控件和自定义控件。

- 用户控件：用户控件是能够在其中放置标记和服务器控件的容器。然后，可以将用户控件作为一个单元对待，为其定义属性和方法。
- 自定义控件：自定义控件是编写的一个类，此类从 Control 或 WebControl 派生。

创建用户控件要比创建自定义控件方便很多，因为可以重用现有的控件。用户控件使创建具有复杂用户界面元素的控件成为可能。

1. 用户控件结构

ASP.NET Web 用户控件与完整的 ASP.NET 网页(.aspx 文件)相似，同时具有用户界面页和代码页。可以采取与创建 ASP.NET 页相似的方式创建用户控件，然后向其中添加所需的标记和子控件。用户控件可以像页面一样，包含对其内容进行操作(包括执行数据绑定等任务)的代码。

2. 用户控件与 ASP.NET 网页的区别

(1) 用户控件的文件扩展名为.ascx。

(2) 用户控件中没有@Page 指令，而是包含@Control 指令，该指令对配置及其他属性进行定义。

(3) 用户控件不能作为独立文件运行。而必须像处理任何控件一样，将它们添加到 ASP.NET 页中。

(4) 用户控件中没有 HTML、body 或 form 元素。这些元素必须位于宿主页中。

(5) 可以在用户控件上使用与在 ASP.NET 网页上相同的 HTML 元素(HTML、body 或 form 元素除外)和 Web 控件。例如，如果要创建一个将用作工具栏的用户控件，则可以将一系列 Button 服务器控件放在该控件上，并创建这些按钮的事件处理程序。

【例 5-14】演示一个实现微调控件的用户控件。在此微调控件中，用户可以单击“向上”和“向下”按钮，以滚动文本框中的一系列选项。

(1) 在【解决方案资源管理器】中右击项目名称，选择【添加新项】命令，在弹出的对话框中选择【Web 用户控件】模板，使用默认名称为 WebUserControl1.ascx，【语言】选择“Visual C#”，选中【将代码放在单独的文件中】复选框，单击【添加】按钮，用户控件文件 WebUserControl.ascx 就添加到解决方案中了，如图 5-46 所示。

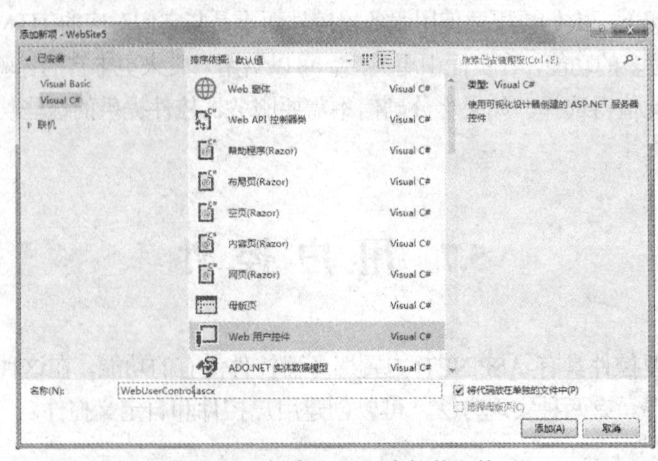

图 5-46　创建 Web 用户控件文件

(2) 单击 WebUserControl1 的【设计】标签，切换到【设计】视图，然后在【工具箱】中依次双击 TextBox、Button 控件，添加一个 TextBox 控件和两个 Button 控件。TextBox 控件的属性中，【ReadOnly】属性设置为 True，ID 属性设置为 TextBoxColor；其中一个 Button 控件的 ID 属性设置为 ButtonUp，Text 属性设置为 Up；另一个 Button 控件的 ID 属性设置为 ButtonDown，Text 属性设置为 Down。

WebUserControl.ascx 的代码如下：

```
    <%@ Control Language="C#" AutoEventWireup="true" CodeFile="WebUserControl.ascx.cs"
Inherits="WebUserControl" %>
    <asp:TextBox ID="TextBoxColor" runat="server" ReadOnly="True" Width="160px"></asp:TextBox>
     <asp:Button ID="ButtonUp" runat="server" Text="Up" OnClick="ButtonUp_Click"/>
     <asp:Button ID="ButtonDown" runat="server" Height="21px" Text="Down"
OnClick="ButtonDown_Click"/>
```

(3) 在 WebUserControl 的【设计】视图中双击，切换到 WebUserControl1 的代码视图，即打开 WebUserControl.ascx.cs 文件，定义变量，为 Page_Load 事件、Up 按钮和 Down 按钮的 Click 事件添加如下代码。

```
public partial class WebUserControl : System.Web.UI.UserControl
{
    protected int currentColorIndex;
    protected string[] colors = { "Red", "Green", "Blue", "Yellow", };
    protected void Page_Load(object sender, EventArgs e)
    {//IsPostBack 的值指示是正为响应客户端回发而加载用户控件,还是正第一次加载和访问、
        //用户控件。如果是正为响应客户端回发而加载用户控件，则为 true；否则为 false。
        if (IsPostBack)
        {
            currentColorIndex = Int16.Parse(ViewState["currentColorIndex"].ToString());
        }
        else
        {
            currentColorIndex = 0;
            DisplayColor();
        }
    }
    private void DisplayColor()
    {
        TextBoxColor.Text = colors[currentColorIndex];
        //在文本框文字改变时字体的颜色也相应改变
        TextBoxColor.ForeColor = System.Drawing.Color.FromName(colors[currentColorIndex]);
        String strColor = colors[currentColorIndex];
        Response.Write("<body    bgColor=" + strColor + "></body>");//让网页背景改变颜色。
        //下面的代码演示如何以多种不同的字号显示相同的 HTML 文本。
        for (int i = 0; i < 5; i++)
        {
```

```
            Response.Write("<font size=" + i + "> Hello World! </font>");
        }
        //下面的代码演示以多种不同的颜色显示相同的 HTML 文本。
        String strColor2 = colors[(currentColorIndex + 1) % 4];
        Response.Write("<font color=" + strColor2 +
            "> 岁月无情增中减，书香有味苦后甜 </font>");
        ViewState["currentColorIndex"] = currentColorIndex.ToString();
    }
    protected void ButtonUp_Click(object sender, EventArgs e)
    {
        if (currentColorIndex == 0)
        {
            currentColorIndex = colors.Length - 1;
        }
        else
        {
            currentColorIndex -= 1;
        }
        DisplayColor();
    }
    protected void ButtonDown_Click(object sender, EventArgs e)
    {
        if (currentColorIndex == (colors.Length - 1))
        {
            currentColorIndex = 0;
        }
        else
        {
            currentColorIndex += 1;
        }
        DisplayColor();
    }
}
```

(4) 保存用户控件。创建 TestWebUserControl.aspx 页面，切换到其【设计】视图，从【解决方案资源管理器】中拖动两个用户控件 WebUserControl1 到 TestWebUserControl 窗体上，并添加如图 5-47 所示的文字。

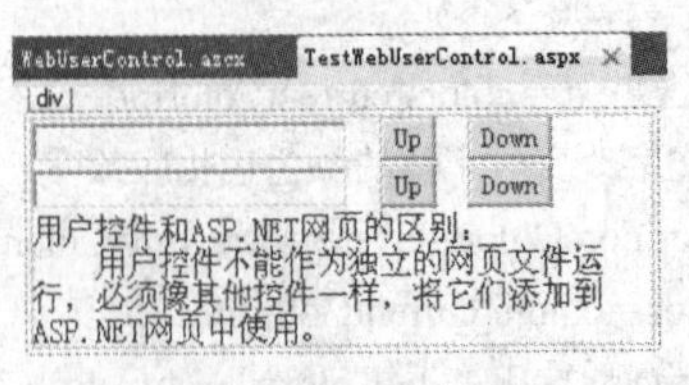

图 5-47　用户控件示例

(5) 运行 TestWebUserControl 页面。单击 Up、Down 按钮，会发现单击按钮，页面的背景色和字体颜色会有所改变，如图 5-48 所示。

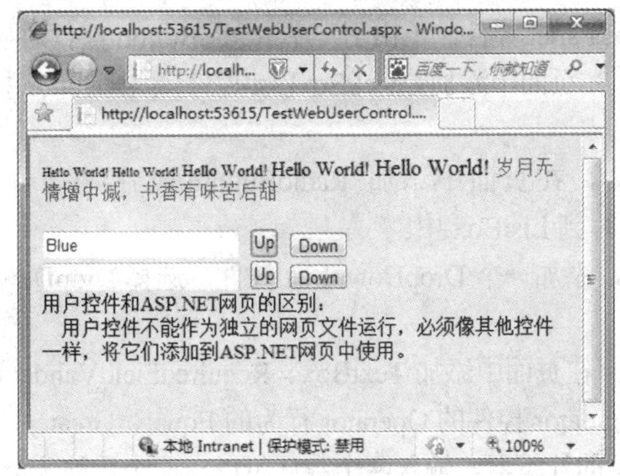

图 5-48　使用用户控件

5.8　本 章 小 结

本章讲解了 ASP.NET 中的常用控件，对于这些控件，能够极大地提高开发人员的效率，对于开发人员而言，能够直接拖动控件来完成应用的目的。虽然控件的功能非常强大，但是这些控件却制约了开发人员的学习，人们虽然能够经常使用 ASP.NET 中的控件来创建强大的多功能网站，却不能深入地了解控件的原理，所以对这些控件的熟练掌握，是了解控件的原理的第一步。本章从 Web 控件的概述、控件的种类、标准控件、验证控件、登录控件、html 控件、用户控件等几个方面做了详细的介绍。

这些控件为 ASP.NET 应用程序的开发提供了极大的便利，ASP.NET 中不仅仅包括这些基本的服务器控件，还包括高级的数据源控件和数据绑定控件用于数据操作，但是在了解 ASP.NET 高级控件之前，需要熟练地掌握基本控件的使用。

5.9　练　　习

1. 简要说明 HTML 表单和 Web 表单之间的区别？
2. 普通的 HTML 标记、HTML 服务器控件、Web 服务器控件有什么联系和区别？
3. 什么时候该使用 HTML 标记、HTML 服务器控件、Web 服务器控件？
4. 如何使多个 RadioButton 控件具有互斥作用？
5. 新建名字为 WebControl 的网站，并在其中创建 6 个页面，要求如下。

(1) 在 default.aspx 页面中，添加一个 TextBox 控件、两个 Button 控件、一个 ListBox 控件。将两个 Button 控件的 Text 属性分别改为“增加”和“删除”。当单击【增加】按钮时，将 TextBox 文本框中的输入值添加到 ListBox 中；当单击【删除】按钮时，删除 ListBox 中当前选定的项。

(2) 添加一个网页，要求将 Label、LinkButton、HyperLink 控件放在 Panel 控件中，当单击一组 Button 按钮时改变 Panel 控件的背景色，单击另一组 Button 控件时改变 Panel 控件中文字的大小。单击 LinkButton 和 HyperLink 控件时分别导航到新的网页或网站。单击一个

RadioButton 控件时隐藏 Panel 控件，单击另一个 RadioButton 控件时显示 Panel 控件。

(3) 添加一个网页，在页面中添加 CheckBoxList 控件，单击 Button 按钮时将 CheckBoxList 的选项写到 ListBox 中。

(4) 添加一个网页，在页面中添加 RadioButtonList 控件，单击 Button 按钮时将 RadioButtonList 的选项写到 ListBox 中。

(5) 添加一个网页，添加一个 DropDownList 控件，选择 DropDownList 控件的选项时导航到相应的网站。

(6) 添加一个网页，在页面中添加 TextBox、RequiredFieldValidator 和 CompareValidator 控件，实现 CompareValidator 控件的 Operator 行为的 Equal、GreaterThan 等属性值的验证。

6. 请开发一个简单的计算器，输入两个数后可以求两个数的和、差等。

7. 请开发一个简单的在线考试程序，可以包括若干道单选题、多选题，单击交卷按钮后就可以根据标准答案在线评分。

第6章　样式、主题和母版页

开发 Web 应用程序通常需要考虑两个方面：功能和外观。其中，外观可以使 Web 站点更美观，包括控件的颜色、图像的使用、页面的布局。当用户访问 Web 应用时，网站的界面和布局能够提升访问者对网站的兴趣和继续浏览的耐心。ASP.NET 提供了皮肤、主题和模板页的功能，增强了网页布局和界面的优化功能，使开发人员可以轻松地实现对网站开发中界面的控制。本章将全面来研究 Web 应用程序中样式控制和页面布局所用到的技术和使用方法。

本章的学习目标：

- 理解 CSS 的概念，掌握 CSS 的用法以及 CSS 和 Div 布局的方法；
- 理解主题的概念，掌握主题的创建和引用；
- 理解母版页和内容页的概念，掌握创建母版页和内容页的方法。

6.1　CSS 概述

在 Web 应用程序的开发过程中，CSS(Cascading Style Sheets，级联样式表)是用于控制网页样式并允许将样式信息与网页内容分离的一种标记性语言，是非常重要的页面布局方法，也是最高效的页面布局方法。

6.1.1　CSS 简介

简单地说，CSS 的引入就是为了使 HTML 能够更好地适应页面的美工设计。它以 HTML 为基础，提供了丰富的格式化功能，如字体、颜色、背景、整体排版等，并且网页设计者可以针对各种可视化浏览器设置不同的样式风格在网页布局中，使用 CSS 样式可以非常灵活并更好地控制网页外观，大大减轻实现精确布局定位、维护特定字体和样式的工作量。

通常 CSS 能够支持 3 种定义方式：一是直接将样式控制放置于单个 HTML 元素内，称为内联式；二是在网页的 head 部分定义样式，称为嵌入式；三是以扩展名为.css 文件保存样式，称为外联式。这 3 种样式分别适用于不同的场合，内联式适用于对单个标签进行样式控制，这种方式的好处在于开发方便，而在维护时，就需要针对每个页面进行修改，非常不方便；而嵌入式可以控制一个网页的多个样式，当需要对网页样式进行修改时，只需要修改 head 标签中的 style 标签即可，不过这样仍然没有让布局代码和页面代码完全分离；而外联式能够将布局代码和页面代码相分离，在维护过程中，能够减少工作量。

6.1.2　CSS 基础

CSS 能够通过编写样式控制代码来进行页面布局，在编写相应的 HTML 标签时，可以通过 style 属性进行 CSS 样式控制。例如下面的代码：

```
<body>
<div style="font-size:14px; ">这是一段测试文字</div>
</body>
```

上述代码使用内联式进行样式控制，并将属性设置为 font-size:14px，其意义就在于定义文字的大小为 14px。同样，如果需要定义多个属性时，可以写在同一个 style 属性中。

【例 6-1】 style 属性演示。

(1) 在工程中添加页面名 Css1.aspx。

(2) 在源文件中添加如下代码。

```
<body>
<div style="font-size:16px;"> 这是一段测试文字 1</div>
<div style="font-size:16px; font-weight:bolder">这是一段测试文字 2</div>
<div style="font-size:16px; font-style:italic">这是一段测试文字 3</div>
<div style="font-size:20px; font-variant:small-caps">This is My First CSS code</div>
    <div style="font-size:14px; color:red">这是一段测试文字 5</div>
</body>
```

(3) 运行效果如图 6-1 所示。

图 6-1　style 定义风格

style 属性的一般形式如下：

```
<元素名称 style="属性名 1:属性值 1; 属性名 2:属性值 2; ……" >显示内容</元素名称>
```

属性名与属性值之间用冒号“:”分隔，如果一个样式中包含多个属性，则各属性之间用分号隔开。

用内联式的方法进行样式控制固然简单，但是其维护过程却是非常复杂和难以控制。当需要对页面中的布局进行更改时，则需要对每个页面的每个标签的样式进行更改，这样无疑增大了工作量，当需要对页面进行布局时，可以使用嵌入式的方法进行页面布局。

【例 6-2】style 嵌入式演示。

(1) 在工程里创建新页面 Css2.aspx。

(2) 在 Css2.aspx 中添加如下代码(对比与【例 6-1】有什么不同)：

```
<%@ Page Language="C#" AutoEventWireup="true" CodeBehind="Default.aspx.cs"
Inherits="WebApplication1._Default" %>
<!DOCTYPE html PUBLIC "-//W3C//DTD XHTML 1.0 Transitional//EN"
"http://www.w3.org/TR/xhtml1/DTD/xhtml1-transitional.dtd">
<html xmlns="http://www.w3.org/1999/xhtml" >
<head runat="server">
    <meta content="text/html; charset=utf-8" http-equiv="Content-Type" />
        <title>这是一段文字 1</title>
        <style type="text/css">
        .font1
        {
            font-size:14px;
        }
        .font2
        {
            font-size:14px;
            font-weight:bolder;
        }
        .font3
        {
            font-size:14px;
            font-style:italic;
        }
        .font4
        {
            font-size:14px;
            font-variant:small-caps;
        }
        .font5
        {
            font-size:14px;
            color:red;
        }
        </style>

</head>
<body>
  <div class="font1"> 这是一段测试文字 1</div>
  <div class="font2">这是一段测试文字 2</div>
  <div class="font3">这是一段测试文字 3</div>
  <div class="font4">This is My First CSS code</div>
```

```
<div class="font5">这是一段测试文字 5</div>
</body>
</html>
```

运行结果与【例 6-1】相同。这种写法的好处是，只需要定义如 head 标签中的 style 标签的内容即可，其编写方法也与内联式相同。在编写完 CSS 代码后，需要在使用的标签中添加样式引用，如图 6-2 所示。

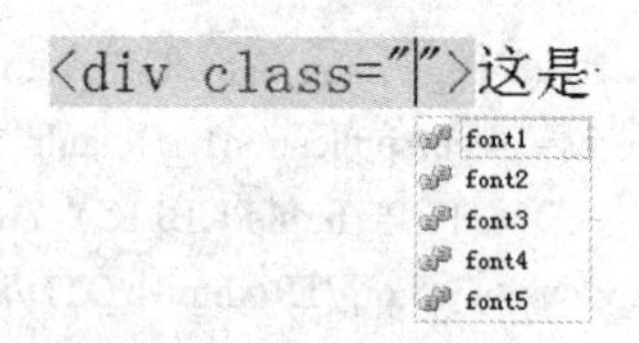

图 6-2　嵌入式方法的使用风格

6.1.3　创建 CSS 文件

一个样式表由若干个样式规则组成。样式规则是指网页元素的样式定义，包括元素的显示方式以及元素在页中的位置等。在【解决方案资源管理器】中，添加一个样式表文件 StyleSheet.css，如图 6-3 所示。

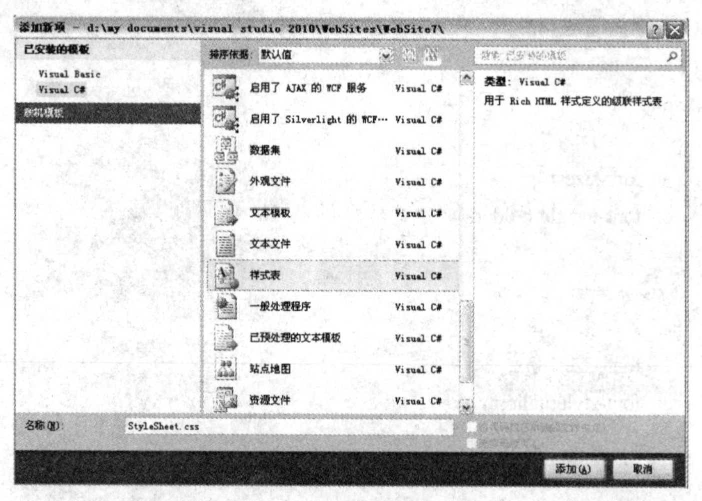

图 6-3　添加 CSS 文件

该规则默认是仅有元素名称的空规则，在大括号内右击，从弹出的快捷菜单中选择【生成样式】命令，如图 6-4 所示，打开【修改样式】对话框，如图 6-5 所示。

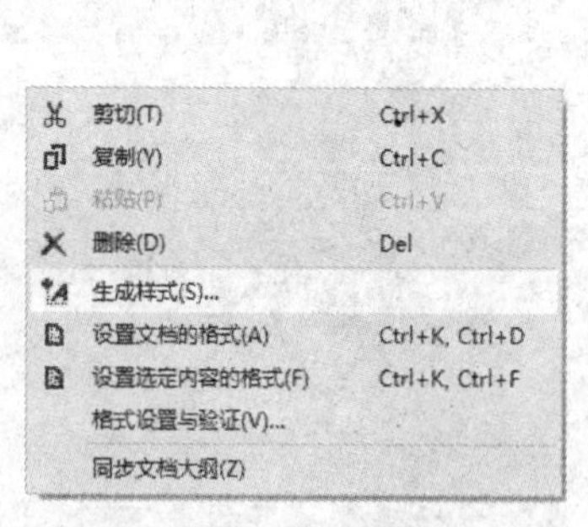

图 6-4　选择【生成样式】命令

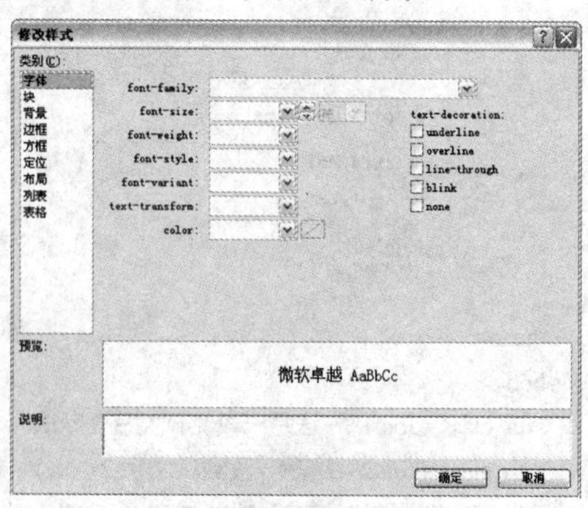

图 6-5　【修改样式】对话框

可以看到，无论是定义内嵌式样式还是链接式样式，每个样式的定义格式都是一样的。

```
样式定义选择符{ 属性 1:值 1; 属性 2:值 2;  ……  }
```

6.1.4　CSS 常用属性

CSS 不仅能够控制字体的样式，而且还具有强大的样式控制功能，包括背景、边框、边距等属性，页面元素的布局和定位是否合理也是衡量网页设计是否美观的重要指标。这些属性能够为网页布局提供良好的保障，熟练地使用这些属性能够极大地提高 Web 应用的友好度。如表 6-1 所示列出了部分常见的 CSS 属性及其应用场合。

表 6-1　常见的 CSS 属性

CSS 属性	描　述	示　例
background-color background-image background-repeat	指定元素的背景色或图像，图像是否重复	background-color:White; background-image: url(Image.jpg); background-repeat:repeat-x
border	指定元素的边框	border: 3px solid black;
color	修改字体颜色	color: Green;
display	修改元素的显示方式，允许隐藏或显示它们	display: none; 这种设置使元素被隐藏，不占用任何屏幕空间
float	允许用左浮动或右浮动将元素浮动在页面上。其他内容则被放在相应的位置上	float: right;该设定使跟着一个浮动的其他内容被放在元素的右上角。
font-family font-size font-style font-weight	修改页面上使用的字体外观	font-family: Arial; font-size: 18px; font-style: italic; font-weight: bold;
height width	设置页面中元素的高度或宽度	height: 100px; width: 200px;
margin padding	设置元素内部(内边距)或外部(页边距)的可用空间	padding: 0; margin: 20px;
visibility	控制页面中的元素是否可见。不可见的元素仍然会占用屏幕空间，只是看不到它们而已	visibility: hidden; 这会使元素不可见。但仍然会占用页面的原始空间

6.1.5　DIV 和 CSS 布局

层布局最核心的标签就是 DIV。DIV 是一个容器，在使用时以<div></div>的形式存在。在 XHTML 中，每一个标签都可以称为容器，能够放置内容。但 DIV 是 XHTML 中专门用于布局设计的容器对象。

在传统的表格布局中，完全依赖于表格对象 TABLE，在页面中绘制多个单元格，在表格中放置内容，通过表格的间距或者用无色透明的 GIF 图片来控制布局版块的间距，达到排版目的；而以 DIV 对象为核心的页面布局中，通过层来定位，通过 CSS 定义外观，最大程度地实现了结构和外观彻底分离的布局效果，因此，习惯上对层布局又称为 DIV 和 CSS 布局。

1. 定义层

添加层的方法非常简单，可以从【工具箱】面板中的【HTML】选项卡中托拽一个“Div”项到【设计】视图中，或者在【源】视图中创建一对<div></div>标记。

【例 6-3】先来分析一个简单地定义 DIV 的例子。

(1)在【解决方案资源管理器】中，右击网站名称，从弹出的快捷菜单中选择【添加新项】命令，新建一个 Div1.aspx 页面，此时会发现代码中已经包含了一个层对象。

(2) 切换到【设计】视图，选择【格式】|【新建样式】命令，打开【新建样式】对话框，在【选择器】后面的文本框中输入“#sample”，然后选择相应的类别进行设置，完成后单击【确定】按钮。

(3) 选中层对象，选择【视图】|【管理样式】命令，然后右击“#sample”样式，从弹出的快捷菜单中选择【应用样式】命令即可，如图 6-6 所示。

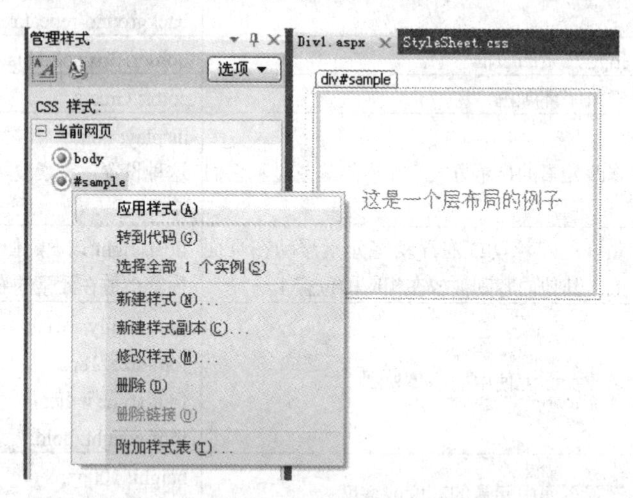

图 6-6　应用样式

对应的程序代码如下：

```
<style>
    body{ text-align:center; }
    #sample
    {
        margin: 10px 10px 10px 10px;
        padding:20px 10px 10px 20px;
        border-top: #CCC 2px solid;
        border-right: #CCC 2px solid;
        border-bottom: #CCC 2px solid;
        border-left: #CCC 2px solid;
        color: #666;
        text-align: center;
        line-height: 120px;
```

```
        width:60%;
    }
  </style>
</head>
<body>
<form id="form1" runat="server">
<div id="sample">这是一个层布局的例子</div>
 </form>
</body>
```

2. 盒子模型

自从 1996 年推出 CSS1 后，W3C 组织就建议把所有网页上的对象都放在一个盒子(box)中，设计师可以通过创建对象来控制这个盒的属性，这些对象包括段落、列表、标题、图片以及层。盒子模型主要定义 4 个区域：内容(content)、边框距(padding)、边界(border)和边距(margin)。【例 6-3】中定义的层就是一个典型的盒。对于初学者，经常会搞不清楚 margin、background-color、background-image、padding、content、border 之间的层次关系和相互影响。如图 6-7 所示的就是一个盒子模型图。

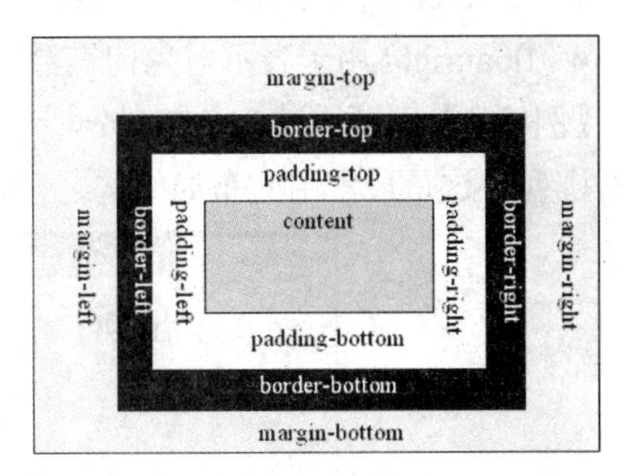

图 6-7　盒子模型

理解盒子模型就可以理解层与层之间定位的关系以及层内部的表达样式。其中，margin 属性负责层与层之间的距离，padding 属性负责内容和边框之间的距离。下面的代码可以帮助进一步理解盒子模型的含义。

```
<head runat="server">
<style type="text/css">
#sample2
{
background-color: #FFFF00;
border-style: solid;
padding-bottom: 25px;
margin-bottom: 50px;
width: 60%;
}
</style>
</head>
<body>
<form id="form1" runat="server">
<div id="sample2">W3C 组织就建议把所有网页上的对象都放在一个盒(box)中，设计师可以通过创建定义来控制这个盒的属性，这些对象包括段落、列表、标题、图片以及层</div>
```

```
<p>这是下一段</p>
</form>
</body>
```

这段代码的运行效果如图 6-8 所示。

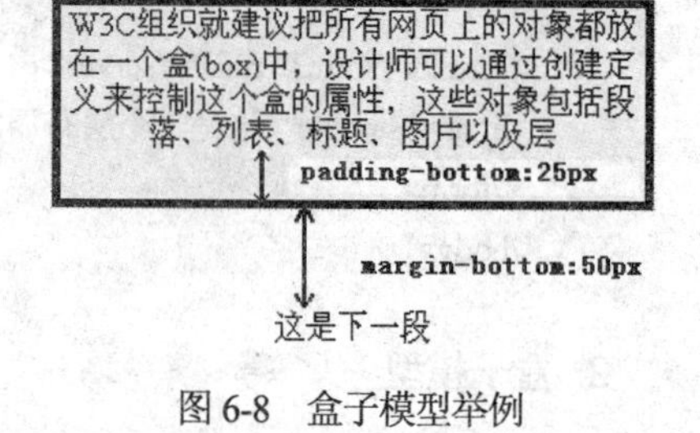

图 6-8　盒子模型举例

3. 层的定位

在一个页面中定义多个层时，会发现这些层自动排列在不同的行，而要真正实现左右排列，就要加入新的属性——float(浮动属性)。float 浮动属性是 DIV 和 CSS 布局中的一个非常重要的属性。大部分 DIV 布局都是通过 float 的控制来实现的。具体参数如下。

- float:none 用于设置是否浮动。
- float:left 用于表示对象向左浮动。
- float:right 用于表示对象向右浮动。

【例 6-4】下面通过一个左右分栏布局的例子来说明 float 的用法，该布局包含两个层且左右排列，这是最常用的布局结构之一，创建 Div2.aspx，其效果如图 6-9 所示。

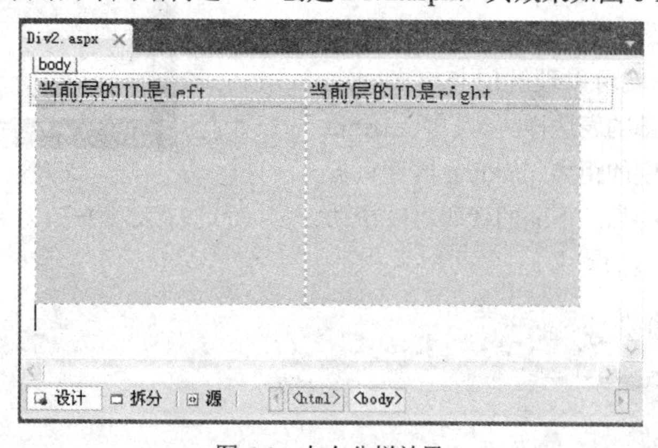

图 6-9　左右分栏效果

要实现这样的效果，必须使用 float 属性，代码如下：

```
<head runat="server">
  <title></title>
   <style type="text/css">
     #left,#right
     {
         width:200px;
         height:160px;
         background-color:#cecece;
         border:1px dashed #33ccff;
     }
     #left{float:left;}
```

```
        #right{float:left;}
    </style>
</head>
<body>
    <form id="form1" runat="server">
        <div id="left">当前层的 ID 是 left</div>
        <div id="right">当前层的 ID 是 right</div>
    </form>
</body>
```

读者可以尝试去掉“#left{float:left}”和“#right{float:left}”来看看会变成什么效果。当然，也可以把 float 的属性值改为 right，看看会变成什么效果。

要想实现两列中左列宽度固定而右列宽度自适应窗口大小的效果，可以将上例代码中的样式进行如下修改。

```
<style>
#left,#right{
    background-color:#cecece;
    border:1px solid #33ccff;
    height:400px;
}
#left{
width:180px;
    float:left;
}
</style>
```

这样，左边的层将呈现出 180px 的宽度，而右边的层则根据浏览器的窗口大小来自动适应。

还有一种左右上下分栏的样式也是非常常见的，创建 Div3.aspx，其效果如图 6-10 所示。

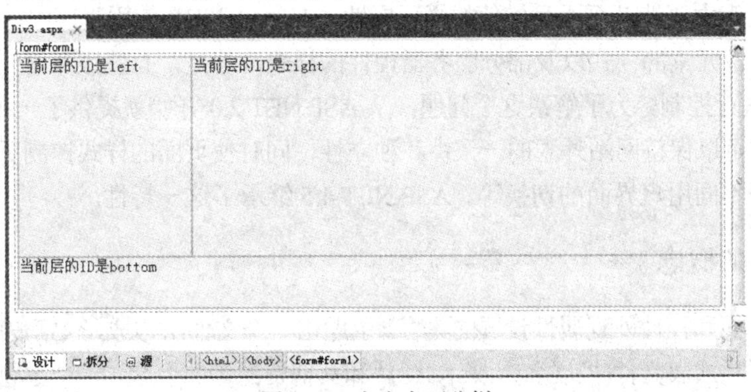

图 6-10　左右上下分栏

制作这种效果时需要在下面的层样式中添加 clear 属性，代码如下：

```
<head runat="server">
    <style>
```

```
#left,#right{background-color:#eeeeee;border:1px solid #33ccff;height:200px; }
#left{width:180px; float:left; }
#bottom{ background-color:#eeeeee; border:1px solid #33ccff; height:50px; clear:both; }
    </style>
</head>
<body>
   <form id="form1" runat="server">
      <div id="left">当前层的 ID 是 left</div>
      <div id="right">当前层的 ID 是 right</div>
      <div id="bottom">当前层的 ID 是 bottom</div>
   </form>
</body>
```

注意：

在 IE 浏览器中，即使不定义 clear 属性为 both，依然能够按照预期的效果显示下面的层对象，但是在其他浏览器中，如果不添加这个属性，就不一定能正常显示了。

4. 利用 DIV 和 CSS 实现页面布局

通过前面的介绍，可以知道 DIV 只是一个区域标识，划定了一个区域，实现样式还是需要借助于 CSS，这样的分离，使得 DIV 的最终效果是由 CSS 来编写的。CSS 可以实现左右分栏，可以实现上下分栏，而表格则没有这么大的灵活性。CSS 与 DIV 的无关性，决定了 DIV 在设计上有极大的伸缩性，而不拘泥于单元格固定的模式束缚。因此，实现网页布局，通常是先在网页中将内容用 DIV 标记出来，然后再用 CSS 来编写样式。

6.2 主　　题

网站的美观主要涉及页面和控件的样式属性，在 ASP.NET 应用程序中，可以利用 CSS 来控制页面上各元素的样式以及部分服务器控件的样式，但是，有些服务器控件的属性则无法通过 CSS 进行控制。为了解决这个问题，从 ASP.NET 2.0 开始就提供了一种称为“主题”的新方式，它可以保持网站外观的一致性和独立性，同时使页面的样式控制更加灵活方便，例如动态实现不同用户界面的切换等。ASP.NET 4.5 继承了这一特性。

6.2.1　主题的概念

主题是页面和控件外观属性设置的集合。主题由一个文件组构成，包括皮肤文件(扩展名为.skin)、级联样式表文件(扩展名为.css)、图片和其他资源等的组合，一个主题至少要包含一个皮肤文件。

主题分为两大类型：一类是应用程序主题；另一类是全局主题。

- 应用程序主题是指保存在 Web 应用程序的 App_Themes 文件夹下的一个或多个主题文件夹，主题的名称就是文件夹的名称。

- 全局主题是指保存在服务器上，根据不同的服务器配置决定的，能够对服务器上所有 Web 应用程序起作用的主题文件夹。

一般情况下，很少用到全局主题，本书所讲的主题均指应用程序主题，即保存在应用程序的 App_Themes 文件夹下的主题文件夹，简称主题。

打开一个 Web 应用程序，在【解决方案资源管理器】中，右击项目名，从弹出的快捷菜单中选择【添加】|【添加 ASP.NET 文件夹】|【主题】命令，系统自动生成 App_Themes 文件夹，并在该文件夹下生成一个默认名为“主题”的文件夹。在 App_Themes 文件夹中可以创建多个主题，方法相同。

1. 外观文件

外观文件是主题的核心文件，又称为皮肤文件，专门用于定义服务器控件的外观。在主题中可以包含一个或多个皮肤文件，后缀名为.skin。

在控件皮肤设置中，只能包含主题的属性定义，如样式属性、模板属性、数据绑定表达式等，不能包含控件的 ID，如 Label 控件的皮肤设置代码如下：

```
<asp:Label runat="server" BackColor="Blue" Font-Names="Arial Narrow" />
```

这样一旦将该皮肤应用到 Web 页面中，则所有的 Label 控件都将显示皮肤所设置的样式。

右击某一个“主题”文件夹，在弹出的快捷菜单中选择【添加新项】命令，在弹出的对话框中选择【外观文件】，并在【名称】文本框中修改皮肤文件名，单击【添加】按钮即可添加一个皮肤文件，如图 6-11 所示。用同样的方法可以添加多个皮肤文件。

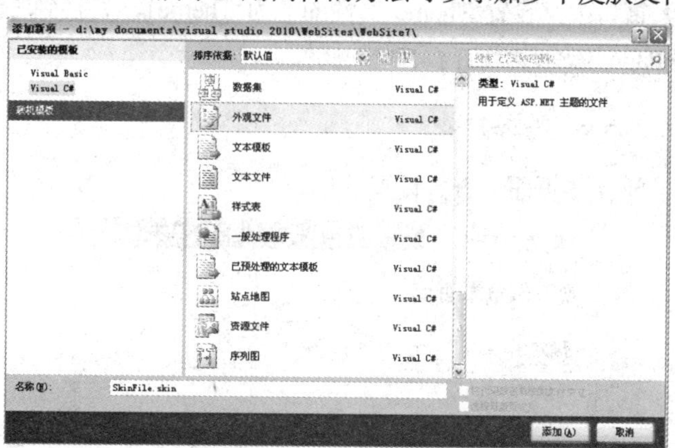

图 6-11　创建外观文件

2. 级联样式表文件

主题中可以包含一个或多个 CSS 文件，一旦 CSS 文件被放在主题中，则应用时无须再在页面中指定 CSS 文件链接，而是通过设置页面或网站所使用的主题就可以了，当主题得到应用时，主题中的 CSS 文件会自动应用到页面中。

右击某一个“主题”文件夹，从弹出的快捷菜单中选择【添加新项】命令，在弹出的对话框中选择【样式表文件】选项，并在【名称】文本框中修改样式表文件名，单击【添加】按钮即可添加一个样式表文件。用同样的方法可以添加多个样式表文件。

6.2.2　在主题中定义外观

ASP.NET 使得将预定义的主题应用于页或创建唯一的主题变得很容易。下面通过一个简单的例子来说明定义外观的方法。

【例 6-5】创建一个包含一些简单外观的主题，这些外观用于定义控件的外观。

(1) 在 VS2012 中，右击网站名，从弹出的快捷菜单中选择【添加 ASP.NET 文件夹】|【主题】命令。将创建名为 App_Themes 的文件夹和名为“主题”的子文件夹。将“主题”文件夹重命名为 Theme1。此文件夹名将成为创建的主题的名称。

(2) 右击 Theme1 文件夹，从弹出的快捷菜单中选择【添加新项】命令，添加一个新的外观文件，然后将该文件命名为 SkinFile.skin。在 SkinFile.skin 文件中，按下面代码所示的方法添加外观定义。

```
<asp:Label runat="server" ForeColor="red" Font-Size="14pt" Font-Names="Verdana" />
<asp:button runat="server" Borderstyle="Solid" Borderwidth="2px" Bordercolor="Blue"
Backcolor="yellow"/>
```

外观定义与创建控件的语法类似，所不同之处在于，定义只包括影响控件外观的设置，不包括 ID 属性的设置。

(3) 保存该外观文件。

(4) 新建一个网页文件 ThemeTest.aspx，切换到【设计】视图中，添加一个标签控件和一个按钮控件，具体位置无所谓，如图 6-12 所示。

(5) 在【属性】窗口中，设置 Theme 属性的值为 Theme1，切换到【源】视图中，会发现代码第一行的@ Page 指令中添加了下面的属性。

```
<%@ Page … Theme="Theme1"%>
```

(6) 保存文件，执行该页面，查看设置效果。

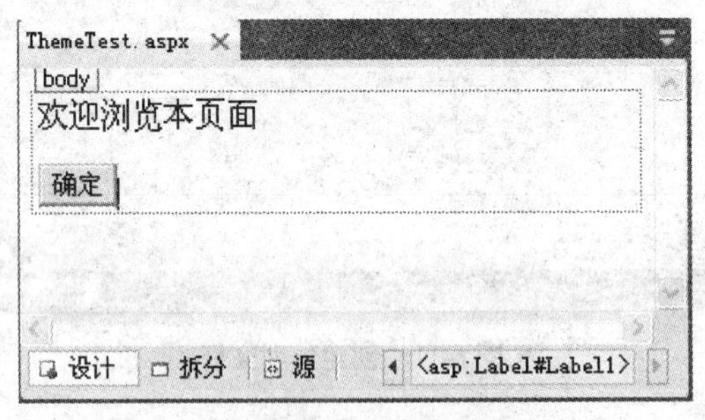

图 6-12　设置外观

在该网页文件中，将该主题设置为另一个主题(如果存在)的名称。再按【Ctrl+F5】组合键再次运行该页。控件将再次更改外观。

在皮肤文件中，系统没有提供控件属性设置的智能提示功能，所以，一般不在皮肤文件中直接编写定义控件外观的代码，而是先在页面中设置控件的属性，然后将自动生成的代码复制到外观文件中进行修改。因此，上面的例子也可以这样来实现。

(1) 创建一个 Web 页面，添加相应的控件并设置其外观。

(2) 新建一个主题，将相应控件的源代码复制到该主题的皮肤文件中，去掉所有控件的ID属性。

(3) 在其他页面的【属性】窗口中，设置 Theme 属性的值为相应的主题即可。

如果希望某些控件的外观和页面中具有相同类型的其他控件的外观不一样，则可以通过在.skin 文件中给特定的控件添加一个 SkinID 属性，例如，在上面的例子中增加一个按钮，其外观定义成如下样式。

```
<asp:Button runat="server" SkinID="GreenButton" Borderstyle="dotted" Borderwidth="2px"
Bordercolor="red" Backcolor="Green"/>
```

修改按钮控件的 SkinID 属性的值为 GreenButton。这样，新增加的按钮就和原来的按钮显示了不同的外观。

6.2.3　在主题中同时定义外观和样式表

前面的例子只定义了一个皮肤文件，实际上，在主题中还可以定义.css 文件。要想让自定义的.css 文件起作用，只需在网页文件中设置 StyleSheetTheme 属性为定义的主题即可。

【例 6-6】演示如何在网页文件中同时使用皮肤文件和样式表文件。

(1) 右击网站名，从弹出的快捷菜单中选择【添加 ASP.NET 文件夹】|【主题】命令。将创建名为 App_Themes 的文件夹和名为“主题”的子文件夹。将“主题”文件夹重命名为 Theme2。此文件夹名将成为创建的主题的名称。

(2) 右击 Theme2 文件夹，从弹出的快捷菜单中选择【添加新项】命令，添加一个新的外观文件，然后将该文件命名为 SkinFile.skin。在 SkinFile.skin 文件中，将网页文件中要用到的所有控件的外观定义添加进来，注意不能含有任何控件的 ID，外观代码如下：

```
<asp:Label runat="server" BackColor="#FFFFCC" BorderColor="#6600FF"
  BorderStyle="Solid" BorderWidth="4px" Font-Bold="True" Font-Names="华文彩云"
  Font-Size="XX-Large" ForeColor="#CC0099" style="text-align: center" Width="206px">
</asp:Label>
<asp:Button runat="server" BackColor="#3333CC" BorderColor="#000099"
Font-Bold="True" Font-Size="Medium" ForeColor="White"/>
<asp:TextBox runat="server" BackColor="#99FFCC" Columns="10"></asp:TextBox>
```

(3) 在主题 Theme2 的文件夹中，再添加一个名为 Stylesheet.css 的样式文件，文件代码如下：

```
.style1    /*  用于修饰表格  */
{
    width: 200px;
    border-collapse: collapse;
    border: 1px solid #800080;
}
.style2    /*  用于修饰单元格  */
{
```

```
        font-family: 幼圆;
        font-size: large;
        font-weight: bold;
    }
```

(4) 新建一个 Web 页面 ThemesTest2.aspx，切换到【设计】视图下，添加表格和相应的控件，其最终效果如图 6-13 所示。代码如下：

```
<form id="form1" runat="server">
<div>
    <asp:Label ID="Label1" runat="server" Text="Label">请登录</asp:Label>
    <br />
    用户名：<asp:TextBox ID="TextBox1" runat="server" Width="130px"></asp:TextBox>
    <br />
    密  码：<asp:TextBox ID="TextBox2" runat="server" Width="128px"></asp:TextBox>
    <br />
    <asp:Button ID="Button1" runat="server" Text="Button" />
</div>
</form>
```

修改当前页面中的属性 StyleSheetTheme 的值为 Theme2，可以看到引入皮肤和样式表文件后的最终显示效果，如图 6-14 所示。

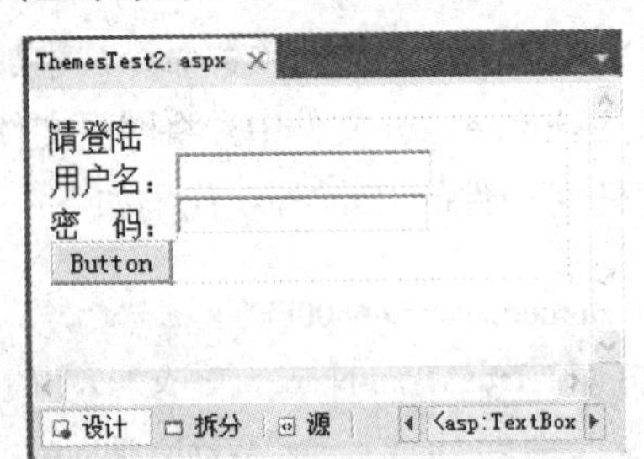

图 6-13　没有引入皮肤和样式前的效果

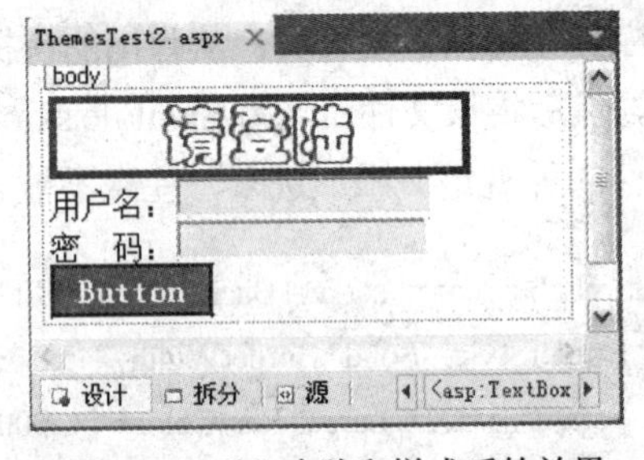

图 6-14　引入皮肤和样式后的效果

6.2.4　动态切换主题

创建了主题之后，就可以定制如何在应用程序中使用主题。方法是：将主题作为自定义主题与网页文件关联；或者将主题作为样式表主题与网页文件关联。样式表主题和自定义主题都使用相同的主题文件，但是，样式表主题在网页文件的控件和属性中的优先级最低。在 ASP.NET 中，优先级的顺序如下所示。

(1) 主题设置，包括 Web.config 文件中设置的主题。

(2) 本地网页文件的样式属性设置。

(3) 样式表主题设置。

在这里，如果选择使用样式表主题，则在网页文件中本地声明的任何样式信息都将覆盖样式表主题的属性。同样，如果使用自定义主题，则主题的属性将覆盖本地网页文件中设置的任何样式内容，以及使用中的样式表主题中的任何内容。

为了允许用户修改主题，可以向其提供一个下拉菜单，当用户修改列表中的活动选项时，该菜单自动向服务器发起回发请求。在服务器上，就会得到从列表中选择的主题，将它应用到页面上，然后将选项存储在 Cookie 中，以便在下次访问 Web 站点时检索它。

【例 6-7】 让用户选择自己喜欢的主题，实现动态换肤功能。

(1) 在【解决方案资源管理器】中，右击项目名，从弹出的快捷菜单中选择【添加】|【添加 ASP.NET 文件夹】|【主题】命令，系统将创建名为 App_Themes 的文件夹和名为“主题 1”的子文件夹。

(2) 在“Themes3”文件夹中，添加一个新的外观文件 SkinFile.skin。

(3) 用相同的操作创建“Themes4”，其中也包括一个外观文件 SkinFile.skin。

(4) “Themes3”在这里定义为“专业型”，在相对应的外观文件中添加如下代码。

```
    <asp:Label runat="server" BackColor="#CCCCFF" Font-Bold="True" Font-Size="Large"
ForeColor="#CC00FF" BorderStyle="Dashed" />
    <asp:DropDownList runat="server"   BackColor="White" Font-Bold="True"
                        ForeColor="#CC33FF" Font-Size="Large"/>
        <asp:Calendar   runat="server" BackColor="White" BorderColor="White" BorderWidth="1px"
Font-Names="Verdana" Font-Size="9pt" ForeColor="Black" Height="190px" NextPrevFormat="FullMonth"
Width="350px">
                <DayHeaderStyle Font-Bold="True" Font-Size="8pt" />
                <NextPrevStyle Font-Bold="True" Font-Size="8pt" ForeColor="#333333"
VerticalAlign="Bottom" />
                <OtherMonthDayStyle ForeColor="#999999" />
                <SelectedDayStyle BackColor="#333399" ForeColor="White" />
                <TitleStyle BackColor="White" BorderColor="Black" BorderWidth="4px"
Font-Bold="True" Font-Size="12pt" ForeColor="#333399" />
                <TodayDayStyle BackColor="#CCCCCC" />
            </asp:Calendar>
```

(5) “Themes4”定义为“色彩型”，以彩色为主，在“Themes4”的外观文件中添加如下代码。

```
    <asp:Label runat="server" BackColor="White" Font-Bold="True" Font-Size="Large" ForeColor="Red"
BorderStyle="Groove" />
    <asp:DropDownList   runat="server"   BackColor="White" Font-Bold="True"
ForeColor="Red" Font-Size="Large"/>
    <asp:Calendar   runat="server" BackColor="White" BorderColor="#3366CC" BorderWidth="1px"
CellPadding="1" DayNameFormat="Shortest" Font-Names="Verdana" Font-Size="8pt" ForeColor="#003399"
Height="200px" Width="220px">
                <DayHeaderStyle BackColor="#99CCCC" ForeColor="#336666" Height="1px" />
                <NextPrevStyle Font-Size="8pt" ForeColor="#CCCCFF" />
                <OtherMonthDayStyle ForeColor="#999999" />
                <SelectedDayStyle BackColor="#009999" Font-Bold="True" ForeColor="#CCFF99" />
                <SelectorStyle BackColor="#99CCCC" ForeColor="#336666" />
                <TitleStyle BackColor="#003399" BorderColor="#3366CC" BorderWidth="1px"
```

```
Font-Bold="True" Font-Size="10pt" ForeColor="#CCCCFF" Height="25px" />
            <TodayDayStyle BackColor="#99CCCC" ForeColor="White" />
            <WeekendDayStyle BackColor="#CCCCFF" />
        </asp:Calendar>
```

(6) 创建一个 Default2.aspx 页面，切换到设计视图，添加一个 Label 控件、一个 DropDownList 控件和一个 Calendar 控件，只需设置 Label 控件的 Text 属性，DropDownList 控件的 Item、AutoPostBack 属性即可，生成的代码如下：

```
        <asp:Label ID="Label1" runat="server" Text="请选择主题："></asp:Label>
        <asp:DropDownList ID="DropDownList1" runat="server" AutoPostBack="True"
OnSelectedIndexChanged="DropDownList1_SelectedIndexChanged">
            <asp:ListItem Value="Themes3">专业型</asp:ListItem>
            <asp:ListItem Value="Themes4">色彩型</asp:ListItem>
        </asp:DropDownList>
            <br />
            <asp:Calendar ID="Calendar1" runat="server"></asp:Calendar>
```

(7) 为 DropDownList 控件添加 SelectedIndexChanged 事件处理程序，代码如下：

```
        protected void DropDownList1_SelectedIndexChanged(object sender, EventArgs e)
        {
            HttpCookie myTheme = new HttpCookie("myTheme");
            myTheme.Expires = DateTime.Now.AddMonths(3);
            myTheme.Value = DropDownList1.SelectedValue;
            Response.Cookies.Add(myTheme);
            Response.Redirect(Request.Url.ToString());
        }
```

(8) 当页面加载时将需要再次从列表中预先选择恰当的项，以显示正确的主题。进行此操作的最佳位置是在 Page 类的 Load 事件中。添加处理程序的代码如下：

```
        protected void Page_Load(object sender, EventArgs e)
        {
            if (!Page.IsPostBack)
            {
                string selectedTheme = Page.Theme;
                HttpCookie myTheme = Request.Cookies.Get("myTheme");
                if (myTheme != null)
                {
                    selectedTheme = myTheme.Value;
                }
                if (!string.IsNullOrEmpty(selectedTheme) &&
                        DropDownList1.Items.FindByValue(selectedTheme) != null)
                {
                    DropDownList1.Items.FindByValue(selectedTheme).Selected = true;
```

```
            }
        }
    }
```

(9) 正如前面所提到的，主题需要在 PreInit 事件(该事件在页面生命周期的早期发生)中设置。在该事件内可以查看带选中主题的 cookie 是否存在。如果存在，就可以用它的值设置恰当的主题，代码如下：

```
protected void Page_PreInit(object sender, EventArgs e)
{
    HttpCookie preferredTheme = Request.Cookies.Get("myTheme");
    if (preferredTheme != null)
    {
        Page.Theme = preferredTheme.Value;
    }
}
```

(10) 编译并运行程序，在浏览器中打开 Default2.aspx 页面，通过下拉列表选择不同的主题，效果如图 6-15 和 6-16 所示。

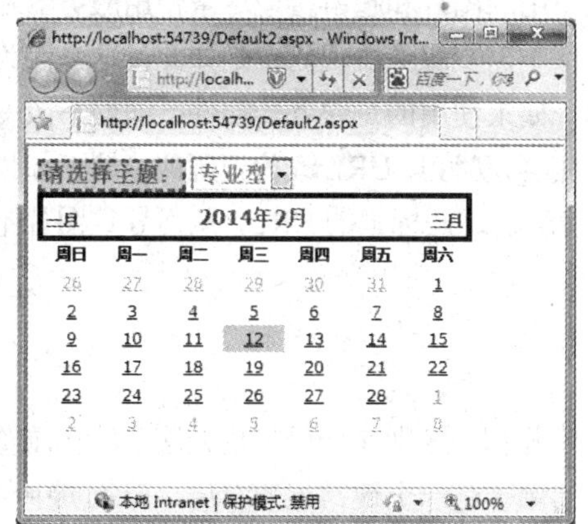

图 6-15　动态切换到专业版效果图

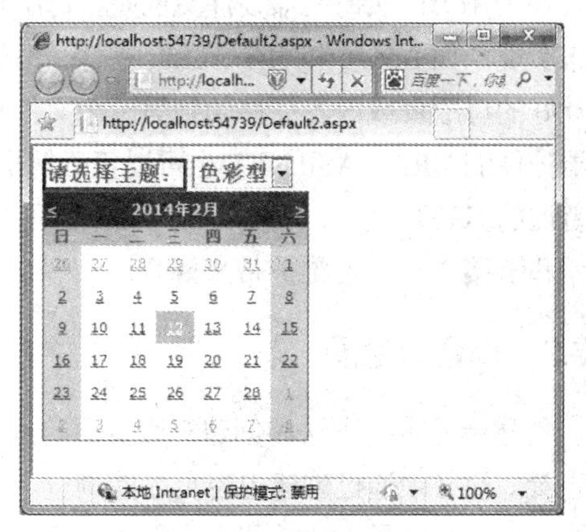

图 6-16　动态切换到色彩版效果

6.3　母　版　页

在 Web 站点开发中，有很多元素会出现在每一个页面中，如站点标题、公共导航以及版权信息等，这些元素的一致布局会让用户知道自己始终是在同一个站点中。虽然这些元素在 XHTML 中可以通过使用包含文件构建，在 ASP.NET 中，可以使用 CSS 和主题减少多页面的布局，但是，CSS 和主题在很多情况下还无法胜任多页面的开发，这时就需要使用母版页。

6.3.1　母版页和内容页的概念

母版页是用于设置页面外观的模板，是一种特殊的 ASP.NET 网页文件，同样也具有其他 ASP.NET 文件的功能，如添加控件、设置样式等，只不过其扩展名是.master。在母版页中，界面被分为公用区和可编辑区，公用区的设计方法与一般页面的设计方法相同，可编辑区用 ContentPlaceHolder 控件预留出来。

引用母版页的.aspx 页面称为内容页，在内容页中，母版页的 ContentPlaceHolder 控件预留的可编辑区会被自动替换为 Content 控件，开发人员只需在 Content 控件区域中填充内容即可，在母版页中定义的其他标记将自动出现在引用该母版页的.aspx 页面中，母版页的部分以灰色显示，表示不能修改这些内容。

每个母版页中可以包含一个或多个内容页。使用母版页可以统一管理和定义具有相同布局风格的页面，给网页设计和修改带来极大的方便。母版页具有如下优点。

- 使用母版页可以集中处理页的通用功能，以便可以只在一个位置进行更新。
- 使用母版页可以方便地创建一组控件和代码，并将效果应用到一组新的页面。
- 通过允许控制占位符控件的呈现方式，母版页可以在细节上控制最终页的布局。
- 母版页提供了一个对象模型，使用该对象模型可以从各个内容页自定义母版页。

在使用母版页时，需要注意的是，母版页中使用的图片和超链接应尽量使用服务器端控件来实现，如 Image 和 HyperLink 控件。即使控件不需要服务器代码也是如此，这是因为将设计好的母版页或内容页移动到另一个文件夹时，如果使用的是服务器控件，即使不改变服务器控件的 URL，ASP.NET 也可以正确解析，并能自动将其 URL 改为正确的位置，如果使用普通的 HTML 标记，那么 ASP.NET 将无法正确解析这些标记的 URL，从而导致图片不能显示和链接失败，给维护带来麻烦。

6.3.2　创建母版页

创建母版页的方法和创建一般页面的方法非常相似，区别在于母版页无法单独在浏览器中查看，而必须通过创建内容页才能浏览。下面的例子是一个很常见的布局，母版页中包含一个标题、一个导航菜单和一个页脚，这些内容将在站点的每个页面中出现。在母版页中包含一个内容占位符，这是母版页中的一个可变区域，可以使用内容页中的信息来替换该区域。

【例 6-8】设计如图 6-17 所示的名为 MasterPage.master 的母版页，然后设计两个引用母版页的内容页 index.aspx 和 about2.aspx。

图 6-17　母版页布局

(1) 在【解决方案资源管理器】窗口中右击网站的名称，从弹出的快捷菜单中选择【添加新项】命令，从弹出的对话框中选择【母版页】选项。如图 6-18 所示，单击【添加】按钮即会在【源】视图中打开新建的母版页。

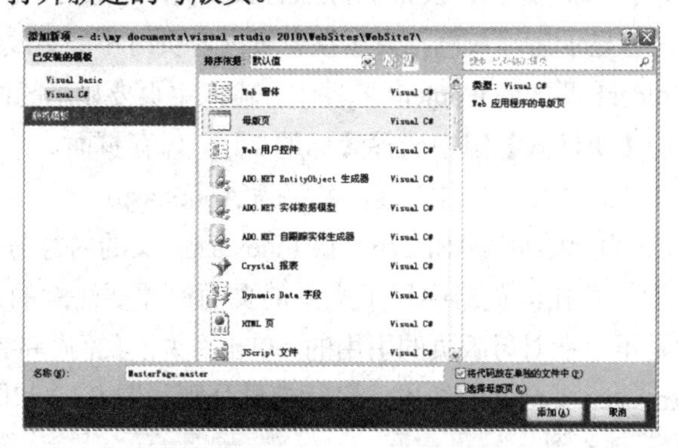

图 6-18　创建母版页

观察母版页的源代码，在页面的顶部是一个@ Master 声明，而不是通常在 ASP.NET 页顶部看到的@ Page 声明，指令如下：

```
<%@ Master Language="C#" AutoEventWireup="true" CodeFile="MasterPage.master.cs"
Inherits="MasterPage" %>
```

此外，页面的主体还包含一个 ContentPlaceHolder 控件，这是母版页中的一个区域，其中的可替换内容将在运行时由内容页合并。为了方便母版页的编辑，通常先将 ContentPlaceHolder 控件删除，母版页编辑完成后再放置 ContentPlaceHolder 控件。

(2) 切换到【设计】视图，删除 ContentPlaceHolder 控件，然后单击页面中的层，插入一个 4 行 1 列的表格，边框设置为 1，表格的 width 属性设置为 380 像素。

(3) 布局完表格之后，可以将内容添加到母版页，此内容将在所有页面中显示。例如，可以在表格的第一行添加“标题栏”，第二行添加一个 Menu 控件，第三行添加一个 ContentPlaceHolder 控件，控件的 ID 属性为 ContentPlaceHolder1，也可以修改这个名字，第四行添加“版权信息”。其中 Menu 控件的设置内容如下。

- 将 Menu 控件的 Orientation 属性设置为 Horizontal。
- 单击 Menu 控件上的智能标记，选择【编辑菜单项】命令，然后在【菜单项编辑器】对话框中单击【添加根项】命令图标两次，添加两个菜单项。
- 单击第一个节点，将 Text 设置为“主页”，将 NavigateUrl 设置为“index.aspx”。
- 单击第二个节点，将 Text 设置为“关于”，将 NavigateUrl 设置为“about2.aspx”。

接下来要为母版页添加两个带有内容的页面。第一个是主页，第二个是“关于”页面。

(4) 在【解决方案资源管理器】窗口中右击网站的名称，从弹出的快捷菜单中选择【添加新项】命令。在弹出的对话框中选择【Web 窗体】选项，在【名称】框中输入 Index.aspx，选中【选择母版页】复选框。单击【添加】按钮，出现【选择母版页】对话框，选择 MasterPage.master，然后单击【确定】按钮。即会创建一个新的.aspx 文件。该页面包含一个@ Page 指令，此指令将当前页附加到带有 MasterPage 属性的选定母版页，如下面的代码所示：

```
<%@ Page Language="C#" MasterPageFile="~/MasterPage.master" ... %>
```

(5) 切换到设计视图。母版页中的 ContentPlaceHolder 控件在新的内容页中显示为 Content 控件。而其他母版页内容显示为浅灰色，表示在编辑内容页时不能更改这些内容。在与母版页上的 ContentPlaceHolder1 匹配的 Content 控件中，输入主页要显示的内容，然后选择文本，通过从【工具箱】上的【块格式】组中选择【标题 2】，保存页面。

(6) 用同样的方法创建“关于”内容页，名字为 About.aspx。

(7) 设置 Index.aspx 为起始页。ASP.NET 将 Index.aspx 页的内容与 MasterPage.master 页的布局合并到单个页面，并在浏览器中显示产生的页面。需要注意的是，此页的 URL 为 Index.aspx，浏览器中是不存在对母版页的引用的。单击“关于我们”链接，显示 about2.aspx，它也是和 MasterPage.master 页合并的结果。运行效果分别如图 6-19 和图 6-20 所示。

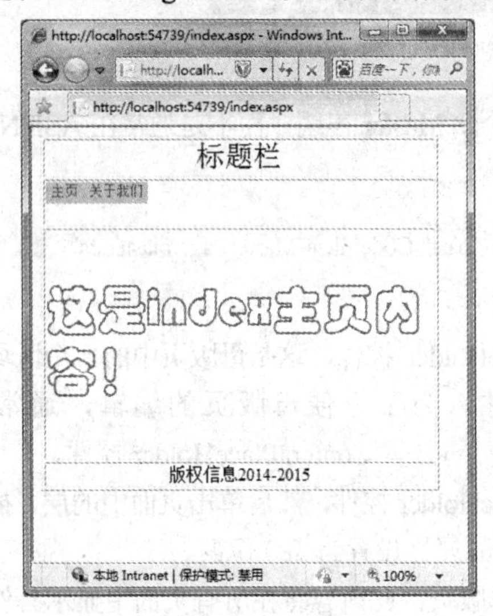

图 6-19　主页效果

图 6-20　“关于我们”页效果

母版页也可以嵌套。嵌套母版页是基于另一个母版页的母版页。内容页面则可以基于嵌套母版页。如果有一个目标为不同区域仍然需要共享相同外观的 Web 站点，采用嵌套母版页就比较有用。例如，假设有一个公司网站，分为各个部门。外部母版页定义站点的全局外观，包括公司 logo 和其他品牌元素。然后不同的部门可以有不同的嵌套母版页。例如，销售部的部分可以基于不同于市场部的嵌套母版页，这样各部门就能向它们在站点的部分中加上自己的身份标识。

嵌套母版页的创建很简单。当添加母版页时选中 Select Master Page 复选框，就像向站点中添加正常内容页时一样。然后，在内容页中要重写的位置将<asp:ContentPlaceHolder>控件添加到<asp:Content>控件中。

当使用嵌套母版页时，一定要非常小心——尽管使用嵌套母版页听起来像提供网站模块化设计的一个灵巧方法，但是这造成的限制可能比您想象的要多。例如，如果将来网站的两个不同部分需要使用相似但略有不同的页头标题，则就必须重新组织母版页的继承关系。另一个问题就是 Visual Studio 并不支持嵌套母版页的可视化设计，因此我们不能以图形界面方式来创建嵌套母版页，而必须以手工编码方式来创建嵌套的母版页。出于这些原因，通常最好只使用一层母版页，因此可以创建几个母版页文件，并对少量常用的元素进行复制处理。在绝大多数情况下，并不需要创建大量的母版页，因此母版页的数量不会很多。

6.4 本 章 小 结

ASP.NET 提供了皮肤、主题和母版页等功能，增强了网页布局和界面的优化，通过这些功能可以轻松地实现对网站开发中界面的控制。本章介绍了 CSS 和母版页对 ASP.NET 应用程序进行样式控制的方法和技巧。包括理解 CSS 的概念，掌握 CSS 的用法；布局的概念，掌握 CSS 和 Div 布局的方法；主题的概念，掌握主题的创建和引用；母版页和内容页的概念，掌握创建母版页和内容页的方法。使用这些功能能够美化界面，使客户使用得更加方便。

6.5 练　　习

1. 新建一个名为 CRM 的网站。

2. 在【解决方案资源管理器】中右击网站名称，从弹出的快捷菜单中选择【添加新项】命令，在弹出的对话框中选择【母版页】选项。在【名称】文本框中输入 Master1，单击【添加】按钮，即可在【源】视图中打开新的母版页。

3. 切换到【设计】视图，删除 ContentPlaceHolder 控件，然后插入 4 个层，代码如下：

```
<div id="top"></div>
<div id="left">
<asp:HyperLink ID="hpl_CNotify" runat="server" NavigateUrl="~/Module/CNotify.aspx"
Target="_self">公告信息</asp:HyperLink>
<asp:HyperLink ID="hpl_CSearch" runat="server" NavigateUrl="~/Module/CSearch.aspx"
Target="_self">资料查询</asp:HyperLink>
<asp:HyperLink ID="hpl_CAdd" runat="server" NavigateUrl="~/Module/CAdd.aspx" Target="_self">资
料添加</asp:HyperLink>
<asp:HyperLink ID="hpl_CManage" runat="server" NavigateUrl="~/Module/CManage.aspx"
Target="_self">资料管理</asp:HyperLink>
<asp:HyperLink ID="hpl_Exit" runat="server" NavigateUrl="~/Module/Exit.aspx">退出系统
</asp:HyperLink>
 </div>
 <div id="right">
        <asp:ContentPlaceHolder ID="ContentPlaceHolder1" runat="server">
        </asp:ContentPlaceHolder>
</div>
<div id="bottom">版权所有，违者必究  </div>
```

4. 分别设置每个层的 CSS 样式，代码如下：

```
#left,#right{border:0px solid;float:left}
#left{width:160px;height:450px}
#top{ border:0px solid; height:120px;clear:both;}
#bottom{    border:0px solid; height:50px; clear:both; }
```

5. 最后，还可以根据情况进一步的详细设置。

第7章 jQuery入门

jQuery 是继 Prototype 之后出现的又一个优秀的 JavaScript 框架。jQuery 能够改变开发人员编写 JavaScript 脚本的方式，降低学习和使用 Web 前端开发的复杂度，提高网页开发效率。无论是对于 JavaScript 初学者，还是对于 Web 开发资深专家，jQuery 都是必备的工具。本章主要介绍 jQuery 的基本语法和具体应用。

本章的学习目标：

- 理解什么是 jQuery；
- 掌握 jQuery 的基本语法；
- 了解如何用 jQuery 实现动画效果。

7.1 jQuery 简介

jQuery 最早由 John Resig 在 2006 年 1 月开发和发布，现在已经成长为一个备受欢迎的客户端框架。Microsoft 也注意到 jQuery 功能强大，并决定在自己的产品中附送这个框架。最初，jQuery 随 Microsoft ASP.NET MVC 框架一起提供，现在也包含在 Visual Studio 2012 中。

7.1.1 什么是 jQuery

jQuery 是继 prototype 之后又一个优秀的 Javascript 框架。它是轻量级的 js 库，它兼容 CSS3，还兼容各种浏览器(IE 6.0+、FF 1.5+、Safari 2.0+、Opera 9.0+)，jQuery2.0 及后续版本将不再支持 IE6/7/8 浏览器。jQuery 使用户能更方便地处理 HTML(标准通用标记语言下的一个应用)、events、实现动画效果，并且方便地为网站提供 AJAX 交互。jQuery 还有一个比较大的优势是，它的文档说明很全，而且各种应用也说得很详细，同时还有许多成熟的插件可供选择。jQuery 能够使用户的 html 页面保持代码和 html 内容分离，也就是说，不用再在 html 里面插入一堆 js 来调用命令了，只需定义 id 即可。

7.1.2 包含 jQuery 库

Visual Studio Express 2012 for Web 版已经整合了 jQuery 的 1.7.1 版本，并且提供了对 jQuery 的智能感知的支持。在使用 Visual Studio Express 2012 for Web 创建一个 Web 应用程序项目后，可以在 Script 文件夹中看到用于 jQuery 的 3 个 JS 脚本文件，可以参看第 1 章中的图 1-35 所示。要使用 jQuery，只需要在页面中添加对 min 压缩版类库的引用，代码如下：

```
<script lang="javascript" src="Scripts/jQuery-1.7.1.min.js"></script>
```

添加代码后，在 HTML 中即可使用 jQuery 类库。

7.1.3　第一个 jQuery 程序

为了更好地了解 jQuery，下面先来看一个简单的例子。在本例中，将在当前页面中添加 jQuery 库。通过单击文字，让文字隐藏。

【例 7-1】使用 jQuery 示例。

(1) 启动 Visual Studio Express 2012 for Web，选择【文件】|【新建网站】命令，新建网站 WebSite7。

(2) 通过 Visual Studio Express 2012 for Web 创建的网站，默认有一个 Scripts 目录，其中包含了 jQuery 所需的库文件。创建 Html 文件 FirstjQuery.html，在<head>标记中添加如下代码即可引入 jQuery 库。

```
<script lang="javascript" src="Scripts/jQuery-1.7.1.min.js"></script>
```

(3) 在 body 中添加代码：

```
<h1>第一个 jQuery 程序</h1>
<p>If you click on me, I will disappear.</p>
```

(4) 添加 jQuery 效果代码：

```
<script type="text/javascript">
    $(document).ready(function () {
        $("p").click(function () {
            $(this).hide();
        });
    });
</script>
```

和其他许多编程语言一样， jQuery 对缺少引号、大括号和小括号十分敏感，所以一定要完全按照上面的代码进行输入。

(5) 编译并运行程序，在默认浏览器中打开 FirstjQuery.html 页面，如图 7-1 和 7-2 所示，当点击文字“If you click on me, I will disappear.”，文字将消失。

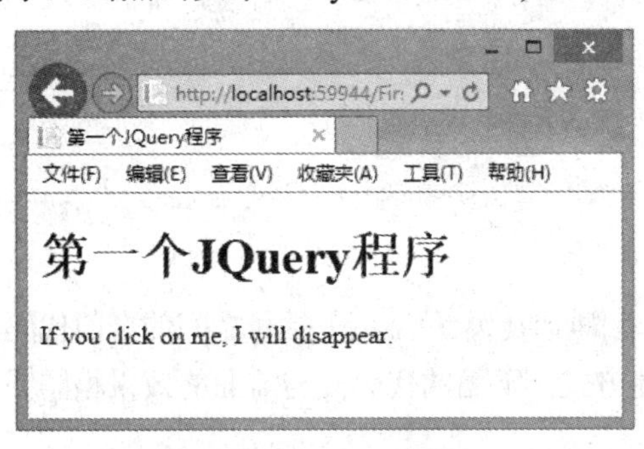

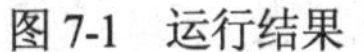

图 7-1　运行结果

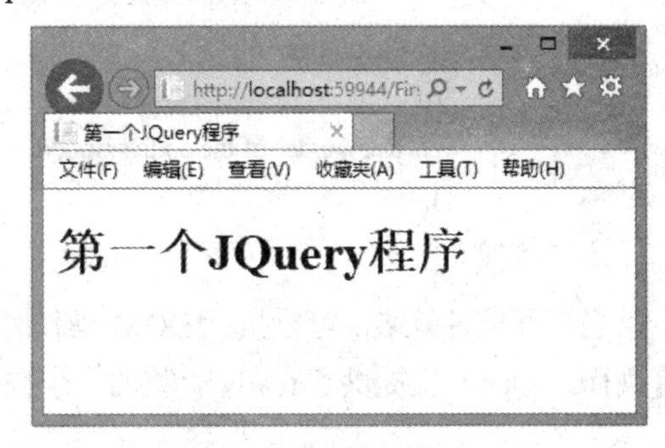

图 7-2　单击后的结果

本例读者只需了解 jQuery 的实际应用即可，接下来将详细介绍 jQuery 的语法。

7.2　jQuery 的语法

jQuery 语法是为 HTML 元素的选取编制的，可以对元素执行某些操作。基础语法是：

```
$(selector).action()
```

- 美元符号“$”定义 jQuery；
- 选择符(selector)“查询”和“查找” HTML 元素；
- jQuery 的 action() 执行对元素的操作。

根据 jQuery 的基本语法可以知道，要想使用 jQuery，首先需要掌握三方面的基础知识。第一，需要更深入地理解 jQuery 的核心功能，包括前面看到的$函数，以及$函数的 ready 方法。第二，需要学习 jQuery 的选择符(selector)和过滤器(filter)语法，这样就可以通过指定的条件在页面中查找元素。当获得一个指向页面中一个或多个元素的引用后，就可以对它们应用多种方法，比如 css 方法。第三，需要知道关于 jQuery 事件(event)的一些知识，因为它们允许向 HTML 元素可能触发的事件附加行为。在接下来的几节中将会对以上三个方面进行讨论。

7.2.1　jQuery 的核心功能

大部分 jQuery 代码都是在浏览器完成页面加载后执行。等到页面完成 DOM 加载后再执行代码十分重要。DOM(Document Object Model，文档对象模型)是 Web 页面的一种分层表示，包含所有 HTML 元素、脚本文件、CSS、图像等的一个树形结构。如果借助编程修改 DOM(例如，使用 jQuery 代码)，那么这种修改将在浏览器中显示的页面上反映出来。如果过早执行 jQuery 代码(例如，在页面的最顶端)，那么 DOM 可能还没有加载完成脚本中引用的全部元素时就产生了错误。幸运的是，可以使用 jQuery 中的 ready 函数，将代码的执行推迟到 DOM 就绪。

在【例 7-1】代码中，添加了一个标准的<script>块，其中可以包含 JavaScript。在这个块中，添加了一些在浏览器加载页面完成后触发的 jQuery 代码。页面就绪后，起始大括号({)和结束大括号(})之间的代码将会执行，下面是“文档就绪函数”的示例。

```
<script type="text/javascript">
        $(document).ready(function() {
          // Remainder of the code skipped
        });
</script>
```

当页面准备就绪，可以执行 DOM 操作时，添加到起始和结束大括号之间的全部代码都将执行。jQuery 也提供了 ready 函数的一个快捷方式，下面的代码段与前面的效果相同。

```
$(function() {
  // DOM 就绪后执行此处的代码
});
```

7.2.2 jQuery 选择器

选择器是 jQuery 的根基, 在 jQuery 中, 对事件处理, 遍历 DOM 和 Ajax 操作都依赖于选择器。学习 jQuery 选择器是如何准确地选取用户希望应用效果的元素。jQuery 元素选择器和属性选择器允许用户通过标签名、属性名或内容对 HTML 元素进行选择。选择器允许用户对 HTML 元素组或单个元素进行操作。在 HTML DOM 术语中，选择器允许用户对 DOM 元素组或单个 DOM 节点进行操作。

1. CSS 选择器

jQuery CSS 选择器可用于改变 HTML 元素的 CSS 属性。例如，下面的例子把所有 p 元素的背景颜色更改为红色。

```
$("p").css("background-color","red");
```

2. Id 选择器

每个 HTML 元素都可以有一个 id 属性，可以根据 id 选取对应的 Html 元素。例如：

```
$("#layer")选取带有 id 为 layer 的元素
```

3. Class 选择器

类选择器获得与特定的类名相匹配的 0 个或多个元素的引用。下面的 jQuery 代码将有 class 为 Highlight 的背景色修改为红色，而保持其他元素不变。

```
$(".Highlight").css("background-color","red");
```

4. 元素选择器

jQuery 使用 CSS 选择器来选取 HTML 元素。元素选择器获得与特定的标记名相匹配的 0 个或多个元素的引用。例如：

```
$("p") 选取 <p> 元素。
$("p.intro") 选取所有 class="intro" 的 <p> 元素。
$("p#demo") 选取所有 id="demo" 的 <p> 元素。
```

5. 属性选择器

jQuery 使用 XPath 表达式来选择带有给定属性的元素。例如：

```
$("[href]") 选取所有带有 href 属性的元素。
$("[href='#']") 选取所有带有 href 值等于 "#" 的元素。
$("[href!='#']") 选取所有带有 href 值不等于 "#" 的元素。
$("[href$='.jpg']") 选取所有 href 值以 ".jpg" 结尾的元素。
```

6. 通用选择器

和对应的 CSS 选择器一样，通用选择器使用通配符*匹配页面中的全部元素；$方法返回 0 个或多个元素，然后可以使用多种 jQuery 方法操作返回的这些元素。例如，要将页面中每个元素的字体系列设置为 Arial，可以使用下面的代码。

```
$('*').css('font-family', 'Arial');
```

7. 分组和合并选择器

和 CSS 一样，可以分组和合并选择器。下面的分组选择器将修改页面中所有 p 和 h6 元素的文本颜色为蓝色。

```
$("p, h6").css("color", "blue");
```

通过使用合并选择器，可以找出被其他一些元素包含着的特定元素。例如，下面的 jQuery 只修改 MainContent 元素中包含的六级标题，而其他的保持不变。

```
$('#Content h6').css('color', 'red');
```

8. 层次选择器

HTML 元素是有层次的，有些元素是包含在其他元素中，层次分别如下。

- ancestor descendant(祖先 后代)选择器：在指定祖先元素下匹配所有的后代元素。
- parent > child(父>子)选择器：在给定的父元素下匹配所有的子元素。
- prev + next(前+后)选择器：匹配所有紧接在 prev 元素后的 next 元素。
- prev ~ siblings(前~兄弟)选择器：匹配 prev 元素之后的所有 siblings 元素。

接下来分别举 4 个例子，讲解不同的层次选择器的用法。

【例 7-2】使用 ancestor descendant(祖先 后代)选择器示例。

(1) 在 WebSite7 中创建 Html 页面 7-2.html。

(2) 在 7-2.html 的<head>标记中添加如下代码即可引入 jQuery 库。本章以后的例子将会省略讲解这个步骤，要使用 jQuery 每个都要添加以下代码：

```
<script lang="javascript" src="Scripts/jQuery-1.7.1.min.js"></script>
```

(3) 在 body 中添加代码：

```
<form>
用户名:      <input name="txtUserName" type="text" value="" />   <br/> <br/>
密码:      <span><input name="txtUserPass" type="password" /></span> <br/>
  </form>
```

(4) 添加 jQuery 效果代码：

```
<script>
        $(document).ready(function () {
            $("span input").css("border", "4px dotted green");
```

```
    });
</script>
```

(5) 编译并运行程序，在默认浏览器中打开 7-2.html 页面，如图 7-3 所示，上下两个文本框不同，一个没有效果边框，因为 jQuery 程序中使用了$("span input")选择器，使第二个 input 的框变为绿色点状边框。

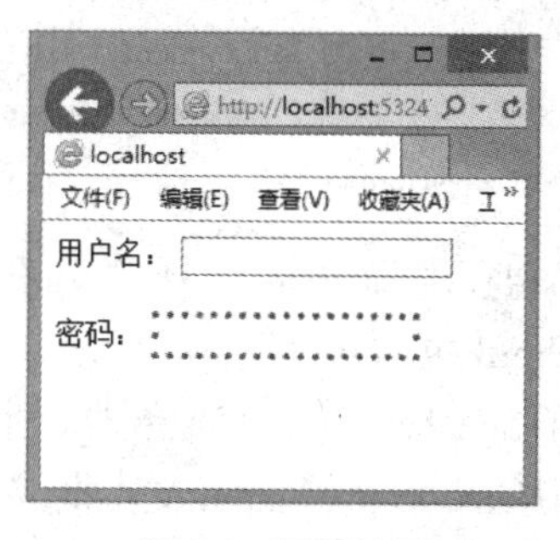

图 7-3　运行结果

【例 7-3】使用 parent > child(父>子)选择器示例。

(1) 在 WebSite7 中创建 Html 页面 7-3.html。

(2) 在 body 中添加代码：

```
<ol class="test">
  <li><a href=" ">项目列表 1</a></li>
  <li><a href=" ">项目列表 2</a></li>
  <li><a href=" ">项目列表 3</a></li>
  <li>项目列表 4</li>
</ol>
<ol>
      <li><a href=" ">项目列表 1.1</a></li>
      <li><a href=" ">项目列表 1.2</a></li>
 </ol>
```

(3) 添加 jQuery 效果代码：

```
<script type="text/javascript">
        $(document).ready(function () {
            $(".test>li>a").css('background-color', 'green');
            $(".test>li>a").css('color', 'yellow');
        });
</script>
```

(4) 编译并运行程序，在默认浏览器中打开 7-3.html 页面，如图 7-4 所示，因为 jQuery 程序中使用了$(".test>li>a")选择器，使第一个有序列表中的前三项文字是黄色并且有绿色背景色。

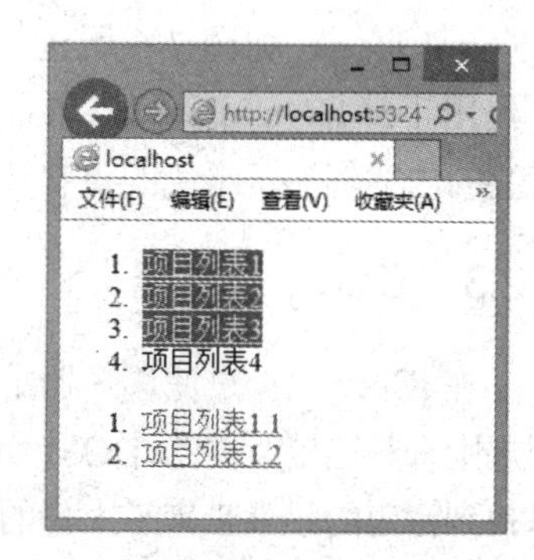

图 7-4　运行结果

【例 7-4】使用 prev + next(前+后)选择器示例。

(1)在 WebSite7 中创建 Html 页面 7-4.html。

(2)在 body 中添加代码：

```
<form>
     <label>UserName:</label> <input type="text"
name="name" /><br /><br />
       PassWord: <input type="text" name="newsletter" />
   </form>
```

(3) 添加 jQuery 效果代码：

```
<script type="text/javascript">
        $(document).ready(function () {
            $("label+input").css("border", "2px dotted green");        });
</script>
```

(4) 编译并运行程序，在默认浏览器中打开 7-4.html 页面，如图 7-5 所示，因为 jQuery 程序中使用了 $("label+input") 选择器，使用了 label 标签的 UserName 后面的 input 文本框成为绿色点状。

图 7-5　运行结果

【例 7-5】使用 prev ~ siblings(前~兄弟)选择器示例。

(1) 在 WebSite7 中创建 Html 页面 7-5.html。

(2) 在 body 中添加代码：

```
<p>兄弟选择符示例</p>
<h1>唐诗欣赏——绝句</h1>
<p>两个黄鹂鸣翠柳，一行白鹭上青天</p>
<p>窗含西陵千秋雪，门泊东吴万里船</p>
<h3>唐诗欣赏——春思</h3>
<p>燕草如碧丝，秦桑低绿枝。</p>
<p>当君怀归日，是妾断肠时。</p>
<p>春风不相识，何事入罗帏？</p>
```

(3) 添加 jQuery 效果代码：

```
<script type="text/javascript">
        $(document).ready(function () {
            $("h3~p").css("border", "4px dotted green");
        });
</script>
```

(4) 编译并运行程序，在默认浏览器中打开 7-5.html 页面，如图 7-6 所示，因为 jQuery 程序中使用了 $("h3~p")选择器，h3 标签之后的所有 p 标签的内容都加了绿色的点状边框。

7.2.3　jQuery 过滤器

在 jQuery 中，过滤选择器主要是通过特定的过滤规则来筛选出所需的 DOM 元素。这就为用户可以找到特定的元素带来了大量的可能性，比如第一个元素、最后一个元素、所有奇数行元素、所有偶数行元素、所有的标题或者特定位置的项。该选择器都以“:”开头。

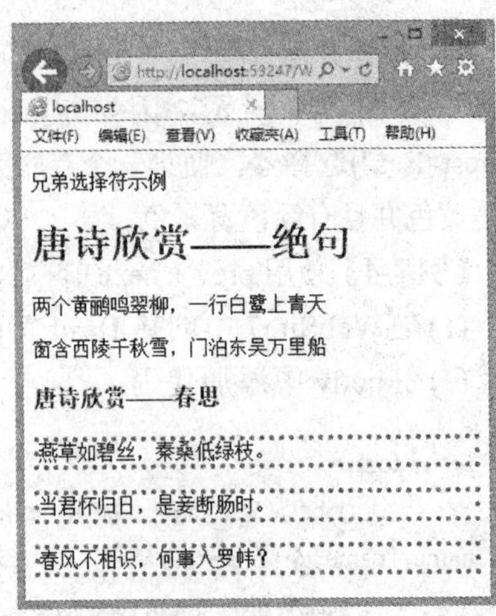

图 7-6　运行结果

按照不同的过滤规则，过滤选择器又可分为基本过滤，内容过滤，可见性过滤，属性过滤，子元素过滤和表单对象属性过滤选择器。如表 7-1 所示为基本过滤器。

表 7-1　基本过滤器

过　滤　器	说　　明
:first	可以匹配找到第一个元素，例如：$("p:first")选择第一个 p 元素
:last	可以匹配找到最后一个元素，例如：$("tr:last")选择表格中最后一行元素
:not(selector)	可以去除所有给定选择器匹配的元素，例如：$("input:not(checked)")选择所有没有使用 checked 的 input
:even	可以匹配所有索引值为偶数的元素，注意：索引值从 0 开始计算，例如：$("tr:even")选择表格的奇数行
:odd	可以匹配所有索引值为奇数的元素，注意：索引值从 0 开始计算，例如：$("tr:odd")选择表格的偶数行
:eq(index)	可以匹配索引为 index 的元素，例如：$("tr:eq(0)")选择表格第一行
:gt(index)	可以匹配索引值大于 index 的元素，例如：$("tr:gt(3)")选择表格第 3 行以后的所有行
:lt(index)	可以匹配索引值小于 index 的元素，例如：$("tr:lt(3)")选择表格第 1、2、3 行
:header	可以匹配所有标题的元素，例如：h1、h2、h3 等
:animated	选取现在正在执行动画的元素

内容过滤选择器的过滤规则主要体现在它所包含的子元素和文本内容上，如表 7-2 所示。

表 7-2　内容过滤器

过　滤　器	说　　明
:contains()	可以匹配包含指定文本的元素，例如：$("p:contains(use)")选择内容有"use"的 p 元素
:empty()	可以匹配不包含子元素或文本为空的元素，例如：$("td:empty()")选择内容为空的单元格
:has()	可以匹配指定子元素的元素，例如：$("div:has(p)")选择包含 p 元素的 div 元素
:parent()	和 empty()作用相反，例如：$("td:parent()")选择内容不为空的单元格

可见性过滤选择器是根据元素的可见和不可见状态来选择相应的元素。可见选择器 :hidden 不仅包含样式属性 display 为 none 的元素，也包含文本隐藏域 (<input type="hidden">)和 visible:hidden 之类的元素 ，如表 7-3 所示。

表 7-3　可见性过滤器

过　滤　器	说　　明
:hidden	可以匹配所有的不可见的元素，例如：$("input:hidden")选择隐藏的 input
:visible	可以匹配所有可见的元素，例如：$("input:visible")选择没有隐藏的 input

属性过滤选择器的过滤规则是通过元素的属性来获取相应的元素，如表 7-4 所示。

表 7-4　属性过滤器

过　滤　器	说　　明
[attribute]	基于给定属性匹配元素。例如：$("div[id]")选择 div 使用 id 的元素
[attribute=value]	基于一个属性和该属性的值匹配元素。例如：$("div[id=id1]")选择所有 id 值为 id1 的 div 元素

(续表)

过　滤　器	说　　明
[attribute!=value]	基于一个属性不和该属性的值匹配元素。例如：$("div[id！=id1]")选择所有 id 值不等于 id1 的 div 元素
[attribute^=value]	指定属性值为指定值开始的元素。例如：$["input[name^='news']"]选择所有 name 属性值以'news'开始的 input 元素
[attribute$=value]	指定属性值为指定值结尾的元素。例如：$["input[name$='news']"]选择所有 name 属性值以'news'结尾的 input 元素
[attribute*=value]	指定属性值为包含指定值的所有元素。例如：$["input[name*='news']"]选择所有 name 属性值包含'news'的 input 元素
复合属性过滤器	可以使用$([selector1][selector2][selectorN])格式的复合属性过滤器匹配满足多个合属性过滤器元素。例如：$("input[id][name*='news']")选择所有包含 id 属性、且 name 属性值包含'news'的 input 的元素

使用子元素过滤器可以根据元素的子元素对元素进行过滤，如表 7-5 所示。

表 7-5　子元素过滤器

过　滤　器	说　　明
:nth-child(index/even/odd/equation)	(1) :nth-child(even/odd)：能选取每个父元素下的索引值为偶(奇)数的元素 (2):nth-child(2)：能选取每个父元素下的索引值为 2 的元素 (3):nth-child(3n)：能选取每个父元素下的索引值是 3 的倍数的元素
:first-child	为每个父元素匹配第一个子元素，例如：$("ul li:first-child")在每个 ul 中查找第一个 li
:last-child	为每个父元素匹配最后一个子元素，例如：$("ul li:last-child")在每个 ul 中查找最后一个 li
:only-child	如果某个元素是父元素中唯一的子元素，那将会被匹配，如果父元素中含有其他元素，那将不会被匹配，例如：$("ul li:only-child")在 ul 中查找是唯一子元素的 li

表单选择器主要对所选择的表单元素进行过滤，如表 7-6 所示。

表 7-6　表单过滤器

过　滤　器	说　　明
:enabled	匹配所有可用元素，例如：$("input:enabled")查找所有可用的 input 元素
:disabled	匹配所有不可用元素，例如：$("input:disabled")查找所有不可用的 input 元素
:checked	匹配所有选中的被选中元素(复选框、单选框等，不包括 select 中的 option)，例如：$("input:checked")查找所有选中的复选框元素
:selected	匹配所有选中的 option 元素，例如: $("select option:selected")查找所有选中的选项元素
:input :text :password :radio :checkbox :submit :image	这些选择器可以用来匹配特定的客户端 HTML 表单元素。例如，可以使用分组选择器把查找按钮和文本框的代码段重写如下： $(':button, :text').css('color', 'green'); 可以使用这些筛选器来实现一些特殊的效果。例如，要想编写一些功能来选中一个表单中的所有复选框，可以使用下面的代码： $(':checkbox').attr('checked', true);

(续表)

过　滤　器	说　　明
:reset :button :hidden :file	要想取消全部复选框，可以传递 false 作为 attr 方法的第二个参数

【例 7-6】使用 jQuery 过滤器示例。

(1) 在 WebSite7 中创建 Html 页面 7-6.html。

(2) 在 body 中添加代码：

```
<div>
        <h2>表单 <span style="font-style: italic; font-weight: bold;">示例</span></h2>
           用户名：<input id="Text1" type="text" /><br />
    <br />个人爱好：
    <input id="Checkbox1" type="checkbox" />读书
    <input id="Checkbox2" type="checkbox" />音乐
    <input id="Checkbox3" type="checkbox" />跳舞
    <input id="Checkbox4" type="checkbox" />心算<br /><br />
                         
    <input id="Checkbox5" type="checkbox" />电影
    <input id="Checkbox6" type="checkbox" />游戏
    <input id="Checkbox7" type="checkbox" />逛街
    <input id="Checkbox8" type="checkbox" />理财
      <br />
    <input id="Button2" type="button" value="全部选中" />
    <input id="Button3" type="button" value="全部取消选中" />
    <h1 title="First Header">学生信息</h1>
    <table id="Table1">
       <tr><th>姓名</th><th>学号</th><th>性别</th></tr>
       <tr><td>韩旭</td><td>201482166054</td><td>男</td></tr>
       <tr><td>李贺</td><td>201472059033</td><td>男</td></tr>
       <tr><td>孙乾坤</td><td>2014187982212</td><td>男</td></tr>
       <tr><td>张龙</td><td>201450422312</td><td>男</td></tr>
       <tr><td>张雅歌</td><td>201450422312</td><td>女</td></tr>
    </table>
    </div>
```

(3) 添加 jQuery 效果代码：

```
<script type="text/javascript">
        $(function () {
            $('#Table1').attr('border', '1');
            $('#Table1').attr('cellpadding', '2');
            $('#Table1').attr('cellspacing', '2');
```

```
            $('#Table1 tr:first').css('background-color', 'red');
            $('#Table1 tr:odd').css('background-color', 'green');
            $(':button, :text').css('color', '#ee0033');
            $(':header').css('color', '#800080');
            $(':header:has("span")').css('border-style', 'dashed');
            $('#Button2').click(function () {
                $(':checkbox').attr('checked', true);
            });
            $('#Button3').click(function () {
                $(':checkbox').attr('checked', false);
            });
        });
    </script>
```

(4) 编译并运行程序，在默认浏览器中打开 7-6.html 页面，如图 7-7 和 7-8 所示。

图 7-7　使用筛选器页面效果

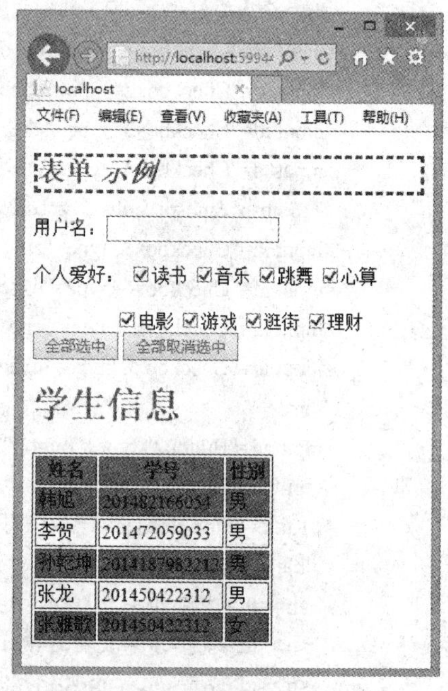

图 7-8　全部选中复选框效果

7.2.4　jQuery 事件

jQuery 可以很方便地使用 Event 对象对触发的元素的事件进行处理，jQuery 支持的事件包括键盘事件、鼠标事件、表单事件、文档加载事件和浏览器事件等。

事件方法会触发匹配元素的事件，或将函数绑定到所有匹配元素的某个事件。

触发实例：

```
$("button#demo").click()
```

上面的例子将触发 id="demo" 的 button 元素的 click 事件。

绑定实例：

```
$("button#demo").click(function(){$("img").hide()})
```

Event 对象的属性如表 7-7 所示。

表 7-7　Event 对象的属性

属　　性	说　　明
event.pageX	相对于文档左边缘的鼠标位置
event.pageY	相对于文档上边缘的鼠标位置
event.result	包含由被指定事件触发的事件处理器返回的最后一个值
event.target	触发该事件的 DOM 元素
event.timeStamp	该属性返回从 1970 年 1 月 1 日到事件发生时的毫秒数
event.type	描述事件的类型
event.which	指示按了哪个键或按钮

【例 7-7】使用 Event 对象属性的示例。

(1) 在 WebSite7 中创建 Html 页面 7-7.html。

(2) 在 body 中添加代码：

```
<div id="log"></div>
```

(3) 添加 jQuery 效果代码：

```
<script>$(document).mousemove(function (e) {
  $("#log").text("e.timeStamp:" + e.timeStamp + "\n"+" e.pageX: " + e.pageX + ", e.pageY: " + e.pageY);
}); </script>
```

(4) 编译并运行程序，在默认浏览器中打开 7-7.html 页面，当鼠标移动时，时间和坐标值会一直不停的改动，如图 7-9 和图 7-10 所示。

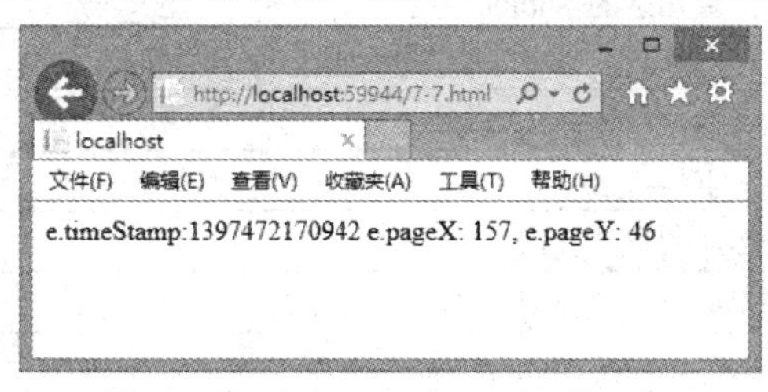

图 7-9　打开运行效果

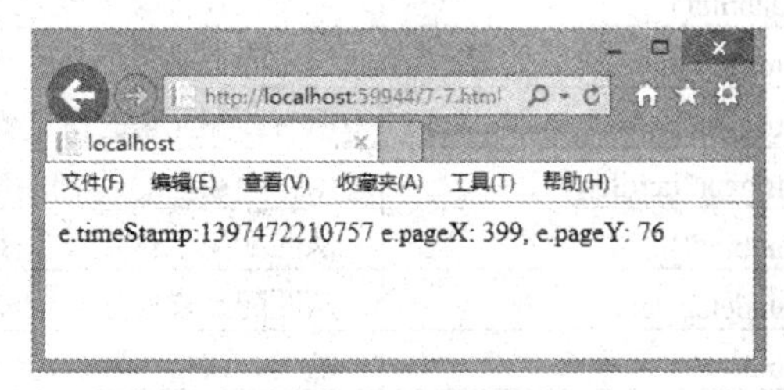

图 7-10　移动鼠标效果

Event 对象的常用方法如表 7-8 所示：

表 7-8　Event 对象的方法

属　　性	说　　明
bind()	向匹配元素附加一个或更多事件处理器
blur()	触发、或将函数绑定到指定元素的 blur 事件
change()	触发、或将函数绑定到指定元素的 change 事件
click()	触发、或将函数绑定到指定元素的 click 事件

(续表)

属　性	说　明
dblclick()	触发、或将函数绑定到指定元素的 double click 事件
delegate()	向匹配元素的当前或未来的子元素附加一个或多个事件处理器
die()	移除所有通过 live() 函数添加的事件处理程序
error()	触发、或将函数绑定到指定元素的 error 事件
event.isDefaultPrevented()	返回 event 对象上是否调用了 event.preventDefault()
event.preventDefault()	阻止事件的默认动作
focus()	触发、或将函数绑定到指定元素的 focus 事件
keydown()	触发、或将函数绑定到指定元素的 key down 事件
keypress()	触发、或将函数绑定到指定元素的 key press 事件
keyup()	触发、或将函数绑定到指定元素的 key up 事件
live()	为当前或未来的匹配元素添加一个或多个事件处理器
load()	触发、或将函数绑定到指定元素的 load 事件
mousedown()	触发、或将函数绑定到指定元素的 mouse down 事件
mouseenter()	触发、或将函数绑定到指定元素的 mouse enter 事件
mouseleave()	触发、或将函数绑定到指定元素的 mouse leave 事件
mousemove()	触发、或将函数绑定到指定元素的 mouse move 事件
mouseout()	触发、或将函数绑定到指定元素的 mouse out 事件
mouseover()	触发、或将函数绑定到指定元素的 mouse over 事件
mouseup()	触发、或将函数绑定到指定元素的 mouse up 事件
one()	向匹配元素添加事件处理器。每个元素只能触发一次该处理器
ready()	文档就绪事件(当 HTML 文档就绪可用时)
resize()	触发、或将函数绑定到指定元素的 resize 事件
scroll()	触发、或将函数绑定到指定元素的 scroll 事件
select()	触发、或将函数绑定到指定元素的 select 事件
submit()	触发、或将函数绑定到指定元素的 submit 事件
toggle()	绑定两个或多个事件处理器函数，当发生轮流的 click 事件时执行
trigger()	所有匹配元素的指定事件
triggerHandler()	第一个被匹配元素的指定事件
unbind()	从匹配元素移除一个被添加的事件处理器
undelegate()	从匹配元素移除一个被添加的事件处理器，现在或将来
unload()	触发、或将函数绑定到指定元素的 unload 事件

【例 7-8】使用 Event 对象方法的示例。

(1) 在 WebSite7 中创建 Html 页面 7-8.html。

(2) 在 body 中添加以下三段代码。

第一段代码键盘事件示例：

```
    <h4  >光标进入文本框中，按下任意键，将会由窗口弹出 </h4>
<input id="target" type="text" value="按下键" />
  <script>
        function handler(event) {
```

```
            alert(event.data.foo);
        }
        $("#target").keypress(function () {
            alert("Handler for .keypress() called.");
        });
    </script>
```

第二段代码鼠标事件示例：

```
    <br/><br/><br/>不同菜系：
      <ol>
         <li>粤菜</li>
         <li>湘菜</li>
         <li>川菜</li>
         <li>豫菜</li>
            <li>鲁菜</li>
      </ol>
    <script>
         $("li").toggle(
            function () {
                 $(this).css({ "list-style-type": "disc", "color": "blue" });
            },
            function () {
                 $(this).css({ "list-style-type": "disc", "color": "red" });
            },
            function () {
                 $(this).css({ "list-style-type": "", "color": "" });
            }
         );
    </script>
```

第三段代码浏览器事件示例：

```
    <div style="width:200px;height:100px;overflow:scroll;">
      <pre>
     请试着滚动 DIV 中的文本
     请试着滚动 DIV 中的文本
     请试着滚动 DIV 中的文本
     请试着滚动 DIV 中的文本
     请试着滚动 DIV 中的文本
     请试着滚动 DIV 中的文本</pre></div>
    <p>滚动了 <span>0</span> 次。</p>
    <button>触发窗口的 scroll 事件</button>
         <script>
              x = 0;
              $(document).ready(function () {
```

```
            $("div").scroll(function () {
                $("span").text(x += 1);
            });
            $("button").click(function () {
                $("div").scroll();
            });
        });
</script>
```

(3) 编译并运行程序，在默认浏览器中打开 7-8.html 页面，如图 7-11 所示。当光标在文本框中，按下键盘将会有窗口弹出；当用鼠标点击列表中菜系名称时颜色会改变，第一次改为蓝色，点击第二次改为红色，第三次改为默认色；当滚动文本域内容时，下面滚动次数会有记录，或者点击按钮也会改变滚动次数。

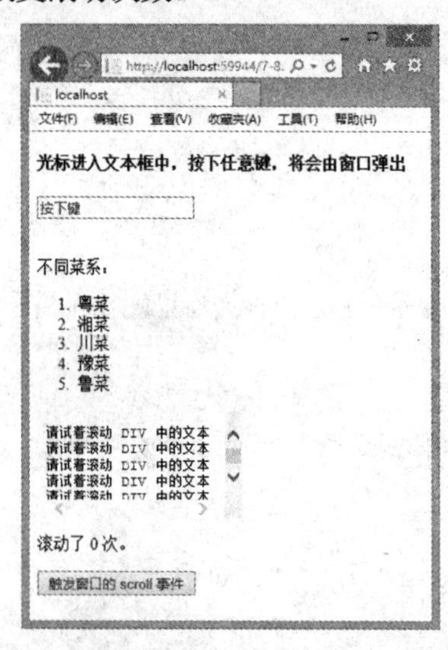

图 7-11　运行效果

7.3　jQuery 动画

在 jQuery 中，动画是一个非常重要的角色。使用动画能让网站看起来更具有活力，再加上交互功能的话，网站就会变得非常友好。这里介绍 jQuery 中的一些常用的动画方法，如表 7-9 所示。

表 7-9　常用的动画效果方法

方　　法	用　　途
show() hide()	通过递减 height、width 和 opacity(使它们变为透明)隐藏或者显示匹配元素。两种方法都允许定义固定的速度(慢、中、快)或者一个定义动画持续时间(单位为毫秒)的数字。示例如下： $('h1').hide(1000); $('h1').show(1000);

(续表)

方　法	用　途
toggle()	toggle 方法在内部使用 show 和 hide 来改变匹配元素的显示方式。即，可见元素将被隐藏，不可见元素将会显示。示例如下： $('h1').toggle(2000);
slideDown() slideUp(() slideToggle()	类似于 hide 和 show，这些方法隐藏或显示匹配元素。但是，这是通过将元素的 height 从当前尺寸调整为 0，或者从 0 调整为初始尺寸来实现的。slideToggle 方法会展开隐藏的元素，卷起可见的元素，从而可以使用一个动作重复地显示和隐藏元素。示例如下： $('h1').slideUp(1000).slideDown(1000); $('h1').slideToggle(1000);

fadeIn()
fadeOut()
fadeTo()
	这些方法通过修改匹配元素的不透明度显示或隐藏它们。fadeOut 将不透明度设置为 0，使元素完全透明，然后将 CSS display 属性设置为 none，从而完全隐藏元素。fadeTo 允许指定一个不透明度(0 到 1 之间的一个数字)，以便决定元素的透明程度。全部 3 个方法都允许定义一个固定速度(慢、中、快)，或者一个定义了动画持续时间(单位为毫秒)的数字。示例如下：
	`$('h1').fadeOut(1000);`
	`$('h1').fadeIn(1000);`
	`$('h1').fadeTo(1000, 0.5);`

animate()	在内部，animate 用于许多动画方法，例如 show 和 hide。但是，也可以在外部使用它，从而可以更灵活地以动画方式显示匹配元素。例如下面这个示例：
	`$('h1').animate({`
	`        opacity: 0.4,`
	`        marginLeft: '50px',`
	`        fontSize: '50px'`
	`    }, 1500 );`
	这段代码接受一个 h1 元素，将其字体大小设置为 50 像素，将其不透明度设置为 0.4 以使元素半透明，并将其左页边距设置为 50 像素，从而在 1.5 秒的时间内平滑地进行动画显示。animate 方法的第一个参数是一个对象，它保存一个或者多个想要动画显示的属性，每个属性之间以逗号分隔。注意，需要使用 JavaScript 的 marginLeft 和 fontSize，而不是 CSS margin-left 和 font-size 属性。只能动画显示接受数值的属性。也就是说，可以使用 margin、fontSize、opacity 等属性，但是不能使用 color 或 fontFamily 这样的属性

stop()	停止所有在指定元素上正在运行的动画，如果队列中有等待执行的动画(并且第一个参数不是 true)，则将被马上执行
delay()	设置一个延时来推迟执行队列中之后的项目，用于将队列中的函数延时执行。该方法既可以推迟动画队列的执行，也可以用于自定义队列。例如下面的代码将在.slideUp()和.fadeIn()之间延时 1 秒： $('h1').slideUp(1000).delay(1000).fadeIn(1000);

以下将举几个动画的例子，使用以上动画方法，当然，运行结果的截图并不能体现动画的过程，要想直观了解动画效果，还要实际运行。

【例 7-9】使用 animate()方法动画效果。

(1) 在 WebSite7 中创建 Html 页面 7-9.html。

(2) 在 body 中添加代码：

```
<button>开始动画</button>
<p>当点击按钮，正方形将先向下向左变大，然后变小恢复大小</p>
<div style="background:#98bf21;height:100px;width:100px;position:absolute;">
```

(3) 添加 jQuery 效果代码：

```
<script>
        $(document).ready(function () {
            $("button").click(function () {
                var div = $("div");
                div.animate({ height: '300px', opacity: '0.4' }, "slow");
                div.animate({ width: '300px', opacity: '0.8' }, "slow");
                div.animate({ height: '100px', opacity: '0.4' }, "slow");
                div.animate({ width: '100px', opacity: '0.8' }, "slow");
            });
        });
</script>
```

(4) 编译并运行程序，在默认浏览器中打开 7-9.html 页面，当点击按钮，正方形将先向下向左变大，然后变小恢复大小，如图 7-12 和图 7-13 所示。

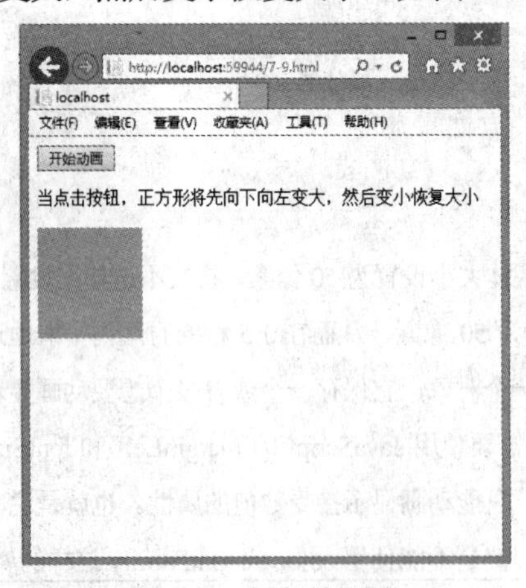

图 7-12　运行效果图

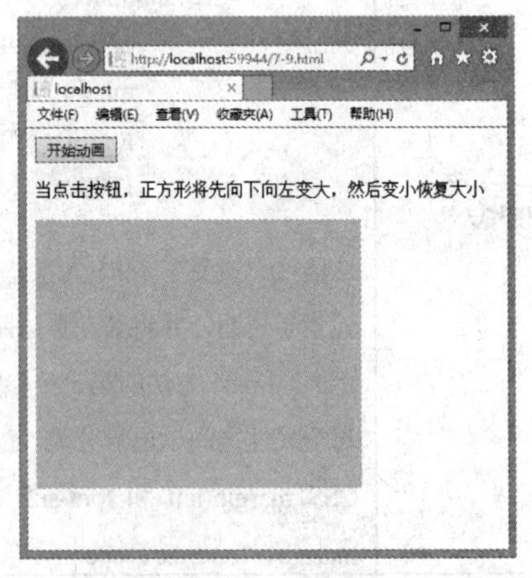

图 7-13　单击按钮运行动画过程

【例 7-10】使用 hide()和 show()方法动画效果。

(1) 在 WebSite7 中创建 Html 页面 7-10.html。

(2) 在 body 中添加代码：

```
<button id="button1" type="button">隐藏</button>  <button id="button2" type="button">
```

```
显示</button>
    <p>这是一个段落。</p>
    <p>这是另一个段落。</p>
```

(3) 添加 jQuery 效果代码：

```
    <script type="text/javascript">
            $(document).ready(function () {
                $("#button1").click(function () {
                    $("p").hide(1000);
                });
                $("#button2").click(function () {
                    $("p").show(1000);
                });
            });
    </script>
```

(4) 编译并运行程序，在默认浏览器中打开 7-10.html 页面，当点击隐藏按钮，两行文字将慢慢向上收回隐藏，当点击显示按钮，文字将慢慢向下展开，如图 7-14 和图 7-15 所示。

图 7-14　运行效果图

图 7-15　单击按钮运行动画过程

【例 7-11】使用 slideToggle()方法动画效果。

(1) 在 WebSite7 中创建 Html 页面 7-11.html。

(2) 在 body 中添加代码：

```
    <p class="flip" style="background-color:red">请点击这里</p>
    <div class="panel">
    <p>展开内容 1</p>
    </div>
        <p class="flip1" style="background-color:red">请点击这里</p>
        <div class="panel1">
    <p>展开内容 2</p>
    </div>
```

(3) 添加 css 效果代码：

```
    <style type="text/css">
```

```
div.panel,p.flip,div.panel1,p.flip1
{
margin:0px;
padding:5px;
text-align:center;
background:#e5eecc;
border:solid 1px #c3c3c3;
width:150px;
}
div.panel,div.panel1
{
height:40px;
display:none;
}
    </style>
```

(4) 添加 jQuery 效果代码：

```
<script type="text/javascript">
        $(document).ready(function () {
            $(".flip").click(function () {
                $(".panel").slideToggle("slow");
            });
            $(".flip1").click(function () {
                $(".panel1").slideToggle("slow");
            });
        });
</script>
```

(5) 编译并运行程序，在默认浏览器中打开 7-11.html 页面，当点击“请点击这里”，将慢慢展开内容，再点击会收回内容。如图 7-16 和图 7-17 所示。

图 7-16　运行效果图

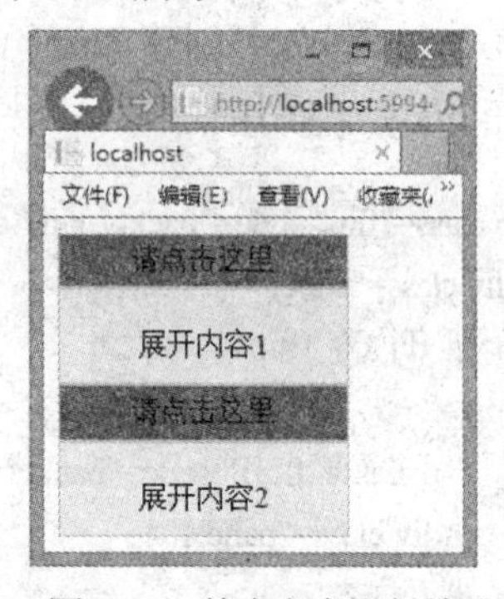

图 7-17　单击文字运行结果

【例 7-12】使用 fadeTo 方法动画效果。

(1) 在 WebSite7 中创建 Html 页面 7-12.html。

(2) 在 body 中添加代码：

```
<p>演示带有不同参数的 fadeTo() 方法。</p>
    <button>淡出</button> <button id="bu">显现</button>
<br /><br />
<div id="div1" style="width:80px;height:80px;background-color:red;float:right;"></div>
<div id="div2" style="width:80px;height:80px;background-color:green;float:right;"></div>
<div id="div3" style="width:80px;height:80px;background-color:blue;float:right;"></div>
```

(3) 添加 jQuery 效果代码：

```
<script>
    $(document).ready(function () {
        $("button").click(function () {
            $("#div1").fadeTo("slow", 0.15);
            $("#div2").fadeTo("slow", 0.15);
            $("#div3").fadeTo("slow", 0.2);
        });
        $("#bu").click(function () {
            $("#div1").fadeTo("slow", 1);
            $("#div2").fadeTo("slow", 1);
            $("#div3").fadeTo("slow", 1);
        });
    });
</script>
```

(4) 编译并运行程序，在默认浏览器中打开 7-12.html 页面，当点击“淡出”，三个色彩块将颜色变淡，点击“显示”将慢慢恢复。如图 7-18 和图 7-19 所示。

图 7-18　运行效果图

图 7-19　单击淡出运行结果

7.4　本 章 小 结

本章介绍了 jQuery，这是一种非常流行的开源客户端 JavaScript 框架，可以用来与文档对象模型进行交互。

本章首先介绍了 jQuery 的下载地址和将其添加到 Web 站点中的方法。然后提供了一个 jQuery 的示例，并在之后介绍了可以用来在页面中找到相关元素的 jQuery 选择器和筛选器，以及如何通过事件，在发生某些动作(例如单击按钮或者提交表单)时触发代码。

在本章即将结束时，学习了如何使用 jQuery 中的众多动画方法，使页面外观更具吸引力，并且交互性更好。

7.5 练　　习

1. 试列举 jQuery 的层次选择器。
2. 常用的内容过滤器有哪些？
3. 简述 ready 和 load 事件的不同。
4. 试列举 jQuery 的用于实现滑动效果的方法。
5. 试列举 jQuery 的用于实现淡入和淡出效果的方法。
6. 编写一个页面 exc.html，给指定表格加上鼠标指针所在行高亮显示的 jQuery 插件。如图 7-20 和图 7-21 所示。

图 7-20　运行效果图

图 7-21　鼠标指行运行结果

第8章　ADO.NET数据访问

ASP.NET 应用程序的数据访问是通过 ADO.NET 完成的。ADO.NET 可以使 Web 应用程序从各种数据源中快速访问数据，从传统的数据库到 XML 数据存储文件，各种各样的数据源都能连接到 ADO.NET，从而更加灵活地访问数据，减少访问数据所需的代码，提高了开发效率和 Web 应用程序的性能。

本章首先介绍 ADO.NET 的基本知识，然后详细介绍 ASP.NET 中的几种数据访问方法，有关数据绑定的内容则放到下一章介绍。

本章的学习目标：

- 了解 ADO.NET 的基本知识；
- 了解 SQL Server 2012 的安装和一些基本操作；
- 掌握 ADO.NET 与数据库的连接方法；
- 掌握使用 Connection 对象连接到数据库、打开数据库和关闭数据库的方法；
- 掌握利用 Command 访问数据库的方法；
- 掌握利用 DataAdapter 对象和 DataSet 对象访问数据库的方法；
- 了解连接池的概念。

8.1　ADO.NET 概述

ADO.NET 是.NET Framework 提供的数据访问的类库，ADO.NET 对 Microsoft SQL Server、Oracle 和 XML 等数据源提供一致的访问。应用程序可以使用 ADO.NET 连接到这些数据源，并检索和更新所包含的数据。

8.1.1　ADO.NET 简介

ADO.NET 的名称起源于 ADO(ActiveX Data Objects)，ADO 用于在以往的 Microsoft 技术中进行数据的访问。所以微软希望通过使用 ADO.NET 向开发人员表明，这是在.NET 编程环境和 Windows 环境中优先使用的数据访问接口。

ADO.NET 提供了平台互用性和可伸缩的数据访问，ADO.NET 增强了对非连接编程模式的支持，并支持 RICH XML。由于传送的数据都是 XML 格式的，因此任何能够读取 XML 格式的应用程序都可以进行数据处理。事实上，接收数据的组件不一定非要是 ADO.NET 组件，它可以是基于一个 Microsoft Visual Studio 的解决方案，也可以是运行在其他平台上的任何应用程序。

传统的 ADO 和 ADO.NET 是两种不同的数据访问方式，无论是在内存中保存数据，还是打开和关闭数据库的操作模式都不尽相同。

ADO.NET 用于数据访问的类库包含.NET Framework 数据提供程序和 DataSet 两个组件。.NET Framework 数据提供程序与 DataSet 之间的关系如图 8-1 所示。

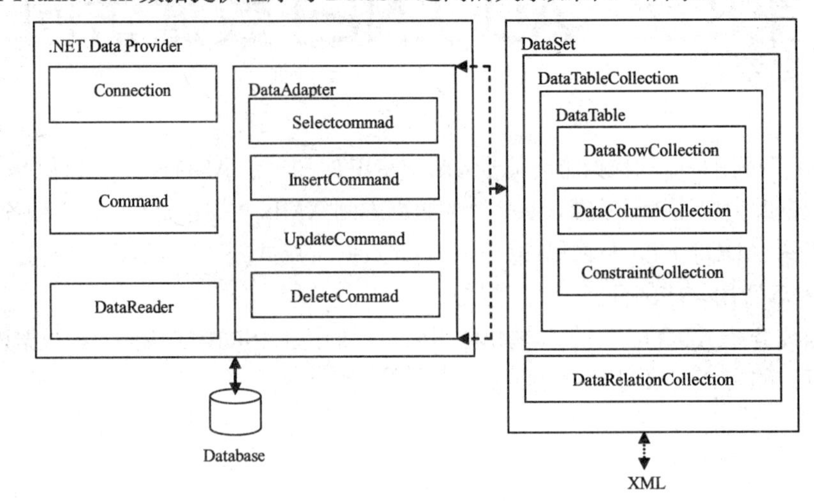

图 8-1　ADO.NET 的组成

.NET Framework 数据提供程序包含以下 4 个核心类。

- Connection：建立与数据源的连接。
- Command：对数据源执行操作命令，用于修改数据、查询数据和运行存储过程等。
- DataReader：从数据源获取返回的数据。
- DataAdapter：用数据源数据填充 DataSet，并可以处理数据更新。

DataSet 是 ADO.NET 的断开式结构的核心组件。设计 DataSet 的目的是为了实现独立于任何数据源的数据访问，可以把它看成是内存中的数据库，是专门用来处理数据源中读出的数据的。

DataSet 的优点就是离线式，一旦读取到数据库中的数据后，就在内存中建立数据库的副本，在此之后的操作，直到执行更新命令为止，所有的操作都是在内存中完成的。不管底层的数据库是哪种类型，DataSet 的行为都是一致的。

DataSet 是数据表(DataTable)的集合，它可以包含任意多个数据表，而且每个 DataSet 中的数据表对应一个数据源中的数据表(Table)或者数据视图(View)。

ASP.NET 数据访问程序的开发流程有以下几个步骤。

(1) 利用 Connection 对象创建数据连接。

(2) 利用 Command 对象数据源执行 SQL 命令。

(3) 利用 DataReader 对象读取数据源的数据。

(4) DataSet 对象与 DataAdapter 对象配合，完成数据的查询和更新操作。

8.1.2　与数据有关的命名空间

在 ADO.NET 中，连接数据源有 4 种接口：SQLClient、OracleClient 、ODBC、OLEDB。其中 SQLClient 是 Microsoft SQL Server 数据库专用连接接口，OracleClient 是 Oracle 数据库专用连接接口，ODBC 和 OLEDB 可用于其他数据源的连接。在应用程序中使用任何一种连

接接口时，必须在后台代码中引用相应的名称空间，类的名称也随之发生变化，如表 8-1 所示。

表 8-1　ADO.NET 的数据库命名空间及其说明

命 名 空 间	说　　明
System.Data	ADO.NET 的核心，包含处理非连接的架构所设计的类，如 DataSet
System.Data.SqlClient	SQL Server 的.NET 数据提供程序
System.Data.OracleClient	Oracle 的.NET 数据提供程序
System.Data.OleDb	OLE DB 的.NET 数据提供程序
System.Data.Odbc	ODBC 的.NET 数据提供程序
System.Xml	提供基于标准 XML 的类、结构等
System.Data.Common	由.NET 数据提供程序继承或者实现的工具类和接口

8.1.3　ADO.NET 数据提供者

ADO.NET 的一个核心成员——数据提供者(Data Provider)是一个类库，它可以被看成是数据库与应用程序的一个接口或中间件。由于现在使用的数据源种类很多，在编写应用程序的时候就要针对不同的数据源编写不同的接口代码，工作量很大且效率低下。数据提供者针对这一问题向应用程序提供了统一的编程界面，向数据源提供了多种数据源接口，即对数据源进行了屏蔽，可以使应用程序不必关心数据源的种类。

ADO.NET 提供与数据源进行交互的公共方法，但是对于不同的数据源要采用一组不同的类库。这些类库被称为数据提供者，数据提供者的命名通常是以与之交互的协议和数据源的类型来命名的。如表 8-2 所示列出了一些常见的数据提供者和允许进行交互的数据源类型。

表 8-2　常见的数据提供者及其支持的数据源描述

数据提供者	支持数据源的描述
ODBC Data Provider	提供 ODBC 接口的数据源，包括 Access、Oracle、SQL Server、MySql 和 Visual FoxPro 等老式数据源
OLE DB Data Provider	提供 OLE DB 接口的数据源，比如 Access、Excel、Oracle 和 SQL Server
Oracle Data Provider	用于 Oracle 数据库
SQL Data Provider	用于 Microsoft SQL Server 7 或更高版本、SQL Express 或 MSDE
Borland Data Provider	许多数据库的公共存取方式，比如 Interbase、SQL Server、IBM DB2 和 Oracle

.NET 数据提供者的对象包括 Connection、Command、DataReader 和 DataAdapter。下面将详细介绍这些对象。

8.2　数据库平台

在 ASP.NET 项目中可以使用多种不同类型的数据库，包括 Microsoft Access、SQL Server、Oracle、SQLite 和 MySQL。不过，在 ASP.NET Web 站点中最常用的数据库是 Microsoft SQL

Server。本书采用的是 SQL Server 2012 Express 简体中文版，该版本具备所有可编程性功能，并且具有快速的零配置安装和必备组件要求较少的特点。

SQL Server 2012 Express 是免费的，读者可以从微软的官网上免费下载，在安装之前需要先下载和安装 SQL Server Management Studio(SSMS) Express，这是管理所有 SQL Server 数据库的免费工具，包括 LocalDB、Express 和 SQL Server 的商业版。根据上面的描述，安装 SQL Server 2012 Express 需要下载两个文件(根据自己的电脑系统类别选择 64 位还是 32 位)。

(1) 先下载安装 SSMS，它是用来管理 SQL Server 的图形化界面。

64 位操作系统：CHS\x64\SQLManagementStudio_x64_CHS.exe

32 位操作系统：CHS\x86\SQLManagementStudio_x86_CHS.exe

(2) 下载安装 SQL Server 2012 Express。

64 位操作系统：CHS\x64\SQLEXPR_x64_CHS.exe

32 位操作系统：CHS\x86\SQLEXPR_x86_CHS.exe

1. 安装 SSMS

本书以 32 位的操作系统为例，安装步骤如下。

(1) 单击 SQLManagementStudio_x86_CHS.exe 安装程序启动安装,会首先解压缩文件，如图 8-2 所示。解压缩之后，将进入 SQL Server 安装中心，如图 8-3 所示。

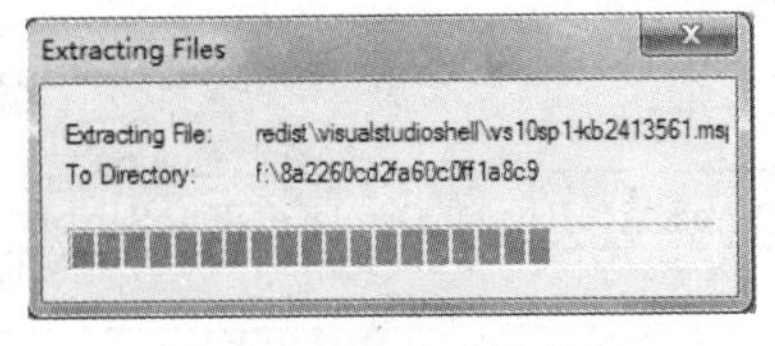

图 8-2　解压缩安装程序

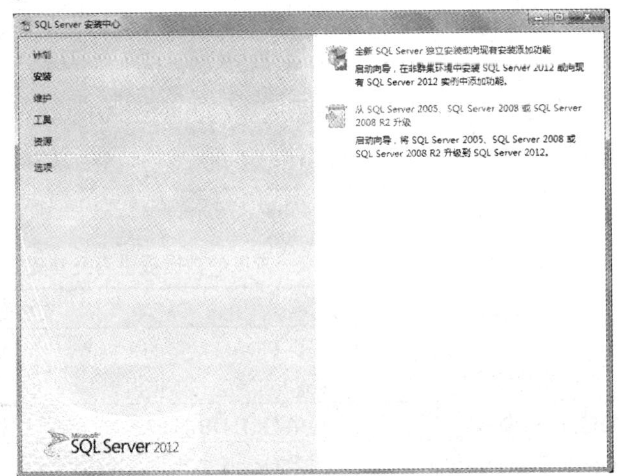

图 8-3　SQL Server 安装中心

(2) 如果操作系统上没有安装 SQL Server 平台，选择窗口右边第一个超链接【全新 SQL Server 独立安装或向现有安装添加功能】，如果要升级现有的 SQL Server 低版本到 2012 版本，选择第二个超链接【从 SQL Server 2005、SQL Server 2008 或 SQL Server 2008 R2 升级】，这里本书讲解选择第一个超链接。进入软件的许可条款窗口，如图 8-4 所示。

(3) 选择【我接受许可条款】，单击【下一步】，进入产品更新界面，如图 8-5 所示。如果电脑当下链接外网，将搜索 SQL Server 更新产品，也可跳过这个搜索过程，直接单击【下一步】，进入安装程序文件窗口，如图 8-6 所示。

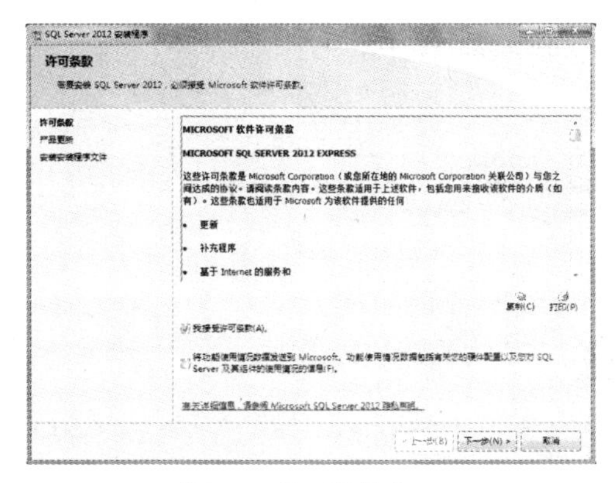

图 8-4　许可条款窗口

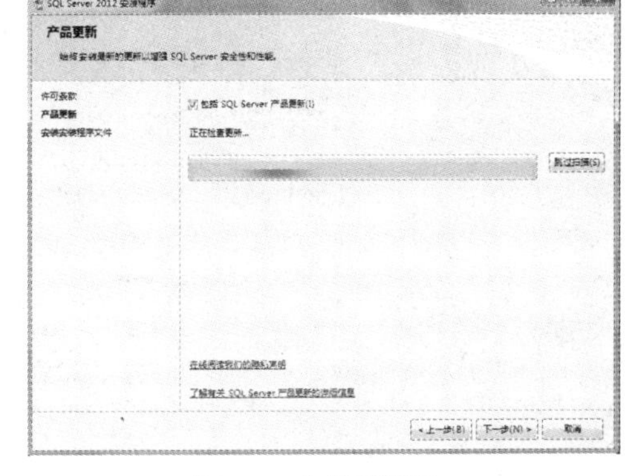

图 8-5　产品更新窗口

(4) 单击【安装】，进入功能选择界面，如图 8-7 所示。可以选择需要安装的功能和安装的路径。可以使用默认值，单击【下一步】，进入错误报告界面，如图 8-8 所示，【将 windows 和 SQL Server 错误报告发送到 Microsoft 或您公司的报表服务器，该设置仅使用于以无用户交互方式运行的服务（W）】如果被勾选，则表明出错时将发送错误报告。如不需要可以不用勾选。单击【下一步】，将进入安装界面，如图 8-9 所示。如果安装顺利，将出现如图 8-10 所示的安装成功页面。

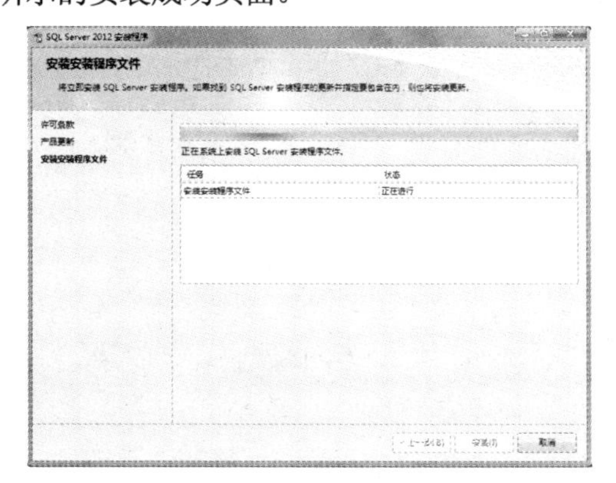

图 8-6　安装程序文件窗口

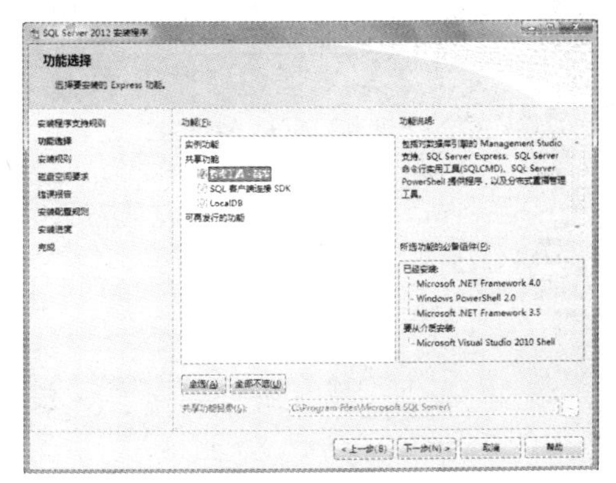

图 8-7　功能选择窗口

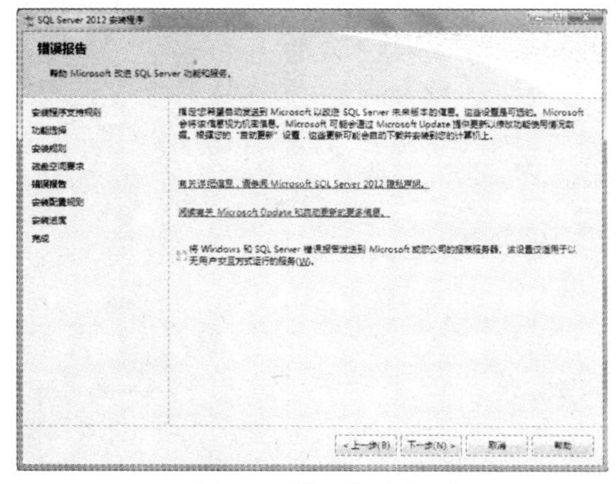

图 8-8　错误报告界面

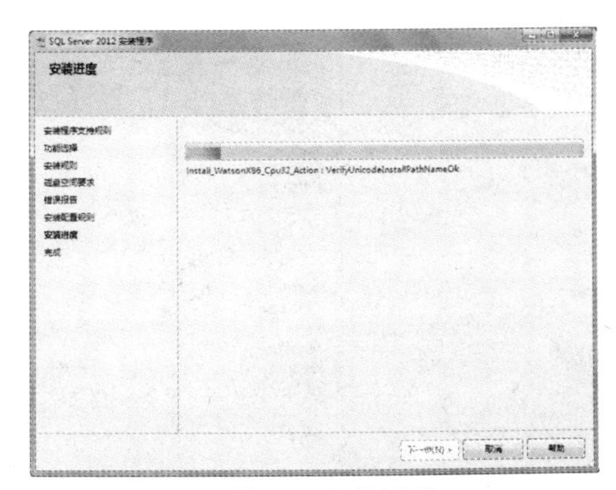

图 8-9　安装界面

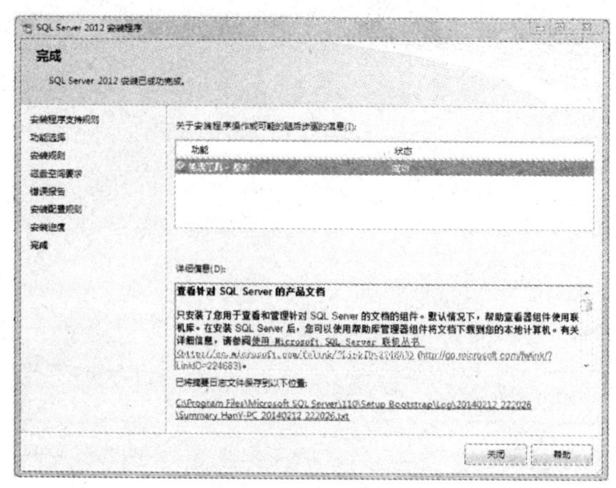

图 8-10　安装完成

2. 安装 SQL Server 2012 Express

(1) 安装步骤前几步和安装 SSMS 一样，可参考图 8-2 到 8-7 所示。

(2) 从功能选择界面开始有所不同，如图 8-11 所示，同样可以选择安装的功能和安装的路径，单击【下一步】，进入实例配置，如图 8-12 所示，单击【下一步】，进行服务器配置，如图 8-13 所示，这两个配置基本可以使用现有的默认值。

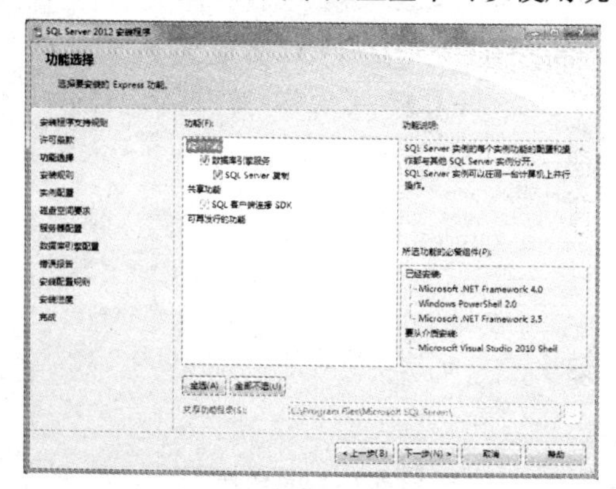

图 8-11　功能选择窗口

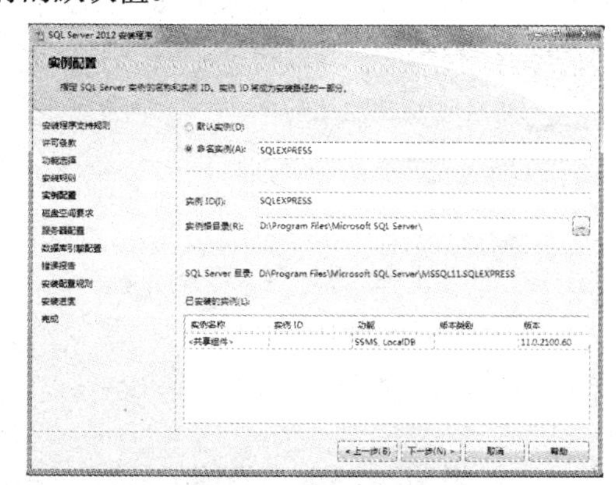

图 8-12　实例配置窗口

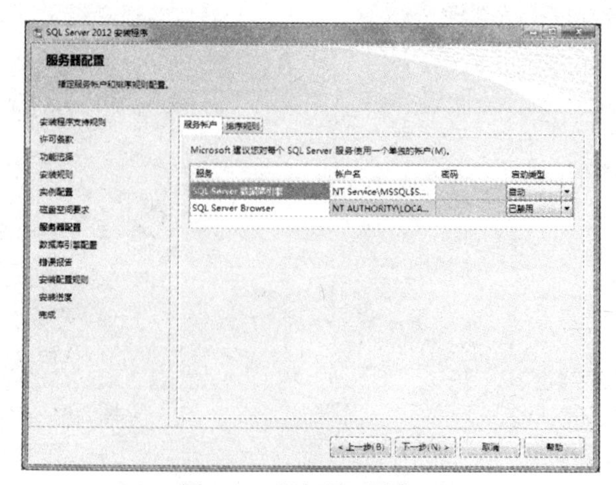

图 8-13　服务器配置窗口

(3) 单击【下一步】，进入数据库引擎配置窗口，在窗口中，一般选择“混合模式”，并给 SQL 管理员帐号 sa 设置个密码，但一定要记住这个密码。然后把自己添加到 SQL Server 管理员中。也可以加多个人。建议大家把系统管理员帐号加进去。如图 8-14 所示。然后一路下一步，就开始安装了，稍等几分钟就安装成功了。 如图 8-15 所示。

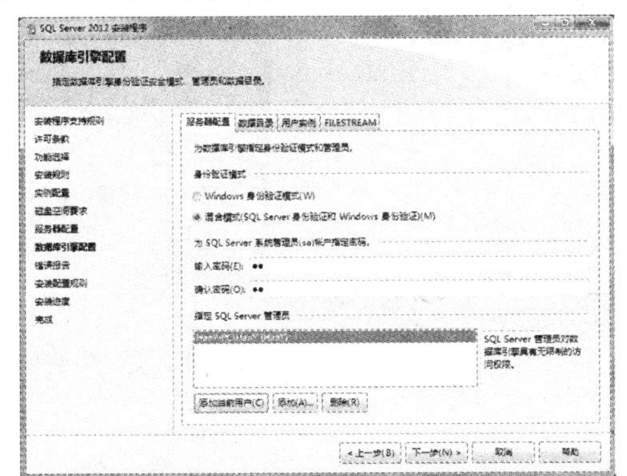

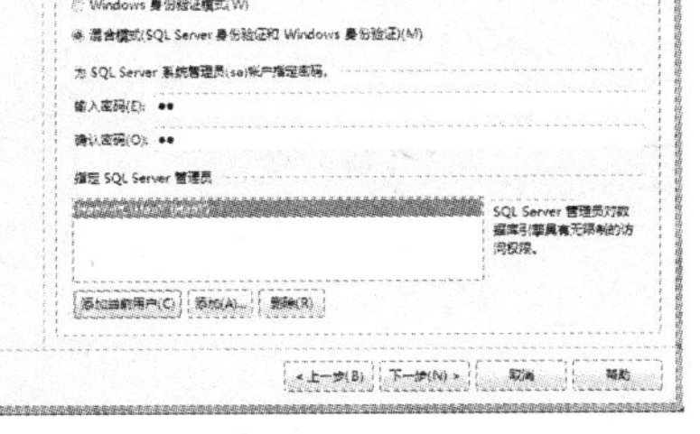

图 8-14　数据库引擎配置

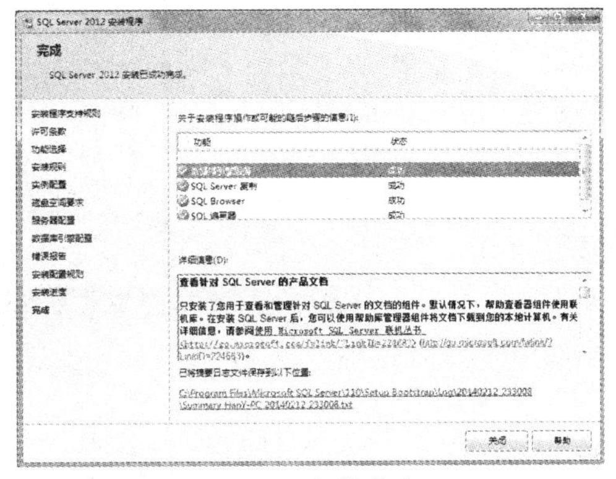

图 8-15　安装成功

装完以后，可以在开始程序中，找到 Microsoft SQL Server 2012 下的 SSMS，用它来登录和使用 SQL Server 2012。如图 8-16、8-17 和 8-18 所示。

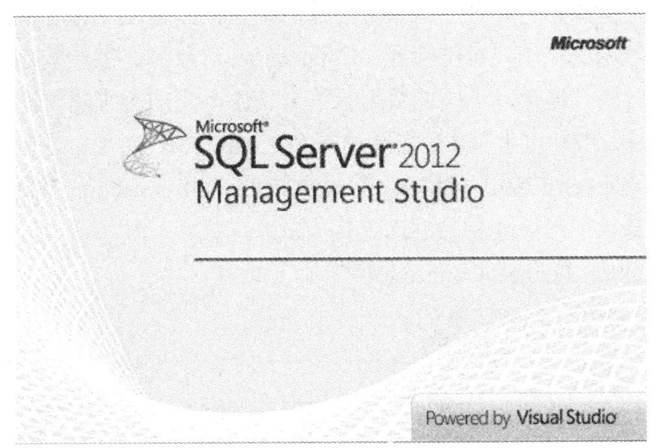

图 8-16　启动 SQL Server 2012

图 8-17　登录界面

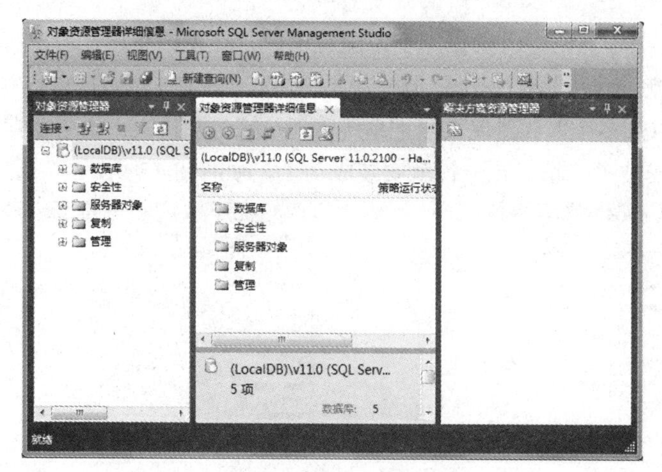

图 8-18　主界面

8.3　使用 Connection 连接数据库

在 ADO.NET 对象模型中，Connection 对象用于连接到数据库和管理数据库的事务。它的一些属性描述了数据源和用户身份验证。Connection 对象还提供一些方法，允许程序员与数据源建立连接或者断开连接。不同的数据源需要使用不同的类来建立连接。例如，要连接到 Microsoft SQL Server 7.0 以上版本，需要选择 SqlConnection 对象；要连接 OLE DB 数据源或者 Microsoft SQL Server 7 或更早版本，需要选择 OleDbConnection 对象。Connection 对象根据不同的数据源提供了以下 4 种数据库连接方式。

- System.Data.SqlClient.SqlConnection
- System.Data.Odbc.OdbcConnection
- System.Data.OleDb.OleDbConnection
- System.Data.OracleClient.OracleConnection

下面以 SqlConnection 为例介绍 Comection 对象的使用，其他连接方式与之类似。为了连接到数据源，需要一个连接字符串。连接字符串通常由分号隔开的名称和值组成，它指定数据库运行库的设置。连接字符串中所包含的典型信息包括数据库的名称、服务器的位置和用户的身份。还可以指定其他操作信息，诸如连接超时和连接池(connection pooling)设置等。Sqlconnection 连接字符串常用的参数如表 8-3 所示。

表 8-3　Sqlconnection 对象的连接字符串参数及其说明

参　数	说　明
Data Source 或 Server	连接打开时使用的 SQL Server 数据库服务器名称，或者是 Microsoft Access 数据库的文件名，可以是 local、localhost，也可以是具体数据库服务器名称
Initial Catalog 或 Database	数据库的名称

(续表)

参　　数	说　　明
Integrated Security	此参数决定连接是否是安全连接。可能的值有 True，False 和 SSPI(SSPI 是 True 的同义词)
User ID 或 uid	SQL Server 帐户的登录名
Password 或 pwd	SQL Server 登录密码

下面的代码在 Page_Load 事件中建立数据库连接。

```
using System.Data;
using System.Data.SqlClient;
protected void Page_Load(object sender, EventArgs e)
{
    //连接的数据库名为 StudentDB，用户名为 sa，用户密码为空
    string strCon ="Data Source=localhost; Initial Catalog=StudentDB;
        Integrated Security=True; User ID=sa; Password=";
    SqlConnection conn = new SqlConnection(strCon);
}
```

如表 8-4 所示列出了 SqlConnection 对象的常用属性。

表 8-4　SqlConnection 对象的常用属性及其说明

属　　性	说　　明
ConnectionString	执行 Open 方法连接数据源的字符串
ConnectionTimeout	尝试建立连接的时间，超过时间则产生异常
Database	将要打开数据库的名称
DataSource	包含数据库的位置和文件
State	显示当前 Connection 对象的状态

注意：

除了 ConnectionString 之外，其他属性都是只读属性，只能通过连接字符串的标记配置数据库连接。

如表 8-5 所示列出了 SqlConnection 对象的方法及说明。

表 8-5　SqlConnection 的常用方法

方　　法	说　　明
Open	打开一个数据库连接
Close	关闭数据库连接，使用该方法可以关闭一个打开的连接
ChangeDatabase	改变当前连接的数据库，需要一个有效的数据库名称

SqlConnection 实例创建后，其初始状态是“关闭”，可以调用 Open 方法来打开连接，使用完毕后再用 Close 方法关闭连接。例如以下代码：

```
using System.Data;
using System.Data.SqlClient;
protected void Page_Load(object sender, EventArgs e)
{
    //连接的数据库名为 StudentDB，用户名为 sa，用户密码为空
    string strCon ="Data Source=localhost; Initial Catalog=StudentDB; Integrated Security=True;
        User ID=sa; Password=";
    SqlConnection conn = new SqlConnection(strCon);
    //打开数据库连接
    conn.Open();
    // 连接后的操作
    //关闭数据库连接
    conn.Close();
}
```

【例 8-1】演示如何建立数据库连接。

(1) 先在 SQL Server 2012 中创建数据库，参照图 8-18 数据库主界面，选中数据库单击右键选择【新建数据库（N）…】，如图 8-19 所示。在弹出的新建数据库窗口中创建数据库 MyDatabase.mdf，如图 8-20 所示。

图 8-19　创建数据库

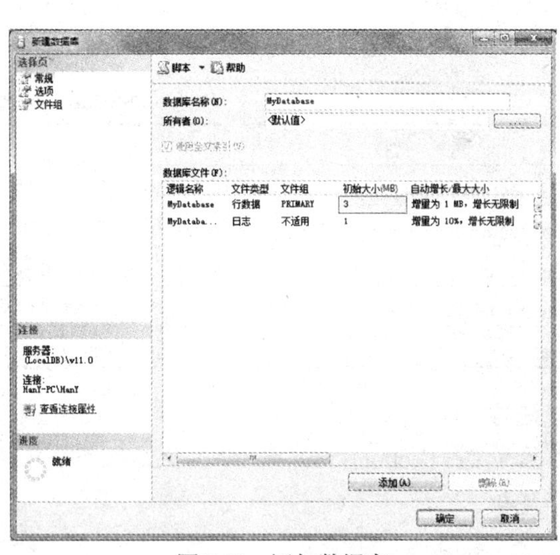

图 8-20　添加数据库

(2) 在【服务器资源管理器】中，展开数据库节点 MyDatabase.mdf。右击【表】，如图 8-21 所示，设置 student 表的字段如图 8-22 所示。

图 8-21　创建新表

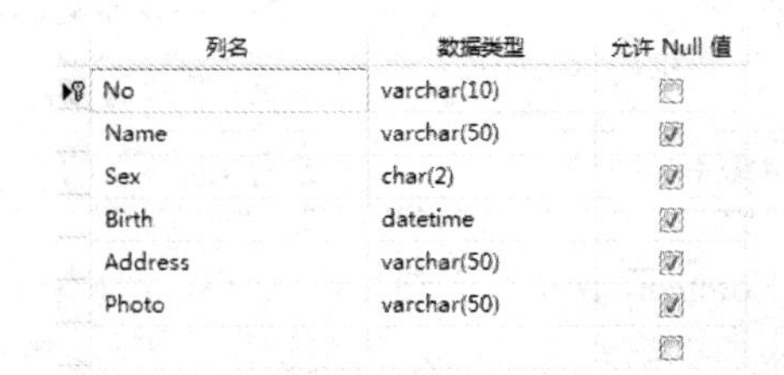

图 8-22　添加表的属性

(3) 创建完数据库和表之后，新建一个名为 Accessdatabase 的 ASP.NET 网站。将数据库文件 MyDatabase.mdf 添加到文件夹 App_Data 中。

(4) 打开 web.config 配置文件，将<connectionStrings/>标记用下面的代码替换。

```
<connectionStrings>
    <add name="ConnectionString" connectionString="Data Source=.\SQLEXPRESS;
AttachDbFilename=|DataDirectory|\MyDatabase.mdf;Integrated Security=True;User Instance=True"/>
  </connectionStrings>
```

其中，Data Source 表示 SQL Server 2012 数据库服务器名称，AttachDbFilename 表示数据库的路径和文件名，|DataDirectory|表示网站默认的数据库路径 App_Data。

(5) 在网站中添加一个名为 connection.aspx 的网页，切换到【设计】视图，向该页面中拖放一个 Label 控件，使用默认控件名称，然后在 connection.aspx.cs 中添加如下代码。首先添加的是命名空间。

```
using System.Data.SqlClient;//连接数据库
using System.Configuration;// 提供对客户端应用程序配置文件
```

然后再添加如下代码。

```
//引用数据库访问名称空间
    protected void Page_Load(object sender, EventArgs e)
    {
        //从 web.config 配置文件取出数据库连接串
string sqlconnstr = ConfigurationManager.ConnectionStrings["ConnectionString"].ConnectionString;
        //建立数据库连接对象
        SqlConnection sqlconn = new SqlConnection(sqlconnstr);
        //打开连接
        sqlconn.Open();
        Label1.Text = "成功建立 Sql Server 2012 数据库连接";
        //关闭连接
        sqlconn.Close();
        sqlconn = null;
    }
```

(6) 运行程序，效果如图 8-23 所示。

图 8-23　connection.aspx 运行效果

在访问数据库的数据之前，需要使用 Connection 对象的 Open 方法打开数据库，并在完成数据库的操作之后使用 Connection 对象的 Close 方法将数据库关闭。

8.4　使用 Command 对象执行数据库命令

与数据源连接成功后，可以使用 Command 对象的数据库命令直接与数据源进行通信。这些命令通常包括数据库查询(select)、更新已有数据(update)、插入新数据(insert)和删除数据(delete)。许多数据库都使用结构化查询语言(SQL)来管理这些命令。Command 对象还可以调用存储过程或从特定表中取得记录。根据连接的数据源的不同，可以分为以下 4 类。

- SqlCommand：用于对 SQL Server 数据库执行命令。
- OdbcCommand：用于对支持 ODBC 的数据库执行命令。
- OleDbCommand：用于对支持 Ole DB 的数据库执行命令。
- OracleCommand：用于对 Oracle 数据库执行命令。

下面以 SqlCommand 为例进行介绍，其他与之类似。SqlCommand 对象的属性及其说明如表 8-6 所示。

表 8-6　SqlCommand 对象常用的属性及其说明

属　性	说　明
Connection	获取 SqlConnection 实例，使用该对象对数据库通信
CommandBehavior	设定 Command 对象的动作模式
CommandType	默认值为 Text，表示 SQL 语句、数据表名称或存储过程
CommandText	类型为 string，命令对象包含的 SQL 语句、存储过程或表
CommandTimeout	类型为 int，表示终止执行命令并生成错误之前的等待时间
SqlParametersCollection	提供给命令的参数集合

SqlCommand 对象常用的方法及其说明如表 8-7 所示。

表 8-7　SqlCommand 对象常用的方法及其说明

方　法	说　明
Execute	通过 Connection 对象下达命令至数据源
Cancel	类型为 void，取消命令的执行
ExecuteNonQuery	类型为 void，执行不返回结果的 SQL 语句，包括 INSERT、DELELE、UPDATE、CREATE TABLE、CREATE PROCEDURE 及不返回结果的存储过程
ExecuteReader	类型为 SqlDataReader，执行 SELECT、TableDirect 或有返回结果的存储过程
ExecuteScalar	类型为 object，从数据库中实现单个字段的检索

8.4.1　使用 Command 对象查询数据库的数据

使用 Command 对象查询数据库数据的一般步骤如下：先建立数据库连接；然后创建 Command 对象，并设置它的 Connection 和 CommandText 两个属性，分别表示数据库连接和需要执行的 SQL 命令；接下来使用 Command 对象的 ExecuteReader 方法，把返回结果放在 DataReader 对象中；最后，通过循环，处理数据库查询结果。

【例 8-2】 在【例 8-1】的基础上，介绍如何使用 Command 对象查询数据库的数据。

(1) 在 Accessdatabase 网站中添加一个名为 command_select.aspx 的网页，切换到【设计】视图，向该页面拖放一个 Label 控件，使用默认控件名称。

(2) 先添加一些数据到表 Student 中，右击 Student 结点，单击【显示表数据】，如图 8-24 所示，可以添加几条记录做以后测试代码使用，如图 8-25 所示。

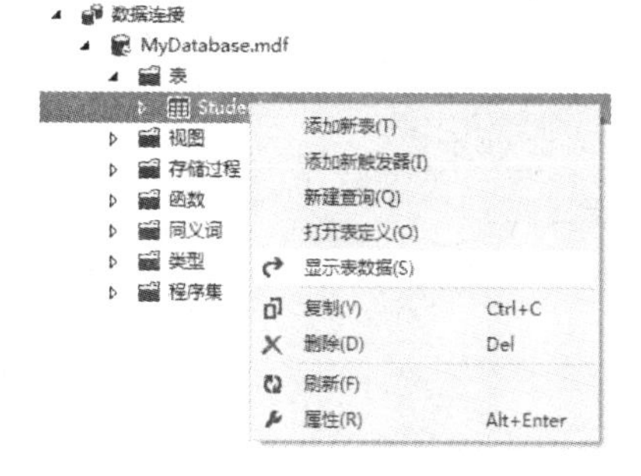

图 8-24　显示表数据

No	Name	Sex	Birth	Address	Photo
1	Tom	M	1999/3/5 0:00...	BeiJing	1.jpg
2	Sam	F	1988/5/6 0:00...	AUS	2.jpg
3	Jack	M	1986/6/10 0:0...	ShangHai	3.jpg
4	Rose	F	1993/12/3 0:0...	ShenZhen	4.jpg
NULL	NULL	NULL	NULL	NULL	NULL

图 8-25　显示和添加表中数据

(3) 在 command_select.aspx.cs 文件中添加如下代码。

```
//引用数据库访问名称空间
using System.Data.SqlClient;
using System.Configuration;
...
protected void Page_Load(object sender, EventArgs e)
{
    Label1.Text = "";
    string sqlconnstr = ConfigurationManager.ConnectionStrings["ConnectionString"].ConnectionString;
    SqlConnection sqlconn = new SqlConnection(sqlconnstr);
    //建立 Command 对象
    SqlCommand sqlcommand = new SqlCommand();
//给 sqlcommand 的 Connection 属性赋值
    sqlcommand.Connection = sqlconn;
    //打开连接
    sqlconn.Open();
    //SQL 命令赋值
    sqlcommand.CommandText = "select * from student";
    //建立 DataReader 对象，并返回查询结果
    SqlDataReader sqldatareader=sqlcommand.ExecuteReader();
    //逐行遍历查询结果
    while(sqldatareader.Read())
    {
        Label1.Text += sqldatareader.GetString(0) + " ";
        Label1.Text += sqldatareader.GetString(1) + " ";
        Label1.Text += sqldatareader.GetString(2) + " ";
```

```
            Label1.Text += sqldatareader.GetDateTime(3) + " ";
            Label1.Text += sqldatareader.GetString(4) + " ";
            Label1.Text += sqldatareader.GetString(5) + "<br />";
        };
        sqlcommand = null;
        sqlconn.Close();
        sqlconn = null;
    }
```

(4) 程序的运行效果如图 8-26 所示。

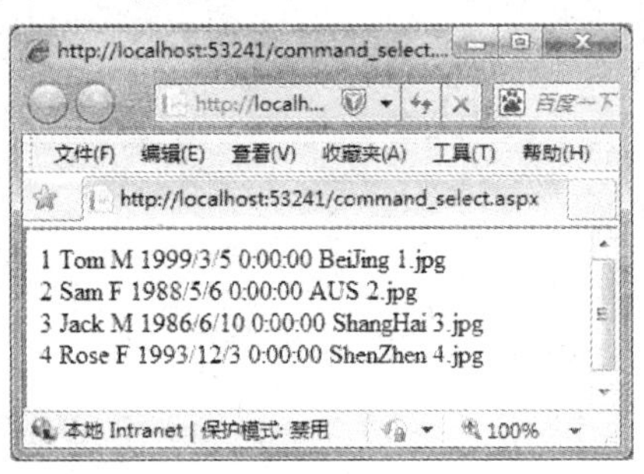

图 8-26　command_select.aspx 的运行效果

8.4.2　使用 Command 对象增加数据库的数据

使用 Command 对象向数据库增加数据的一般步骤为：先建立数据库连接；然后创建 Command 对象，并设置它的 Connection 和 CommandText 两个属性，使用 Command 对象的 Parameters 属性来设置输入参数；最后，使用 Command 对象的 ExecuteNonquery 方法执行数据库数据增加命令，ExecuteNonquery 方法表示要执行的是没有返回数据的命令。

【例 8-3】演示如何使用 Command 对象向数据库中增加新数据。

(1) 在【解决方案资源管理器】中，右击网站名，从弹出的快捷菜单中选择【新建文件夹】命令，新建文件夹，命名为 images，用于存放学生照片。

(2) 在 Accessdatabase 网站中添加一个名为 command_insert.aspx 的网页。

(3) 设计 command_insert.aspx 页面如图 8-27 所示。

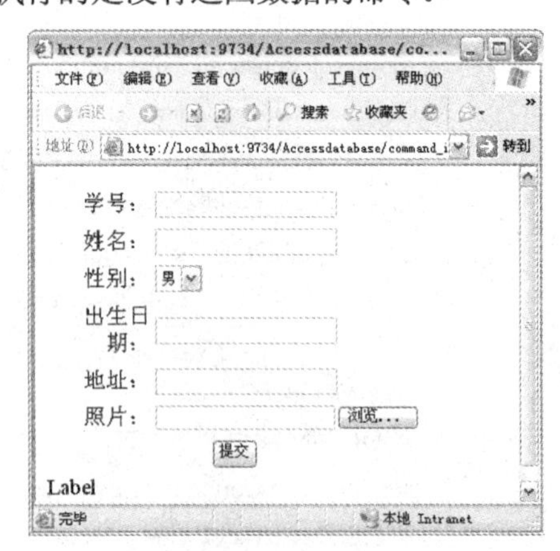

图 8-27　commandinsert.aspx 的设计页面

对应【源】视图中的代码如下：

```
<table style="width: 320px; height: 240px">
    <tr>
    <td style="width: 100px; text-align: right"> 学号：</td>
    <td style="width: 220px">
<asp:TextBox ID="TextBox1" runat="server"></asp:TextBox></td>   </tr>
```

```
        <tr>
        <td style="width: 100px; text-align: right"> 姓名：</td>
        <td style="width: 220px">
    <asp:TextBox ID="TextBox2" runat="server"></asp:TextBox></td>   </tr>
        <tr>
        <td style="width: 100px; text-align: right"> 性别：</td>
        <td style="width: 220px">
          <asp:DropDownList ID="DropDownList1" runat="server">
                <asp:ListItem Selected="True">男</asp:ListItem>
                <asp:ListItem>女</asp:ListItem>
          </asp:DropDownList>   </td>    </tr>
        <tr>
        <td style="width: 100px; text-align: right">出生日期：</td>
        <td style="width: 220px">
              <asp:TextBox ID="TextBox3" runat="server"></asp:TextBox></td> </tr>
        <tr>
        <td style="width: 100px; text-align: right"> 地址：</td>
        <td style="width: 220px">
              <asp:TextBox ID="TextBox4" runat="server"></asp:TextBox></td>   </tr>
        <tr>
        <td style="width: 100px; text-align: right"> 照片：</td>
        <td style="width: 220px">
              <asp:FileUpload ID="FileUpload1" runat="server" /></td> </tr>
        <tr>
        <td colspan="2" style="text-align: center">
      <asp:Button ID="Button1" runat="server" Text="提交" OnClick="Button1_Click" /></td> </tr>
    </table>
    <asp:Label ID="Label1" runat="server" Text="Label"></asp:Label>
```

(4) 双击【设计】视图中的【提交】按钮，添加如下代码。

```
using System.Data.SqlClient;
using System.Configuration;
...
protected void Button1_Click(object sender, EventArgs e)
{
string sqlconnstr = ConfigurationManager.ConnectionStrings["ConnectionString"].ConnectionString;
  SqlConnection sqlconn = new SqlConnection(sqlconnstr);
  //建立 Command 对象
  SqlCommand sqlcommand = new SqlCommand();
  sqlcommand.Connection = sqlconn;
  //把 SQL 语句赋给 Command 对象
sqlcommand.CommandText = "insert into student(no,name,sex,birth,address,photo)
values (@no,@name,@sex,@birth,@address,@photo)";
  sqlcommand.Parameters.AddWithValue("@no",TextBox1.Text);
```

```
        sqlcommand.Parameters.AddWithValue("@name",TextBox2.Text);
        sqlcommand.Parameters.AddWithValue("@sex",DropDownList1.Text);
        sqlcommand.Parameters.AddWithValue("@birth",TextBox3.Text);
        sqlcommand.Parameters.AddWithValue("@address",TextBox4.Text);
        sqlcommand.Parameters.AddWithValue("@photo",FileUpload1.FileName);
        try
        {
            //打开连接
            sqlconn.Open();
            //执行 SQL 命令
            sqlcommand.ExecuteNonQuery();
            //把学生的照片上传到网站的 images 文件夹中
          if (FileUpload1.HasFile == true)
            {
                FileUpload1.SaveAs(Server.MapPath(("~/images/") + FileUpload1.FileName));
            }
            Label1.Text = "成功追加记录";
        }
        catch (Exception ex)
        {
            Label1.Text = "错误原因："+ ex.Message;
        }
        finally
        {
            sqlcommand = null;
            sqlconn.Close();
            sqlconn = null;
        }
    }
```

(5) 运行程序，如果插入成功，Lable 将显示“成功追加记录”。

使用 Command 对象对数据库的修改和插入差不多，只是 sql 语句的不同，这里将不再举例说明。

8.4.3　使用 Command 对象删除数据库的数据

使用 Command 对象删除数据库数据的一般步骤为：先建立数据库连接；然后创建 Command 对象，设置它的 Connection 和 CommandText 两个属性，并使用 Command 对象的 Parameters 属性来传递参数；最后，使用 Command 对象的 ExecuteNonquery 方法执行数据删除命令。

【例 8-4】使用 Command 对象删除数据。

(1) 在 Accessdatabase 网站中添加一个名为 command_delete.aspx 的网页。

(2) 向 command_delete.aspx 页面中添加一个 Label 控件、一个 TextBox 控件和一个 Button 控件，其中 Button 控件作为【删除】按钮，添加代码如下：

```
输入要删除记录的 No：<br />
 <asp:TextBox ID="TextBox1" runat="server" ></asp:TextBox>
 <asp:Button ID="Button1" runat="server" Text="删除" OnClick="Button1_Click"/><br />
        <asp:Label ID="Label1" runat="server" Text="Label"></asp:Label>
```

(3) 双击【设计】视图中的【删除】按钮，添加如下代码。

```
using System.Data.SqlClient;
using System.Configuration;
...
protected void Button1_Click(object sender, EventArgs e)
{
   int intDeleteCount;
   string sqlconnstr = ConfigurationManager.ConnectionStrings["ConnectionString"].ConnectionString;
   SqlConnection sqlconn = new SqlConnection(sqlconnstr);
   //建立 Command 对象
   SqlCommand sqlcommand = new SqlCommand();
   //给 Command 对象的 Connection 和 CommandText 属性赋值
   sqlcommand.Connection = sqlconn;
   sqlcommand.CommandText = "delete from student where no=@no";
   sqlcommand.Parameters.AddWithValue("@no",TextBox1.Text);
   try
   {
      sqlconn.Open();
      intDeleteCount=sqlcommand.ExecuteNonQuery();
      if (intDeleteCount>0)
           Label1.Text = "Sql 删除成功";
      else
           Label1.Text = "该记录不存在";
   }
   catch (Exception ex)
   {
     Label1.Text = "错误原因："+ex.Message;
   }
   finally
   {
      sqlcommand = null;
      sqlconn.Close();
      sqlconn = null;
   }
}
```

(4) 程序的运行效果如图 8-28 所示。

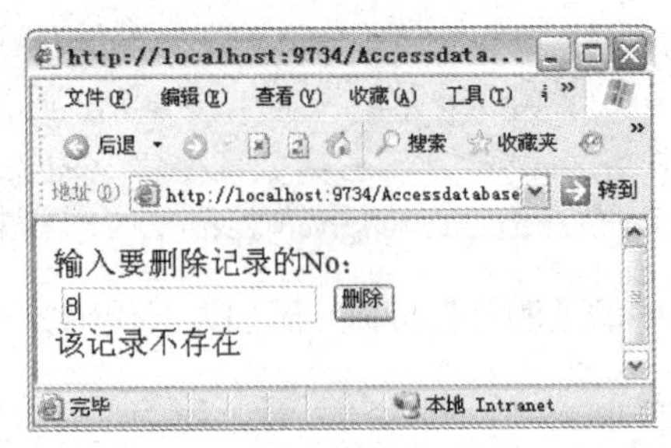

图 8-28　command_delete.aspx 的运行效果

8.5　使用 DataAdapter 对象和 DateSet 对象

8.5.1　DataAdapter 对象简介

DataAdapter 对象起着 Connection 对象和 DataSet 对象之间的桥梁作用，能够保存和检索数据。通过它的 Fill 方法可以把数据库中的数据填充到 DataSet 中，通过它的 Update 方法按相反的方向将数据保存到数据库中。根据不同的数据源，可以分为以下 4 类。

- SqlDataAdapter：用于对 SQL Server 的数据库执行命令。
- OdbcDataAdapter：用于对支持 ODBC 的数据库执行命令。
- OleDbDataAdapter：用于对支持 OLEDB 的数据库执行命令。
- OracleDataAdapter：用于对支持 Oracle 的数据库执行命令。

下面以 SqlDataAdapter 为例进行介绍，其他与之类似。SqlDataAdapter 对象常用的属性及其说明如表 8-8 所示。

表 8-8　SqlDataAdapter 常用的属性及其说明

属　性	说　明
SelectCommand	获取或设置一个语句或存储过程，用于在数据源中选择记录
InsertCommand	获取或设置一个语句或存储过程，以在数据源中插入新记录
UpdateCommand	获取或设置一个语句或存储过程，用于更新数据源中的记录
DeleteCommand	获取或设置一个语句或存储过程，用于从数据集中删除记录

SqlDataAdapter 对象常用的方法及其说明如表 8-9 所示。

表 8-9　SqlDataAdapter 常用的方法及其说明

方　法	说　明
Fill	把数据库的数据填充到 DataSet 中
Update	对 DataSet 中的数据进行插入、更新、删除等操作

8.5.2　DataSet 对象简介

DataSet 是 ADO.NET 的核心对象之一。DataSet 为数据源提供了一个断开式的存储，即从数据库完成数据抽取后，DataSet 就是数据的存放地，它是各种数据源中的数据在计算机内存中映射成的缓存，可以把它想象成一个临时的内存数据库，可以存放多个表(DataTable)，而且是断开式的，不用每进行一次操作就对数据库进行一次更新，从而提高了效率。同时，它在客户端实现读取、更新数据库等过程中，起到了中间部件的作用。

使用.NET 平台语言开发数据库应用程序，一般并不直接对数据库操作(直接在程序中调用存储过程等除外)，而是先完成数据连接和通过 DataAdapter 填充 DataSet 对象，然后客户端再通过读取 DataSet 来获得需要的数据，同样，更新数据库中的数据，也是首先更新 DataSet，然后再通过 DataSet 来更新数据库中对应的数据。DataSet 主要有以下 3 个特性。

- 独立性：DataSet 独立于各种数据源。微软公司在推出 DataSet 时就考虑到各种数据源的多样性、复杂性。在.NET 中，无论什么类型的数据源，DataSet 都会提供一致的关系编程模型。
- 断开和连接：DataSet 可以以离线方式和实时连接来操作数据库中的数据。这一点有点像 ADO 中的 RecordSet。
- DataSet 对象是一个可以用 XML 表示的数据视图，是一种数据关系视图。

DataSet 对象模型如图 8-29 所示。

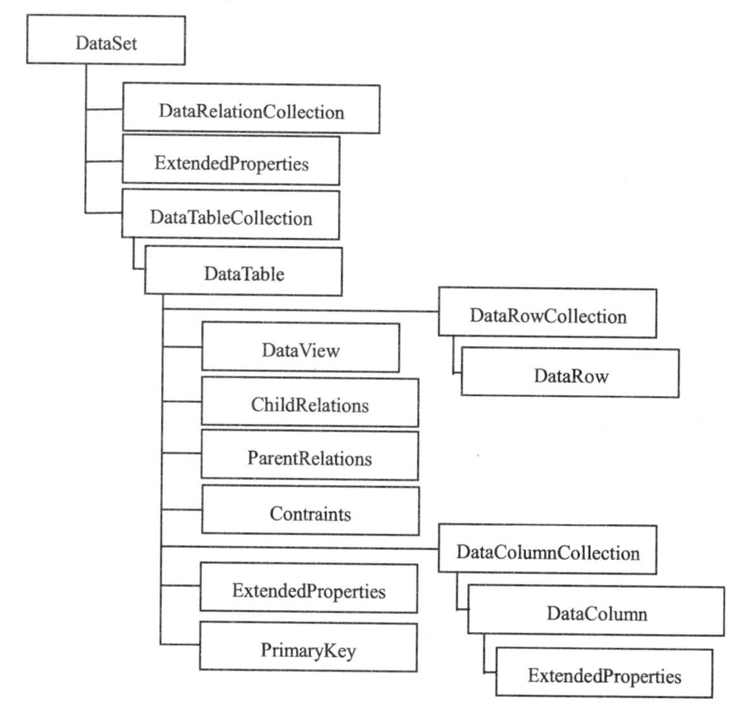

图 8-29　DataSet 对象模型

每个 DataSet 是一个或多个 DataTable 对象的集合，这些对象由数据行、数据列、主键、外键、约束和有关 DataTable 对象中数据的关系信息组成。DataSet 中的表用 DataTable 来表示，一个 DataSet 里面可以包含多个 DataTable，这些 DataTable 就构成了 DataTableCollection

对象。每个 DataTable 中都包含一个 ColumnsColleciton 对象和一个 RowsCollection 对象。各个 DataTable 之间的关系通过 DataRelation 来表示，这些 DataRelation 构成的集合就是 DataRelationsCollection 对象。而 ExtendedProperties 对象用来定义特定的信息，比如密码、更新时间等。

类似的，DataTable 对象有一个 DataColumnCollection 对象和一个 DataRowCollection 对象，各自的属性为 DataColumn 和 DataRow。可以在 DataTable 上定义约束比如 UniqueConstraint，这是一个表现为 Constraints 属性的集合，可以赋值为一组 Constraint 类型的对象，或是从 Constraint 对象继承而来的对象。DataTable 内部的 DataRelation 集合对应于父关系(ParentRelations)和子关系(ChildRelations)，二者建立了 DataTable 之间的连接。DataSet 的对象及其功能如表 8-10 所示。

表 8-10　DataSet 的对象及其功能

对　象	功　能
DataTable	使用行、列形式来组织的一个矩形数据集
DataColumn	一个规则的集合，决定将什么数据存储到一个 DataRow 中
DataRow	由单行数据库数据构成的一个数据集合，该对象是实际的数据存储
Constraint	决定能进入 DataTable 的数据
DataRelation	描述了不同的 DataTable 之间如何关联

DataSet 对象的主要属性及其说明如表 8-11 所示。

表 8-11　DataSet 常用属性及其说明

属　性	说　明
DataSetName	获得或设置当前 DataSet 对象的名称
Tables	获取包含在 DataSet 中的表的集合
Relations	获取用于将表连接起来并允许从父表浏览到子表的关系的集合
HasErrors	表明是否已经初始化 DataSet 对象的值

DataSet 对象的主要方法及其说明如表 8-12 所示。

表 8-12　DataSet 常用的方法及其说明

方　法	说　明
clear	清除 DataSet 对象中所有表的所有数据
Clone	复制 DataSet 对象的结构到另外一个 DataSet 对象中，复制内容包括所有的结构、关系和约束，但不包含任何数据
copy	复制 DataSet 对象的数据和结构到另外一个 DataSet 对象中。两个 DataSet 对象完全一样
CreateDataReader	为每个 DataTable 对象返回带有一个结果集的 DataTableReader，顺序与 Tables 集合中表的显示顺序相同
Dispose	释放 DataSet 对象占用的资源
Reset	将 DataSet 对象初始化

8.5.3　查询数据库的数据

使用 DataAdapter 对象和 DataSet 对象查询数据库数据的一般步骤如下：首先建立数据库连接；然后利用数据库连接和 SELECT 语句建立 DataAdapter 对象，并使用 DataAdapter 对象的 Fill 方法把查询结果放在 DataSet 对象的一个数据表中；接下来，将该数据表复制到 DataTable 对象中；最后，实现对 DataTable 对象中数据的查询。

【例 8-5】 演示如何使用 DataAdapter 对象查询数据库的数据。

(1) 在 Accessdatabase 网站中添加一个名为 DataAdapter_select.aspx 的网页，切换到【设计】视图，向该页面拖放一个 Label 控件，使用默认的控件名称。

(2) 在 DataAdapter _select.aspx.cs 文件中添加如下代码。

```
//引用数据库访问名称空间
using System.Data.SqlClient;
using System.Configuration;
using System.Data;
……
protected void Page_Load(object sender, EventArgs e)
{
    string sqlconnstr = ConfigurationManager.ConnectionStrings["ConnectionString"].ConnectionString;
    SqlConnection sqlconn = new SqlConnection(sqlconnstr);
    //建立 DataSet 对象
    DataSet ds = new DataSet();
    //建立 DataTable 对象
    DataTable dtable;
    //建立 DataRowCollection 对象
    DataRowCollection coldrow;
    //建立 DataRow 对象
    DataRow drow;
    //打开连接
    sqlconn.Open();
    //建立 DataAdapter 对象
    SqlDataAdapter sqld = new SqlDataAdapter("select * from student", sqlconn);
    //用 Fill 方法返回的数据，填充 DataSet，数据表命名为 tabstudent
    sqld.Fill(ds, "tabstudent");
    //将数据表 tabstudent 的数据复制到 DataTable 对象
    dtable = ds.Tables["tabstudent"];
    //用 DataRowCollection 对象获取这个数据表的所有数据行
    coldrow = dtable.Rows;
    //逐行遍历，取出各行的数据
    Label1.Text = "";
    for (int inti = 0; inti < coldrow.Count; inti++)
    {
        drow = coldrow[inti];
        Label1.Text += "学号：" + drow[0];
```

```
            Label1.Text += " 姓名：" + drow[1];
            Label1.Text += " 性别：" + drow[2];
            Label1.Text += " 出生日期：" + drow[3];
            Label1.Text += " 地址：" + drow[4] + "<br />";
        }
        sqlconn.Close();
        sqlconn = null;
    }
```

(3) 程序运行效果如图 8-30 所示。

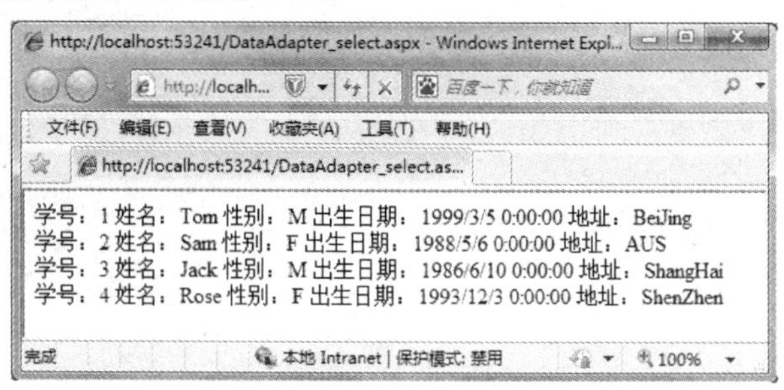

图 8-30　DataAdapter _select.aspx 运行效果

关于显示 DataSet 中的数据还有更简单的方法，就是绑定 GridView 控件，详细内容将在第 9 章介绍。

8.5.4　修改数据库的数据

使用 DataAdapter 对象和 DataSet 对象修改数据库数据的一般步骤如下：首先建立数据库连接；然后利用数据库连接和 SELECT 语句建立 DataAdapter 对象；并配置它的 UpdateCommand 属性，定义修改数据库的 UPDATE 语句；使用 DataAdapter 对象的 Fill 方法把 SELECT 语句的查询结果放在 DataSet 对象的数据表中；接下来将该数据表复制到 DataTable 对象中；最后修改 DataTable 对象中的数据，并通过 DataAdapter 对象的 Update 方法向数据库提交修改数据。

【例 8-6】 演示如何使用 DataAdapter 对象和 DataSet 对象修改数据库的数据。

(1) 在 Accessdatabase 网站中添加一个名为 DataAdapter_update.aspx 的网页。

(2) 向 DataAdapter_ update.aspx.cs 中添加如下代码。

```
using System.Data.SqlClient;
using System.Configuration;
using System.Data;
……
protected void Page_Load(object sender, EventArgs e)
    {
        string sqlconnstr =
ConfigurationManager.ConnectionStrings["ConnectionString"].ConnectionString;
        SqlConnection sqlconn = new SqlConnection(sqlconnstr);
        //建立 DataSet 对象
```

```
        DataSet ds = new DataSet();
        //建立 DataTable 对象
        DataTable dtable;
        //建立 DataRowCollection 对象
        DataRowCollection coldrow;
        //建立 DataRow 对象
        DataRow drow;
        //打开连接
        sqlconn.Open();
        //建立 DataAdapter 对象
        SqlDataAdapter sqld = new SqlDataAdapter("select * from student", sqlconn);
        //自己定义 Update 命令，其中@NAME，@NO 是两个参数
        sqld.UpdateCommand = new SqlCommand("UPDATE student SET NAME = @NAME WHERE
NO = @NO", sqlconn);
        //定义@NAME 参数，对应于 student 表的 NAME 列
        sqld.UpdateCommand.Parameters.Add("@NAME", SqlDbType.VarChar, 50, "NAME");
        //定义@NO 参数，对应于 student 表的 NO 列，而且@NO 是修改前的原值
        SqlParameter parameter = sqld.UpdateCommand.Parameters.Add("@NO", SqlDbType.VarChar, 10);
        parameter.SourceColumn = "NO";
        parameter.SourceVersion = DataRowVersion.Original;
        //用 Fill 方法返回的数据，填充 DataSet，数据表命名为 tabstudent
        sqld.Fill(ds, "tabstudent");
        //将数据表 tabstudent 的数据复制到 DataTable 对象
        dtable = ds.Tables["tabstudent"];
        //用 DataRowCollection 对象获取这个数据表的所有数据行
        coldrow = dtable.Rows;
        //修改操作，逐行遍历，取出各行的数据
        for (int inti = 0; inti < coldrow.Count; inti++)
        {
            drow = coldrow[inti];
            //给每位学生姓名后加上字母 A
            drow[1]=drow[1]+"A";
        }
        //提交更新
        sqld.Update(ds, "tabstudent");
         Response.Write("更新成功<hr>");
       sqlconn.Close();
        sqlconn = null;
        Response.Write("<h3>成功关闭 SQL Server 数据库的连接</h3><hr>");
          }
```

(3) 程序的运行效果如图 8-31 所示。

图 8-31　DataAdapter_ update.aspx 的运行效果

8.5.5　增加数据库的数据

使用 DataAdapter 对象和 DataSet 对象增加数据库数据的一般步骤如下：首先建立数据库连接；然后利用数据库连接和 SELECT 语句建立 DataAdapter 对象；建立 CommandBuilder 对象以便自动生成 DataAdapter 的 Command 命令，否则，就要自己给 UpdateCommand、InsertCommand、DeleteCommand 属性定义 SQL 更新语句；使用 DataAdapter 对象的 Fill 方法把 SELECT 语句的查询结果放在 DataSet 对象的数据表中；接下来将该数据表复制到 DataTable 对象中；最后向 DataTable 对象增加数据记录，并通过 DataAdapter 对象的 Update 方法向数据库提交数据。

【例 8-7】 演示如何使用 DataAdapter 对象增加一条学生记录。

(1) 在 Accessdatabase 网站中添加一个名为 DataAdapter_insert.aspx 的网页。

(2) 向 DataAdapter_insert.aspx.cs 添加如下代码。

```
using System.Data.SqlClient;
using System.Configuration;
using System.Data;
……
protected void Page_Load(object sender, EventArgs e)
    {
        string sqlconnstr =
ConfigurationManager.ConnectionStrings["ConnectionString"].ConnectionString;
        SqlConnection sqlconn = new SqlConnection(sqlconnstr);
        DataSet ds = new DataSet();
         DataTable dtable;
         DataRow drow;
        //打开连接
        sqlconn.Open();
        SqlDataAdapter sqld = new SqlDataAdapter("select * from student", sqlconn);
    //建立 CommandBuilder 对象来自动生成 DataAdapter 的 Command 命令，否则就要自己编写
        //Insertcommand ,deletecommand , updatecommand 命令。
        SqlCommandBuilder cb = new SqlCommandBuilder(sqld);
        //用 Fill 方法返回的数据，填充 DataSet，数据表取名为“tabstudent”
        sqld.Fill(ds, "tabstudent");
        //将数据表 tabstudent 的数据复制到 DataTable 对象
```

```
        dtable = ds.Tables["tabstudent"];
        //增加新记录
        drow = ds.Tables["tabstudent"].NewRow();
        drow[0] = "19";
        drow[1] = "陈峰";
        drow[2] = "男";
        ds.Tables["tabstudent"].Rows.Add(drow);
        //提交更新
        sqld.Update(ds, "tabstudent");
        Response.Write( "增加成功<hr>");
        sqlconn.Close();
        sqlconn = null;
        Response.Write("<h3>成功关闭 SQL Server 数据库的连接</h3><hr>");
    }
```

(3) 程序的运行效果类似图 8-31 所示。

8.5.6　删除数据库的数据

使用 DataAdapter 对象和 DataSet 对象删除数据库数据的一般步骤如下：首先建立数据库连接；然后利用数据库连接和 SELECT 语句建立 DataAdapter 对象；建立 CommandBuilder 对象自动生成 DataAdapter 的 Command 命令；使用 DataAdapter 对象的 Fill 方法把 SELECT 语句的查询结果放在 DataSet 对象的数据表中；接下来将该数据表复制到 DataTable 对象中；最后删除 DataTable 对象中的数据，并通过 DataAdapter 对象的 Update 方法向数据库提交数据。

【例 8-8】演示如何使用 DataAdapter 对象删除符合条件的学生记录。

(1) 在 Accessdatabase 网站中添加一个名为 DataAdapter_delete.aspx 的网页。

(2) 向 DataAdapter_delete.aspx.cs 添加如下代码。

```
using System.Data.SqlClient;
using System.Configuration;
using System.Data;
……
protected void Page_Load(object sender, EventArgs e)
    {
        string sqlconnstr =
ConfigurationManager.ConnectionStrings["ConnectionString"].ConnectionString;
        SqlConnection sqlconn = new SqlConnection(sqlconnstr);
        DataSet ds = new DataSet();
        DataTable dtable;
        DataRowCollection coldrow;
        DataRow drow;
        sqlconn.Open();
        //建立 DataAdapter 对象
```

```
        SqlDataAdapter sqld = new SqlDataAdapter("select * from student", sqlconn);
    //建立 CommandBuilder 对象来自动生成 DataAdapter 的 Command 命令，否则就要自己编写
        //Insertcommand ,deletecommand , updatecommand 命令
        SqlCommandBuilder cb = new SqlCommandBuilder(sqld);
        //用 Fill 方法返回的数据，填充 DataSet，数据表命名为 tabstudent
        sqld.Fill(ds, "tabstudent");
        dtable = ds.Tables["tabstudent"];
        coldrow = dtable.Rows;
        //逐行遍历，删除地址为空的记录
        for (int inti = 0; inti < coldrow.Count; inti++)
        {
            drow = coldrow[inti];
            if (drow["address"].ToString() == "")
                drow.Delete();
        }
        //提交更新
        sqld.Update(ds, "tabstudent");
         Response.Write( "删除成功<hr>");
        sqlconn.Close();
        sqlconn = null;
        Response.Write("<h3>成功关闭 SQL Server 数据库的连接</h3><hr>");
}
```

(3) 程序的运行效果类似如图 8-31 所示。

8.6　连接池技术

连接到数据库服务通常需要一定的时间，并且服务器会消耗一些资源来进行连接。如果一个应用程序需要大量地与数据库进行交互，则很可能会造成假死以及崩溃的情况。使用连接池能够很好地提高应用程序的性能。

连接池是 SQL Server 或 OLEDB 数据源的功能，它可以使特定的用户重复使用连接，数据库连接池技术的思想非常简单，将数据库连接作为对象存储在一个 Vector 对象中，一旦数据库连接建立后，不同的数据库访问请求就可以共享这些连接。这样，通过复用这些已经建立的数据库连接，可以极大地节省系统资源和时间。连接池的主要操作如下所述。

- 建立数据库连接池对象。
- 对于一个数据库访问请求，直接从连接池中得到一个连接。如果数据库连接池对象中没有空闲的连接，且连接数没有达到最大，则创建一个新的数据库连接。
- 存取数据库。
- 关闭数据库，释放所有数据库连接。

● 释放数据库连接池对象。

当业务对数据库进行复杂的操作，并不停地打开和断开数据库连接，会造成应用程序性能降低，因为重复地打开和断开数据库连接是非常消耗资源的，而使用连接池则可以避免这样的问题。连接池并不会真正地完全关闭数据库与应用程序的连接，而是将这些连接存放在应用程序连接池中。当一个新的业务对象产生时，会在连接池中检查是否已有连接，若无连接，则创建一个新连接，否则，会使用现有的匹配的连接，这样就提高了性能，如图 8-32 所示。

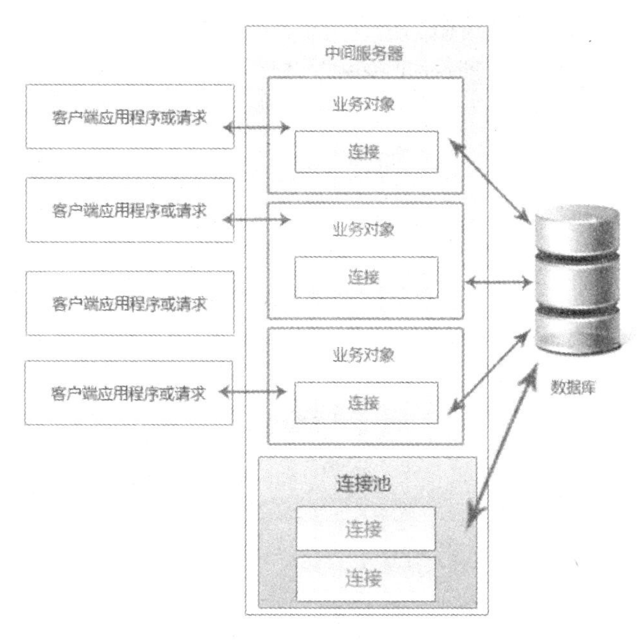

图 8-32　使用连接池

【例 8-9】演示连接池的应用。

(1) 在上面的工程中添加一个名为 ConnectionPoolDemo.aspx 的页面。

(2) 在页面中添加两个 fieldset 标签，同时在每个 fieldset 中放置一个 Button 控件和一个 Label 控件，然后在 fieldset 外面添加两个按钮控件。页面设计代码如下：

```
<html xmlns="http://www.w3.org/1999/xhtml">
<head runat="server">
    <title>使用连接池</title>
    <style type="text/css">
        #content
        {
            font-family: verdana;
            font-size: 9pt;
        }
    </style>
</head>
<body>
```

```
        <form id="form1" runat="server">
        <div id="content">
          <fieldset>
            <legend>使用连接池连接打开关闭 100 次连接</legend>
              <asp:Label ID="lblpool" runat="server" ></asp:Label><br />
              <asp:Button ID="btnpool" runat="server" Text="开始执行连接" onclick="btnpool_Click" />
          </fieldset>
          <br />
           <fieldset>
            <legend>不使用连接池连接打开关闭 100 次连接</legend>
              <asp:Label ID="lblnopool" runat="server" ></asp:Label><br />
              <asp:Button ID="btnnopool" runat="server" Text="开始执行连接"
                    onclick="btnnopool_Click" />
          </fieldset>
            <fieldset>
            <legend>清除连接池</legend>
              <asp:Label ID="Label1" runat="server" ></asp:Label><br />
              <asp:Button ID="Button1" runat="server" Text="ClearAllPools"
                        onclick="Button1_Click" />
               <asp:Button ID="Button2" runat="server" Text="ClearPool " onclick="Button2_Click" />
          </fieldset>
        </div>
        </form>
    </body>
    </html>
```

(3) 添加 4 个按钮的 Click 事件处理程序，两个按钮是执行 100 次连接，两个按钮是清除连接池。ConnectionPoolDemo.aspx.cs 中的代码如下：

```
        using System.Data.SqlClient;
        using System.Data;
        using System.Configuration;
        …
            protected void btnnopool_Click(object sender, EventArgs e)
            {
                //指定连接字符串，注意这里使用 pooling=false 禁用了连接池
                string sqlconnstr =
ConfigurationManager.ConnectionStrings["ConnectionString"].ConnectionString;
                SqlConnection testConnection = new SqlConnection(sqlconnstr);
                //获取在开始连接之前的时间刻度数
                long startTicks = DateTime.Now.Ticks;
                //依次打开和关闭 100 次连接
                for (int i = 1; i <= 100; i++)
                {
```

```
                testConnection.Open();
                testConnection.Close();
            }
            long endTicks = DateTime.Now.Ticks;
            lblnopool.Text="不使用连接池后所花费的时间是:
"+(endTicks-startTicks).ToString()+"ticks.";
            //使用完毕后注意释放连接
            testConnection.Dispose();
        }
        protected void Button1_Click(object sender, EventArgs e)
        {
            string sqlconnstr =
ConfigurationManager.ConnectionStrings["ConnectionString"].ConnectionString;
            SqlConnection conn = new SqlConnection(sqlconnstr);
            try
            {
                conn.Open();
                if (conn.State == ConnectionState.Open)
                {
                    Label1.Text="连接已经打开";
                }
                //清除所有连接池
                SqlConnection.ClearAllPools();
            }
            catch (SqlException ex)
            {
                Label1.Text=string.Format("出现连接错误: {0}", ex.Message);
            }
        }
        protected void Button2_Click(object sender, EventArgs e)
        {
            string sqlconnstr =
ConfigurationManager.ConnectionStrings["ConnectionString"].ConnectionString;
            SqlConnection conn = new SqlConnection(sqlconnstr);
            try
            {
                conn.Open();
                if (conn.State == ConnectionState.Open)
                {
                    Label1.Text = "连接已经打开";
                }
                //清除指定连接的连接池
                SqlConnection.ClearPool(conn);
```

```
        }
        catch (SqlException ex)
        {
            Label1.Text = string.Format("出现连接错误：{0}", ex.Message);
        }
    }
```

(4) 程序的运行效果如图 8-33 所示。

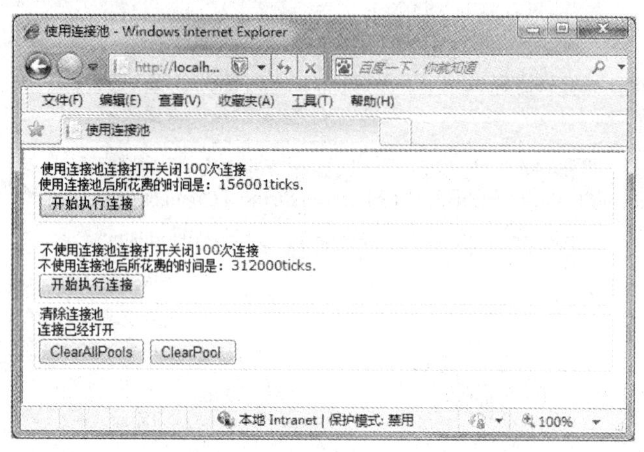

图 8-33　程序的运行效果

单击两个【开始执行连接】按钮，会发现打开关闭 100 次连接的时间不同，使用连接池的要比不使用连接池的时间少很多。另外，两个按钮分别使用了 ClearPool 和 ClearAllPools 方法来清除连接池。

使用连接池能够提升应用程序的性能，特别是开发 Web 应用程序时，Web 应用程序通常需要频繁地与数据库进行交互，应用连接池能够解决 Web 引用中的假死等情况，也能够节约服务器资源。但是，在创建连接时，良好的关闭习惯也是非常必要的。

8.7　本 章 小 结

ADO.NET 是.NET Framework 中至关重要的一部分，它主要掌管数据访问。本章重点分析了 ADO.NET 的两个组成部分——.NET 数据提供程序和数据库 DataSet。.NET 数据提供程序主要包括 Connection、Command、DataAdapter 对象和 DataSet 对象，本章通过几个实例介绍了以上几个对象是如何连接数据库的，最后讲解了如何使用连接池的技术。

8.8　练　　习

1. DataAdapter 对象使用与哪个属性关联的 Command 对象将 DataSet 修改的数据保存到数据源？

2. 在 ADO.NET 中，哪个对象充当了数据库和 ADO.NET 对象中非连接对象的桥梁，能够用来保存和检索数据？

3. Connection 对象和 Command 对象有什么区别？

4. DataReader、DataAdapter 与 Dataset 有什么区别？

5. ADO.NET 中常用的对象有哪些？分别描述一下。

6. SQL 数据提供者和 OleDb 数据提供者的区别是什么？

7. ADO.NET 与 ADO 的主要不同是什么？

8. 在 ADO.NET 中，Command 对象的 ExecuteNonQuery()方法和 ExecuteReader()方法的主要区别是什么？

9. 开发一个应用程序，从一个名为 TestKingSales 的中心数据库检索信息，当数据返回到应用程序后，用户能够浏览、编辑、增加新记录，并可以删除已有的记录。首先写代码连接到数据库，然后执行以下步骤。

(1) 新建名字为 Accessdatabase_ Exercise 的网站。

(2) 在网站的 App_Data 文件夹中，新建数据库 MyDatabase_ Exercise.mdf。

(3) 在该数据库中建立一张职工表，并且添加一些模拟的职工记录。其关系模式如下：

```
Employees(ID, NAME, SEX, AGE, Dateofwork, FilenameofPhoto)
```

(4) 在 web.config 配置文件中，修改<connectionStrings/>标记如下：

```
<connectionStrings>
<add name="ConnectionString" connectionString="Data Source=.\SQLEXPRESS;
AttachDbFilename=|DataDirectory|\ MyDatabase_ Exercise.mdf;Integrated Security=True;
User Instance=True"/>
</connectionStrings>
```

(5) 添加一个网页，利用 Command 对象实现新职工的录入。

(6) 添加一个网页，利用 Command 对象实现删除指定编号的职工记录。

(7) 添加一个网页，利用 Command 对象实现修改指定编号的职工信息。

(8) 添加一个网页，利用 DataAdapter 对象实现查询职工信息，并显示到网页的 Label 控件上。

第9章　ADO.NET数据库高级操作

ASP.NET 使用服务器控件来进行有效的数据处理。ASP.NET 中有两类数据控件：第一类是数据源(DataSource)控件，它可以使 Web 页面与数据源连接，并且对该数据源进行读写操作，但在运行时数据源控件是不可见的，它无法将数据显示在 ASP.NET 的页面上；第二类是数据绑定(DataBound)控件，它用来将数据源所连接的数据显示在页面上。本章主要介绍数据源控件和数据绑定控件的使用方法。

本章的学习目标：

- 熟悉使用数据源控件连接到各种数据源的方法和步骤；
- 掌握如何使用数据源控件方便快捷地把数据绑定到数据绑定控件上；
- 掌握数据绑定控件 GridView、DetailsView、FormView、ListView 等的功能及其使用方法。

9.1　数据源控件

ASP.NET 包含一些数据源控件，这些数据源控件允许用户使用不同类型的数据源，如数据库、XML 文件或中间层业务对象等。通过数据源控件连接到数据源，并使得数据绑定控件可以绑定到数据源而无须编写代码。数据源控件还实现了丰富的数据检索和修改功能，其中包括查询、排序、分页、筛选、更新、删除和插入。ASP.NET 4.5 中主要有 5 个数据源控件，如表 9-1 所示。

表 9-1　ASP.NET 4.5 内置的数据源控件

数据源控件	描　述
SqlDataSource	支持绑定到 ADO.NET 提供程序表示的 SQL 数据库。与 SQL Server 一起使用时支持高级缓存功能。当数据作为 DataSet 对象返回时，此控件支持排序、筛选和分页
ObjectDataSource	支持绑定到业务对象或其他类以及创建依赖中间层对象管理数据的 Web 应用程序。支持对其他数据源控件不可用的高级排序和分页方案
SiteMapDataSource	支持绑定到站点导航提供程序公开的层次结构，结合 ASP. NET 站点导航一起使用
XmlDataSource	允许使用 XML 文件，特别适用于分层的 ASP.NET 服务器控件。支持使用 Xpath 表达式实现筛选功能，允许对数据应用 XSLT 转换，还可以更新 XML 文档的数据
LINQDataSource	支持通过标记在 ASP.NET 网页中使用语言集成查询(LINQ)，从数据对象中检索和修改数据。支持自动生成选择、更新、插入和删除命令。当数据作为 DataSet 对象返回时，该控件还支持排序、筛选和分页(将在第 10 章讲解)

9.1.1　SqlDataSource 控件

SqlDataSource 控件是用于连接到 SQL 关系数据库的数据源的控件。其中包括 Microsoft SQL Server 和 Oracle 数据库以及 OLE DB 和 ODBC 数据源。将 SqlDataSource 控件与数据绑定控件一起使用，可以从关系数据库中检索数据、在 ASP.NET 网页上显示和操作数据。如表 9-2 所示列出了 SqlDataSource 控件支持的数据操作属性组。该控件提供了一个易于使用的向导，引导用户完成配置过程，也可以通过直接修改控件的属性手动修改控件，不必编写代码或只需编写少量代码即可。

表 9-2　SqlDataSource 控件支持的数据操作属性组

属 性 组	描　述
SelectCommand, SelectParameters, SelectCommandType	获取或设置用来从底层数据存储中获取数据的 SQL 语句、相关参数和类型(文本或存储过程)
InsertCommand, InsertParameters, InsertCommandType	获取或设置用来向底层数据存储中插入新行的 SQL 语句、相关参数和类型(文本或存储过程)
DeleteCommand, DeleteParameters, DeleteCommandType	获取或设置用来删除底层数据存储中的数据行的 SQL 语句、相关参数以及类型(文本或存储过程)
UpdateCommand, UpdateParameters, UpdateCommandType	获取或设置用来更新底层数据存储中的数据行的 SQL 语句、相关参数和类型(文本或存储过程)
SortParameterName	获取或设置一个命令的存储过程，用来存储数据的一个输入参数的名称(这种情况下的命令必须是存储过程)。如果缺少该参数，会引起一个异常
FilterExpression, FilterParameters	获取或设置用来创建使用 Select 命令获取数据上的过滤器的字符串和相关参数。只有当控件通过 DataSet 管理数据时才起作用

后面将在 9.2.1 节中和 GridView 控件一起结合举例说明。

9.1.2　ObjectDataSource 控件

大多数 ASP.NET 数据源控件，如 SqlDataSource 都是在两层应用程序结构中使用。在这种层次结构中，表示层(ASP.NET 网页)可以与数据层(数据库和 XML 文件等)直接进行通信。但是，常用的应用程序设计原则是将表示层与业务逻辑相分离，而将业务逻辑封装在业务对象中。这些业务对象在表示层和数据层之间形成一层，从而形成一种三层应用程序结构。ObjectDataSource 控件通过提供一种将相关页上的数据控件绑定到中间层业务对象的方法，为三层应用程序结构提供支持。在不使用扩展代码的情况下，ObjectDataSource 控件使用中间层业务对象以声明的方式对数据执行选择、插入、更新、删除、分页、排序、缓存和筛选操作。ObjectDataSource 控件的主要属性如表 9-3 所示。

表 9-3　ObjectDataSource 的主要属性

属　　性	描　述
ConvertNullToDBNull	指示是否默认地将传递给插入、删除或更新操作的 null 参数转换为 System.DBNull。默认为 false

(续表)

属　性	描　述
DataObjectTypeName	获取或设置一个将被用作 Select、Insert、Update 或 Delete 操作的参数的类的名称
DeleteMethod, DeleteParameters	获取或设置用于执行删除操作的方法及其相关参数的名称
EnablePaging	指示该控件是否支持分页
FilterExpression, FilterParameters	指示对选择操作进行过滤的过滤器表达式(和参数)
InsertMethod, InsertParameters	获取或设置用于执行插入操作的方法和相关参数的名称
MaximumRowsParameterName	如果 EnablePaging 属性设置为 true，则指示 Select 方法中接受要检索的记录个数的值的参数名
OldValuesParameterFormatString	获取或设置一个格式字符串，该格式字符串应用于传递给 Delete 或 Update 方法的任何参数的名称
SelectCountMethod	获取或设置用于执行 select count 操作的方法的名称
SelectMethod, SelectParameters	获取或设置用于执行选择操作的方法及其相关参数的名称
SortParameterName	获取或设置用于对检索到的数据进行排序的输入参数的名称。如果该参数缺失，则会引发一个异常
StartRowIndexParameterName	如果 EnablePaging 属性设置为 true，则指示 Select 方法的用于接受要检索的起始记录的值的参数名
UpdateMethod, UpdateParameters	获取或设置用来执行更新操作的方法及其相关参数的名称

后面将在 9.2.4 节中介绍完 DetailsView 后，一起结合举例说明这些属性。

9.1.3　SiteMapDataSource 控件

SiteMapDataSource 控件用于 ASP.NET 站点导航。SiteMapDataSource 控件检索站点地图提供程序的导航数据，并将该数据传递到可显示该数据的控件。站点地图是表示一个 Web 站点中的所有页面和目录的结构图，用来向用户展示它们正在访问的页面的逻辑坐标，允许用户动态地访问站点位置，并以图形的方式生成所有的导航数据。来自站点地图的导航数据包括有关网站中的页的信息，如 URL、标题、说明和导航层次结构中的位置。如果将导航数据存储在一个地方，则可以更方便地在网站的导航菜单中添加和删除项。由于站点地图是一种层次性信息，所以将 SiteMapDataSource 控件的输出绑定到层次性数据绑定控件(如 TreeView、Menu 等)，即可使它能够显示站点的结构。

站点地图信息可以以很多种形式出现，其中最简单的形式就是位于应用程序的根目录中的一个名为 web.sitemap 的 XML 文件。SiteMapDataSource 控件可以处理存储在 Web 站点的 SiteMap 配置文件中的数据。如果要在运行时根据用户的权限或状态改变站点地图数据，该控件就很有用。关于 SiteMapDataSource 控件有两个地方值得注意：第一，SiteMapDataSource 控件不支持其他数据源控件都有的任何数据高速缓存选项，所以不能高速缓存站点地图数据；第二，SiteMapDataSource 控件没有像其他数据源控件那样的配置向导，这是因为 SiteMap 控件只能绑定到 Web 站点的 SiteMap 配置数据文件上。SiteMapDataSource 控件的主要属性及其描述如表 9-4 所示。

表 9-4　SiteMapDataSource 的主要属性

属　　性	描　　述
Provider	指示与数据源控件关联的站点地图提供程序对象
ShowStartingNode	默认为 true，指示是否检索和显示起始节点
SiteMapProvider	获取或设置与该控件的实例关联的站点地图提供程序的名称
StartFromCurrentNode	默认为 false，指示是否相对于当前页面检索节点树
StartingNodeOffset	获取或设置从起始节点开始的一个正偏移量或负偏移量，用以确定该控件提供的根层次结构。默认设置为 0
StartingNodeUrl	指示该站点地图中节点树的根节点的 URL

9.1.4　XmlDataSource 控件

XmlDataSource 控件使得 XML 数据可用于数据绑定控件。可以使用该控件同时显示分层数据和表格数据。在只读情况下，XmlDataSource 控件常用于显示分层 XML 数据。由于 XmlDataSource 控件不支持 Delete、Insert 和 Update 等方法，因此不能用于读/写 XML 数据存储的 Web 应用程序。

XmlDataSource 控件的主要属性如表 9-5 所示。

表 9-5　XmlDataSource 的主要属性

属　　性	描　　述
Data	包含该数据源控件要绑定的一块 XML 文本
DataFile	指示到包含要显示的数据的文件的路径
EnableCaching	启用或禁用缓存支持
Transform	包含一块将用来转换绑定到该控件的 XML 数据的 XSLT 文本
TransformArgumentList	应用于源 XML 的 XSLT 转换的一个输入参数列表
TransformFile	指示到定义了在源 XML 数据上执行的一个 XSLT 转换的.XSL 文件
XPath	指示应用于 XML 数据的 XPATH 查询

9.2　联合使用数据源和数据绑定控件

通俗地讲，数据绑定就是把数据源中的数据取出来，显示在窗体的各种控件上。用户可以通过这些控件查看和修改数据，这些修改会自动地保存到数据源中。要使数据绑定控件显示有用的内容，则需要为它们指派数据源(Data Source)。要将这一数据源绑定到控件，可以使用一个单独的数据源控件来为数据绑定控件管理数据。用户可以使用数据绑定控件的 DataSourceID 属性将数据绑定控件绑定到数据源控件上，例如LinqDataSource、ObjectDataSource 或 SqlDataSource控件，这样便可以在数据绑定控件中使用数据源数据。数据源控件连接到数据库、实体类或中间层对象等数据源，然后检索或更新数据。之后，数据绑定控件即可使用此数据。要执行绑定，应将数据绑定控件的DataSourceID属性设置为数据源控件。当数据绑定控件绑定到数据源控件时，无须编写代码或者只需编写少量额外代码即可执行数据操作。

数据绑定控件可以自动利用数据源控件提供的数据服务。

ASP.NET 包含了很多支持简单数据绑定的控件，如 TextBox、Label、ListControl、CheckBoxList、RadioButtonList、DropDownList 等控件，即通常只显示单个值的控件。ASP.NET 中的复杂数据绑定控件包括 GridView、FormView、DetailView、DataList 和 ListView。复杂数据绑定控件与简单数据绑定控件的区别，在于它们可以用更精细的方式来显示数据。下面介绍复杂的数据绑定控件。

9.2.1 GridView 控件

GridView 控件通常与数据源控件一起使用，以表格的形式显示数据库中的数据，GridView 控件可以对记录中的行实现删除、修改、选择和分页功能，可以实现对列的排序功能。默认情况下，GridView 通过 SqlDataSource 访问数据库，可以访问多种关系数据库，也可以读取 XML 文件。GridView 控件的主要属性如表 9-6 所示。

表 9-6　GridView 控件的主要属性

属　　性	描　　述
AllowPaging	指示该控件是否支持分页
AllowSorting	指示该控件是否支持排序
AutoGenerateColumns	指示是否自动地为数据源中的每个字段创建列。默认为 true
AutoGenerateDeleteButton	指示该控件是否包含一个按钮列以允许用户删除映射到被单击行的记录
AutoGenerateEditButton	指示该控件是否包含一个按钮列以允许用户编辑映射到被单击行的记录
AutoGenerateSelectButton	指示该控件是否包含一个按钮列以允许用户选择映射到被单击行的记录
DataMember	指示一个多成员数据源中的特定表绑定到该网格。该属性与 DataSource 结合使用。如果 DataSource 有一个 DataSet 对象，则该属性包含要绑定的特定表的名称
DataSource	获取或设置包含用来填充该控件的值的数据源对象
DataSourceID	指示所绑定的数据源控件
EnableSortingAndPagingCallbacks	指示是否使用脚本回调函数完成排序和分页。默认情况下禁用
RowHeaderColumn	用作列标题的列名。该属性旨在改善可访问性
SortDirection	获取列的当前排序方向
SortExpression	获取当前排序表达式
UseAccessibleHeader	规定是否为列标题生成<th>标签(而不是<td>标签)

【例 9-1】使用 SqlDataSource 控件连接到 SQL Server 数据库和 GridView 控件使用的方法。具体步骤如下。

(1) 在网站 WebSite9 中创建一个名称为 SqlDataSource.aspx 的网页。

(2) 创建数据连接。选择【工具】|【连接到数据库】命令，打开【选择数据源】对话框，如图 9-1 所示，可以根据项目想要添加的数据源进行选择，本例使用的是现有的一个 SQL Server 数据库，所以选择如图 9-1 所示，单击【继续】按钮，打开【添加连接】对话框，单

击【浏览】按钮选择数据库文件所在的地方，本例文件的路径为 E:\asp\StudentDB.mdf，可根据具体情况修改，如图 9-2 所示，单击【确定】按钮。

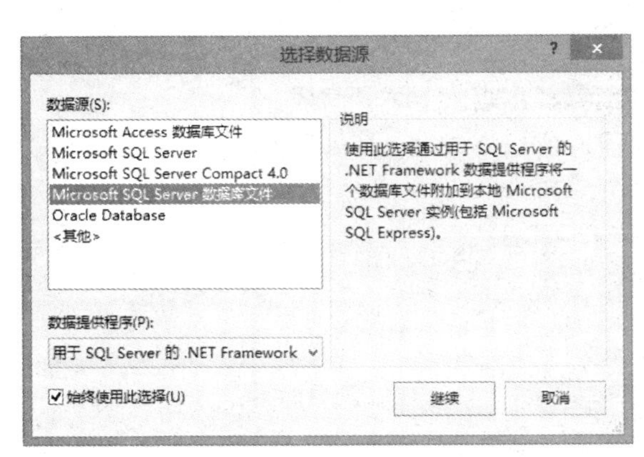

图 9-1　【选择数据源】对话框

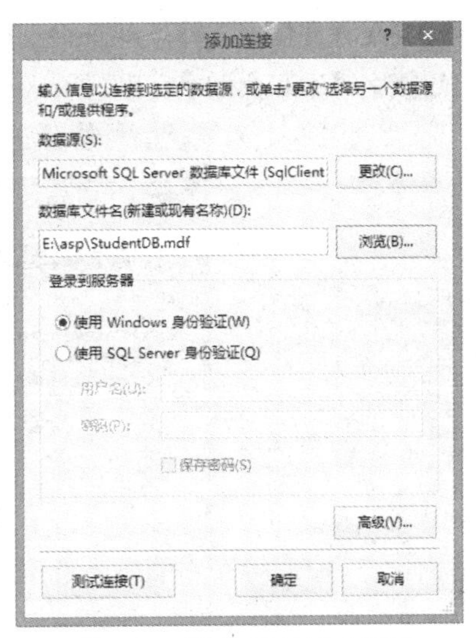

图 9-2　【添加连接】对话框

(3) 在 SqlDataSource.aspx 页面的【设计】视图中插入一个 SqlDataSource 控件(在工具箱的【数据】组中)，其默认的 ID 为 SqlDataSource1，单击该控件的【配置数据源】任务。

(4) 在【配置数据源】对话框中选择数据连接，在【应用程序连接数据库应使用哪个数据连接】文本框中输入或通过下拉列表选择需要的数据库。在本例中选择 StudentDB.mdf，连接字符串的地方显示如下：

```
    Data Source=(LocalDB)\v11.0;AttachDbFilename=E:\asp\StudentDB.mdf;Integrated
Security=True;Connect Timeout=30
```

如图 9-3 所示，如指定的路径下不存在数据库文件则会出错。

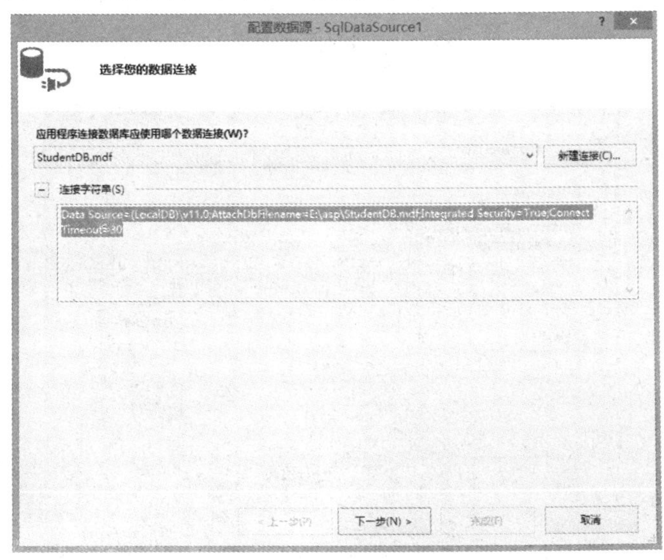

图 9-3　【配置数据源】对话框

(5) 单击【下一步】按钮，如图 9-4 所示，在【配置数据源】向导的【将连接字符串保存到应用程序配置文件中】界面中选中【是，将此连接另存为】复选框。确认将连接字符串保存到配置文件中，另存为 StudentDBConnectionString，在下次连接时可以直接使用。另外，将连接字符串和查询字符串写入 web.config 配置文件中也能简化工作，程序代码也更清晰。

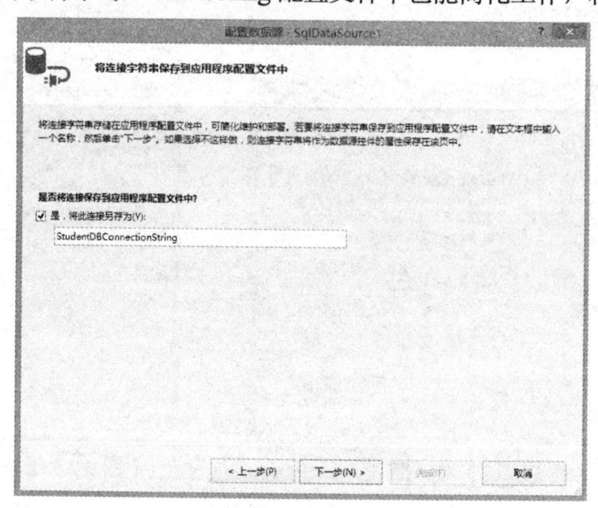

图 9-4　【将连接字符串保存到配置文件中】界面

(6) 单击【下一步】按钮，在【配置 Select 语句】界面中指定需要检索的数据表及其字段，这里选择 studentinfo 表，结构如图 9-5 所示，选中“*”复选框，即所有字段，如图 9-6 所示。

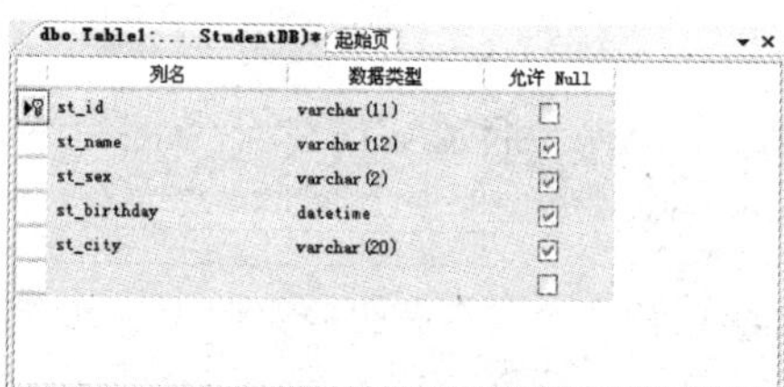

列名	数据类型	允许 Null
st_id	varchar(11)	☐
st_name	varchar(12)	☑
st_sex	varchar(2)	☑
st_birthday	datetime	☑
st_city	varchar(20)	☑

图 9-5　studentinfo 表的结构

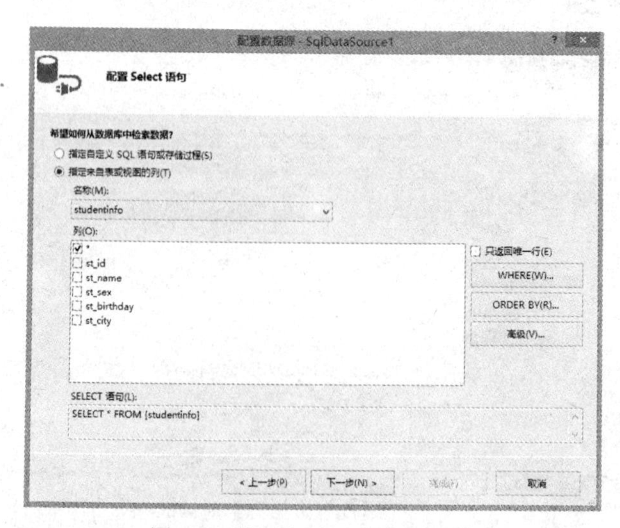

图 9-6　【配置 Select 语句】界面

(7) 单击【高级】按钮，弹出的【高级 SQL 生成选项】对话框，选中【生成 INSERT、UPDATE 和 DELETE 语句(G)】复选框，如图 9-7 所示。单击【确定】按钮返回【配置 Select 语句】对话框，单击【ORDER BY】按钮，在打开的【添加 ORDER BY 子句】对话框中设置【排序方式】为按 st_id 字段升序排序，如图 9-8 所示。单击【确定】按钮返回【配置 Select 语句】界面。

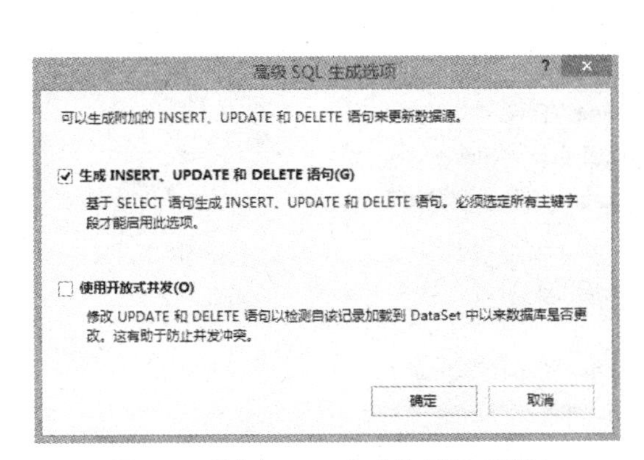

图 9-7　【高级 SQL 生成选项】对话框

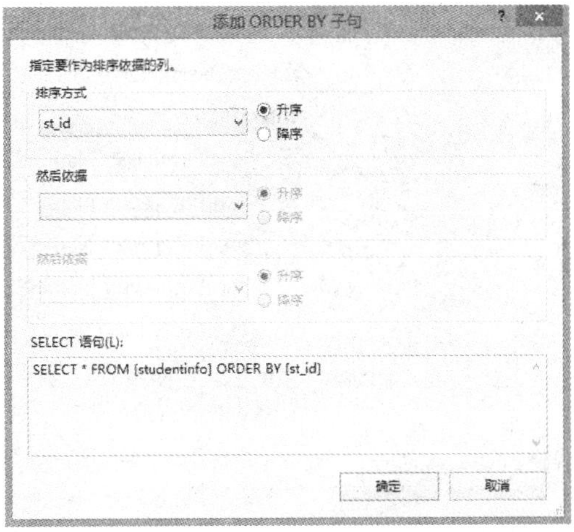

图 9-8　【添加 ORDER BY 子句】对话框

(8) 单击【下一步】按钮，在【测试查询】界面中可以看到配置的 Select 语句的效果，如图 9-9 所示。单击【完成】按钮完成对数据源的配置。

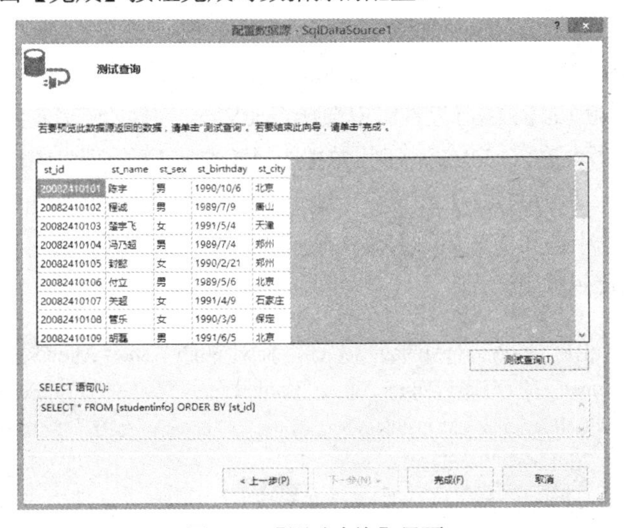

图 9-9　【测试查询】界面

通过上述步骤，实现了将一个 SqlDataSource 控件与 SQL Server 数据源的连接。在整个过程中无须编写代码，降低了 Web 数据库编程的难度。连接到一个 SQL Server 数据库的 SqlDataSource 控件的示例代码如下：

```
<asp:SqlDataSource ID="SqlDataSource1" runat="server"
        ConnectionString="<%$ ConnectionStrings:StudentDBConnectionString %>"
        SelectCommand="SELECT * FROM [studentinfo] ORDER BY [st_id]"
```

```
            DeleteCommand="DELETE FROM [studentinfo] WHERE [st_id] = @st_id"
            InsertCommand="INSERT INTO [studentinfo] ([st_id], [st_name], [st_sex], [st_birthday],
                    [st_city]) VALUES (@st_id, @st_name, @st_sex, @st_birthday, @st_city)"
            UpdateCommand="UPDATE [studentinfo] SET [st_name] = @st_name, [st_sex] =
            @st_sex, [st_birthday] = @st_birthday, [st_city] = @st_city WHERE [st_id] = @st_id">
            <DeleteParameters>
                <asp:Parameter Name="st_id" Type="String" />
            </DeleteParameters>
            <InsertParameters>
                <asp:Parameter Name="st_id" Type="String" />
                <asp:Parameter Name="st_name" Type="String" />
                <asp:Parameter Name="st_sex" Type="String" />
                <asp:Parameter Name="st_birthday" Type="DateTime" />
                <asp:Parameter Name="st_city" Type="String" />
            </InsertParameters>
            <UpdateParameters>
                <asp:Parameter Name="st_name" Type="String" />
                <asp:Parameter Name="st_sex" Type="String" />
                <asp:Parameter Name="st_birthday" Type="DateTime" />
                <asp:Parameter Name="st_city" Type="String" />
                <asp:Parameter Name="st_id" Type="String" />
            </UpdateParameters>
    </asp:SqlDataSource>
```

(9) 为了显示 SqlDataSource 控件检索的数据，还必须添加一个数据绑定控件，这里选择 GridView。在【工具箱】的【数据】控件组中选择 GridView 控件，将其拖到 SqlDataSource.aspx 窗体上，如图 9-10 所示。在【GridView 任务】的【选择数据源】下拉列表中选择 SqlDataSource1，选中【启用分页】、【启用排序】和【启用编辑】复选框。通过页面布局使之居中，在【自动套用格式】对话框中选择【蓝墨 1】架构显示和处理数据。开发者可根据自己的喜爱选择套用格式，生成的代码如下：

```
    <asp:GridView ID="GridView1" runat="server" AllowPaging="True" AllowSorting="True"
AutoGenerateColumns="False" BackColor="White" BorderColor="#999999" BorderStyle="Solid"
BorderWidth="1px" CellPadding="3" DataKeyNames="st_id" DataSourceID="SqlDataSource1"
ForeColor="Black" GridLines="Vertical">
            <AlternatingRowStyle BackColor="#CCCCCC" />
            <Columns>
        <asp:CommandField ShowDeleteButton="True" ShowEditButton="True" />
    <asp:BoundField DataField="st_id" HeaderText="st_id" ReadOnly="True" SortExpression="st_id" />
    <asp:BoundField DataField="st_name" HeaderText="st_name" SortExpression="st_name" />
    <asp:BoundField DataField="st_sex" HeaderText="st_sex" SortExpression="st_sex" />
    <asp:BoundField DataField="st_birthday" HeaderText="st_birthday" SortExpression="st_birthday" />
    <asp:BoundField DataField="st_city" HeaderText="st_city" SortExpression="st_city" />
            </Columns>
```

```
        <FooterStyle BackColor="#CCCCCC" />
        <HeaderStyle BackColor="Black" Font-Bold="True" ForeColor="White" />
        <PagerStyle BackColor="#999999" ForeColor="Black" HorizontalAlign="Center" />
        <SelectedRowStyle BackColor="#000099" Font-Bold="True" ForeColor="White" />
        <SortedAscendingCellStyle BackColor="#F1F1F1" />
        <SortedAscendingHeaderStyle BackColor="#808080" />
        <SortedDescendingCellStyle BackColor="#CAC9C9" />
        <SortedDescendingHeaderStyle BackColor="#383838" />
    </asp:GridView>
```

	st_id	st_name	st_sex	st_birthday	st_city
编辑 删除	abc	abc	abc	2014/4/5 0:00:00	abc
编辑 删除	abc	abc	abc	2014/4/5 0:00:00	abc
编辑 删除	abc	abc	abc	2014/4/5 0:00:00	abc
编辑 删除	abc	abc	abc	2014/4/5 0:00:00	abc
编辑 删除	abc	abc	abc	2014/4/5 0:00:00	abc
编辑 删除	abc	abc	abc	2014/4/5 0:00:00	abc
编辑 删除	abc	abc	abc	2014/4/5 0:00:00	abc
编辑 删除	abc	abc	abc	2014/4/5 0:00:00	abc
编辑 删除	abc	abc	abc	2014/4/5 0:00:00	abc
编辑 删除	abc	abc	abc	2014/4/5 0:00:00	abc
			1 2		

GridView 任务
自动套用格式...
选择数据源: SqlDataSource1
配置数据源...
刷新架构
编辑列...
添加新列...
☑ 启用分页
☑ 启用排序
☑ 启用编辑
☑ 启用删除
☐ 启用选定内容
编辑模板

图 9-10　Web 窗体上的 GridView 控件

(10) 保存网站，运行程序，浏览器将显示如图 9-11 所示的 SqlDataSource.aspx 页面，单击某条记录的编辑按钮，则显示为如图 9-12 所示的编辑页面。如图 9-13 所示为按照“st_city”字段升序排列的记录集。也可以测试一下删除。

	st_id	st_name	st_sex	st_birthday	st_city
编辑 删除	20082410101	陈宇	男	1990/10/6 0:00:00	北京
编辑 删除	20082410102	程诚	男	1989/7/9 0:00:00	唐山
编辑 删除	20082410103	楚宇飞	女	1991/5/4 0:00:00	天津
编辑 删除	20082410104	冯乃超	男	1989/7/4 0:00:00	郑州
编辑 删除	20082410105	封懿	女	1990/2/21 0:00:00	郑州
编辑 删除	20082410106	付立	男	1989/5/6 0:00:00	北京
编辑 删除	20082410107	关超	女	1991/4/9 0:00:00	石家庄
编辑 删除	20082410108	管乐	女	1990/3/9 0:00:00	保定
编辑 删除	20082410109	胡磊	男	1991/6/5 0:00:00	北京
编辑 删除	20082410110	和昆	男	1992/9/6 0:00:00	天津
			1 2 3		

图 9-11　浏览器中的 SqlDataSurce.aspx 页面

	st_id	st_name	st_sex	st_birthday	st_city
编辑 删除	20082410101	陈宇	男	1990/10/6 0:00:00	北京
更新 取消	20082410102	程诚	男	1989/7/9 0:00:00	唐山
编辑 删除	20082410103	楚宇飞	女	1991/5/4 0:00:00	天津
编辑 删除	20082410104	冯乃超	男	1989/7/4 0:00:00	郑州
编辑 删除	20082410105	封懿	女	1990/2/21 0:00:00	郑州
编辑 删除	20082410106	付立	男	1989/5/6 0:00:00	北京
编辑 删除	20082410107	关超	女	1991/4/9 0:00:00	石家庄
编辑 删除	20082410108	管乐	女	1990/3/9 0:00:00	保定
编辑 删除	20082410109	胡磊	男	1991/6/5 0:00:00	北京
编辑 删除	20082410110	和昆	男	1992/9/6 0:00:00	天津
			1 2 3		

图 9-12　浏览器中的 SqlDataSource.aspx 编辑页面

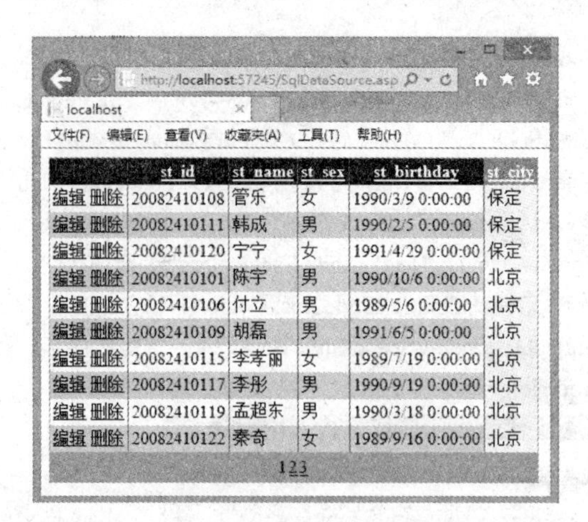

图 9-13　按“st_city”字段升序排列的 SqlDataSource.aspx 页面

在上述步骤中，未书写任何代码，就实现了使用 SqlDataSource 控件和 GridView 控件结合连接到 SQL Server 数据库，并允许提供 SQL 语句来检索和编辑数据。

9.2.2　DataList 控件

DataList 控件默认情况下以表格的形式显示数据，该控件的优点是用户可以为数据创建任意格式的布局。显示数据的格式在创建的模板中定义，可以为项、交替项、选定项和编辑项创建模板。表头、脚注和分隔符模板也用于自定义 DataList 的整体外观。通过在模板中添加 Button 和 LinkButton 等控件，可以将列表项连接到代码，这些代码使用户得以在显示、选择和编辑模式之间进行切换。

DataList 控件在很多方面超过了 Repeater 控件，主要是在图形布局领域。DataList 支持直接生成，这就意味着项目可以以垂直或水平的方式显示，以匹配指定的列数。它提供了用于检索与当前数据行关联的键值的设置，并且支持选择和原地编辑。此外，DataList 控件还支持更多的模板。Repeater 和 DataList 控件的数据绑定和总体行为几乎相同。但在某些情况下完成相同的效果，DataList 控件所需的代码更少。如表 9-7 所示列出了该控件支持的模板。

表 9-7　DataList 控件支持的模板

属　性	描　述
ItemTemplate	包含一些 HTML 元素和控件，将为数据源中的每一行呈现一次这些 HTML 元素和控件
HeaderTemplate	包含在列表的开始处呈现的文本和控件
FooterTemplate	包含在列表的结束处呈现的文本和控件
EditItemTemplate	指定当某项处于编辑模式中时的布局。此模板通常包含一些编辑控件，如 TextBox 控件
SelectedItemTemplate	包含一些元素，当用户选择 DataList 控件中的某一项时将呈现这些元素
SeparatorTemplate	包含在每项之间呈现的元素。典型的示例可能是一条直线(分隔符)
AlternatingItemTemplate	包含一些 HTML 元素和控件，将为数据源中的每两行呈现一次这些 HTML 元素和控件

【例 9-2】使用 DataList 控件实现数据绑定并实现对数据源数据的显示和选定操作。

操作步骤如下。

(1) 在网站 WebSite9 中添加一个名为 DataList.aspx 的页面。

(2) 在 DataList.aspx 页面的【设计】视图中添加一个 SqlDataSource 数据源控件，其 ID 默认为 SqlDataSource1，并设置其连接的数据库为 StudentDB，当指定 Select 查询时，选择【*】选项来查询所有列。

(3) 添加一个 DataList 控件，其 ID 默认为 DataList1，如图 9-14 所示。在【DataList 任务】中选择数据源为 SqlDataSource1，在【自动套用格式】中选择【石板】架构来显示和处理数据。

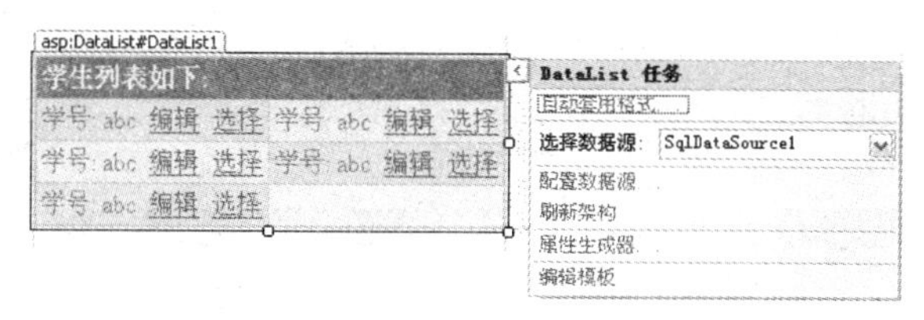

图 9-14　Web 窗体上的 DataList 控件

(4) 为了允许用户选择 DataList 控件中的项，需要创建一个 SelectedItemTemplate，为选择项定义标记和控件的布局。设置控件的 SelectedItemStyle 属性。在 ItemTemplate 和 AlternatingItemTemplate(如果使用)中，添加一个 Button 或 LinkButton 控件，将其 CommandName 属性设置为 select。为 DataList 控件的 SelectedIndexChanged 事件添加事件处理程序。在该事件处理程序中，调用控件的 DataBind 方法刷新控件中的信息。完整的代码如下：

```
protected void DataList1_SelectedIndexChanged (object sender,System.EventArgs e)
{
    DataList1.DataBind();
}
```

如果要取消选择，可以将控件的 SelectedIndex 属性设置为–1。为了完成此操作，可以将一个 Button 控件添加到 SelectedItemTemplate 上，并将其 CommandName 属性设置为 unselect。

```
<asp:DataList ID="DataList1" runat="server"
        DataKeyField="st_id" DataSourceID="SqlDataSource1" RepeatColumns="2"
            BackColor="White" BorderColor="#E7E7FF" BorderStyle="None" BorderWidth="1px"
            CellPadding="3" GridLines="Horizontal">
        <EditItemStyle BackColor="#FF3300" />
        <SelectedItemStyle BackColor="#738A9C" BorderColor="#003300" Font-Bold="True"
            ForeColor="#F7F7F7" />
        <HeaderTemplate>                学生列表如下:          </HeaderTemplate>
         <FooterStyle BackColor="#B5C7DE" ForeColor="#4A3C8C" />
        <AlternatingItemStyle BackColor="#F7F7F7" />
        <ItemStyle BackColor="#E7E7FF" ForeColor="#4A3C8C" />
        <HeaderStyle BackColor="#4A3C8C" Font-Bold="True" ForeColor="#F7F7F7" />
        <SelectedItemTemplate>
        </SelectedItemTemplate>
        <ItemTemplate>
```

```
            学号:
            <asp:Label ID="st_idLabel" runat="server" Text='<%# Eval("st_id") %>' />
             <asp:LinkButton ID="EditButton" runat="server" CausesValidation="False"
                CommandName="edit" Text="编辑" />
             <asp:LinkButton ID="SelectButton" runat="server" CausesValidation="False"
                CommandName="select" Text="选择" />
            </ItemTemplate>
</asp:DataList>
```

(5) 保存并运行程序，结果如图 9-15 和图 9-16 所示。单击 DataList 控件中的某条记录的【选择】按钮后，该记录将突出显示。

图 9-15　浏览器中的 DataList.aspx 页面

图 9-16　在 DataList.aspx 中选择单个记录

9.2.3　DetailsView 控件

DetailsView 控件一次可以显示一条数据记录。当需要深入研究数据库文件中的某一个记录时，DetailsView 控件就可以大显身手了。DetailsView 经常在主控/详细方案中与 GridView 控件配合使用。用户使用 GridView 控件来选择列，然后用 DetailsView 控件来显示相关的数据。

DetailsView 控件依赖于数据源控件的功能执行，诸如更新、插入和删除记录等任务。DetailsView 控件不支持排序。DetailsView 控件可以自动对其关联的数据源中的数据进行分页，但前提是数据由支持 ICollection 接口的对象表示或基础数据源支持分页。DetailsView 控件提供用于在数据记录之间导航的用户界面(UI)。如果要启用分页行为，则将 AllowPaging 属性设置为 true 即可。多数情况下，上述操作的实现无须编写代码。

【例 9-3】 使用 ObjectDataSource 控件绑定到自定义的业务对象，使用该业务对象读取和插入 XML 数据，并且使用 DetailsView 和 GridView 控件设计主控/详细方案，实现数据绑定、对数据源数据的分页显示、选择、编辑、插入和删除的操作。

具体步骤如下。

(1) 在【解决方案资源管理器】中，右击网站名，从弹出的快捷菜单中选择【添加 ASP.NET

文件夹】|【App_Data】命令。在网站中添加了一个【App_Data】文件夹。右击【App_Data】文件夹，从弹出的快捷菜单中选择【添加新项】命令，在对话框中选择【XML 文件】，命名为 studentinfo.xml。

(2) 在 studentinfo.xml 文件中输入如下内容并保存，然后关闭文件编辑窗口。

```
<dsPubs xmlns="aaa">
<xs:schema id="dsPubs" targetNamespace="aaa" xmlns:mstns="aaa" xmlns="aaa"
xmlns:xs="http://www.w3.org/2001/XMLSchema" xmlns:msdata ="urn:schemas-microsoft-com:xml-msdata"
attributeFormDefault="qualified" elementFormDefault="qualified">
  <xs:element name="dsPubs" msdata:IsDataSet="true">
    <xs:complexType>
      <xs:choice minOccurs="0" maxOccurs="unbounded">
        <xs:element name="students">
          <xs:complexType>
            <xs:sequence>
              <xs:element name="st_id" type="xs:string"/>
                <xs:element name="st_name" type="xs:string"/>
                <xs:element name="st_sex" type="xs:string"/>
                <xs:element name="st_birthday" type="xs:string"/>
                <xs:element name="st_city" type="xs:string"/>
            </xs:sequence>
          </xs:complexType>
        </xs:element>
      </xs:choice>
    </xs:complexType>
    <xs:unique name="Constraint1" msdata:PrimaryKeyt="true" >
      <xs:selector xpath=".//mstns:students"/>
      <xs:field xpath=".//mstns:st_id"/>
    </xs:unique>
  </xs:element>
  </xs:schema>
   <students>
    <st_id>20082410101</st_id>
    <st_name>陈宇</st_name>
    <st_sex>男</st_sex>
    <st_birthday>1990-10-6</st_birthday>
    <st_city>北京</st_city>
  </students>
  <students>
    <st_id>20082410102</st_id>
    <st_name>程诚</st_name>
    <st_sex>男</st_sex>
    <st_birthday>1989-7-9</st_birthday>
```

```
        <st_city>唐山</st_city>
    </students>
    <students>
        <st_id>20082410103</st_id>
        <st_name>楚宇飞</st_name>
        <st_sex>女</st_sex>
        <st_birthday>1991-5-4</st_birthday>
        <st_city>天津</st_city>
    </students>
    <students>
        <st_id>20082410104</st_id>
        <st_name>冯乃超</st_name>
        <st_sex>男</st_sex>
        <st_birthday>1989-7-4</st_birthday>
        <st_city>郑州</st_city>
    </students>
    <students>
        <st_id>20082410105</st_id>
        <st_name>封懿</st_name>
        <st_sex>女</st_sex>
        <st_birthday>1990-2-21</st_birthday>
        <st_city>郑州</st_city>
    </students>
    <students>
        <st_id>20082410106</st_id>
        <st_name>付立</st_name>
        <st_sex>男</st_sex>
        <st_birthday>1989-5-6</st_birthday>
        <st_city>北京</st_city>
    </students>
</dsPubs>
```

(3) 创建文件夹 App_Code，在文件夹中添加新项，选择【类】，创建一个类名为 StudentObject.cs 的类文件，在该类中定义一个 DataSet 私有成员 dsStudents，通过类的 GetAuthors()方法返回该成员。创建类的实例后，该实例读取 XML 文件并将其转换为数据集。再定义一个 InsertStudent 方法，该方法将插入一个学生记录来修改业务对象，然后将更新后的数据集以 XML 文件的形式写出并保存。完整的代码如下：

```
using System;
using System.Collections.Generic;
using System.Linq;
using System.Web;
using System.Data;
namespace DataSourceControl
```

```
{
    namespace StuClasses
    {
        public class StudentObject
        {
            private DataSet dsStudents = new DataSet("ds1");
            private String filePath =
            HttpContext.Current.Server.MapPath("~/App_Data/studentinfo.xml");
            public StudentObject()
            {
                dsStudents.ReadXml(filePath, XmlReadMode.ReadSchema);
            }
            public DataSet GetStudents()
            {
                return dsStudents;
            }
  public void InsertStudent(String st_id, String st_name, String st_sex, String st_birthday, String st_city)
            {//插入学生记录来修改业务对象
                DataRow workRow = dsStudents.Tables[0].NewRow();
                workRow.BeginEdit();
                workRow[0] = st_id;
                workRow[1] = st_name;
                workRow[2] = st_sex;
                workRow[3] = st_birthday;
                workRow[4] = st_city;
                workRow.EndEdit();
                dsStudents.Tables[0].Rows.Add(workRow);
                dsStudents.WriteXml(filePath, XmlWriteMode.WriteSchema);
            }
        }
    }
}
```

通过上述步骤创建了业务对象 studentobject。接下来就可以通过 ObjectDataSource 控件连接到该对象了。

(4) 创建一个页面，命名为 ObjectDataSource.aspx。

(5) 在 ObjectDataSource.aspx 页面中，插入一个 ObjectDataSource 控件(在【工具箱】的【数据】控件组中)，如图 9-17 所示。其 ID 默认为 ObjectDataSource1，单击该控件的任务列表中的【配置数据源】任务，在【配置数据源】对话框中的【选择业务对象】下拉列表中选择 DataSourceControl.StuClasses.StudentObject，如图 9-18 所示。

图 9-17　Web 窗体上的 ObjectDataSource 控件

(6) 单击【下一步】按钮，在【定义数据方法】界面中的【选择方法】下拉列表中选择【GetStudents()，返回 DataSet】选项，如图 9-19 所示。该方法返回的数据集包含 studentinfo.xml 文件的数据。

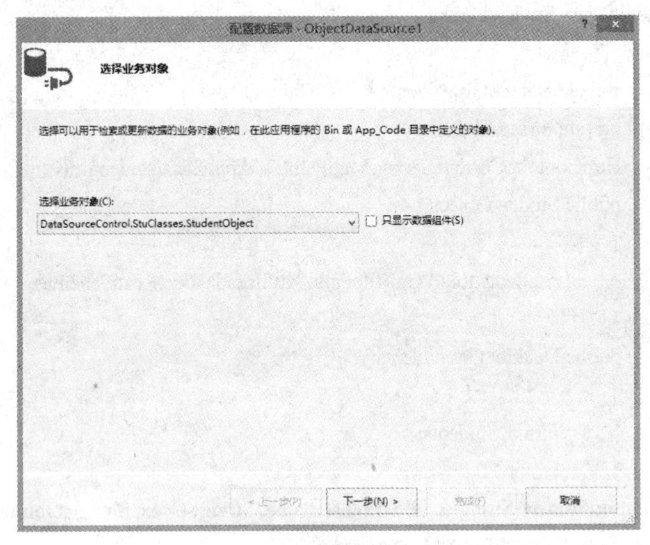

图 9-18　ObjectDataSource1 控件的【配置数据源】对话框

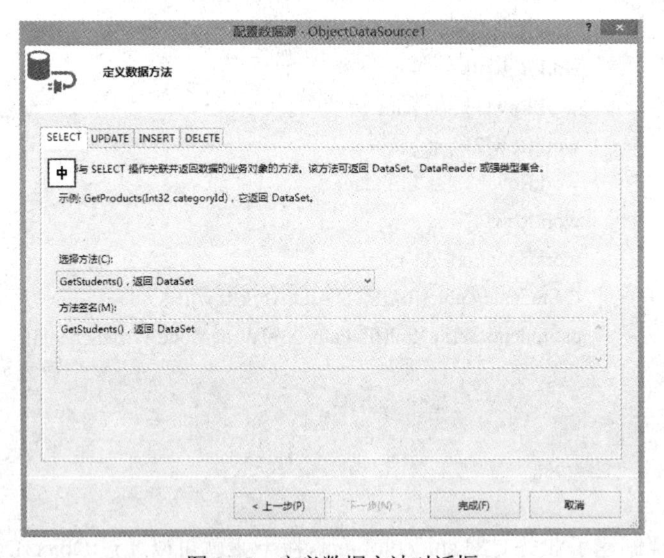

图 9-19　定义数据方法对话框

(7) 设置 ObjectDataSource1 控件的 InsertMethod 属性为 InsertStudent，这是添加到业务组件的方法的名称。单击【完成】按钮，就完成了将 ObjectDataSource 控件连接到数据源的工作。生成的代码如下：

```
<asp:ObjectDataSource ID="ObjectDataSource1" runat="server"
            SelectMethod="GetStudents"
            TypeName="DataSourceControl.StuClasses.studentobject"
            InsertMethod="InsertStudent">
</asp:ObjectDataSource>
```

(8) 在 ObjectDataSource.aspx 页面的【设计】视图中插入一个 GridView 控件，配置其数据源为 ObjectDataSource1，在【自动套用格式】中选择【彩色型】架构样式来处理显示和处理数据，启用分页功能，在【属性】面板中设置其 PageSize 属性为 6，即一页显示 6 条记录。

(9) 在 ObjectDataSource.aspx 页面的【设计】视图中插入一个 DetailsView 控件(在【工具箱】的【数据】控件组中)。在【DetailsView 任务】的【选择数据源】框中选择 ObjectDataSource1。在【自动套用格式】中选择【彩色型】架构来显示和处理数据。在【属性】面板中，将 AutoGenerateInsertButton 设置为 true。这会使 DetailsView 控件呈现一个【新建】按钮，用户可以单击该按钮使控件进入数据输入模式。

(10) 保存网站，运行程序，初始页面如图 9-20 所示。studentinfo.xml 文件的数据显示在浏览器中。在 DetailsView 控件中单击【新建】按钮，控件将重新显示，其中包含用于输入新的学生数据的文本框，如图 9-21 所示。输入完毕后，单击【插入】按钮，GridView 控件会立即反映新的记录，如图 9-22 所示。此时新的学生数据也将添加到 studentinfo.xml 文件中。

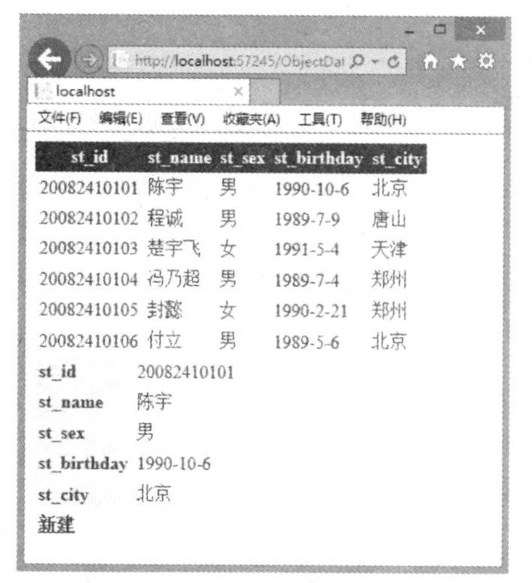

图 9-20　浏览器中的 ObjectDataSource.aspx 页面

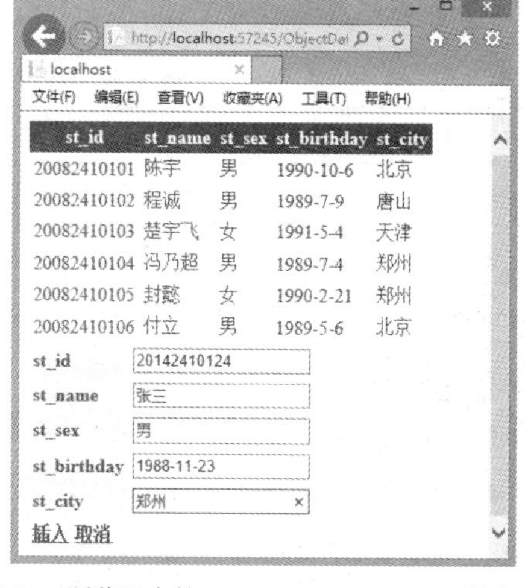

图 9-21　浏览器中的 ObjectDataSource.aspx 插入页面

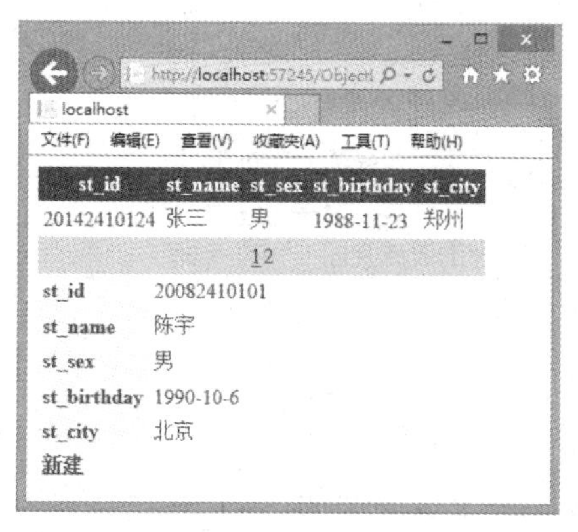

图 9-22　浏览器中的 ObjectDataSource.aspx 插入后的页面

以上实现了：用 ObjectDataSource 控件绑定到业务对象，使用业务对象来读取 XML 数据，使用 GridView 数据绑定控件显示 XML 数据；使用业务对象插入 XML 数据，进而更新 XML 文件。

从本例可以看出，在设计主控/详细视图的网页时，无须编写代码，即可实现非常复杂的数据浏览、编辑、插入、更新和删除操作。这就是 ASP.NET 数据控件带来的便利，使得 Web 数据库编程变得非常简单。

9.2.4　FormView 控件

FormView 控件用于一次显示数据源中的一条记录，其工作方式类似于 DetailsView 控件。FormView 控件与 DetailsView 控件的主要差异在于，DetailsView 控件具有内置的表格呈现方式，而FormView控件需要用户自定义模板来呈现数据，其优点是可以更自由地控制数据的显示和编辑方式。FormView控件通常也与GridView控件一起用于主控/详细信息方案的设计。

FormView 控件支持数据源提供的任何基本操作，同时可在记录间实现导航的分页功能。在使用时，通过创建模板来显示和编辑绑定值。这些模板包含用于定义窗体的外观和功能的控件、绑定表达式和格式设置。FormView 控件常用的模板属性和数据连接属性分别如表 9-8 和表 9-9 所示。

表 9-8　FormView 控件常用的模板属性

属　性	说　明
EditItemTemplate	编辑现有记录时使用的模板
InsertItemTemplate	插入新记录时使用的模板
ItemTemplate	仅当为查看现有记录时使用的模板
PagerTemplate	控制分页的模板
EmptyDataTemplate	指定在数据源不返回任何数据时显示的模板
HeaderTemplate	自定义 FormView 控件的页眉
FooterTemplate	自定义 FormView 控件的页脚

表 9-9　FormView 控件的主要数据连接属性

属　性	说　明
AllowPaging	是否允许分页
DefaultMode	控件开始的模式，在取消、插入、更新命令后恢复为设定的模式
DataNames	数据源中键字段的以逗号分隔的列表
DataMember	用于绑定的表或视图
DataSourceID	数据源控件的 ID

【例 9-4】使用 FormView 和 GridView 控件设计主控/详细方案，实现数据绑定以及对数据源数据的分页、插入、删除和更新操作。

(1) 添加一个名为 FormView.aspx 的页面。

(2) 在 FormView.aspx 页面的【设计】视图中添加一个 SqlDataSource 数据源控件，其 ID 默认为 SqlDataSource1，并设置其连接的数据库为 StudentDB，设置其 Select 命令，操作 studentinfo 表中的数据。单击【高级】按钮，在【高级 SQL 生成选项】对话框中选中【生成 INSERT、UPDATE 和 DELETE 语句(G)】复选框，单击【确定】按钮返回【配置 Select

语句】对话框，单击【完成】按钮完成对数据源的配置。

(3) 在 FormView.aspx 页面上添加一个 GridView 控件。在该控件的【选择数据源】下拉列表中选择 SqlDataSource1，在【自动套用格式】中选择【大洋洲】架构的样式来显示和处理数据。选中菜单中的【启用选定内容】。设置 GridView 控件的 DataKeyNames 属性为 st_id。自动生成的代码如下：

```
<asp:GridView ID="GridView1" runat="server" AutoGenerateColumns="False"
        BackColor="White" BorderColor="#3366CC" BorderStyle="None" BorderWidth="1px"
        CellPadding="4" DataKeyNames="st_id" DataSourceID="SqlDataSource1">
        <Columns>
            <asp:CommandField ShowSelectButton="True" />
            <asp:BoundField DataField="st_id" HeaderText="st_id" ReadOnly="True"
                SortExpression="st_id" />
            <asp:BoundField DataField="st_name" HeaderText="st_name"
                SortExpression="st_name" />
            <asp:BoundField DataField="st_sex" HeaderText="st_sex"
                SortExpression="st_sex" />
            <asp:BoundField DataField="st_birthday" HeaderText="st_birthday"
                SortExpression="st_birthday" />
            <asp:BoundField DataField="st_city" HeaderText="st_city"
                SortExpression="st_city" />
        </Columns>
        <FooterStyle BackColor="#99CCCC" ForeColor="#003399" />
        <HeaderStyle BackColor="#003399" Font-Bold="True" ForeColor="#CCCCFF" />
        <PagerStyle BackColor="#99CCCC" ForeColor="#003399" HorizontalAlign="Left" />
        <RowStyle BackColor="White" ForeColor="#003399" />
        <SelectedRowStyle BackColor="#009999" Font-Bold="True" ForeColor="#CCFF99" />
        <SortedAscendingCellStyle BackColor="#EDF6F6" />
        <SortedAscendingHeaderStyle BackColor="#0D4AC4" />
        <SortedDescendingCellStyle BackColor="#D6DFDF" />
        <SortedDescendingHeaderStyle BackColor="#002876" />
    </asp:GridView>
```

(4) 在 FormView.aspx 的【设计】视图中再添加一个 SqlDataSource 数据源控件，其 ID 默认为 SqlDataSource2，设置其连接的数据库为 StudentDB，在指定 Select 查询时，选择【*】查询所有的字段。单击 WHERE 按钮添加 Where 子句，在【添加 WHERE 子句】对话框中，将【列】、【运算符】、【源】和【控件 ID】分别设置为 st_id、=、Control 和 GridView1，单击【配置 Select 语句】对话框中的【高级】按钮，在弹出的对话框中选中【生成 INSERT、UPDATE 和 DELETE 语句】复选框，这样就可以启用 FormView 控件的插入、更新和删除功能了。

(5) 在 FormView.aspx 页面的【设计】视图中添加一个 FormView 数据绑定控件。在【FormView 任务】中选择数据源为 SqlDataSource2，在【自动套用格式】中选择【大洋洲】架构的样式来显示和处理数据，并编辑相应的模板。生成的代码如下：

```
<asp:FormView ID="FormView1" runat="server" BackColor="White" BorderColor="#3366CC"
        BorderStyle="None" BorderWidth="1px" CellPadding="4" DataKeyNames="st_id"
                    DataSourceID="SqlDataSource2" GridLines="Both">
    <EditItemTemplate>
        st_id:
        <asp:Label ID="st_idLabel1" runat="server" Text='<%# Eval("st_id") %>' />
        <br />
        st_name:
        <asp:TextBox ID="st_nameTextBox" runat="server" Text='<%# Bind("st_name") %>' />
        <br />
        st_sex:
        <asp:TextBox ID="st_sexTextBox" runat="server" Text='<%# Bind("st_sex") %>' />
        <br />
        st_birthday:
        <asp:TextBox ID="st_birthdayTextBox" runat="server"
            Text='<%# Bind("st_birthday") %>' />
        <br />
        st_city:
        <asp:TextBox ID="st_cityTextBox" runat="server" Text='<%# Bind("st_city") %>' />
        <br />
        <asp:LinkButton ID="UpdateButton" runat="server" CausesValidation="True"
            CommandName="Update" Text="更新" />
         <asp:LinkButton ID="UpdateCancelButton" runat="server"
            CausesValidation="False" CommandName="Cancel" Text="取消" />
    </EditItemTemplate>
    <EditRowStyle BackColor="#009999" Font-Bold="True" ForeColor="#CCFF99" />
    <FooterStyle BackColor="#99CCCC" ForeColor="#003399" />
    <HeaderStyle BackColor="#003399" Font-Bold="True" ForeColor="#CCCCFF" />
    <InsertItemTemplate>
        st_id:
        <asp:TextBox ID="st_idTextBox" runat="server" Text='<%# Bind("st_id") %>' />
        <br />
        st_name:
        <asp:TextBox ID="st_nameTextBox" runat="server" Text='<%# Bind("st_name") %>' />
        <br />
        st_sex:
        <asp:TextBox ID="st_sexTextBox" runat="server" Text='<%# Bind("st_sex") %>' />
        <br />
        st_birthday:
        <asp:TextBox ID="st_birthdayTextBox" runat="server"
            Text='<%# Bind("st_birthday") %>' />
        <br />
        st_city:
        <asp:TextBox ID="st_cityTextBox" runat="server" Text='<%# Bind("st_city") %>' />
        <br />
        <asp:LinkButton ID="InsertButton" runat="server" CausesValidation="True"
            CommandName="Insert" Text="插入" />
         <asp:LinkButton ID="InsertCancelButton" runat="server"
```

```
                CausesValidation="False" CommandName="Cancel" Text="取消" />
        </InsertItemTemplate>
        <ItemTemplate>
            st_id:
            <asp:Label ID="st_idLabel" runat="server" Text='<%# Eval("st_id") %>' />
            <br />
            st_name:
            <asp:Label ID="st_nameLabel" runat="server" Text='<%# Bind("st_name") %>' />
            <br />
            st_sex:
            <asp:Label ID="st_sexLabel" runat="server" Text='<%# Bind("st_sex") %>' />
            <br />
            st_birthday:
            <asp:Label ID="st_birthdayLabel" runat="server"
                Text='<%# Bind("st_birthday") %>' />
            <br />
            st_city:
            <asp:Label ID="st_cityLabel" runat="server" Text='<%# Bind("st_city") %>' />
            <br />
            <asp:LinkButton ID="EditButton" runat="server" CausesValidation="False"
                CommandName="Edit" Text="编辑" />
             <asp:LinkButton ID="DeleteButton" runat="server" CausesValidation="False"
                CommandName="Delete" Text="删除" />
             <asp:LinkButton ID="NewButton" runat="server" CausesValidation="False"
                CommandName="New" Text="新建" />
        </ItemTemplate>
        <PagerStyle BackColor="#99CCCC" ForeColor="#003399" HorizontalAlign="Left" />
        <RowStyle BackColor="White" ForeColor="#003399" />
    </asp:FormView>>
```

ItemTemplate 中的所有标记都呈现在表的单元格中。正如前面所提到的，FormView 的整体布局是表格。添加了【编辑】按钮，该按钮的命令名称是 Edit。该命令名称使得 FormView 自动从只读模式切换到编辑模式，同时显示编辑模板定义的内容(如果定义了编辑模板)。可以使用包括任何命令名称和标题的按钮控件。如果不要求自动改变模式，则可以调用 ChangeMode 和 FormView 控件支持的其他方法。

为了编辑绑定记录，可以利用 EditItemTemplate 属性定义编辑模板。在该模板中可以放置包括验证控件在内的任何输入控件集合。为了获取更新绑定记录的值，需要使用 Bind 方法。编辑模板中必须包括用于保存修改的按钮。这些常见按钮的命令名称设置为：实现保存的 Update 和实现取消的 Cancel。按钮引发了更新命令，将细节存储在相关数据源对象中。只要不改变命令名称，可以将按钮标题设置为任何文本。如果修改命令名称，则需要处理 FormView 控件的 ItemCommand 事件，然后调用 UpdateItem 方法响应该事件。

除了在 EditItemTemplate 中设置 Update 和 Cancel 按钮，还需要为识别键字段而设置 FormView 控件的 DataKeyNames 属性。为了删除记录，可以添加一个命令名称为 Delete 的按钮，同时配置底层数据源控件。

当添加新记录时，使用 InsertItemTemplate 属性来定义输入布局。为了避免混乱，插入模板不应该与编辑模板有太大不同。同时，应该认识编辑和插入是两个具有不同需求的、截然不同的操作。例如，插入模板应该提供可接收的控件默认值，在其他位置应该显示不确定或者空值。

开始插入操作，还需要一个命令名称为 New 的按钮。单击该按钮将强制 FormView 控件将模式修改为 Insert，同时呈现插入模板中定义的内容。插入模板还应该提供一对 Update/Cancel 按钮，这两个按钮与编辑模式中的按钮使用相同的命令名称。

(6) 保存网站，运行程序，初始的运行界面如图 9-23 所示，当单击 GridView 控件上某条记录的【选择】按钮后，FormView 控件将显示相同的记录的详细信息，如图 9-24 所示。单击 FormView 控件中的【编辑】、【删除】或【插入】按钮，分别可完成对数据的编辑、删除或插入操作，如图 9-25 和图 9-26 所示。

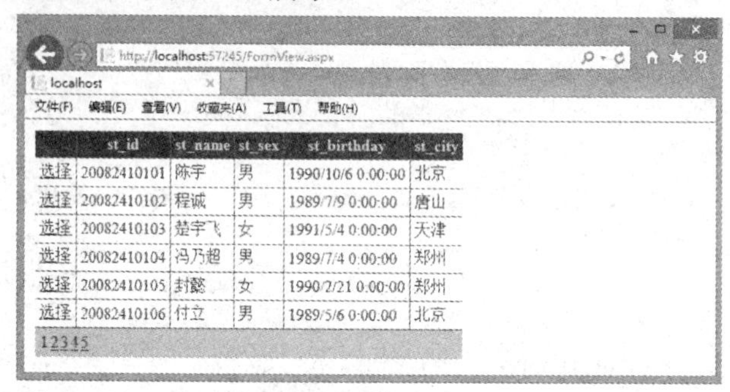

图 9-23　浏览器中的主控/详细页面

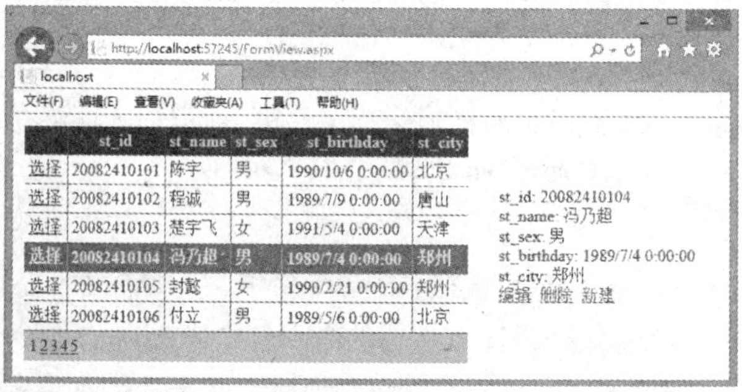

图 9-24　在主控/详细页面中选择记录

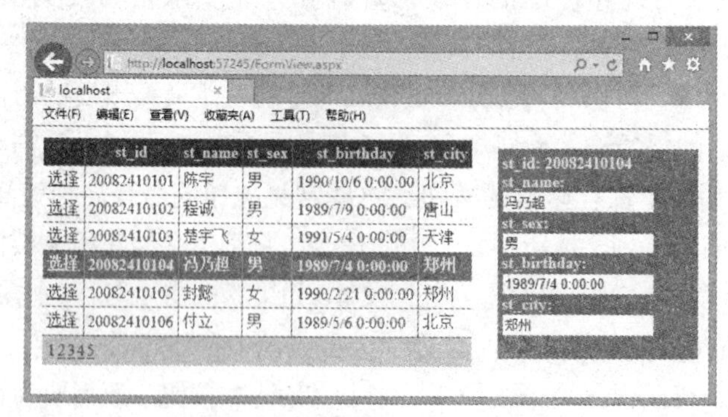

图 9-25　在主控/详细页面中编辑记录

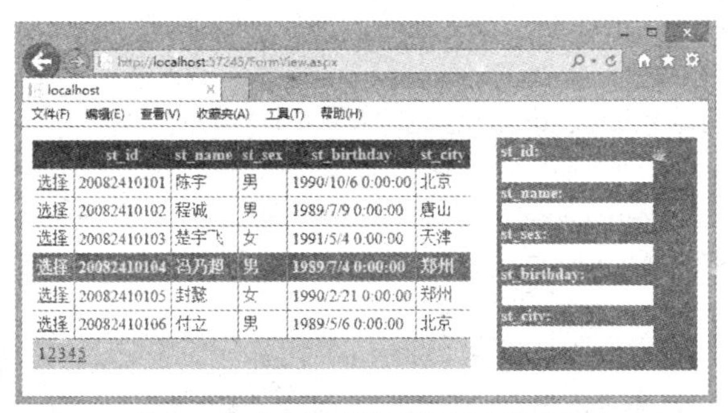

图 9-26　在主控/详细页面中插入记录

9.2.5　DataPager 控件

DataPager 是个单独的控件，可以用它来扩展另一个数据绑定控件。目前，只能用 DataPager 为 ListView 控件提供分页功能，但预计第三方控件或其他未来的 ASP.NET 控件也会得到扩展。

DataPage 与 ListView 一起使用，可以为数据源中的数据编页码，以分布的形式将数据提供给用户，而不是一次显示所有记录。将 DataPager 与 ListView 控件关联后，分页是自动完成的。将 DataPager 与 ListView 控件关联有如下两种方法。

(1) 可以在 ListView 控件的 LayoutTemplate 模板中定义它。此时，DataPager 将明确它给哪个控件提供分页功能。

(2) 在 ListView 控件外部定义它。这种情况下，需要将 DataPager 的 PagedControlID 属性设置为有效 ListView 控件的 ID。如果想将 DataPager 控件放到页面中的不同地方，例如 Footer 或 SideBar 区域，也可以在 ListView 控件的外部进行定义。

DataPager 控件包括两种样式：第一种是“上一页/下一页”样式；第二种是“数字页导航”样式。如图 9-27 和图 9-28 所示。

图 9-27　DataPager 控件的文本样式

图 9-28　DataPager 控件的数字页导航样式

当使用“上一页/下一页”样式时，DataPager 控件的 HTML 实现代码如下：

```
<asp:DataPager ID="DataPager1" runat="server">
    <Fields>
        <asp:NextPreviousPagerField ButtonType="Button" ShowFirstPageButton="True"
        ShowLastPageButton="True" />
    </Fields>
</asp:DataPager>
```

当使用“数字页导航”样式时，DataPager 控件的 HTML 实现代码如下：

```
<asp:DataPager ID="DataPager1" runat="server">
    <Fields>
        <asp:NextPreviousPagerField ButtonType="Button" ShowFirstPageButton="True"
        ShowNextPageButton="False" ShowPreviousPageButton="False" />
        <asp:NumericPagerField />
        <asp:NextPreviousPagerField ButtonType="Button" ShowLastPageButton="True"
        ShowNextPageButton="False" ShowPreviousPageButton="False" />
    </Fields>
</asp:DataPager>
```

除了可以通过默认的方法来显示分页样式以外，还可以通过向 DataPager 的 Fields 中添加 TemplatePagerField 的方法来自定义分页样式。在 TemplatePagerField 中添加 PagerTemplate，在 PagerTemplate 中添加服务器控件，这些服务器控件即可通过实现 TemplatePagerField 的 OnPagerCommand 事件来实现自定义分页。

9.2.6 ListView 控件

ListView 控件很好地集成了 GridView 和 DataLis 的优点。类似于 GridView，它支持数据编辑、删除和分页；类似于 DataList，它支持多列和多行布局。

ListView通过模板(允许控制ListView对其底层数据提供的许多不同的视图)显示和管理其数据。如表9-10所示列出了所有可添加为页面标记中ListView控件的直接子元素的可用模板。

表 9-10　ListView 的可用模板

模　板	描　述
<LayoutTemplate>	作为控件的容器，它可以定义一个放置单独数据项(像 Reviews)的位置，然后通过 ItemTemplate 和 AlternatingItemTemplate 表示的数据项作为容器的子元素添加
<ItemTemplate> <AlternatingItemTemplate>	定义控件的只读模式。当一起使用时，它们可以创建一种“斑马纹效果”，奇偶行有着不同的外观(通常是不同的背景色)
<SelectedItemTemplate>	允许定义当前活动或选择项的外观
<InsertItemTemplate> <EditItemTemplate>	这两个模板允许定义用于插入和更新列表中的项的用户界面。通常，放置文本框、下拉列表和其他服务器控件等到这些模板中，将它们与底层数据源绑定
<ItemSeparatorTemplate>	定义放置在列表中项之间的标记。可用于在项之间添加线、图像或其他标记
<EmptyDataTemplate>	在控件无数据显示时显示。可以添加文本或其他标记，告诉用户无数据显示
<GroupTemplate> <GroupSeparatorTemplate> <EmptyItemTemplate	在高级表现场景中使用，其中数据可呈现在不同组中

尽管这些模板看上去让人觉得需要编写大量的代码来使用 ListView，但事实并非如此。首先，根据一些控件(如 LinqDataSource)提供的数据，创建了大部分代码。其次，并不总是需要所有模板，这就可以最小化控件所需的代码。除了许多模板外，ListView 控件还具有如表 9-11 所示的属性，可以通过对这些属性进行设置来影响控件行为。

表 9-11　ListView 控件的主要属性

属　　性	描　　述
ItemPlaceholderID	放置在 LayoutTemplate 中的服务器端控件的 ID。当该属性引用的控件在屏幕上显示时，由所有重复的数据项取代。它可以是一个服务器控件，如<asp:PlaceHolder>或是一个简单的 HTML 元素，带有一个有效的 ID，其 runat 属性设置为服务器(例如<ul runat= " server "　id= " MainList " ></ul>)。如果不设置该属性，ASP.NET 会尝试找到 ID 为 itemPlaceholder 的控件并使用该控件
DataSourceID	页面上数据源控件的 ID，如 LinqDataSource 或 SqlDataSource 控件
InsertItemPosition	这一属性的枚举包括 3 个值，分别为 None、FirstItem 和 LastItem，允许确定 InsertItem Template 的位置：在列表的开始或末尾，或者不可见

和其他数据绑定控件一样，ListView 有大量在控件生命周期的特定时间触发的事件。例如，它有在项插入到底层数据源前后触发的 ItemInserting 和 ItemInserted 事件。类似地，它还有在更新和删除数据前后的事件。如表 9-12 所示列出了 ListView 控件的事件。

表 9-12　ListView 控件的主要事件

事　　件	描　　述
AfterLabelEdit	在编辑了标签后，引发该事件
BeforeLabelEdit	在用户开始编辑标签前，引发该事件
ColumnClick	在单击一列时，引发该事件
ItemActivate	在激活一个选项时，引发该事件

【例 9-5】使用 ListView 控件对数据源的数据进行分组显示、编辑、删除和插入。

步骤如下。

(1) 新建一个名为 ListView.aspx 的页面。

(2) 在 ListView.aspx 页面的【设计】视图中添加一个 SqlDataSource 数据源控件，其 ID 默认为 SqlDataSource1，并设置其连接的数据库为 StudentDB，设置其 Select 命令，用于操作 studentinfo 表中的数据。单击【高级】按钮，在打开的【高级 SQL 生成选项】对话框中选中【生成 INSERT、UPDATE 和 DELETE 语句(G)】复选框，单击【确定】按钮返回【配置 Select 语句】对话框，单击【完成】按钮完成对数据源的配置。

(3) 在 ListView.aspx 页面的【设计】视图中添加一个 ListView 控件 ListView1。在【ListView 任务】中选择数据源为 sqlDataSource1。在【配置 ListView】对话框中选择布局为【网格】；选择样式为【专业型】；选中【启用编辑】、【启用插入】、【启用删除】、【启用分页】复选框，并选择【数字页导航】样式。单击【确定】按钮，自动生成的代码如下：

```
<asp:ListView ID="ListView1" runat="server" DataKeyNames="st_id"
        DataSourceID="SqlDataSource1" InsertItemPosition="LastItem">
        <AlternatingItemTemplate>
```

```
            <tr style="background-color:#FFF8DC;">
                <td>
            <asp:Button ID="DeleteButton" runat="server" CommandName="Delete" Text="删除" />
            <asp:Button ID="EditButton" runat="server" CommandName="Edit" Text="编辑" />
                </td>
                <td>
                    <asp:Label ID="st_idLabel" runat="server" Text='<%# Eval("st_id") %>' />
                </td>
                <td>
            <asp:Label ID="st_nameLabel" runat="server" Text='<%# Eval("st_name") %>' />
                </td>
                <td>
                    <asp:Label ID="st_sexLabel" runat="server" Text='<%# Eval("st_sex") %>' />
                </td>
                <td>
                    <asp:Label ID="st_birthdayLabel" runat="server"
                        Text='<%# Eval("st_birthday") %>' />
                </td>
                <td>
                  <asp:Label ID="st_cityLabel" runat="server" Text='<%# Eval("st_city") %>' />
                </td>
            </tr>
        </AlternatingItemTemplate>
        <EditItemTemplate>
            <tr style="background-color:#008A8C;color: #FFFFFF;">
                <td>
          <asp:Button ID="UpdateButton" runat="server" CommandName="Update" Text="更新" />
          <asp:Button ID="CancelButton" runat="server" CommandName="Cancel" Text="取消" />
                </td>
                <td>
            <asp:Label ID="st_idLabel1" runat="server" Text='<%# Eval("st_id") %>' />
                </td>
                <td>
          <asp:TextBox ID="st_nameTextBox" runat="server" Text='<%# Bind("st_name") %>' />
                </td>
                <td>
        <asp:TextBox ID="st_sexTextBox" runat="server" Text='<%# Bind("st_sex") %>' />
                </td>
                <td>
                    <asp:TextBox ID="st_birthdayTextBox" runat="server"
                        Text='<%# Bind("st_birthday") %>' />
                </td>
                <td>
          <asp:TextBox ID="st_cityTextBox" runat="server" Text='<%# Bind("st_city") %>' />
```

```
                </td>
            </tr>
        </EditItemTemplate>
        <EmptyDataTemplate>
    <table runat="server"   style="background-color: #FFFFFF;border-collapse: collapse;border-color:
#999999;border-style:none;border-width:1px;">
                <tr>
                    <td>
                        未返回数据。</td>
                </tr>
            </table>
        </EmptyDataTemplate>
        <InsertItemTemplate>
            <tr style="">
                <td>
            <asp:Button ID="InsertButton" runat="server" CommandName="Insert" Text="插入" />
            <asp:Button ID="CancelButton" runat="server" CommandName="Cancel" Text="清除" />
                </td>
                <td>
             <asp:TextBox ID="st_idTextBox" runat="server" Text='<%# Bind("st_id") %>' />
                </td>
                <td>
            <asp:TextBox ID="st_nameTextBox" runat="server" Text='<%# Bind("st_name") %>' />
                </td>
                <td>
                <asp:TextBox ID="st_sexTextBox" runat="server" Text='<%# Bind("st_sex") %>' />
                </td>
                <td>
                    <asp:TextBox ID="st_birthdayTextBox" runat="server"
                        Text='<%# Bind("st_birthday") %>' />
                </td>
                <td>
             <asp:TextBox ID="st_cityTextBox" runat="server" Text='<%# Bind("st_city") %>' />
                </td>
            </tr>
        </InsertItemTemplate>
        <ItemTemplate>
            <tr style="background-color:#DCDCDC;color: #000000;">
                <td>
            <asp:Button ID="DeleteButton" runat="server" CommandName="Delete" Text="删除" />
                <asp:Button ID="EditButton" runat="server" CommandName="Edit" Text="编辑" />
                </td>
                <td>
                    <asp:Label ID="st_idLabel" runat="server" Text='<%# Eval("st_id") %>' />
```

```
                    </td>
                    <td>
                        <asp:Label ID="st_nameLabel" runat="server" Text='<%# Eval("st_name") %>' />
                    </td>
                    <td>
                        <asp:Label ID="st_sexLabel" runat="server" Text='<%# Eval("st_sex") %>' />
                    </td>
                    <td>
                        <asp:Label ID="st_birthdayLabel" runat="server"
                            Text='<%# Eval("st_birthday") %>' />
                    </td>
                    <td>
                        <asp:Label ID="st_cityLabel" runat="server" Text='<%# Eval("st_city") %>' />
                    </td>
                </tr>
            </ItemTemplate>
            <LayoutTemplate>
                <table runat="server">
                    <tr runat="server">
                        <td runat="server">
                            <table ID="itemPlaceholderContainer" runat="server" border="1"
                                style="background-color: #FFFFFF;border-collapse:
collapse;border-color: #999999;border-style:none;border-width:1px;font-family: Verdana, Arial, Helvetica,
sans-serif;">
                        <tr runat="server" style="background-color:#DCDCDC;color: #000000;">
                                    <th runat="server">
                                    </th>
                                    <th runat="server">
                                        st_id</th>
                                    <th runat="server">
                                        st_name</th>
                                    <th runat="server">
                                        st_sex</th>
                                    <th runat="server">
                                        st_birthday</th>
                                    <th runat="server">
                                        st_city</th>
                                </tr>
                                <tr ID="itemPlaceholder" runat="server">
                                </tr>
                            </table>
                        </td>
                    </tr>
                    <tr runat="server">
```

```
                    <td runat="server"
                        style="text-align: center;background-color: #CCCCCC;font-family: Verdana,
Arial, Helvetica, sans-serif;color: #000000;">
                        <asp:DataPager ID="DataPager1" runat="server">
                            <Fields>
        <asp:NextPreviousPagerField ButtonType="Button" ShowFirstPageButton="True"
                        ShowNextPageButton="False" ShowPreviousPageButton="False" />
        <asp:NumericPagerField />
         <asp:NextPreviousPagerField ButtonType="Button" ShowLastPageButton="True"
                        ShowNextPageButton="False" ShowPreviousPageButton="False" />
                            </Fields>
                        </asp:DataPager>
                    </td>
                </tr>
            </table>
        </LayoutTemplate>
        <SelectedItemTemplate>
            <tr style="background-color:#008A8C;font-weight: bold;color: #FFFFFF;">
                <td>
            <asp:Button ID="DeleteButton" runat="server" CommandName="Delete" Text="删除" />
                <asp:Button ID="EditButton" runat="server" CommandName="Edit" Text="编辑" />
                </td>
                <td>
                    <asp:Label ID="st_idLabel" runat="server" Text='<%# Eval("st_id") %>' />
                </td>
                <td>
                  <asp:Label ID="st_nameLabel" runat="server" Text='<%# Eval("st_name") %>' />
                </td>
                <td>
                    <asp:Label ID="st_sexLabel" runat="server" Text='<%# Eval("st_sex") %>' />
                </td>
                <td>
                    <asp:Label ID="st_birthdayLabel" runat="server"
                        Text='<%# Eval("st_birthday") %>' />
                </td>
                <td>
                    <asp:Label ID="st_cityLabel" runat="server" Text='<%# Eval("st_city") %>' />
                </td>
            </tr>
        </SelectedItemTemplate>
    </asp:ListView>
```

(4) 保存网站，运行程序，结果如图 9-29 所示。ListView 控件将分页显示学生信息，并且能够实现添加、删除和修改操作。完成这些功能都无须编写代码。

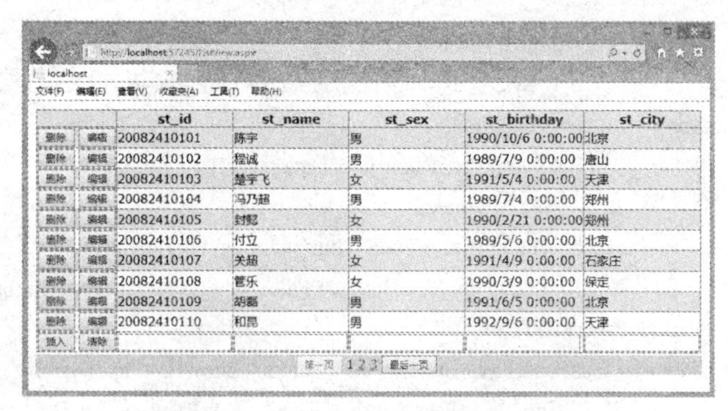

图 9-29　用 ListView 控件显示学生信息

9.3　本 章 小 结

本章介绍了 ASP.NET 中的一些重要的数据源控件和数据绑定控件，并描述了 ASP.NET 中的其他数据绑定特性，用实例说明了如何使用数据源控件方便快捷地把数据绑定到数据绑定控件上。本章首先介绍的是数据源控件，然后介绍数据源和数据绑定控件相结合，这里主要介绍了复杂的数据绑定控件，例如 GridView、DataList、DetailsView、FormView 和 ListView 等。

9.4　练　　习

1. 如果需要创建一个用户界面，使用户显示、筛选、编辑和删除某个 SQL Server 数据库中的数据，可以选择使用哪些数据源控件？

2. Repeater 控件是如何显示数据源控件获取的数据的？DataList 控件又是如何显示数据的？

3. 与数据控件如 GridView 和 Repeater 相比，ListView 控件的主要优势在哪里？

4. 请解释 ASP.NET 中的数据绑定与传统数据绑定有什么区别？

5. 如果需要在 GridView 控件的某一列中添加下拉列表框并绑定数据，该如何实现？

6. 简要叙述 DataPager 控件的功能。

7. 新建一个名字为 DataBinding_ Exercise 的网站。

(1) 在网站中建立用于数据绑定的数据库(可参考本章使用的实例数据库)。

(2) 添加一个网页，利用 GridView 实现数据的分页显示。

(3) 添加一个网页，利用 DataList 实现数据的分页显示。

(4) 添加一个网页，利用 FormView 控件实现数据的插入、修改和删除操作，以及 FormView 界面和自定义布局。

(5) 添加一个页面，利用 DetailsView 实现对某一记录的编辑、修改和删除操作。

8. 在 VS 2012 中，创建一个 SQL Server 数据库 Users，其中含有一个表 Users，其字段

和类型如表 9-13 所示。

表 9-13　Users 表

字 段 名 称	数 据 类 型	大　　小	说　　明
UserNo	文字	6	用户编号
UserName	文字	30	用户姓名
UserPower	文字	4	用户权限
UserPhone	文字	11	用户电话号码
UserClass	文字	10	用户类别

(1) 创建 ASP.NET 程序，使用 LinqDataSource 控件连接 Users 数据库，使用 GridView 控件显示 Users 表中的数据记录，提供排序和分页显示功能，每页显示 5 条记录数据。

(2) 创建 ASP.NET 程序，使用 SqlDataSource 控件连接 Users 数据库，使用 ListView 和 DetailsView 控件实现分组显示、删除和插入，并且提供数据表的编辑功能。

第10章 LINQ技术

LINQ，即语言集成查询(Language-Integrated Query)，是一种与.NET Framework 中使用的编程语言紧密集成的新查询语言，是.NET 的新特性。它使得程序员可以像用 SQL 查询数据库的数据那样，从.NET 编程语言中查询数据。事实上，LINQ 语法部分模仿了 SQL 语言，从而使熟悉 SQL 的编程人员更容易上手。

本章介绍了 LINQ 语言及其语法，以及在 ASP.NET 项目中使用 LINQ 数据的许多方法。LINQ 是一门非常有用的技术，本章只是简单地概述了一些常用的内容。

本章的学习目标：

- 了解 LINQ 的基本概念和几个主要的独立技术；
- 掌握如何将表生成实体类；
- 了解 DataContext 类；
- 掌握如何使用 LINQ to SQL，利用 LINQ 技术完成数据的基本查询、添加、删除和修改；
- 掌握 LinqDataSource 控件。

10.1 LINQ 基本概念

LINQ 可以像用 SQL 查询数据库数据那样，从.NET 编程语言中查询数据。LINQ 技术主要包括以下几个独立技术。

- 使用 LINQ to Objects 查询和处理集合对象中的数据。
- 使用 LINQ to SQL(DLinq)查询和操作 SQL Server 数据库的数据。
- 使用 LINQ to DataSet 查询和处理 DataSet 对象中的数据。
- 使用 LINQ to XML(XLinq)查询、创建、修改和删除 XML 文档。

它们分别查询和处理对象数据(如集合等)、关系数据(如 SQL Server 数据库等)、DataSet 对象数据和 XML 结构(如 XML 文件)数据。使用 LINQ 可以大量减少查询或操作数据库或数据源中的数据的代码，并在一定程度上避免了 SQL 注入，提供了应用程序的安全性。借助于 LINQ 技术，可以使用一种类似 SQL 的语法来查询任何形式的数据。目前为止，LINQ 所支持的数据源有 SQL Server、XML 以及内存中的数据集合。开发人员也可以使用其提供的扩展框架添加更多的数据源，例如 MySQL、Amazon，甚至是 Google Desktop。

10.1.1 LINQ to Objects

LINQ to Objects 是指用 LINQ 操作内存中对象集合的方法。使用 LINQ to Objects 的首要条件就是要查询的对象是某种类型的集合。LINQ to Object 可以从任何实现了 IEnumerable<T>接口的对象中查询数据。IEnumerable<T>接口的对象在 LINQ 中叫做序列。在.NET 框架中，几乎所有的泛型类型的集合都实现了 IEnumerable<T>接口。通过 LINQ to Objects 进行查询的集合类型有数组、泛型列表、泛型字典、字符串等。

10.1.2 LINQ to ADO.NET

ADO.NET 是.NET Framework 的一部分，它允许访问数据、数据服务(如 SQL Server)和其他许多不同的数据源。使用 LINQ to ADO.NET，可以查询与数据库相关的信息集，包括 LINQ to Entities、LINQ to DataSet 和 LINQ to SQL。LINQ to Entities 是 LINQ to SQL 的超集，比 LINQ to SQL 有更丰富的功能，是 Microsoft ORM 解决方案，允许开发人员使用实体(Entities)声明性地指定商业对象(Business object)的结构，并且使用 LINQ 进行查询。不过，对于大多不同类型的应用程序来说，LINQ to SQL 足够了。本章也会着重介绍 LING to SQL。

1. LINQ to SQL

LINQ to SQL 允许在.NET 项目中编写针对 Microsoft SQL Server 数据库的面向对象的查询。LINQ to SQL 实现将查询转换为 SQL 语句，然后该 SQL 语句被发送到数据库执行一般的操作。LINQ to SQL 在.NET 应用程序和 SQL Server 数据库之间创建了一个层。LINQ to SQL 设计器做了大部分的工作，提供了可在应用程序中使用的精简对象模型的访问。用于以对象形式管理关系数据，并提供了丰富的查询功能。本章将着重介绍 LINQ to SQL 技术的使用。

2. LINQ to DataSet

LINQ to DataSet 可以方便快速地查询 DataSet 中的对象，可以使用与 LINQ to Objects 相同的语法查询 DataSet。LINQ to DataSet 和 LINQ to SQL 都属于 ADO.NET，增强了 ADO.NET 的功能和可用性。使用 LINQ to DataSet 可以更快更容易地查询在 DataSet 对象中缓存的数据。具体而言，开发人员能够使用编程语言本身而不是通过使用单独的查询语言来编写查询，LINQ to DataSet 可以简化查询。

10.1.3 LINQ to XML

LINQ to XML(XLinq)不仅包括 LINQ to Objects 功能，还可以查询和创建 XML 文档。采用高效、易用的内存中的 XML 工具在宿主编程语言中提供 XPath/XQuery 功能等。LINQ to XML 最重要的优势是它与 Language-Integrated Query (LINQ)的集成。由于实现了这一集成，可以对内存 XML 文档编写查询，以检索元素和属性的集合。LINQ to XML 在查询功能上(尽管不是在语法上)与 XPath 和 XQuery 具有可比性。LINQ to XML 提供了改进的 XML 编程接口，这一点可能与 LINQ to XML 的 LINQ 功能同样重要。通过 LINQ to XML，对 XML 编程时，可以实现任何预期的操作，包括如下几点。

- 从文件或流加载 XML。
- 将 XML 序列化为文件或流。
- 使用函数构造从头开始创建 XML。

- 使用类似 XPath 的轴查询 XML。
- 使用 Add、Remove、ReplaceWith 和 SetValue 等方法对内存 XML 树进行操作。
- 使用 XSD 验证 XML 树。
- 使用这些功能的组合，可以将 XML 树从一种形状转换为另一种形状。

10.1.4　LINQ 相关的命名空间

LINQ 为开发人员提供了便利，允许开发人员以统一的方式对 IEnumerable<T>接口的对象、数据库、数据集以及 XML 文档进行访问。从整体上来说，LINQ 是这一系列访问技术的统称，对于不同的数据库和对象都有自己的 LINQ 名称，例如 LINQ to SQL、LINQ to Objects 等。当使用 LINQ 操作不同的对象时，可能使用不同的命名空间。常用的命名空间有如下 6 个。

- System.Data.Linq：该命名空间包含支持与 LINQ to SQL 应用程序中的关系数据库进行交互的类。
- System.Data.Linq.Mapping：该命名空间包含用于生成表示关系数据库的结构和内容的 LINQ to SQL 对象模型的类。
- System.Data.Linq.SqlClient：该命名空间包含与 SQL Server 进行通信的提供程序类，以及包含查询帮助器方法的类。
- System.Linq：该命名空间提供支持使用语言集成查询 (LINQ)进行查询的类和接口。
- System.Linq.Expression：该命名空间包含一些类、接口和枚举，它们使语言级别的代码表达式能够表示为表达式树形式的对象。
- System.Xml.Linq：包含 LINQ to XML 的类，LINQ to XML 是内存中的 XML 编程接口。

LINQ 中常用的命名空间，为开发人员提供了 LINQ 到数据库和对象的简单的解决方案，开发人员通过这些命名空间提供的类，可以进行数据查询和整理，这些命名空间统一了相应对象的查询方法，如数据集和数据库都可以使用类似的 LINQ 语句进行查询操作。

10.2　LINQ to SQL

在 LINQ to SQL 推出之前，人们只是把 sql 语句形成一个 string，然后通过 ADO.NET 传给 Sql Server，再返回结果集。这样做的缺陷是，若 Sql 语句有问题，只有到运行时才知道，而且并不是所有的人都懂数据库。而 LINQ to SQL 语句是在编译期间就做检查。这样，当哪里出了问题，就可以及时更改，而不是到了运行时才发现问题。最后，LINQ to SQL 是针对对象操作的，是“面向对象”的。

LINQ to SQL 是在 ADO.NET 和 C# 2.0 的基础上实现的。LINQ to SQL 在一切围绕数据的项目内都可以使用。特别是在项目中缺少 Sql Server 方面的专家时，LINQ to SQL 的强大功能可以帮助快速地完成项目。LINQ to SQL 的推出，让人们从烦琐的技术细节中解脱出来，而去更加关注项目的逻辑。LINQ to SQL 的出现，大大降低了数据库应用程序开发的门槛，其实质是事先为程序员构架了数据访问层，势必将加快数据库应用程序的开发进度。LINQ to SQL 解放了众多程序员，使程序员能够把更多的精力放到业务逻辑以及编码上，而非数据库。对于初学者来说，LINQ to SQL 可以让他们迅速进入数据库应用程序开发领域，节约了培训成本。本节将着重讲解 LINQ to SQL 技术是如何操作数据库的。

10.2.1　IEnumerable 和 IEnumerable<T>接口

IEnumerable 和 IEnumerable<T>接口在.NET 中是非常重要的接口，它允许开发人员定义 foreach 语句功能的实现并支持非泛型方法的简单迭代，IEnumerable 和 IEnumerable<T>接口是.NET Framework 中最基本的集合访问器，这两个接口对于 LINQ 的理解是非常重要的。在面向对象的开发过程中，常常需要创建若干对象，并进行对象的操作和查询，在创建对象前，首先需要声明一个类为对象提供描述，示例代码如下：

```
using System;
using System.Collections.Generic;
using System.Linq;                              //使用 LINQ 命名控件
using System.Text;
namespace IEnumeratorSample
//定义一个 Person 类
        class Person
          {
              public string Name;                          //定义 Person 的名字
              public string Age;                           //定义 Person 的年龄
              public Person(string name, string age)       //为 Person 初始化(构造函数)
              {
                  Name = name;                             //配置 Name 值
                  Age = age;                               //配置 Age 值
              }
          }
```

上述代码定义了一个 Person 类并抽象了 Person 类的属性，这些属性包括 Name 和 Age。Name 和 Age 属性分别用于描述 Person 的名字和年龄，用于数据初始化。初始化之后的数据就需要创建一系列 Person 对象，通过这些对象的相应属性能够进行对象的访问和遍历，示例代码如下：

```
class Program
{
    static void Main(string[] args)
    {
        Person[] per = new Person[2]                  //创建并初始化两个 Person 对象
        {
            new Person("guojing","21"),               //通过构造函数构造对象
            new Person("muqing","21"),                //通过构造函数构造对象
        };
```

```
                foreach (Person p in per)                               //遍历对象
                    Console.WriteLine("Name is " + p.Name + " and Age is " + p.Age);
                Console.ReadKey();
            }
        }
    }
```

上述代码创建并初始化了两个 Person 对象，并通过 foreach 语法进行对象的遍历。但是，上述代码是在数组中进行查询的，也就是说，如果要创建多个对象，则必须创建一个对象数组，如上述代码中的 Per 变量，而如果需要直接对对象的集合进行查询，则不能够实现查询功能。例如增加一个构造函数，该构造函数用于构造一组 Person 对象，示例代码如下：

```
            private Person[] per;
            public Person(Person[] array)
            {//重载构造函数,迭代对象
                per = new Person[array.Length];                         //创建对象
                for (int i = 0; i < array.Length; i++)                  //遍历初始化对象
                {
                    per[i] = array[i];                                      //数组赋值
                }
            }
```

上述构造函数动态地构造了一组 People 类的对象，那么应该也能够使用 foreach 语句进行遍历，示例代码如下：

```
                Person personlist = new Person(per);                        //创建对象
                foreach (Person p in personlist)                            //遍历对象
                {
                    Console.WriteLine("Name is " + p.Name + " and Age is " + p.Age);
                }
```

在上述代码的 foreach 语句中，直接在 Person 类的集合中进行查询，系统则会报错，提示 ConsoleApplication1.Person 不包含 GetEnumerator 的公共定义，因此，foreach 语句不能作用于 ConsoleApplication1.Person 类型的变量，因为 Person 类并不支持 foreach 语句进行遍历。为了让相应的类能够支持 foreach 语句执行遍历操作，则需要实现 IEnumerable 接口，示例代码如下：

```
    public IEnumerator GetEnumerator()                                  //实现接口中的方法
        {
            return new GetEnum(_people);
        }
```

为了让自定义类型能够支持 foreach 语句，必须对 Person 类的构造函数进行编写并实现接口，示例代码如下：

```
class Person:IEnumerable                          //派生自 IEnumerable,同样定义一个 Personl 类
{
    public string Name;                           //创建字段
    public string Age;                            //创建字段
    public Person(string name, string age)        //字段初始化
    {
        Name = name;                              //配置 Name 值
        Age = age;                                //配置 Age 值
    }
    public IEnumerator GetEnumerator()            //实现接口
    {
        return new PersonEnum(per);               //返回方法
    }
}
```

上述代码重构了 Person 类并实现了 IEnumerable 接口，接口中的 GetEnumerator 方法实现的具体方法如下。

```
class PersonEnum : IEnumerator                    //实现 foreach 语句内部,并派生
{
    public Person[] _per;                         //实现数组
    int position = -1;                            //设置“指针”
    public PersonEnum(Person[] list)
    {
        _per = list;                              //实现 list
    }
    public bool MoveNext()                        //实现向前移动
    {
        position++;                               //位置增加
        return (position < _per.Length);          //返回布尔值
    }
    public void Reset()                           //位置重置
    {
        position = -1;                            //重置指针为-1
    public object Current                         //实现接口方法
    {
        get
        {
            try
            {
                return _per[position];                        //返回对象
            }
            catch (IndexOutOfRangeException)                  //捕获异常
            {
                throw new InvalidOperationException();        //抛出异常信息
```

```
                }
            }
        }
    }
}
```

上述代码实现了 foreach 语句的功能，当 Person 类初始化后就可以直接使用 Person 类对象的集合进行 LINQ 查询，示例代码如下：

```
static void Main(string[] args)
{
    Person[] per = new Person[2]                    //同样初始化并定义两个 Person 对象
    {
        new Person("guojing","21"),                 //构造创建新的对象
        new Person("muqing","21"),                  //构造创建新的对象
    };
    Person personlist = new Person(per);            //初始化对象集合
    foreach (Person p in personlist)                //使用 foreach 语句
        Console.WriteLine("Name is " + p.Name + " and Age is " + p.Age);
    Console.ReadKey();
}
```

从上述代码中可以看出，初始化 Person 对象时初始化的是一个对象的集合，在该对象的集合中可以通过 LINQ 直接进行对象的操作，这样既封装了 Person 对象，也能够让编码更加易读。在.NET Framework 4.5 中，LINQ 支持数组的查询，开发人员不必自己手动创建 IEnumerable 和 IEnumerable<T>接口以支持某个类型的 foreach 编程方法，但是 IEnumerable 和 IEnumerable<T>是 LINQ 中非常重要的接口，在 LINQ 中也大量使用 IEnumerable 和 IEnumerable<T>进行封装，示例代码如下：

```
public static IEnumerable<TSource> Where<TSource>
(this IEnumerable<TSource> source,Func<TSource, Boolean> predicate)        //内部实现
        {
            foreach (TSource element in source)                            //内部遍历传递的集合
            {
                if (predicate(element))
                    yield return element;                                  //返回集合信息
            }
        }
```

上述代码为 LINQ 内部的封装，从代码可以看出，在 LINQ 内部也大量地使用了 IEnumerable 和 IEnumerable<T>接口实现 LINQ 查询。IEnumerable 原本就是.NET Framework 中最基本的集合访问器，而 LINQ 是面向关系(有序 N 元组集合)的，自然也就是面向 IEnumerable<T>的，所以了解 IEnumerable 和 IEnumerable<T>对于理解 LINQ 是有一定的帮助。

10.2.2　IQueryProvider 和 IQueryable<T>接口

IQueryable 和 IQueryable<T>也是 LINQ 中非常重要的接口。在 LINQ 查询语句中，IQueryable 和 IQueryable<T>接口为 LINQ 查询语句进行解释和翻译工作，开发人员能够通过重写 IQueryable 和 IQueryable<T>接口来实现用不同的方法进行不同的 LINQ 查询语句的解释。

IQueryable<T>继承自 IEnumerable<T>和 IQueryable 接口。IQueryable 有两个重要的属性：Expression 和 Provider。Expression 和 Provider 分别表示获取与 IQueryable 的实例关联的表达式目录树和获取与数据源关联的查询提供程序。Provider 作为其查询的翻译程序，实现 LINQ 查询语句的解释。通过 IQueryable 和 IQueryable<T>接口，开发人员可以自定义 LINQ Provider。

注意，Provider 可以看做是一个提供者，用于提供 LINQ 中某个语句的解释工具，在 LINQ 中通过编程的方法能够实现自定义 Provider。

在 IQueryable 和 IQueryable<T>接口中，还需要用到另外一个接口，这个接口就是 IQueryProvider，该接口用于分解表达式，实现 LINQ 查询语句的解释工作，这个接口也是整个算法的核心。IQueryable<T>接口在 MSDN 中的定义如下。

```
public interface IQueryable<T> : IEnumerable<T>, IQueryable, IEnumerable
{
}
public interface IQueryable : IEnumerable
    {//获取元素类型
    Type ElementType { get; }
    //获取表达式
    Expression Expression { get; }
    //获取提供者
    IQueryProvider Provider { get; }
}
```

上述代码定义了 IQueryable<T>接口的规范，用于保持数据源和查询状态。IQueryProvider 在 MSDN 中的定义如下。

```
public interface IQueryProvider
 {    //创建可执行对象
     IQueryable CreateQuery(Expression expression);
     //创建可执行对象
     IQueryable<TElement> CreateQuery<TElement>(Expression expression);
     //计算表达式
     object Execute(Expression expression);
     //计算表达式
     TResult Execute<TResult>(Expression expression);
}
```

IQueryProvider 用于 LINQ 查询语句的核心算法的实现，包括分解表达式和表达式计算等。为了能够创建自定义 LINQ Provider，可以编写接口的实现，示例代码如下：

```
public IQueryable<TElement> CreateQuery<TElement>(Expression expression)
{   //声明表达式
    query.expression = expression;
    //返回 query 对象
    return (IQueryable<TElement>)query;
}
```

上述代码用于构造一个可用来执行表达式计算的 IQueryable 对象，在接口中可以看到需要实现两个相同的执行表达式的 IQueryable 对象，另一个则是执行表达式对象的集合，其实现代码如下：

```
public IQueryable CreateQuery(Expression expression)
{   //返回表达式的集合
    return CreateQuery<T>(expression);
}
```

作为表达式解释和翻译的核心接口，则需要通过算法实现相应的 Execute 方法，示例代码如下：

```
public TResult Execute<TResult>(Expression expression)
{
    var exp = expression as MethodCallExpression;                    //创建表达式对象
    var data = ((exp.Arguments[0] as ConstantExpression).Value as MyQuery<T>).Data;
    var func = (exp.Arguments[1] as UnaryExpression).Operand as Expression
    <System.Func<T, bool>>;
    var lambda = Expression.Lambda<Func<T, bool>>(func.Body, func.Parameters[0]);
    var r = data.Where(lambda.Compile());                           //编译表达式
    return (TResult)r.GetEnumerator();
}
```

上述代码通过使用 Lambda 表达式进行表达式的计算，实现了 LINQ 中查询的解释功能。在 LINQ 中，对于表达式的翻译和执行过程都是通过 IQueryProvider 和 IQueryable<T>接口来实现的。在 LINQ 应用程序中，通常无需通过 IQueryProvider 和 IQueryable<T>实现自定义 LINQ Provider，因为 LINQ 已经提供了强大的表达式查询和计算功能。由此可见，了解 IQueryProvider 和 IQueryable<T>接口有助于了解 LINQ 内部是如何执行的。

10.2.3　DataContext 类

DataContext 类是 LINQ to SQL 框架的主入口点，是 System.Data.Linq 命名空间下的重要类型，用于把查询句法翻译成 SQL 语句。DataContext 是通过数据库连接映射的所有实体的源。DataContext 同时把数据从数据库返回给调用方和把实体的修改写入数据库。DataContext 的用途是将对对象的请求转换成要对数据库执行的 SQL 查询，然后将查询结果汇编成对象。

DataContext 通过实现与标准查询运算符(如 Where 和 Select)相同的运算符模式来实现语言集成查询(LINQ)。

DataContext 提供了以下一些常用的功能。

- 以日志形式记录 DataContext 生成的 SQL。
- 执行 SQL 语句(包括查询和更新语句)。
- 创建和删除数据库。
- 实体对象的识别。

注意，要操作数据库，除了 DataContext，还需要数据库每个表所对应的实体类。

【例 10-1】VS 2012 提供了自动将数据表生成实体类的功能，接下来以 student 表为例，说明如何产生 student 表的实体类。

(1) 新建一个名为 WebSite10 的 ASP.NET 网站，并将数据库添加到项目中(沿用第 8 章的数据库)。

(2) 右击项目名，从弹出的快捷菜单中选择【添加新项】命令，选择【LINQ to SQL 类】模板，在【名称】文本框中输入一个新名字，以 student 表为例，命名为 student.dbml，如图 10-1 所示。

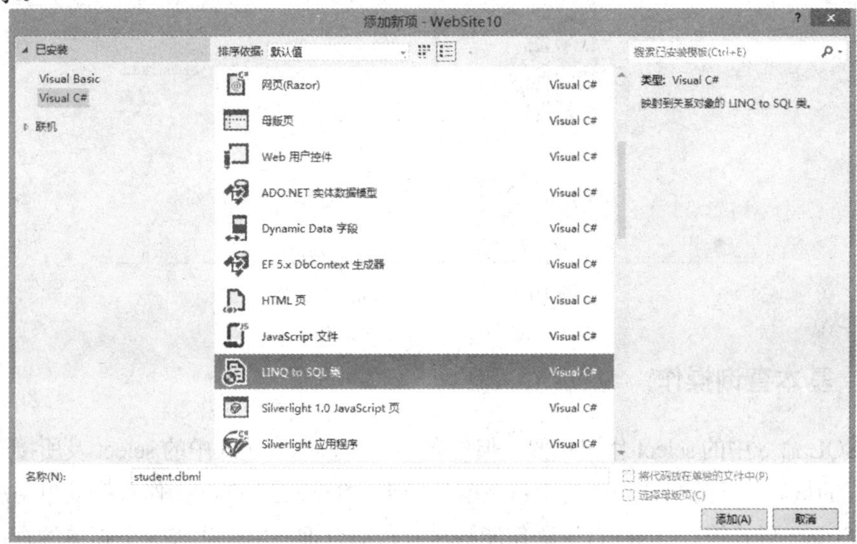

图 10-1　创建 student.dbml

(3) 创建完以后打开 student.dbml 文件，如图 10-2 所示。

(4) 打开【服务器资源管理器】，找到 student 表并选中 student 表，将其拖入 student.dbml 中，如图 10-3 所示。

至此，系统将自动为 student 表生成实体类。

系统自动添加一个 DBML 文件，并创建两个附加的资源文件，以 student 为例，这 3 个文件分别如下。

- student.dbml：定义数据库的框架。
- student.dbml.layout：定义每个表在设计视图中的布局。
- student.designer.cs：包含自动生成的类。

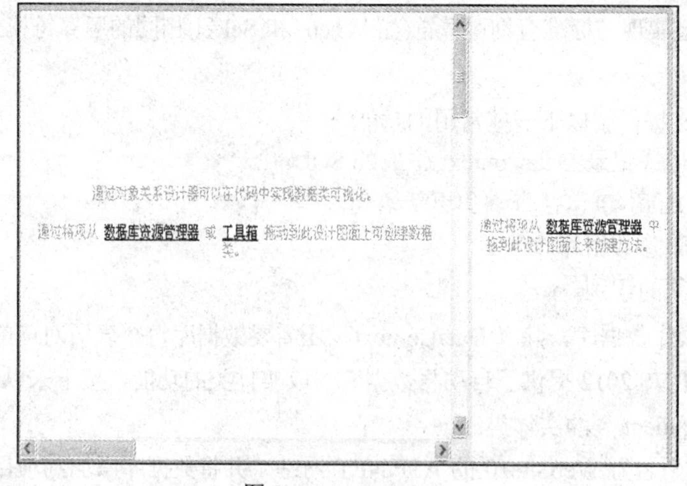

图 10-2　student.dbml

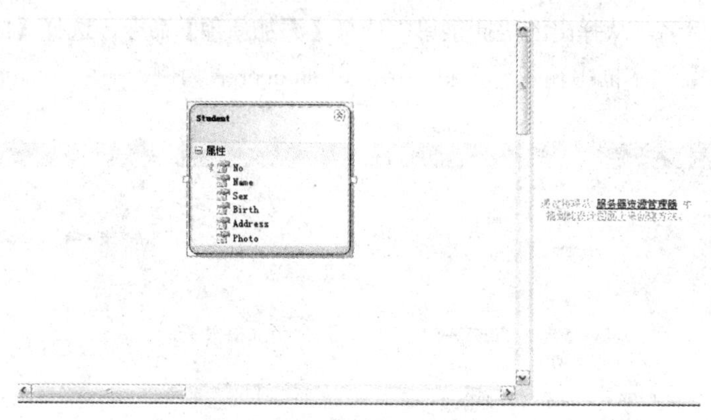

图 10-3　生成 student 的实体类

10.2.4　基本查询操作

和 SQL 命令中的 select 作用相似，但位置不同，查询表达式中的 select 及所接子句是放在表达式的最后，并返回子句中的变量也就是结果；Select/Distinct 操作包括简单用法、筛选形式、Distinct 形式等。LINQ 查询语句能够将复杂的查询应用简化成一个简单的查询语句，不仅如此，LINQ 还支持编程语言固有的特性，以进行高效的数据访问和筛选。虽然 LINQ 在写法上和 SQL 语句十分相似，但是在查询语法上和 SQL 语句还是有出入的，例如，下面的 SQL 查询语句：

```
select * from student,class where student.c_id=class.c_id                //SQL 查询语句
```

对于 LINQ 而言，实现同样功能的查询语句如下：

```
var mylq = from l in lq.student from cl in lq.class where l.c_id==cl.c_id select l;  //LINQ 查询语句
```

可见，LINQ 查询语句在格式上与 SQL 语句不同，LINQ 语句的基本格式如下：

```
var <变量> = from <项目> in <数据源> where <表达式> orderby <表达式>
```

从结构上看，LINQ 查询语句与 SQL 查询语句比较大的区别就在于，SQL 查询语句中的 select 关键字在语句的前面，而在 LINQ 查询语句中 select 关键字在语句的后面，在其他方面则没有太大的区别，对于熟悉 SQL 查询语句的人来说非常容易上手。

- from 查询子句

from 子句是 LINQ 查询语句中最基本也是最关键的子句，与 SQL 查询语句不同的是，from 关键字必须出现在 LINQ 查询语句的开始，后面跟着项目名称和数据源，示例代码如下：

```
var linqstr = from lq in str select lq;                        //form 子句
```

上述代码中包括 3 个变量，分别是 linqstr、lq、str。其中 str 是数据源，linqstr 是数据源中满足查询条件的集合，而 lq 也是一个集合，这个集合来自数据源。

from 语句指定了项目名称和数据源，并且指定需要查询的内容。其中，项目名称作为数据源的一部分而存在，用于表示和描述数据源中的每个元素，而数据源可以是数组、集合、数据库甚至是 XML。

- where 条件子句

在 LINQ 中，可以使用 where 子句对数据源中的数据进行筛选。where 子句指定了筛选的条件，也就是说，在 where 子句中的代码段必须返回布尔值才能够进行数据源的筛选，示例代码如下：

```
var linqstr = from l in MyList where l.Length > 5 select l;          //where 子句
```

LINQ 查询语句可以包含一个或多个 where 子句，而每个 where 子句可以包含一个或多个布尔变量或表达式。

- select 选择子句

select 子句同 from 子句一样，是 LINQ 查询语句中必不可少的关键字，示例代码如下：

```
var linqstr = from lq in str select lq;                              //选择子句
```

在 LINQ 查询语句中必须包含 select 子句，如果不包含 select 子句则系统会抛出异常(除特殊情况外)。select 语句指定了返回到集合变量中的元素是来自哪个数据源的。

- group 分组子句

在 LINQ 查询语句中，group 子句用于对 from 语句的执行结果进行分组，并返回分组后的对象序列。group 子句支持将数据源中的数据进行分组，但进行分组前，数据源必须支持分组操作，才可以使用 group 语句进行分组处理。

- orderby 排序子句

LINQ 语句不仅支持对数据源的查询和筛选，还支持排序操作，以便提取用户需要的信息。orderby 是一个词组，不能分开。示例查询语句如下：

```
var st = from s in inter where (s * s) % 2 == 0 orderby s descending select s;      //LINQ 条件查询
```

下面分别举例说明这几种形式的命令如何使用，数据库沿用第 8 章的 student 数据库。

首先，在网站中新建一个名为 GridView.aspx 的页面，并在页面上添加一个 GridView 控件。如果要用到 LINQ 技术，就要用到 System.Data.Linq 和 System Linq，这两个引用有时需要手动添加。

在【解决方案资源管理器】中右击网站名称，从弹出的快捷菜单中选择【添加引用】命令，在【.NET】选项卡中找到 System.Core 和 System.Data.Linq，选中后，单击【确定】按钮，如图 10-4 所示。

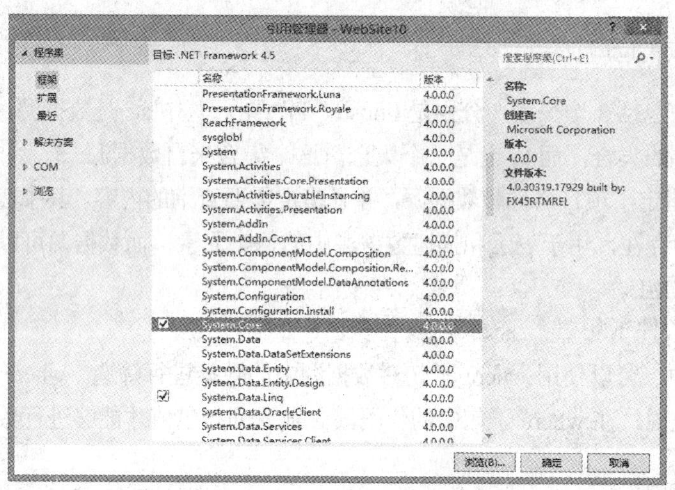

图 10-4　选中要添加的引用

1. 简单形式

【例 10-2】演示简单形式的查询。

主要查询语句如下：

```
GridView1.DataSource = from student in dcs
select student.name;
```

从 student 表中将所有学生姓名查询出来。

(1) 在 WebSite10 网站中新建一个名为 GridView.aspx 的 Web 页，并在页面上添加控件，如图 10-5 所示。

此页面中分别添加了一个 GridView 控件和一个 Label 控件。

- GridView：用于显示查询出的结果。
- Label：用于显示运行状态。

Column0	Column1	Column2
abc	abc	abc
abc	abc	abc
abc	abc	abc
abc	abc	abc
abc	abc	abc

Label

图 10-5　GridView.aspx 设计页面

页面代码如下：

```
<div>
        <asp:GridView ID="GridView1" runat="server">
        </asp:GridView>
        <asp:Label ID="Label1" runat="server" Text="Label"></asp:Label><br />
</div>
```

(2) 在 web.config 中修改部分代码，找到<connectionStrings>，修改如下：

```
<connectionStrings>
    <add name="ConnectionString" connectionString="Data
Source=.\SQLEXPRESS;AttachDbFilename=|DataDirectory|\MyDatabase.mdf;Integrated Security=True;User
Instance=True"/>
  </connectionStrings>
```

修改 student.designer.cs 中的代码如下，将 [ ]中的名字修改成上面 Web.config 代码中标记 add 的 name 属性值一样。

```
base(global::System.Configuration.ConfigurationManager.ConnectionStrings["ConnectionString"].Connec
tionString, mappingSource)
```

(3) 为 GridView.aspx 页面的后台类添加数据绑定代码如下：

```
using System.Configuration;
using System.Data.Linq;
......
protected void Page_Load(object sender, EventArgs e)
        {   //获取对象 DataContext 对象，指定连接
            string connstr =
ConfigurationManager.ConnectionStrings["ConnectionString"].ConnectionString;
            DataContext dc = new DataContext(connstr);
            //获取 student 表
            Table<Student> dcs = dc.GetTable<Student>();
            //绑定到 GridView 控件
            GridView1.DataSource = from student in dcs select student.Name;
            GridView1.DataBind();
            //label 中显示运行状
            Label1.Text = "查找成功";
        }
        }
```

(4) 程序运行效果如图 10-6 所示。

图 10-6　GridView.aspx 页面的效果

2. 筛选形式

【例 10-3】演示筛选的查询数据库。

结合 where 子句的使用，可起到过滤作用，例如：

```
GridView1.DataSource = from student in dcs
where student.address== "上海"
select student;
```

将地址字段值为“上海”的学生记录筛选出来。

(1) 在 WebSite10 网站中新建一个名为 GridViewSelect_1.aspx 的页面，并在页面上添加

控件(和 GridView.aspx 页面一样)。

(2) 为 GridViewSelect_1.aspx 页面的后台类添加数据绑定代码如下：

```
using System.Configuration;
using System.Data.Linq;
……
protected void Page_Load(object sender, EventArgs e)
        {
            //获取对象 DataContext 对象，指定连接
        string connstr =
ConfigurationManager.ConnectionStrings["ConnectionString"].ConnectionString;
        DataContext dc = new DataContext(connstr);
        //获取 student 表
    Table<Student> dcs = dc.GetTable<Student>();
        //绑定到 GridView 控件
    GridView1.DataSource = from student in dcs where student.Address== "上海" select student;
        GridView1.DataBind();
        //label 中显示运行状
        Label1.Text = "查找成功";
    }
```

(3) 程序运行效果如图 10-7 所示。

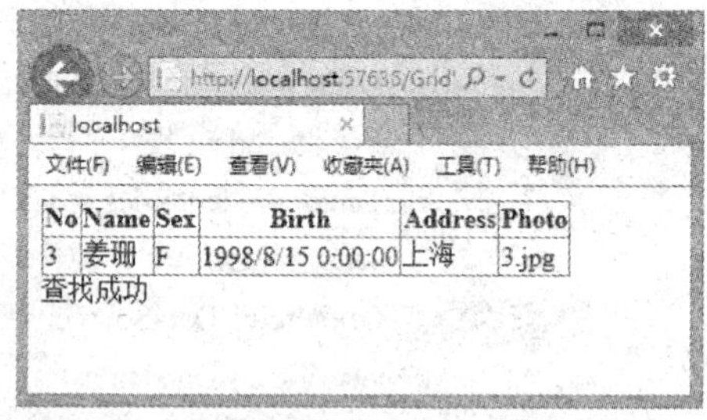

图 10-7　GridViewSelect_1.aspx 页面的效果

3. Distinct 形式

【例 10-4】演示 Distinct 的使用。

查询学生覆盖的城市代码如下：

```
GridView1.DataSource = (from student in dcs
select student.address).Distinct();
```

(1) 在 WebSite10 网站中新建一个名为 GridViewSelect_2.aspx 的页面，并在页面上添加控件(和 GridView.aspx 页面一样)。

(2) 为 GridViewSelect_2.aspx 页面的后台类添加数据绑定代码如下：

```
using System.Configuration;
using System.Data.Linq;
……
  protected void Page_Load(object sender, EventArgs e)
    {
        //获取对象 DataContext 对象，指定连接
    string connstr = ConfigurationManager.ConnectionStrings["ConnectionString"].ConnectionString;
    DataContext dc = new DataContext(connstr);
    //获取 student 表
    Table<Student> dcs = dc.GetTable<Student>();
  //绑定到 GridView 控件
```

```
        GridView1.DataSource = (from student in dcs select
student.Address).Distinct();
            GridView1.DataBind();
            //label 中显示运行状
            Label1.Text = "查找成功";
    }
```

图 10-8　GridViewSelect_2.aspx 页面的效果

(3) 程序运行效果如图 10-8 所示。

下面总结 LINQ to SQL 查询语句中常用的函数和关键字，如表 10-1 所示。

表 10-1　LINQ to SQL 查询语句中常用的函数和关键字

函数或关键字	说　明
Where	过滤；延迟
Select	选择；延迟
Distinct	查询不重复的结果集；延迟
Count	返回集合中的元素个数，返回 INT 类型；不延迟
LongCount	返回集合中的元素个数，返回 LONG 类型；不延迟
Sum	返回集合中数值类型元素之和，集合应为 INT 类型集合；不延迟
Min	返回集合中元素的最小值；不延迟
Max	返回集合中元素的最大值；不延迟
Average	返回集合中的数值类型元素的平均值。集合应为数字类型集合，其返回值类型为 double；不延迟
Aggregate	根据输入的表达式获取聚合值；不延迟

数据库中的每个表如 student 表示为一个可借助 GetTable 方法(通过使用实体类来标识它)使用的 Table 集合。虽然数据连接已经确定并建立，但事实上，在一个查询执行之前，没有任何数据会被接收，这称为延迟执行，这种行为在很多时候可提高效率。LINQ to SQL 查询仅仅在代码需要获取实际数据时才被执行。在那一时刻，一条相应的 SQL 命令被执行并且建立了相应的对象，它使查询能够很好地被评估并且仅当需要输出结果的情况下才执行 SQL 命令。如果当即执行，将有大量的往返损耗与不必要的对象化的开销，浪费资源。

10.2.5　基本更改操作

LINQ to SQL 更改数据库和查询数据库数据一样简单，同样使用 DataContext 对象，可以使用标准方法添加、删除和修改。下面分别就更改数据库操作，举几个简单的例子。

1. 添加数据

【例 10-5】演示如何通过 LINQ to SQL 在数据库中添加数据。

(1) 在 WebSite10 网站中新建一个名为 GridViewInsert.aspx 的页面，并在页面上添加控件如下。

- 一个 GridView：用于显示查询和修改后的结果。
- 一个 Label：用于显示运行状态。
- 一个 Button：用于单击发送添加数据的按钮。

页面代码如下：

```
<asp:GridView ID="GridView1" runat="server"> </asp:GridView>
<asp:Label ID="Label1" runat="server" Text="Label"></asp:Label><br />
<asp:Button ID="Button1" runat="server" OnClick="Button1_Click" Text="插入" />
```

(2) 为 GridViewInsert.aspx 页面的后台类添加数据绑定代码如下：

```
using System.Configuration;
using System.Data.Linq;
......
        studentDataContext sdc;
        //查询数据
        protected void Page_Load(object sender, EventArgs e)
        {
            GridView1.DataSource = GetQuery();
            GridView1.DataBind();
            //label 中显示运行状
            Label1.Text = "查找成功";
        }
        //查询数据库数据
        protected IQueryable<Student> GetQuery()
        {
            sdc = new studentDataContext();
            var query = from student in sdc.Student select student;
            //label 中显示运行状
            Label1.Text = "插入成功";
            return query;
        }
        protected void Button1_Click(object sender, EventArgs e)
        {
            sdc = new studentDataContext();
            Student newstu = new Student();
            newstu.No = "10";
            newstu.Address = "武汉";
            newstu.Name = "小明";
            newstu.Sex = "男";
            newstu.Photo = "9.jpg";
            //这里使用 InsertOnSubmit 将新创建的对象添加到集合中
            sdc.Student.InsertOnSubmit(newstu);
```

```
            //向数据库提交更改
            sdc.SubmitChanges();
            //再次绑定
            GridView1.DataSource = GetQuery();
            GridView1.DataBind();
        }
```

(3) 运行程序，如图 10-9 所示为单击按钮前数据库表 student 中的数据，当单击【插入】按钮后，将插入一条记录，并更新数据库查询结果。

No	Name	Sex	Birth	Address	Photo
1	李铭	M	1999/3/5 0:00:00	北京	1.jpg
2	孟静	F	1998/4/8 0:00:00	天津	2.jpg
3	姜珊	F	1998/8/15 0:00:00	上海	3.jpg
4	李琳	F	1997/9/18 0:00:00	南京	4.jpg

查找成功

插入

图 10-9　修改前数据查询结果

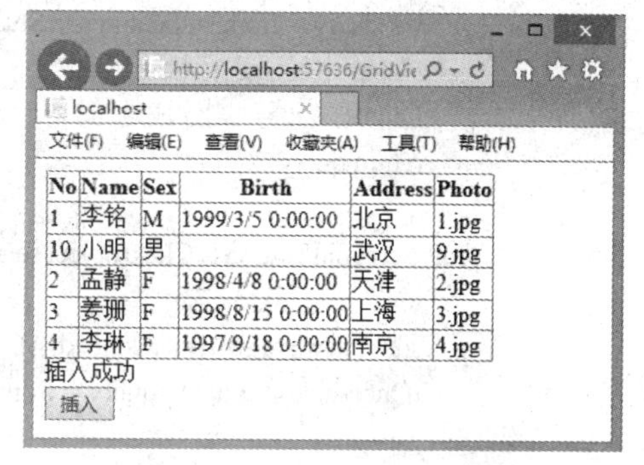

No	Name	Sex	Birth	Address	Photo
1	李铭	M	1999/3/5 0:00:00	北京	1.jpg
10	小明	男		武汉	9.jpg
2	孟静	F	1998/4/8 0:00:00	天津	2.jpg
3	姜珊	F	1998/8/15 0:00:00	上海	3.jpg
4	李琳	F	1997/9/18 0:00:00	南京	4.jpg

图 10-10　插入后数据查询结果

单击按钮后，若比图 10-9 多了一行数据，说明数据插入成功，如图 10-10 所示；否则，说明 No=10 的记录已经存在，插入失败。

2. 删除数据

【例 10-6】演示如何通过 LINQ to SQL 在数据库中删除数据。

(1) 在 WebSite10 网站中新建一个名为 GridViewDelete.aspx 的页面，并在页面上添加控件。在页面中添加的控件如下。

- 一个 GridView：用于显示查询和修改后的结果。
- 一个 Label：用于显示运行状态。
- 一个 Button：用于单击发送删除数据的按钮。

页面代码如下：

```
<asp:GridView ID="GridView1" runat="server"> </asp:GridView>
<asp:Label ID="Label1" runat="server" Text="Label"></asp:Label><br />
<asp:Button ID="Button1" runat="server" OnClick="Button1_Click" Text="删除" />
```

(2) 为 GridViewDelete.aspx 页面的后台类添加数据绑定代码如下：

```
using System.Configuration;
using System.Data.Linq;
......
studentDataContext sdc;
    //查询数据
    protected void Page_Load(object sender, EventArgs e)
```

```
{
    GridView1.DataSource = GetQuery();
    GridView1.DataBind();
    //label 中显示运行状
    Label1.Text = "查找成功";
}
//查询数据库数据
protected IQueryable<Student> GetQuery()
{
    sdc = new studentDataContext();
    var query = from student in sdc.Student select student;
    //label 中显示运行状
    Label1.Text = "删除成功";
    return query;
}
protected void Button1_Click(object sender, EventArgs e)
{
    sdc = new studentDataContext();
    IQueryable<Student> query = from student in sdc.Student
                                where student.No == "10"
                                select student;
    //这里使用 DeleteOnSubmit 对象删除
    foreach (Student srod in query)
    {
        sdc.Student.DeleteOnSubmit(srod);
    }
    //sdc.student.DeleteOnSubmit(query);
    //向数据库提交更改
    sdc.SubmitChanges();
    //再次绑定
    GridView1.DataSource = GetQuery();
    GridView1.DataBind();
}
```

(3) 如果在运行【例 10-5】之后运行该程序，student 数据表中的数据(在【例 10-5】操作完的基础上删除表中记录)，当单击【删除】按钮修改数据库后的查询结果，即将 No 为 10 的学生记录删除。

3. 修改数据

如要更改某一数据库项，首先要检索该项，然后直接在对象模型中编辑它。在修改了该对象之后，调用 DataContext 对象的 SubmitChanges 方法更新数据库。

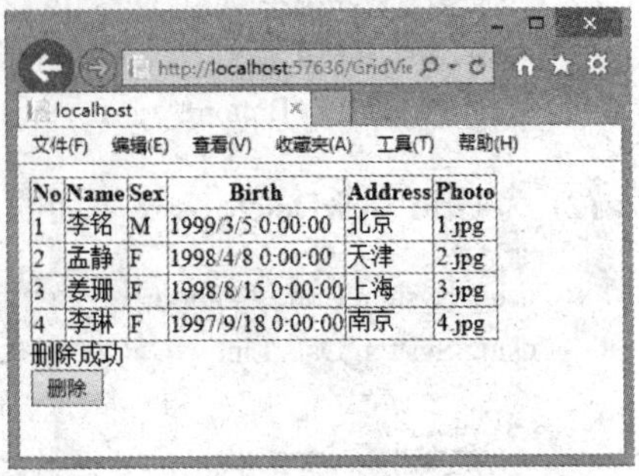
http://localhost:57636/GridVie
localhost
文件(F) 编辑(E) 查看(V) 收藏夹(A) 工具(T) 帮助(H)
No Name Sex Birth Address Photo
1 李铭 M 1999/3/5 0:00:00 北京 1.jpg
2 孟静 F 1998/4/8 0:00:00 天津 2.jpg
3 姜珊 F 1998/8/15 0:00:00 上海 3.jpg
4 李琳 F 1997/9/18 0:00:00 南京 4.jpg
删除成功
删除

图 10-11　删除后的数据查询记录

【例 10-7】 演示如何通过 LINQ to SQL 在数据库中修改数据。

(1) 在 WebSite10 网站中新建一个名为 GridViewUpdate.aspx 的页面，并在页面上添加控件如下。

- 一个 GridView：用于显示查询和修改后的结果。
- 一个 Label：用于显示运行状态。
- 一个 Button：用于单击发送修改数据的按钮。

页面代码如下：

```
<asp:GridView ID="GridView1" runat="server"> </asp:GridView>
<asp:Label ID="Label1" runat="server" Text="Label"></asp:Label><br />
<asp:Button ID="Button1" runat="server" OnClick="Button1_Click" Text="修改" />
```

(2) 为 GridViewUpdate.aspx 页面的后台类添加数据绑定代码如下：

```
using System.Configuration;
using System.Data.Linq;
......
studentDataContext sdc;
        //查询数据
         protected void Page_Load(object sender, EventArgs e)
         {
         GridView1.DataSource = GetQuery();
         GridView1.DataBind();
         //label 中显示运行状
         Label1.Text = "查找成功";
    }
    //查询数据库数据
    protected IQueryable<Student> GetQuery()
    {
         sdc = new studentDataContext();
         var query = from student in sdc.Student select student;
         //label 中显示运行状
         Label1.Text = "修改成功";
         return query;
    }
    protected void Button1_Click(object sender, EventArgs e)
    {
         sdc = new studentDataContext();
      foreach (Student srod in GetQuery())
        {
           char temp;
            if (srod.Sex == "男") srod.Sex = "M";
```

```
            else if(srod.Sex=="女")srod.Sex = "F";
            else if ((temp = srod.Sex[0]) == 'M') srod.Sex = "男";
            else if((temp=srod.Sex[0])=='F')srod.Sex = "女";        }
        //向数据库提交更改
        sdc.SubmitChanges();
        //再次绑定
        GridView1.DataSource =GetQuery();
        GridView1.DataBind();
    }
```

(3) suudent 数据表中的数据(在【例 10-6】操作完的基础上修改表中记录)，如图 10-12 所示为单击【修改】按钮修改数据库后的查询结果。运行程序，将描述学生性别的字段“M”用“男”代替，字段“F”用“女”代替。如果性别当时数据是用汉字表示，操作完以后，将 sex 变为英文字母表示。

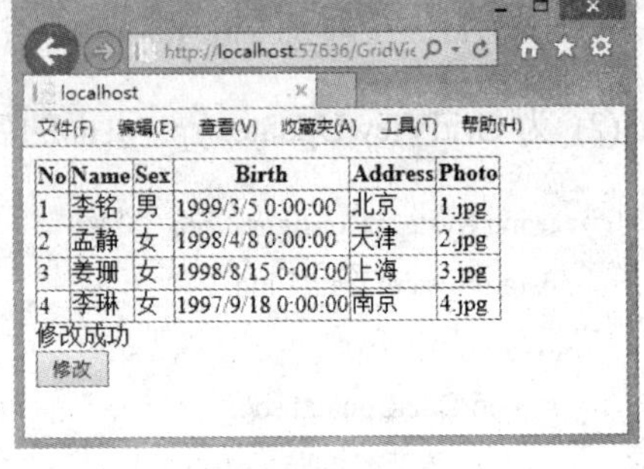

图 10-12　修改后的数据查询记录

10.2.6　LinqDataSource 控件

LinqDataSource 控件是 ASP.NET 4.5 的一个数据源控件，它可以使用 LINQ 功能查询应用程序中的数据对象。LinqDataSource 和 SqlDataSource 及其他数据源控件类似，它提供了一个声明性的方法来访问支持 LINQ 的数据源。和 SqlDataSource 控件一样，可以从关系数据库中检索数据以及在网页上显示、编辑、插入、删除、更新数据，数据排序和筛选操作也非常容易实现。如表 10-2 所示的是这一控件的主要属性。

表 10-2　LinqDataSource 的主要属性

属　性	描　述
EnableInsert	表明控件是否提供自动插入功能。如果启用，可以结合使用该控件和数据绑定控件支持数据管理
EnableDelete	表明控件是否提供自动删除功能。如果启用，可以结合使用该控件和数据绑定控件支持数据管理
EnableUpdate	表明控件是否提供自动更新功能。如果启用，可以结合使用该控件和数据绑定控件支持数据管理
ContextTypeName	控件将使用的 DataContext 类的名称
TableName	要使用的 LINQ to SQL 图表中的表名

和数据绑定控件一起，LinqDataSource 通过 LINQ 提供了对底层 SQL 服务器数据库的完全访问。

LinqDataSource 控件的工作方式与其他数据源控件一样，也是把在控件上设置的属性转换为可以在目标数据对象上执行的查询。SqlDataSource 控件可以根据属性设置来生成 SQL 语句，LinqDataSource 控件也可以把属性设置转换为有效的 LINQ 查询，该控件提供了一个易于使用的向导，引导用户完成配置过程，也可以直接在【源】视图中编写代码来修改控件的属性，手动修改控件。

LinqDataSource 控件包含许多有用的事件，用来响应控件在运行期间执行的操作。选择、插入、更新和删除操作之前和之后的标准事件，可以添加、删除或修改控件各个参数集合中的参数，甚至取消整个事件。另外，回送操作事件允许确定执行插入、更新和删除操作时是否发生了异常。如果发生了异常，这些事件会响应异常，把异常标记为已处理，或者把异常沿着应用程序的调用层次向上传递。

【例 10-8】使用 LinqDataSource 控件连接到 SQL Server 数据库，实现对表数据的分页、排序、编辑、插入和删除操作。

(1) 在 WebSite10 网站中新建一个名为 LinqDataSource.aspx 的页面。

(2) 在 LinqDataSource.aspx 页面的【设计】视图中添加一个 LinqDataSource 控件，其 ID 默认为 LinqDataSource1，如图 10-13 所示。在【LinqDataSource 任务】中配置数据源。

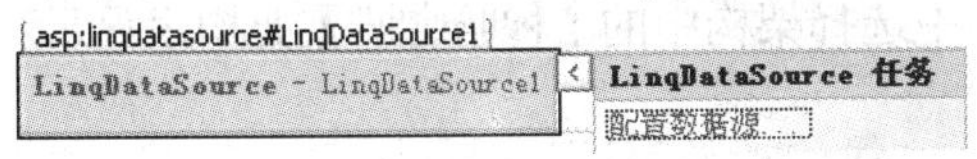

图 10-13　Web 窗体上的 LinqDataSource 控件

在【配置数据源】对话框中，选择要用作数据源的上下文对象。上下文对象是包含要查询的数据的基对象。选择上下文对象为 StudentDBDataContext，如图 10-14 所示。如果绑定到一个派生自 DataContext 的类上，Table 下拉列表就会显示该上下文对象所包含的所有数据表。如果绑定到一个标准类上，则该下拉列表就允许选择上下文对象中的任意可枚举属性。

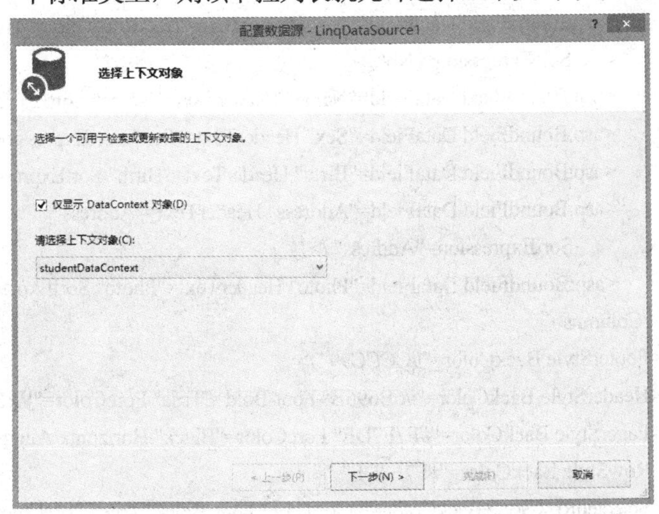

图 10-14　LinqDataSource1 控件的【配置数据源】对话框

(3) 单击【下一步】按钮，在【配置数据源】对话框的【配置数据选择】界面中选择 student 表及其所有字段，如图 10-15 所示。

至此，完成了为 LinqDataSource 控件配置数据源的工作

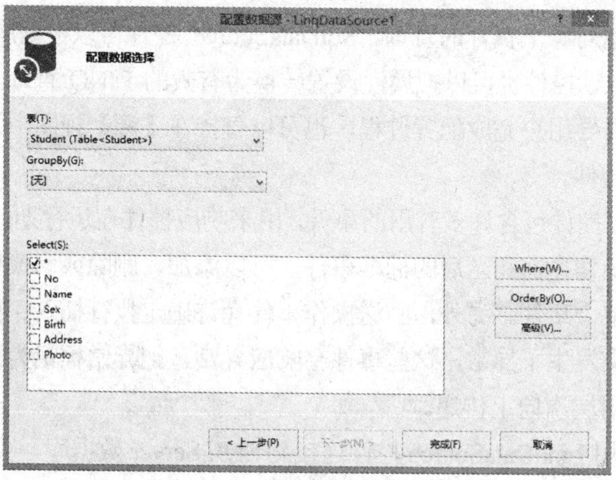

图 10-15　“配置数据选择”界面

(4) 在 LinqDataSource.aspx 页面的【设计】视图中添加一个 GridView 控件。在该控件的【选择数据源】下拉列表中选择 LinqDataSource1，并启用其分页、排序功能和启用选定内容。在【自动套用格式】中选择架构中的【穆哈咖啡】架构来显示和处理数据。配置完成后，生成的代码如下：

```
<asp:GridView ID="GridView1" runat="server" AutoGenerateColumns="False"
    BackColor="White" BorderColor="#DEDFDE" BorderStyle="None" BorderWidth="1px"
    CellPadding="4" DataKeyNames="No" DataSourceID="LinqDataSource2"
    ForeColor="Black" GridLines="Vertical">
    <AlternatingRowStyle BackColor="White" />
    <Columns>
        <asp:BoundField DataField="No" HeaderText="No" ReadOnly="True"
            SortExpression="No" />
        <asp:BoundField DataField="Name" HeaderText="Name" SortExpression="Name" />
        <asp:BoundField DataField="Sex" HeaderText="Sex" SortExpression="Sex" />
        <asp:BoundField DataField="Birth" HeaderText="Birth" SortExpression="Birth" />
        <asp:BoundField DataField="Address" HeaderText="Address"
            SortExpression="Address" />
        <asp:BoundField DataField="Photo" HeaderText="Photo" SortExpression="Photo" />
    </Columns>
    <FooterStyle BackColor="#CCCC99" />
    <HeaderStyle BackColor="#6B696B" Font-Bold="True" ForeColor="White" />
    <PagerStyle BackColor="#F7F7DE" ForeColor="Black" HorizontalAlign="Right" />
    <RowStyle BackColor="#F7F7DE" />
    <SelectedRowStyle BackColor="#CE5D5A" Font-Bold="True" ForeColor="White" />
    <SortedAscendingCellStyle BackColor="#FBFBF2" />
    <SortedAscendingHeaderStyle BackColor="#848384" />
    <SortedDescendingCellStyle BackColor="#EAEAD3" />
    <SortedDescendingHeaderStyle BackColor="#575357" />
</asp:GridView>
```

(5) 在 LinqDataSource.aspx 的“设计”视图中再添加一个 LinqDataSource 控件，其 ID 默认为 LinqDataSource2，选择要用作数据源的上下文对象为 StudentDBDataContext，并在【配置数据选择】中选择 student 表，并选择【*】来查询所有字段。单击【WHERE】按钮添加 Where 子句，在【添加 Where 子句】对话框中，将【列】、【运算符】、【源】和【控件 ID】分别设置为 No、= =、Control 和 GridView1，如图 10-16 所示。单击【高级】按钮，在打开的【高级选项】对话框中选中【启用 LinqDataSource 以进行自动删除】、【启用 LinqDataSource 以进行自动插入】和【启用 LinqDataSource 以进行自动更新】复选框，如图 10-17 所示。此时，该控件的 3 个属性：EnableInsert、EnableUpdate 和 EnableDelete 的值均为 True。这些属性可以配置数据源控件以执行插入、更新和删除操作(假设底层的数据源支持这些操作)。因为数据源控件知道它连接到 LINQ to SQL 数据上下文对象上，而该对象默认支持这些操作，所以数据源控件自动支持这些操作。自动生成的代码如下：

```
<asp:LinqDataSource ID="LinqDataSource2" runat="server"
        ContextTypeName="studentDataContext" EnableDelete="True" EnableInsert="True"
        EnableUpdate="True" EntityTypeName="" TableName="Student" Where="No == @No">
        <WhereParameters>
            <asp:ControlParameter ControlID="GridView1" Name="No"
                PropertyName="SelectedValue" Type="String" />
        </WhereParameters>
</asp:LinqDataSource>
```

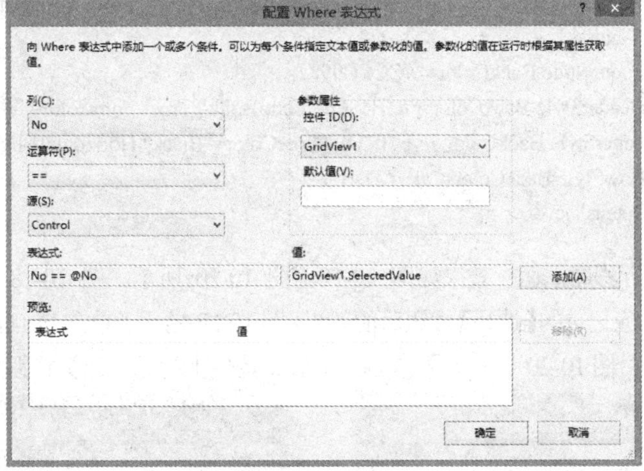

图 10-16　添加 Where 子句

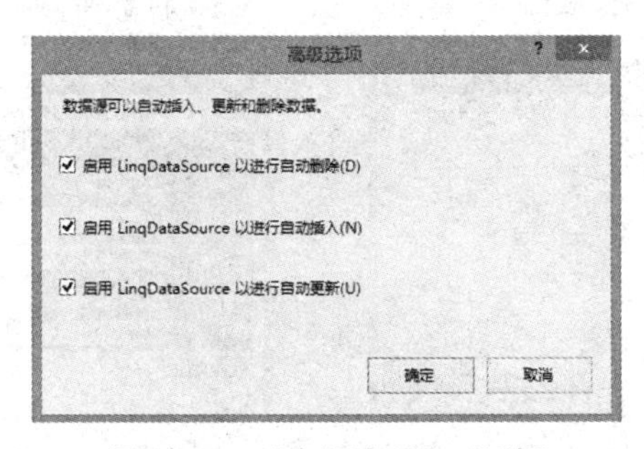

图 10-17　【高级选项】对话框

(6) 在 LinqDataSource.aspx 的【设计】视图中添加一个 DetailsView 控件 DetailsView1，在【DetailsView 任务】中选择数据源为 LinqDataSource2，在【自动套用格式】中选择架构中的【穆哈咖啡】架构来显示和处理数据。将其 AutoGenerateDeleteButton、AutoGenerateEditButton 和 AutoGenerateInsertButton 属性均设置为 True 或者选择启动删除、编辑、插入功能，自动生成的代码如下：

```
<asp:DetailsView ID="DetailsView1" runat="server"
        AutoGenerateDeleteButton="True" AutoGenerateEditButton="True"
        AutoGenerateInsertButton="True" AutoGenerateRows="False" BackColor="White"
        BorderColor="#DEDFDE" BorderStyle="None" BorderWidth="1px" CellPadding="4"
        DataKeyNames="No" DataSourceID="LinqDataSource3" ForeColor="Black"
        GridLines="Vertical" Height="50px" Width="125px">
        <AlternatingRowStyle BackColor="White" />
        <EditRowStyle BackColor="#CE5D5A" Font-Bold="True" ForeColor="White" />
        <Fields>
            <asp:BoundField DataField="No" HeaderText="No" ReadOnly="True"
                SortExpression="No" />
            <asp:BoundField DataField="Name" HeaderText="Name" SortExpression="Name" />
            <asp:BoundField DataField="Sex" HeaderText="Sex" SortExpression="Sex" />
            <asp:BoundField DataField="Birth" HeaderText="Birth" SortExpression="Birth" />
            <asp:BoundField DataField="Address" HeaderText="Address"
                SortExpression="Address" />
            <asp:BoundField DataField="Photo" HeaderText="Photo" SortExpression="Photo" />
        </Fields>
        <FooterStyle BackColor="#CCCC99" />
        <HeaderStyle BackColor="#6B696B" Font-Bold="True" ForeColor="White" />
        <PagerStyle BackColor="#F7F7DE" ForeColor="Black" HorizontalAlign="Right" />
        <RowStyle BackColor="#F7F7DE" />
    </asp:DetailsView>
```

(7) 保存并运行程序，运行效果如图 10-18～图 10-20 所示。图 10-18 显示了用鼠标单击 GridView 控件上相应记录的【选择】按钮后的效果；图 10-19 显示了单击 DetailView 控件上的【编辑】按钮后的效果；图 10-20 显示了单击 DetailView 控件上的【新建】按钮后的效果。

图 10-18　浏览器中的选择效果

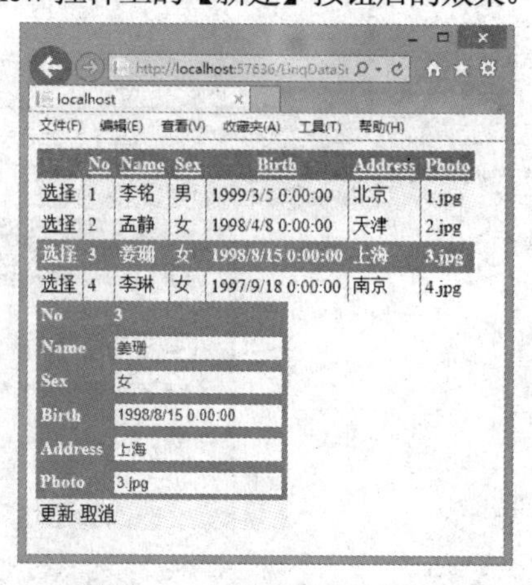

图 10-19　浏览器中的编辑效果

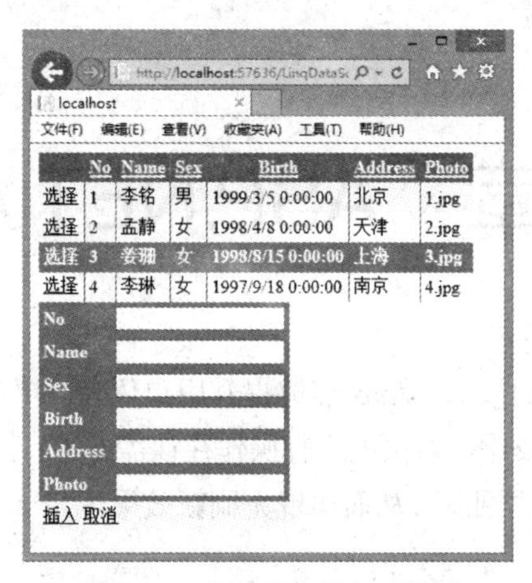

图 10-20　浏览器中的新建效果

10.3　本 章 小 结

LINQ 通过扩展 C#和 Visual Basic 语法来允许本地语法(相比 SQL 或者 XPath 而言)进行内联查询。LINQ 没有取代现有的数据访问技术，而是扩充了现有的数据查询技术，使其更容易实现查询。本章首先介绍了 LINQ 的基本概念和几个主要的独立技术，接着讲解了如何将表生成实体类和 DataContext 类，最后着重介绍了如何使用 LINQ to SQL，利用 LINQ 技术完成数据的基本查询、添加、删除和修改，并且介绍了 ASP.NET 4.5 的数据源控件 LinqDataSource。

10.4　练　　习

1. 新建名为 LinqToSql_ Exercise 的网站。
2. 在网站中建立用于数据绑定的数据库(可参考本章使用的实例数据库)。
3. 生成数据库表的实体类。
4. 添加一个页面，用 LINQ to SQL 实现数据库的查询、插入、删除和修改。

第11章　ASP.NET AJAX

Ajax 是 Web 2.0 的关键技术。Ajax 能够提升用户体验，更加方便地与 Web 应用程序进行交互。在传统的 Web 开发中，对页面进行操作往往需要进行回发，从而导致页面的刷新，而使用 Ajax 技术就无须产生回发，从而实现无刷新效果。

本章的学习目标：

- 理解什么是 Ajax；
- 理解 Ajax 与传统 Web 技术的区别；
- 理解 Ajax 的使用技术；
- 掌握 ASP.NET 4.5 AJAX 控件的使用方法。

11.1　Ajax 简介

互联网从 Web 1.0 到 Web 2.0 的转变，可以说在模式上是从单纯的“读”、“写”向“共同建设”的发展。Web 2.0 不是一个具体的事物，而是一个阶段。在这个阶段中，是以用户为中心，主动为用户提供互联网信息。在 Web 2.0 中，互联网将成为一个平台，在这个平台上将实现可编程、可执行的 Web 应用。

Ajax 是一种用于浏览器的技术，它可以在浏览器和服务器之间使用异步通信机制进行数据通信，从而允许浏览器向服务器获取少量信息而不是刷新整个页面。

11.1.1　什么是 Ajax

Ajax 是 Asynchronous JavaScript+XML(异步 JavaScript 和 XML)的简写形式，是综合异步通信、JavaScript 以及 XML 等多种网络技术的新的编程方式。如果从用户看到的实际效果来看，也可以形象地称之为无页面刷新。这一技术已经出现数年，但直到 2005 年才引起人们的注意。Ajax 的思想比较简单，但它导致了以不同的方式来观察和构建 Web 交互的出现。对于使用某种 Web 交互的人来说，这种新方法丰富了其 Web 体验。

在传统的 Web 交互中，客户机向服务器发送消息的方式要么是通过单击超链接，要么是将表单提交给服务器。单击超链接或提交表单之后，客户必须等待，直到服务器用新文档做出响应，然后用新文档取代整个浏览器的显示页面。对于复杂的文档，要从服务器传送到客户端，需要花费大量时间，而浏览器显示它们则需要花更多的时间。

Netscape 和 Microsoft 在第四版浏览器中引入了 iframe 元素，从而使采用 Ajax 方法成为可能。Web 程序员发现，只要简单地将 iframe 元素的宽度和高度设置为 0，就可以使该元素不可见，此元素可用来向服务器发送异步请求。虽然可以这么做，但是这种方法很不理想。Microsoft 对与 XmlDocument 和 XMLHttpRequest 对象绑定在一起的 DOM 和 JavaScript 做了两个非标准扩展，它们最初是在 IE 5 中作为 ActiveX 组件存在的。它们支持到服务器的异步请求，因而允许在后台从服务器读取数据。现在它们已经得到了大多数浏览器的支持。

Ajax Web 应用程序与传统的 Web 交互相比发生了两点变化：首先，从浏览器到服务器的通信是异步的，也就是说，浏览器不需要等待服务器响应，当服务器查找并传送请求文档以及浏览器呈现新文档时，用户可以继续正在做的事情；第二，服务器提供的文档通常只是被显示文档的一小部分，因此，传送和呈现所花的时间都比较少。这两种变化使得浏览器和服务器之间的交互速度快了许多。

Ajax 的目的，是使基于 Web 的应用程序在交互速度提高，进而在用户体验方面更接近于客户端的桌面应用程序。

Ajax 的优势比较明显。首先，支持 Ajax 的技术已经驻留在几乎所有的 Web 浏览器和服务器中。其次，使用 Ajax 不需要学习新的工具或语言，只需要以一种新的思维方式来观察 Web 交互即可。Ajax 使用 JavaScript 作为主要编程语言，Ajax 中的 x 表示 XML，这是因为在多数情况下，服务器是以 XML 文档的形式来提供数据的，以此来提供要放置在显示文档中的新数据。Ajax 中使用的其他技术还有 DOM 和 CSS。因此，并不需要学习新技术就可以使用 Ajax。

虽然在 2005 年之前也有一些开发人员在使用 Ajax，但他们对这一新技术并没有多大的热情。有两件事情促使开发人员在 2005 年和 2006 年迅速转向了 Ajax。首先，很多用户开始体验由 Google 和 Gmail 提供的快速浏览器/服务器交互，它们是一些使用 Ajax 的早期 Web 应用程序。例如，Google Maps 可以使用发往服务器的异步请求来快速替换被显示地图的一小部分内容，使人们体验到了这种 Web 应用程序的强大交互功能。其次，Jesse James Garrett 在 2005 年早期将这一技术命名为 Ajax，使人们对用这一新方法的兴趣大大地提高。

11.1.2　Ajax 与传统 Web 技术的区别

与传统的 Web 技术不同，Ajax 采用的是异步交互处理技术。Ajax 的异步处理可以将用户提交的数据在后台进行处理，这样，数据在更改时就可以不用重新加载整个页面而只是刷新页面的局部。

传统的 Web 工作模式的流程是这样的：当客户端浏览器向服务器发出一个浏览网页的 HTTP 请求后，服务器接受该请求，查找要浏览的动态网页文件；然后执行动态网页中的程序代码，并将动态网页转化为标准的静态网页；最后，将生成的 HTML 页面返回给客户端。在这种模式下，当服务器处理数据时，用户一直处于等待状态。

为了解决这一问题，可以在用户浏览器和服务器之间设计一个中间层——即 Ajax 层，Ajax 改变了传统的 Web 中客户端和服务器的“请求——等待——请求——等待”的模式，通过使用 Ajax，应用向服务器发送和接收需要的数据，从而不会产生页面的刷新。

Ajax 的工作原理如下。

(1) 客户端浏览器在运行时首先加载一个 Ajax 引擎(该引擎由 JavaScript 编写)。

(2) Ajax 引擎创建一个异步调用的对象，向 Web 服务器发出一个 HTTP 请求。

(3) 服务器端处理请求，并将处理结果以 XML 的形式返回。

(4) Ajax 引擎接收返回的结果，并通过 JavaScript 语句显示在浏览器上。

传统的 Web 应用和 Ajax Web 应用模型如图 11-1 所示。

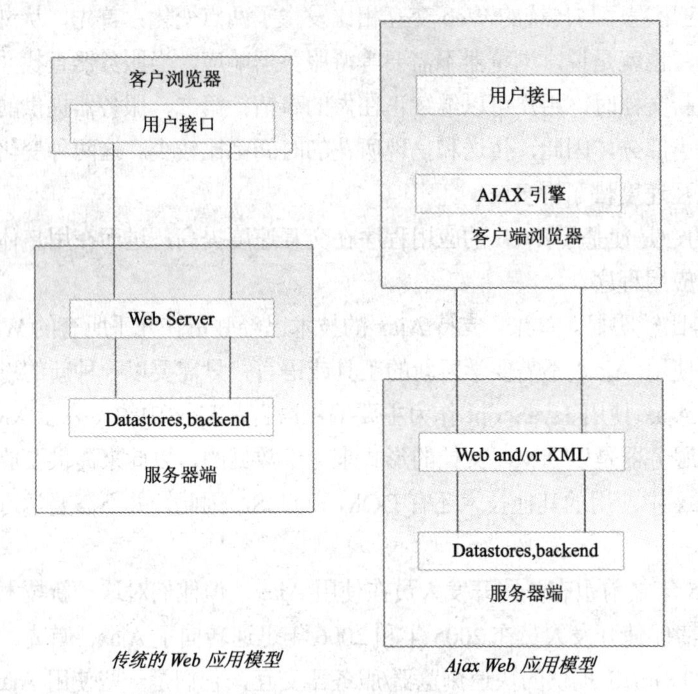

图 11-1　传统 Web 应用和 Ajax Web 应用模型

Ajax Web 应用无须安装任何插件，也无须在 Web 服务器中安装应用程序。随着 Ajax 的发展和客户端浏览器的发展，几乎所有的浏览器都支持 Ajax。

11.1.3　Ajax 的优点

归纳起来，Ajax 风格的 Web 应用程序具有以下优点。

(1) 减轻了服务器负担。因为 Ajax 的根本理念是“按需取数据”，所以最大限度地减少了冗余请求和响应对服务器造成的负担。

(2) 不对整页页面进行刷新。首先，“按需取数据”的模式减少了数据的实际读取量；其次，即使要读取比较大的数据，也不会让用户看到“白屏”现象。由于 Ajax 是用 XMLHttpRequest 发送请求得到服务器端的应答数据，在不重新载入整个页面的情况下用 JavaScript 操作 DOM 实现局部更新的，所以在读取数据的过程中，用户面对的不是白屏，而是原来的页面状态(或是正在更新的信息提示状态)，只有当接收到全部数据后才更新相应部分的内容，而这种更新也是瞬间的，用户几乎感觉不到。

(3) 把以前一些由服务器承担的工作转移到客户端处理，这样可以充分利用客户端闲置的处理能力，从而减轻服务器和带宽的负担。

(4) 基于标准化的并被广泛支持的技术，不需要插件，也不需要下载小程序。

(5) 使 Web 中的界面与应用分离，也可以说是数据与呈现分离。

11.1.4　Ajax 使用的技术

Ajax 技术看似非常复杂，其实并不是新技术，Ajax 只是一些老技术的混合体，主要包括如下技术。

(1) 使用 XHTML+CSS 来表示信息。

(2) 使用 JavaScript 操作 DOM。

(3) 使用 XML 和 XSLT(Extensible Stylesheet Language Transformations)进行数据交换及相关操作。

(4) 使用 XmlHttpRequest 对象与 Web 服务器进行异步数据交互。

(5) 使用 JavaScript 将各部分内容绑定在一起。

在 Ajax 中，最重要的就是 XMLHttpRequest 对象，XMLHttpRequest 对象是 JavaScript 对象，正是 XMLHttpRequest 对象，实现了在服务器和浏览器之间，通过 JavaScript 来创建一个中间层，从而实现了异步通信，如图 11-2 所示。

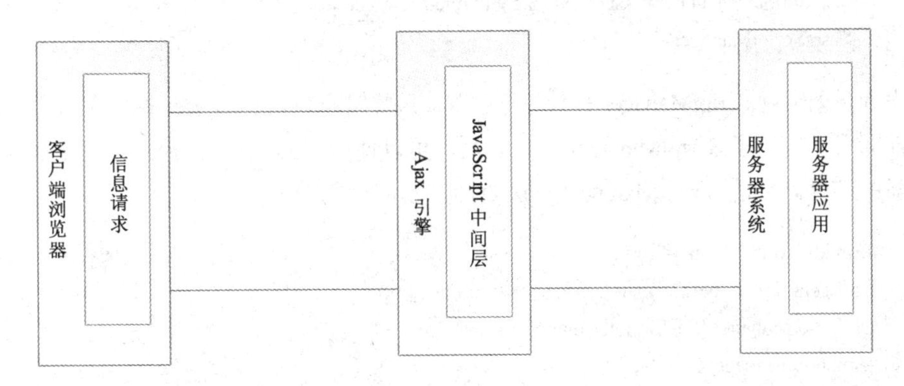

图 11-2　XMLHttpRequest 对象实现过程

Ajax 通过使用 XMLHttpRequest 对象实现异步通信。使用 Ajax 技术后，当用户提交一个表单时，数据并不是直接从客户端发送到服务器端，而是通过客户端发送到一个中间层，这个中间层被称为 Ajax 引擎。

开发人员无须知道 Ajax 引擎是如何将数据发送到服务器的。当 Ajax 引擎将数据发送到服务器时，服务器同样也不会直接将数据返回给浏览器，而是通过 JavaScript 中间层将数据返回给客户端浏览器。XMLHttpRequest 对象使用 JavaScript 代码可以自行与服务器进行交互。

11.1.5　ASP.NET AJAX

直到 2007 年 1 月，微软公司才真正推出了具有 Ajax 风格的异步编程模型，这就是 ASP.NET AJAX。同时为了与其他 Ajax 技术区分，微软公司用大写的 AJAX 来标记。

ASP.NET AJAX 可以提供 ASP.NET 无法提供的几个功能，或者弥补其做得不够好的以下几个缺点。

- 改善用户的操作体验，不会动不动就因为 PostBack 整页重新加载而造成闪动。

- 部分网页更新，不需整页更新。
- 异步取回服务器端的数据，用户不会因被限制而处于等待状态。
- ASP.NET AJAX 的 JavaScript 是跨浏览器的，不限定只有 IE 浏览器才能支持。
- ASP.NET AJAX提供JavaScript脚本函数库，开发人员可以直接引用，或者根据声明自动产生脚本。

在 ASP.NET 4.5 中，AJAX 已经成为.NET 框架的原生功能。创建 ASP.NET 4.5 Web 应用程序后就能够直接使用 AJAX 功能，如图 11-3 所示。

AJAX 扩展
指针
ScriptManager
ScriptManagerProxy
Timer
UpdatePanel
UpdateProgress

图 11-3　ASP.NET 4.5 AJAX 控件

11.1.6　ASP.NET 4.5 AJAX 简单示例

虽然 AJAX 的原理听上去非常复杂，但是 AJAX 的使用非常方便。ASP.NET 4.5 提供了 AJAX 控件，以便于开发人员能够快速进行 AJAX 应用程序的开发。在进行 AJAX 开发时，首先需要使用脚本管理控件(ScriptManager)，示例代码如下：

```
<asp:ScriptManager ID="ScriptManager1" runat="server">
</asp:ScriptManager>
```

开发人员无须对 ScriptManager 控件进行配置，只要保证 ScriptManager 控件在 UpdatePanel 控件之前即可。使用了 ScriptManager 控件之后，可以使用 UpdatePanel 控件来确定需要进行局部更新的控件。创建 ScriptManager.aspx 页面，示例代码如下：

```
<form id="form1" runat="server">
<asp:Label ID="Label2" runat="server" ></asp:Label>
<asp:ScriptManager ID="ScriptManager1" runat="server">
</asp:ScriptManager>
<asp:UpdatePanel ID="UpdatePanel1" runat="server">
        <ContentTemplate>
            <asp:TextBox ID="TextBox1" runat="server" AutoPostBack="True" ></asp:TextBox>
       <asp:Button ID="Button1" runat="server" Onclick="Button1_Click1" Text="Button" />
                    </ContentTemplate>
</asp:UpdatePanel>
</form>
```

上述代码使用了 UpdatePanel 控件将服务器控件进行绑定，当浏览者操作 UpdatePanel 控件中的控件实现某种特定功能时，页面只会对 UpdatePanel 控件之间的控件进行刷新操作，而不会进行整个页面的刷新。为控件编写事件的操作代码如下：

```
protected void Page_Load(object sender, EventArgs e)
{
    Label2.Text = DateTime.Now.ToString();                    //获取当前时间
}
protected void Button1_Click1(object sender, EventArgs e)
{
```

```
        TextBox1.Text = DateTime.Now.ToString();                //获取当前时间
    }
```

当用户单击按钮控件时，TextBox 控件将获得当前时间并呈现到 TextBox 控件中；当 TextBox 控件失去焦点时，则统计 TextBox 控件中字符的个数。在传统的 Web 开发中，无论是单击按钮还是使用 AutoPostBack 属性，都需要向服务器发送请求，服务器收到请求后，执行请求，请求执行完毕再生成一个新的 Web 页面呈现给客户端。

当 Web 页面再次呈现到客户端时，用户能够很明显地感觉到页面被刷新。而使用 UpdatePanel 控件后，页面只会针对 UpdatePanel 控件中的内容进行更新，而不会影响 UpdatePanel 控件外的控件，运行效果如图 11-4 和图 11-5 所示。

图 11-4 单击按钮获取时间

图 11-5 再次获取时间

当应用程序运行之后，单击按钮控件将获取当前时间，再次单击按钮控件之后，当前时间同样能够被获取并呈现在 TextBox 中，但是页面并没有再次被更新。在执行过程中，第一次获取的时间为 2014/4/6 21:37:15，当再次获取时间时，Label 控件显示的时间还是 2014/4/6 21:37:15，而 TextBox 框中的时间改变了，这说明 UpdatePanel 控件外的页面元素都没有再更新。

11.2 ASP.NET 4.5 AJAX 控件

ASP.NET 4.5 提供了 AJAX 控件，以便开发人员能够在 ASP.NET 4.5 中进行 AJAX 应用程序的开发，通过使用 AJAX 控件能够减少大量代码的编写，为开发人员提供了搭建 AJAX 应用程序的绝佳环境。

11.2.1 ScriptManger(脚本管理员)控件

ScriptManager 控件是 ASP.NET 中 AJAX 功能的核心，该控件可以管理一个页面上的所有 ASP.NET AJAX 资源。ScriptManager 控件用于处理页面上的局部更新，同时生成相关的代理脚本，以便能够通过 JavaScript 访问 Web Service。

ScriptManager 控件用来进行页面的全局管理。ScriptManager 只能在页面中使用一次，并且必须出现在所有 ASP.NET AJAX 控件之前。创建一个 ScriptManager 控件，代码如下：

```
<asp:ScriptManager  ID="ScriptManager1"  runat="server">
</asp:ScriptManager>
```

ScriptManager 控件的常用属性如下。

- AllowCustomErrorRedirect：获取或设置一个值，以确定异步回发出现错误时是否使用 Web.config 文件的自定义错误部分。
- AsyncPostBackTimeout：指定异步回发的超时时间，默认为 90 秒。
- AsyncPostBackErrorMessage：获取或设置异步回发期间发生未处理的服务器异常时发送到客户端的错误消息。
- EnablePartialRendering：指定当前网页是否允许部分更新，默认值为 True。因此，默认情况下，当向页面添加 ScriptManager 控件时，将启用部分页呈现。

在 AJAX 应用中，ScriptManager 控件基本上不需要配置就能使用，因为 ScriptManager 控件通常需要同其他 AJAX 控件搭配使用。在 AJAX 应用程序中，ScriptManager 控件就相当于一个总指挥官，这个总指挥官只进行指挥，而不进行实际的操作。

1. 使用 ScriptManager

如果需要使用 AJAX 的其他控件，就必须先创建一个 ScriptManager 控件，并且页面中只能包含一个 ScriptManger 控件。

【例 11-1】创建一个 ScriptManager 控件和一个 UpdatePanel 控件用于 AJAX 应用开发。在 UpdatePanel 控件中，包含一个 Label 标签和一个 TextBox 文本框，当文本框的内容被更改时，就会触发 TextBox1_TextChanged 事件。具体代码如下：

```
<script language="c#" runat="server">
    protected void TextBox1_TextChanged(object sender, EventArgs e)
    {
        try
        {
            Label1.Font.Size = FontUnit.Point(Convert.ToInt32(TextBox1.Text));    //改变字体大小
        }
        catch
        {
            Response.Write("错误");                                  //抛出异常
        }
    }
</script>
<html>
<head>
    <title>ScriptManager 使用示例</title>
</head>
 <body>
    <form id="form1" runat="server">
    <div>
        <asp:ScriptManager ID="ScriptManager1" runat="server">
        </asp:ScriptManager>
        <asp:UpdatePanel ID="UpdatePanel1" runat="server">
            <ContentTemplate>
                <asp:Label ID="Label1" runat="server" Text="这是一串字符"
```

```
                    Font-Size="12px"></asp:Label><br /><br />
                <asp:TextBox ID="TextBox1" runat="server" AutoPostBack="True"
                    Ontextchanged="TextBox1_TextChanged"></asp:TextBox>
                字符的大小(px)
            </ContentTemplate>
        </asp:UpdatePanel>
    </div>
    </form>
</body>
</html>
```

将上述代码保存为 Example.aspx，运行结果如图 11-6 和图 11-7 所示。

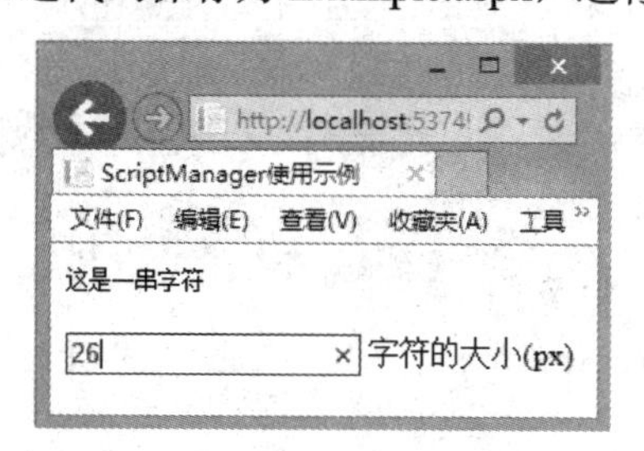

图 11-6　输入字符大小

图 11-7　调整字体大小后的效果

2. 捕获异常

当页面回传发生异常时，则会触发 AsyncPostBackError 事件，示例代码如下：

```
protected void ScriptManager1_AsyncPostBackError(object sender, AsyncPostBackErrorEventArgs e)
{
    ScriptManager1.AsyncPostBackErrorMessage = "回传发生异常:" + e.Exception.Message;
}
```

AsyncPostBackError 事件的触发依赖于 AllowCustomErrorsRedirect、AsyncPostBackErrorMessage 属性和 Web.config 中的<customErrors>配置节。其中，AllowCustomErrorsRedirect 属性指明在异步回发过程中是否进行自定义错误重定向，而 AsyncPostBackErrorMessage 属性则指明当服务器上发生未处理异常时要发送到客户端的错误消息。

11.2.2　Timer(时间)控件

在 C/S 应用程序开发中，Timer 控件是最常用的控件之一，通过它可以进行时间控制。Timer 控件被广泛应用在 Windows WinForm 应用程序开发中。Timer 控件能够在一定的时间间隔内触发某个事件，例如每隔 5 秒就执行一次某个事件。

但是在 Web 应用开发中，由于 Web 应用是无状态的，开发人员很难通过编程的方法来实现 Timer 控件。虽然 Timer 控件可以通过 JavaScript 实现，但是，是以复杂的编程为代价的，这就造成了 Timer 控件的使用困难。而在 ASP.NET AJAX 中，AJAX 提供了一个 Timer 控件，用于按定义的时间间隔执行回发。如果将 Timer 控件用于 UpdatePanel 控件，则可以按定义的时间间隔启用部分页更新。

设置 Interval 属性可以指定回发发生的频率，而设置 Enabled 属性可以打开或关闭 Timer。Interval 属性是以毫秒为单位的，其默认值为 60,000 毫秒(即 60 秒)。

Timer 控件会将一个 JavaScript 组件嵌入到网页中。当经过 Interval 属性定义的时间间隔时，该 JavaScript 组件将从浏览器启动回发。

如果回发是由 Timer 控件启动的，则 Timer 控件将在服务器上引发 Tick 事件。当页发送到服务器时，可以创建 Tick 事件的事件处理程序来执行一些操作。

【例11-2】创建页面Example2.aspx，在页面上创建一个UpdatePanel控件，该控件用于控制页面的局部更新。在UpdatePanel控件中，包括一个Label控件和一个Timer控件，Label控件用于显示时间，Timer控件用于控制每1000毫秒执行一次Timer1_Tick事件。示例代码如下：

```
<script language="c#" runat="server">
protected void Page_Load(object sender, EventArgs e)                          //页面打开时执行
 {
     Label1.Text = DateTime.Now.ToString();                                  //获取当前时间
 }
     protected void Timer1_Tick(object sender, EventArgs e)                  //Timer 控件计数
 {
Label1.Text = DateTime.Now.ToString();                                       //遍历获取时间
 }
</script>
<html>
<body>
     <form id="form1" runat="server">
     <div>
          <asp:ScriptManager ID="ScriptManager1" runat="server">
          </asp:ScriptManager>
          <asp:UpdatePanel ID="UpdatePanel1" runat="server">
               <ContentTemplate>
                    <asp:Label ID="Label1" runat="server" Text="Label"></asp:Label>
                    <asp:Timer ID="Timer1" runat="server" Interval="1000" Ontick="Timer1_Tick">
                    </asp:Timer>
               </ContentTemplate>
          </asp:UpdatePanel>
     </div>
     </form>
</body>
</html>
```

上述代码在页面被呈现时，将当前时间呈现到 Label 控件中。Timer 控件用于每隔一秒进行一次刷新，并将当前时间传递并呈现在 Label 控件中，这样就形成了一个可以自动计数的时间。如图 11-8 所示每隔一秒会自动显示新的时间。

图 11-8　初始页面

Timer 控件能够通过简单的方法让开发人员无须通过

复杂的 JavaScript 编程就能实现时间控制。但是从另一方面来讲，Timer 控件会占用大量的服务器资源，如果不停地进行客户端和服务器的信息通信操作，很容易造成服务器负载过量。

11.2.3　UpdatePanel(更新区域)控件

使用 ASP.NET UpdatePanel 控件可以生成功能丰富的、以客户端为中心的 Web 应用程序。通过使用 UpdatePanel 控件，可以刷新页的选定部分，而不是使用回发刷新整个页面，这称为“部分页更新”。包含一个 ScriptManager 控件和一个或多个 UpdatePanel 控件的 ASP.NET 网页可以自动参与部分页更新，而无须自定义客户端脚本。

在 UpdatePanel 服务器控件中，所发出的 PostBack 都会自动以 AJAX 技术通过异步方式传送到 Web 服务器，待服务器将结果传回后再以“部分更新”的方式显示在网页中。因此，当用户浏览该网页时，不会有画面闪动的不适感，取而代之的感觉是好像在浏览器中立即产生了更新效果。不用将所有内容都放进 UpdatePanel，只需将要更新的内容放进 UpdatePanel 即可。

UpdatePanel 控件的属性主要有如下 3 个。

- RenderMode：获取或设置一个值，该值指示 UpdatePanel 控件的内容是否包含在 HTML<div>或<span>元素中。如果是 Inline，UpdatePanel 控件的内容将呈现在<span>元素内；如果是 Block，则这些内容将呈现在<div>元素内。
- ChildrenAsTriggers：该属性指明来自 UpdatePanel 控件的子控件的回发是否导致 UpdatePanel 控件的更新，其默认值为 True。
- Triggers：获取已经为 UpdatePanel 控件定义的所有触发器的集合。可以通过使用 UpdatePanel 控件的<Triggers>元素以声明的方式定义触发器。该集合包含 AsyncPostBack Trigger 和 PostBackTrigger 对象。

UpdatePanel 控件包含 ContentTemplate 标签。在 ContentTemplate 标签中，开发人员可以放置任何 ASP.NET 控件，这些控件能够实现页面无刷新的更新操作。示例代码如下：

```
<asp:UpdatePanel ID="UpdatePanel1" runat="server">
    <ContentTemplate>
        <asp:TextBox ID="TextBox1" runat="server"></asp:TextBox>
        <asp:Button   ID="Button1" runat="server" Text="Button" />
    </ContentTemplate>
</asp:UpdatePanel>
```

上述代码在 ContentTemplate 标签中加入了 TextBox1 和 Button1 控件，当这两个控件产生回发事件时，并不会对页面中的其他元素进行更新，只会对 UpdatePanel 控件中的内容进行更新，如图 11-9 所示。

UpdatePanel 控件还包含 Triggers 标签。Triggers 标签包括两个对象，分别为 AsyncPostBack Trigger 和 PostBackTrigger。AsyncPostBackTrigger 控件用于使控件成为 UpdatePanel 控件的触发器。AsyncPostBackTrigger 需要配置控件的 ID 和控件产生的事件名，示例代码如下：

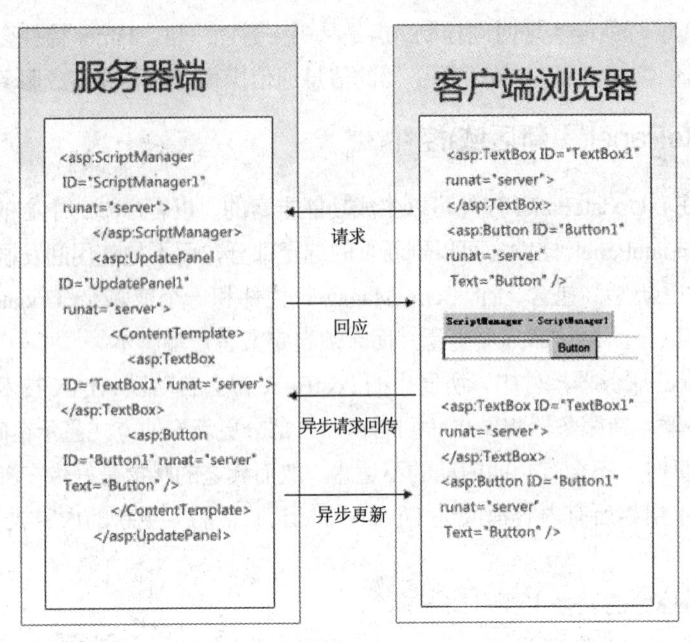

图 11-9　UpdatePanel 控件异步请求示意图

```
<asp:UpdatePanel ID="UpdatePanel1" runat="server">
    <ContentTemplate>
        <asp:TextBox ID="TextBox1" runat="server"></asp:TextBox>
        <asp:Button ID="Button1" runat="server" Text="Button" />
    </ContentTemplate>
    <Triggers>
        <asp:AsyncPostBackTrigger ControlID="TextBox1" EventName="TextChanged" />
    </Triggers>
</asp:UpdatePanel>
```

而 PostBackTrigger 控件用来指定 UpdatePanel 中的某个控件，并将其产生的事件以传统的回发方式进行回发。使用 PostBackTrigger 控件可以使 UpdatePanel 内部的控件导致回发，而不是执行异步回发。

注意：
如果同时将控件设置为 PostBackTrigger 和 AsyncPostBackTrigger，则会引发异常。

UpdatePanel 控件在 ASP.NET AJAX 中是非常重要的，它用于进行局部更新，当 UpdatePanel 控件中的服务器控件产生事件并需要动态更新时，服务器端返回请求只会更新 UpdatePanel 控件中的事件而不会影响其他的事件。

11.2.4　UpdateProgress(更新进度)控件

使用 ASP.NET AJAX 常常会给用户造成疑惑。例如当用户进行评论或留言时，页面并没有刷新，而是进行了局部刷新，这个时候用户很可能不清楚到底发生了什么，以至于用户可能会产生重复操作，甚至是非法操作。

UpdateProgress 控件就用于解决这个问题，当服务器端与客户端进行异步通信时，可以使用 UpdateProgress 控件告诉用户现在正在执行中。例如，当用户进行评论时，单击按钮提交表单，系统应该提示“正在提交中，请稍后”，这样就使得用户知道应用程序正在运行中。这种方法不仅能够减少错误操作，也能够提升用户体验的友好度。UpdateProgress 控件的 HTML 代码如下：

```
<asp:UpdateProgress ID="UpdateProgress1" runat="server">
    <ProgressTemplate>
        正在操作中，请稍后 ...<br />
    </ProgressTemplate>
</asp:UpdateProgress>
```

【例 11-3】创建 Example3.aspx 页面，在页面上创建一个 UpdateProgress 控件，并通过使用 ProgressTemplate 标记进行等待中的样式控制。另外，创建一个 Label 控件和一个 Button 控件，当用户单击 Button 控件时，ProgressTemplate 标记中的内容就会呈现，以提示用户应用程序正在运行。代码如下：

```
<script language="c#" runat="server">
    protected void Button1_Click(object sender, EventArgs e)
    {
        System.Threading.Thread.Sleep(3000);                    //挂起 3 秒
        Label1.Text = DateTime.Now.ToString();                  //获取时间
    }
</script>
<html>
<head>
<body>
    <form id="form1" runat="server">
    <div>
    <asp:ScriptManager ID="ScriptManager1" runat="server">
    </asp:ScriptManager>
    <asp:UpdatePanel ID="UpdatePanel1" runat="server">
        <ContentTemplate>
        <asp:UpdateProgress ID="UpdateProgress1" runat="server">
            <ProgressTemplate>
                正在操作中，请稍后 ...<br />
            </ProgressTemplate>
        </asp:UpdateProgress>
            <asp:Label ID="Label1" runat="server" Text="Label"></asp:Label>
```

```
            <asp:Button ID="Button1" runat="server" Text="Button" Onclick="Button1_Click" />
        </ContentTemplate>
    </asp:UpdatePanel>
    </div>
    </form>
</body>
</html>
```

上述代码使用了 System.Threading.Thread.Sleep 方法指定系统线程挂起的时间，这里设置为 3000 毫秒，也就是说，当用户进行操作后，在这 3 秒的时间内会呈现“正在操作中，请稍后...”的字样，当 3000 毫秒过后，就会执行下面的方法，运行效果如图 11-10 和图 11-11 所示。

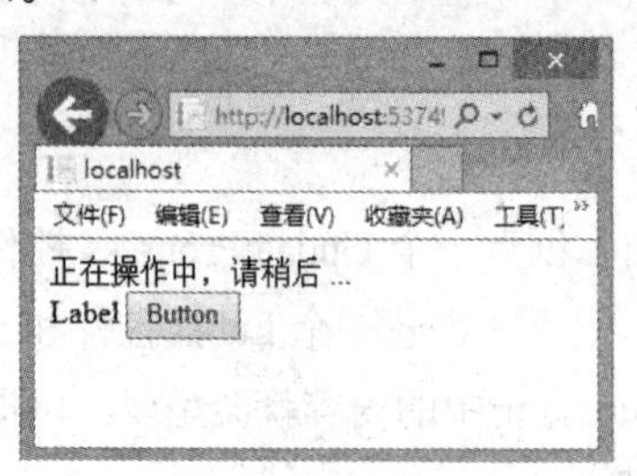

图 11-10　正在操作中

图 11-11　操作完毕后

在用户单击按钮提交后，如果服务器和客户端之间的通信需要较长时间的更新，则等待提示语会提示“正在操作中”。如果服务器和客户端之间交互的时间很短，基本上看不到 UpdateProgress 控件的显示。UpdateProgress 控件在大量的数据访问和数据操作中能够提高用户友好度，并避免错误的发生。

11.3　本 章 小 结

本章介绍了 ASP.NET AJAX 的一些控件和特性，并介绍了 AJAX 基础。在 Web 应用程序开发中，使用一定的 AJAX 技术能够提高应用程序的健壮性和用户体验的友好度。使用 AJAX 技术能够实现页面无刷新和异步数据处理，让页面中的其他元素不会随着“客户端—服务器”的通信再次刷新，这样，不仅能够减少客户端服务器之间的带宽，也能够提高 Web 应用的速度。

虽然 Ajax 是当今的热门技术，但是 Ajax 并不是一个新技术，Ajax 是由一些老技术组合在一起来实现的，这些技术包括 XML、JavaScript、DOM 等，而且 Ajax 并不需要在服务器端安装插件或应用程序框架，只要浏览器支持 JavaScript 就能够实现 Ajax 技术的部署和实现。尽管 Ajax 具有如上诸多优势，但是 Ajax 也有一些缺点，就是对多媒体的支持还没有 Flash 那么好，并且也不能很好地支持移动设备。另外，Ajax 也增加了服务器负担，如果在服务器中大量使用 AJAX 控件的话，有可能造成服务器假死，熟练和高效编写 Ajax 应用对 AJAX Web 应用程序开发是非常有好处的。

11.4　练　　习

1. Ajax 和 ASP.NET AJAX 有什么相同点和不同点？

2. ASP.NET AJAX 网页一定都要添加且放在最前面的控件是什么？

3. 若要刷新页的选定部分，而不是使用回发刷新整个页面，则可以在网页上添加什么控件？

4. UpdateProgress 控件的作用是什么？

5. 新建名字为 AJAX_ Exercise 的网站。

(1) 添加一个网页，当单击 Button 控件时，局部更新 Image 控件中的图片，同时利用 UpdateProgress 控件提示更新信息。

(2) 建立母版页和内容页，要求在内容页中每 2 秒钟局部更新 Label 控件的当前时间。

(3) 添加一个网页，在两个 UpdatePanel 控件中分别放置一个显示时间的 Label 控件，当单击 UpdatePanel 外面的 Button 控件时，只有其中一个 UpdatePanel 控件局部刷新。

(4) 页面的初始运行效果如图 11-12 所示，要求不刷新整个页面。 当用户在【用户名】文本框中输入注册用户名，然后将焦点离开该文本框时，系统自动检测用户名是否为“abc”，并在文本框右边显示刚输入的注册名是否可用。如果用户名为“abc”，提示“该用户名已经存在”，否则提示“该用户名可用”。 当用户单击【注册】按钮时，如果注册用户名已经存在或者用户名为空，则弹出一个对话框，提示信息为“用户名不合法！”。

图 11-12　页面的初始运行效果

第12章 企业电子商务网站

在网络经济与电子商务迅猛发展的今天，越来越多的企业认识到建立网站的必要性。网站是展示自己产品和提升企业形象的网络平台。但是如何有效地发布产品信息、服务信息和企业信息，在各种资源调配上做到管理有序，这都是对企业网络平台的重大挑战。

本章将介绍一个典型的企业网站。通过本章学习，读者将会对企业网站有一个系统认识。在此基础上，调研某一个企业的自身需求，便可以制作实用的企业网站。

本章的学习目标：

- 进一步熟悉 ASP.NET 编程技术；
- 掌握 Web 控件使用方法；
- 让 ADO.NET 编程更加简洁；
- 熟悉网站的制作过程。

12.1 系统设计

结合中小企业的实际，在需求分析的基础上，给出如下设计：概念结构设计、数据库设计和功能设计。

12.1.1 需求分析

企业网站的栏目和功能各不相同。通过对中小企业的调查分析，开发小组认为中小企业网站主要的栏目和功能应该包括：企业简介，让用户了解企业文化、理念、历史和规模；联系方式，让用户可以及时与企业沟通；企业新闻，让用户了解企业最新的活动、发展动态和优惠措施等；产品和服务，介绍产品的图片、规格、型号、价格、功能等信息，介绍企业所提供的各项服务；同时提供网站后台管理功能。

12.1.2 概念结构设计

系统的 E-R 图(图中省略了实体和联系的属性)如图 12-1 所示，每个实体及属性如下。

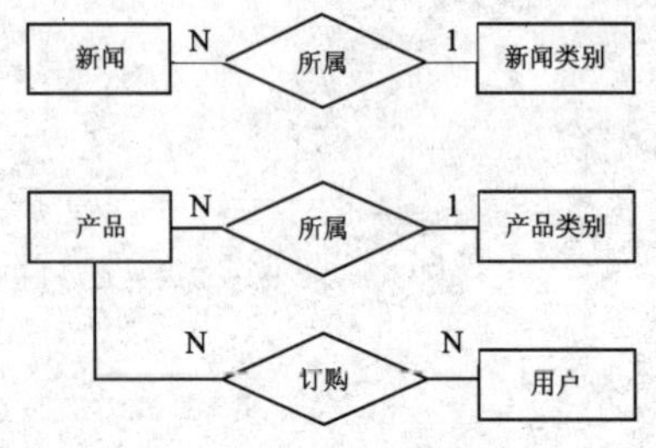

图 12-1 E-R 图

- 新闻信息：流水号、新闻标题、新闻内容、新闻类别、添加时间、阅读次数。
- 新闻类别：流水号、新闻类别。
- 产品：流水号、产品名称、产品价格、产品图片、产品类别、产品介绍。
- 产品类别：流水号、产品类别。
- 用户：用户名、密码、真实姓名、电话、地址、邮编。

12.1.3　数据库设计

在图 12-1 所示的 E-R 图中，有 5 个实体、一个多对多联系和两个一对多联系。由于每个实体可以用一张表表示，每个多对多联系可以用一张表表示，而一对多的联系不需要建新表，所以，把 E-R 图转换成数据库的 6 张表即可。

这 6 张表分别是新闻信息表、新闻类别表、产品表、产品类别表、订单表和用户表。表的结构如表 12-1~表 12-6 所示。

表 12-1　新闻信息表

列　名	数 据 类 型	长　度	说　明
流水号	Bigint	8	主键
新闻标题	Nvarchar	50	
新闻内容	Ntext	16	
新闻类别	Nvarchar	10	外键
添加时间	smalldatetime	4	
阅读次数	Int	4	默认为 0

表 12-2　新闻类别表

列　名	数 据 类 型	长　度	说　明
流水号	Bigint	8	主键
新闻类别	Nvarchar	50	

表 12-3　产品表

列　名	数 据 类 型	长　度	说　明
流水号	Bigint	8	主键
产品名称	Nvarchar	50	
产品价格	Int	4	
产品图片	Varchar	50	图片文件名
产品类别	Varchar	10	外键
产品介绍	Ntext	16	

表 12-4　产品类别表

列　名	数 据 类 型	长　度	说　明
流水号	Bigint	8	主键
产品类别	Nvarchar	10	

表 12-5　用户表

列　名	数 据 类 型	长　度	说　明
用户名	Nvarchar	20	主键
密码	Nvarchar	10	
真实姓名	Nvarchar	50	
电话	Nvarchar	50	
地址	Nvarchar	50	
邮编	Nvarchar	6	
管理员标志	Bit	1	默认 0，表示一般用户

表 12-6　订单表

列　名	数据类型	长　度	说　明
流水号	Bigint	8	主键
产品流水号	Bigint	8	
订购数量	Int	4	
用户名	Nvarchar	20	
订购日期	Datetime	8	
处理标志	Bit	1	默认 0，表示未处理

12.1.4　功能设计

网站功能包括前台和后台管理。前台功能包括：产品列表、新闻列表、产品订购、修改注册信息和登录。后台管理包括：产品管理、产品添加、新闻管理、新闻添加、订单管理，如图 12-2 所示。

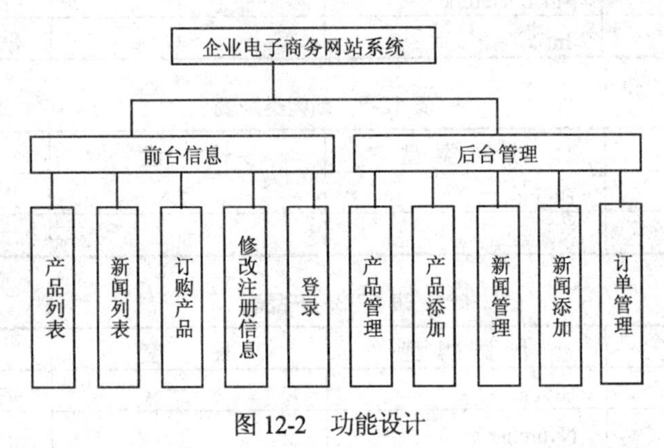

图 12-2　功能设计

12.2　系统实现

首先根据表 12-1~表 12-6 在 SQL Server 2012 中创建名称为“实例数据库.mdf”的数据库，然后启动 VS 2012，新建网站，按照第 8 章【例 8-1】的方法，将 web.config 配置文件中设置好数据库信息。下面详细介绍程序设计。

12.2.1　访问数据库公共类

本实例编写了一个 BaseClass.cs 类，负责数据库数据的操作。

在【解决方案资源管理器】中，右击网站名，选择【添加新项】命令，在弹出的对话框中选择【类】模板，更改默认名称为【BaseClass.cs】。

以下是 BaseClass.cs 的主要代码及解释。

(1) BaseClass 类被包含在 GROUP.Manage 命名空间中，以后需要使用 BaseClass 类的页面，必须在页面开头使用 using GROUP.Manage 语句引用。类结构代码如下：

```
namespace GROUP.Manage
```

```
{ //命名空间开始
    public class BaseClass: System.Web.UI.Page
    { //类定义开始
            String strConn; //类变量
            public BaseClass()    //构造函数
            { //在构造函数中，取数据库连接串
            strConn = ConfigurationManager.ConnectionStrings["ConnectionString"].ConnectionString;
            }
            …几个方法的定义
        } //类定义结束
  } //命名空间结束
```

(2) 方法 public DataTable ReadTable(String strSql)用来从数据库读取数据，并返回一个 DataTable。代码如下：

```
public DataTable ReadTable(String strSql)
{       DataTable dt=new DataTable();//创建一个 DataTable
        //定义新的数据连接控件并初始化
        SqlConnection Conn = new SqlConnection(strConn);
        Conn.Open();//打开连接
        SqlDataAdapter Cmd = new SqlDataAdapter(strSql, Conn); //定义并初始化数据适配器
        Cmd.Fill(dt);          //将数据适配器中的数据填充到 DataTable 中
        Conn.Close();//关闭连接
        return dt; //方法返回参数为 DataTable
}
```

(3) 方法 public DataSet ReadDataSet(String strSql)也是用来从数据库读取数据，不同的是返回一个 DataSet。代码如下：

```
public DataSet ReadDataSet(String strSql)
{       DataSet ds=new DataSet();//创建一个数据集 DataSet
        SqlConnection Conn = new SqlConnection(strConn); //定义新的数据连接控件并初始化
        Conn.Open();//打开连接
        SqlDataAdapter Cmd = new SqlDataAdapter(strSql, Conn); //定义并初始化数据适配器
        Cmd.Fill(ds);   //将数据填充到数据集 DataSet 中
        Conn.Close();//关闭连接
        return ds; //方法返回参数为 DataSet
}
```

(4) 方法 public DataSet GetDataSet(String strSql, String tableName)和 ReadDataSet 几乎完全相同，只是多了个 tableName 参数。代码如下：

```
public DataSet GetDataSet(String strSql, String tableName)
{        DataSet ds = new DataSet();//创建一个数据集 DataSet
        SqlConnection Conn = new SqlConnection(strConn); //定义新的数据连接控件并初始化
        Conn.Open();//打开连接
```

```
        SqlDataAdapter Cmd = new SqlDataAdapter(strSql, Conn); //定义并初始化数据适配器
        Cmd.Fill(ds, tableName); //将数据填充到数据集 DataSet 中
        Conn.Close();   //关闭连接
        return ds; //方法返回参数为 DataSet
    }
```

(5) 方法 public SqlDataReader readrow(String sql)执行 SQL 查询，并返回一个 Reader。代码如下：

```
public SqlDataReader readrow(String sql)
{       SqlConnection Conn = new SqlConnection(strConn); //连接数据库
        Conn.Open();
        SqlCommand Comm = new SqlCommand(sql, Conn);    //定义并初始化 Command 控件
        SqlDataReader Reader = Comm.ExecuteReader();//创建 Reader 控件，并添加数据记录        //
        if (Reader.Read())如果 Reader 不为空,返回 Reader，否则返回 null
        {  Comm.Dispose();
           return Reader;
        }
        else
        {    Comm.Dispose();
             return null;
        }
}
```

(6) 方法 public string Readstr(String strSql, int flag)返回查询结果第一行某一字段的值。代码如下：

```
public string Readstr(String strSql, int flag)
{     DataSet ds=new DataSet();//创建一个数据集 DataSet
      String str;
      SqlConnection Conn = new SqlConnection(strConn); //定义新的数据连接控件并初始化
      Conn.Open();//打开连接
      SqlDataAdapter Cmd = new SqlDataAdapter(strSql, Conn); //定义并初始化数据适配器
      Cmd.Fill(ds);  //将数据填充到数据集 DataSet 中
    str=ds.Tables[0].Rows[0].ItemArray[flag].ToString();   // 取出 DataSet 中第一行第 flag 列的数据
      Conn.Close();//关闭连接
  return str; //返回数据
  }
```

(7) 方法 public void execsql(String strSql)用来执行 SQL 更新语句。代码如下：

```
public void execsql(String strSql)
{       SqlConnection Conn = new SqlConnection(strConn); //定义新的数据连接控件并初始化
        SqlCommand Comm = new SqlCommand(strSql, Conn); //定义并初始化 Command 控件
      Conn.Open();//打开连接
      Comm.ExecuteNonQuery();//执行命令
```

```
        Conn.Close();//关闭连接
    }
```

12.2.2　母版页

添加母版页，名称为 MasterPage.master。在母版页中添加一个 ScriptManager 控件，这是很重要的。因为很多页面用到 ASP.NET AJAX 无页面刷新技术，直接把该控件放到母版页中，其他用到该母版页的页面就不需要单独添加 ScriptManager 控件了。

母版页上有几个主要的 div，分别设置标题图片、导航、内容和底部信息。新建一个样式文件 StyleSheet.css，定义网站主要样式。母版页设计的最终效果如图 12-3 所示。

部分 HTML 代码如下：

```
<asp:ScriptManager ID="ScriptManager1" runat="server"></asp:ScriptManager>
<div id="maindiv">
<div id="HeadDiv"> <br /> <br /> <br /> <br /> <br />
    您是第<strong style="font-size: 14pt; color: #ffcc66;"><%=Application["counter"]%></strong>位访
问者！ <br />   </div>
<div id="MenuDiv">
    | <asp:HyperLink ID="HyperLink2" runat="server" NavigateUrl="~/Default.aspx">首页
        </asp:HyperLink>
    | <asp:HyperLink ID="HyperLink3" runat="server" NavigateUrl="~/about.aspx">关于公司
        </asp:HyperLink>
    | <asp:HyperLink ID="HyperLink4" runat="server" NavigateUrl="~/shownews.aspx?id=%">新闻
        </asp:HyperLink>
    | <asp:HyperLink ID="HyperLink5" runat="server" NavigateUrl="~/showpros.aspx?id=%">产品
        </asp:HyperLink>
    | <asp:HyperLink ID="HyperLink6" runat="server" NavigateUrl="~/address.aspx">联系我们
        </asp:HyperLink> |   </div>
<div id="ContentDiv" style="background-color: #ffffff;">
    <asp:ContentPlaceHolder ID="ContentPlaceHolder1" runat="server">
    </asp:ContentPlaceHolder>      </div>
    <div id="EndimageDiv">      </div>
     <div id="EndDiv">
        <asp:HyperLink ID="HyperLink1" runat="server" NavigateUrl="~/admin_default.aspx"
Target="_blank">管理入口</asp:HyperLink><br />
                CopyRight &copy; 2008-2009 xingkongsoft All Right Reserved.<br />
                星空软件研究室 版权所有 E-mail:xingkongsoft@163.com
    </div> </div>
```

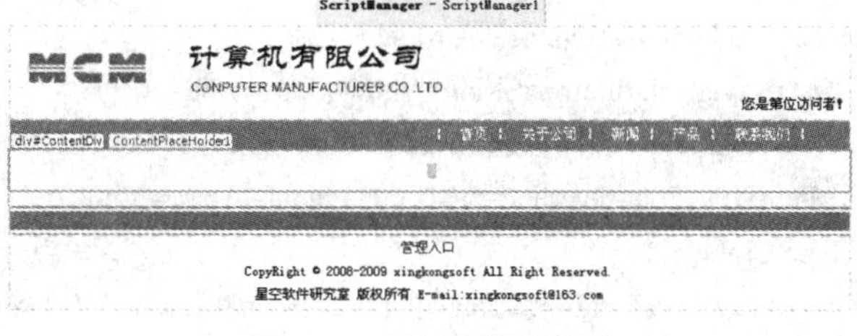

图 12-3　母版页设计页面

该网站只设计一个母版页，实际工作中，可以根据需要为不同的栏目设计各自的母版页，展现不同的栏目个性。

12.2.3　前台模块功能

前台信息功能包括：登录、用户注册、新闻列表、产品列表、产品订单、联系我们等相关功能，接下来将详细介绍这些功能是如何实现的。

1. 前台默认主页

该网站的默认主页为 Default.aspx，如图 12-4 所示。

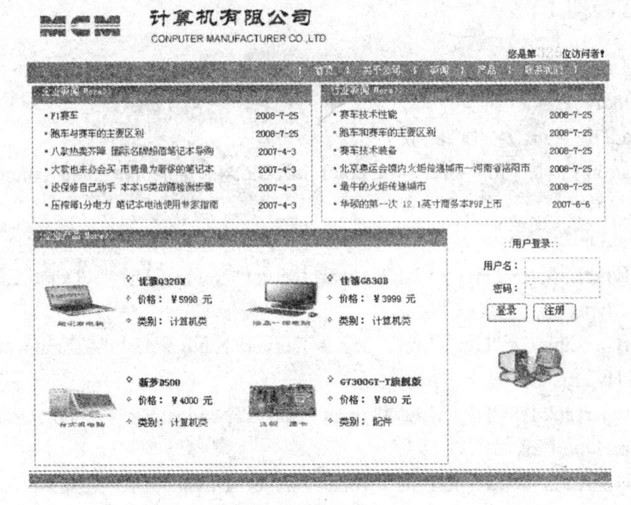

图 12-4　默认主页

Default.aspx 页面的主要控件包括：用于显示行业和企业新闻的两个 GridView 控件，一个展现企业产品的 DataList 控件，还有用于用户登录和注册的用户控件。主要代码如下：

```
<div    class="divtabletop" style="width: 356px;height: 19px" > ::企业新闻
      <asp:HyperLink ID="HyperLink3" runat="server" NavigateUrl="shownews.aspx?id=企业新闻
        ">More>></asp:HyperLink></div>
<div   class="divtablebody"    style="width: 356px; height: 135px">
    <asp:GridView ID="GridView1" runat="server" Height="131px" PageSize="6" ShowHeader="False"
        Width="336px" GridLines="None" AutoGenerateColumns="False"
        Font-Overline="False" CssClass="font" Font-Italic="False">
      <Columns>
        <asp:HyperLinkField DataNavigateUrlFields="流水号"
                DataNavigateUrlFormatString="shownew.aspx?id={0}"
                DataTextField="新闻标题" DataTextFormatString="&#183;{0}">
                <ItemStyle Font-Overline="False" HorizontalAlign="Left" />
        </asp:HyperLinkField>
        <asp:BoundField DataField="添加时间" DataFormatString="{0:d}" />
      </Columns>
    </asp:GridView>      </div>
```

```
    ......
<div   class="divtabletop" style="width: 357px;height:19px" >::行业新闻
        <asp:HyperLink ID="HyperLink2" runat="server" NavigateUrl="shownews.aspx?id=业内新闻
                ">More>></asp:HyperLink> </div>
<div class="divtablebody"    style="width: 357px;height:135px" >
          <asp:GridView ID="GridView2" runat="server" Height="131px" PageSize="6"
              ShowHeader="False" Width="336px" GridLines="None" AutoGenerateColumns="False"
               CssClass="font">
          <Columns>
               <asp:HyperLinkField DataNavigateUrlFields="流水号"
                      DataNavigateUrlFormatString="shownew.aspx?id={0}"
                      DataTextField="新闻标题" DataTextFormatString="&#183;{0}">
                      <ItemStyle Font-Overline="False" HorizontalAlign="Left" />
               </asp:HyperLinkField>
               <asp:BoundField DataField="添加时间" DataFormatString="{0:d}" />
          </Columns>
          </asp:GridView>   </div>
          ......
<div class="divtabletop" style="width:524px; height: 19px" >::企业产品
     <asp:HyperLink ID="HyperLink1" runat="server" NavigateUrl="showpros.aspx?id=%">More>>
     </asp:HyperLink>   </div>
<div   class="divtablebody" style="width:524px;height: 265px" >
     <asp:DataList ID="DataList1" runat="server" Height="248px" RepeatColumns="2"
        RepeatDirection="Horizontal"   Width="512px" Font-Names="宋体" Font-Size="12px">
        <ItemTemplate>
        <table border="0" cellpadding="0" cellspacing="0" style="font-size: 12px; font-family: 宋体" >
        <tr> <td align="center" rowspan="2" valign="middle" >
         <a href='showpro.aspx?id=<%# DataBinder.Eval(Container.DataItem, "流水号")%> '>
         <img height="60" src='image/<%# DataBinder.Eval(Container.DataItem, "产品图片")%>'
          width="100" style="border-top-style: none; border-right-style: none; border-left-style: none;
              border-bottom-style: none" alt="a" /></a></td>
       <td valign="middle" style="width: 150px; height: 22px;" align="left">
        <img height="15" src="image/dot_1.gif" style="width: 25px" alt="d" /><a
         href='showpro.aspx?id=<%# DataBinder.Eval(Container.DataItem, "流水号")%> '><strong><%#
         DataBinder.Eval(Container.DataItem, "产品名称")%></strong></a></td> </tr>
       <tr>   <td style="width: 150px; height: 53px" align="left">
       <img height="11" src="image/dot_1.gif" width="24" alt="b" />价格：   ￥<%#
         DataBinder.Eval(Container.DataItem, "产品价格")%>  元<br /> <br />
         <img height="11" src="image/dot_1.gif" width="24" alt="c" />类别：
         <a href='showpros.aspx?id=<%# DataBinder.Eval(Container.DataItem, "产品类别")%>'>
         <%# DataBinder.Eval(Container.DataItem, "产品类别")%> </a> </td> </tr>
       </table>
    </ItemTemplate>
  </asp:DataList> </div>
```

```
        ......
    <uc1:Userlogin id="Userlogin1_1" runat="server"></uc1:Userlogin>
```

Default.aspx.cs 的主要代码及说明如下。

(1) 创建公共类 BaseClass 的对象，目的是使用操作数据库的方法。代码如下：

```
BaseClass BaseClass1 = new BaseClass();
```

(2) 每次加载时显示企业新闻、业内新闻和产品信息。代码如下：

```
protected void Page_Load(object sender, EventArgs e)
{    string strsql;
     //定义查询企业新闻 SQL 语句，返回前 6 条记录
     strsql = "SELECT top 6 流水号,新闻标题,添加时间  FROM 新闻信息 where 新闻类别='企业新闻' order by 流水号 desc ";
     DataTable dt = BaseClass1.ReadTable(strsql);   //把结果返回到 DataTable 中
     GridView1.DataSource = dt; //指定 GridView 数据源
     GridView1.DataBind();// GridView 显示数据
     strsql = "SELECT top 6 流水号,新闻标题,添加时间  FROM 新闻信息 where 新闻类别='业内新闻' order by 流水号 desc "; //定义查询业内新闻 SQL 语句，返回前 6 条记录
     dt = BaseClass1.ReadTable(strsql); //把结果返回到 DataTable 中
     GridView2.DataSource = dt; //指定 GridView 数据源
     GridView2.DataBind();// GridView 显示数据
    //定义查询产品信息 SQL 语句，返回前 4 条记录
     strsql = "select top 4 * from 产品 order by 流水号 ";
     dt = BaseClass1.ReadTable(strsql); //把结果返回到 DataTable 中
     DataList1.DataSource = dt; //指定 GridView 数据源
     DataList1.DataBind();// GridView 显示数据   }
```

2. 用户登录功能

为方便起见，将用户登录对话框做成了用户控件，如图 12-5 所示，用户登录后出现右边的信息，系统为注册用户提供了订单管理等功能。

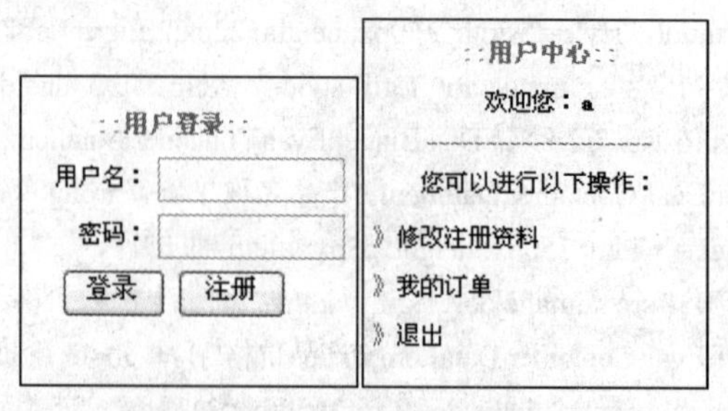

图 12-5　用户登录对话框

Userlogin.ascx 用户控件采用了上下两个 div 层，分别存放如图 12-5 所示的左边和右边的信息，通过 div 的 Visible 属性控制显示内容主要代码如下：

```
<div id="div1" runat="server"   style="width: 100%; height: 100px;">
<table style="font-size: 12px; font-family: 宋体;">
```

```
<tr> <td colspan="2" style="width: 180px; height: 21px;" align="center"> ::用户登录::</td> </tr>
<tr> <td style="width: 80px" align="right"> 用户名：</td>
<td style="width: 83px"> <asp:TextBox ID="TextBox1" runat="server"
Width="90"></asp:TextBox></td> </tr>
<tr> <td style="width: 80px" align="right">  密码：</td>
<td style="width: 83px"> <asp:TextBox ID="TextBox2" runat="server" Width="90"
TextMode="Password"></asp:TextBox></td> </tr>
<tr> <td style="width: 180px" colspan="2" align="center">
  <asp:Button ID="Button1" runat="server" Text="登录" Width="53px" OnClick="Button1_Click" />
<asp:Button ID="Button2" runat="server" Text="注册" Width="56px" OnClick="Button2_Click" /></td>
</tr>
</table></div>
<div id="div2" runat="server"   style="width: 100%; height: 130px; ">
  <table style="width: 100% ;font-size: 12px; font-family: 宋体;">
   <tr> <td style="width: 180px" align="center"> ::用户中心::</td>  </tr>
   <tr> <td style="width: 180px; height: 55px;" align="center"> 欢迎您：<asp:Label ID="Label1"
runat="server">Label</asp:Label><br /> <br /> 您可以进行以下操作：</td>  </tr>
   <tr> <td style="width: 120px; height: 89px; text-align: center; " align="center">
       <table style="font-size: 12px; font-family: 宋体;"> <tr>
<td style="width: 120px" align="left"> 》<a href="useredit.aspx">修改注册资料</a></td> </tr>
       <tr> <td style="width: 120px; height: 20px;" align="left"> 》<a href="userorder.aspx">我的订单
</a></td> </tr>
<tr> <td style="width: 120px; height: 20px;" align="left"> 》<a href="exit.aspx">退出</a></td> </tr>
</table>
  </td> </tr> </table> </div>
```

Userlogin.ascx.cs 的主要代码及说明如下。

(1) 创建公共类 BaseClass 的对象，目的是使用其中的数据库操作的方法。代码如下：

```
BaseClass BaseClass1 = new BaseClass();
```

(2) 判断用户是否登录，以决定显示如图 12-5 所示左边或者右边的信息。代码如下：

```
protected void Page_Load(object sender, EventArgs e)
{
  div1.Visible = false;
  div2.Visible = false;
  if (Session["name"] != null)
  {     Label1.Text = Session["name"].ToString();
      div2.Visible = true;
  }
  else
  {       div1.Visible = true;
  } }
```

(3) 单击【登录】按钮，触发 Button1_Click 事件。代码如下：

```
protected void Button1_Click(object sender, EventArgs e)
{
    //管理员标志=0，表示普通用户；管理员标志=1，表示管理员
    string strsql = "select * from 用户 where 管理员标志=0 and 用户名 ='" + TextBox1.Text + "' and
密码 ='" + TextBox2.Text + "'";
    DataSet ds = new DataSet();
    ds = BaseClass1.GetDataSet(strsql, "username");
    if (ds.Tables["username"].Rows.Count == 0)
    {   string scriptString = "alert('" + "用户名不存在或密码错误，请确认后再登录！" + "');";
        Page.ClientScript.RegisterClientScriptBlock(this.GetType(), "warning", scriptString, true);
    }
    else
    {   Session["name"] = TextBox1.Text;
        Label1.Text = "<b>" + Session["name"].ToString() + "</b>";
        div1.Visible = false;
        div2.Visible = true;
    }
}
```

(4) 单击【注册】按钮，触发 Button2_Click 事件。代码如下：

```
protected void Button2_Click(object sender, EventArgs e)
{
    Response.Write("<script>window.location='userreg.aspx';</script>");
}
```

3. 用户注册页面

单击图 12-5 中用户登录对话框中的【注册】按钮，进入注册用户信息页面 Userlogin.ascx，如图 12-6 所示。

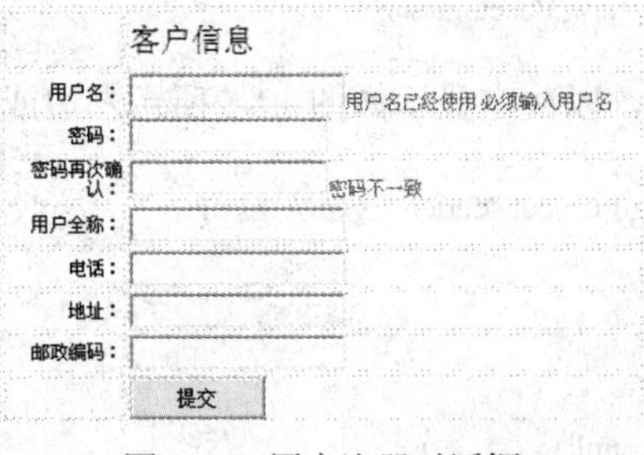

图 12-6　用户注册对话框

Userlogin.ascx 的页面使用了 3 个验证控件：RequiredFieldValidator、CustomValidator 和 CompareValidator。RequiredFieldValidator 和 CustomValidator 控制用户名不能为空，并且不能已经存在。CompareValidator 验证控件用来比较第一次输入的密码和再次确认密码是否一致。该页面的 HTML 代码如下：

```
<table style="width: 413px">
  <tr> <td style="width: 100px; height: 36px;"> </td>
```

```
        <td style="width: 369px; font-size: 20px; height: 36px;" align="left">客户信息</td> </tr>
    <tr> <td style="width: 100px" align="right">    用户名：</td>
        <td style="width: 369px" align="left">
            <asp:TextBox ID="TextBox1" runat="server" Width="139px"></asp:TextBox>
            <asp:CustomValidator ID="CustomValidator1" runat="server" ControlToValidate="TextBox1"
                ErrorMessage="用户名已经使用" OnServerValidate="CustomValidator1_ServerValidate"
ValidateEmptyText="True" Display="Dynamic" Width="86px"></asp:CustomValidator>
            <asp:RequiredFieldValidator ID="RequiredFieldValidator1" runat="server" ErrorMessage="必
须输入用户名" ControlToValidate="TextBox1"></asp:RequiredFieldValidator></td> </tr>
    <tr> <td style="width: 100px" align="right"> 密码：</td>
        <td style="width: 369px" align="left">
     <asp:TextBox ID="TextBox2" runat="server" TextMode="Password"></asp:TextBox></td> </tr>
    <tr> <td style="width: 100px" align="right">   密码再次确认：</td>
        <td style="width: 369px" align="left">
          <asp:TextBox ID="TextBox3" runat="server" TextMode="Password"></asp:TextBox>
          <asp:CompareValidator ID="CompareValidator1" runat="server" ControlToCompare="TextBox2"
      ControlToValidate="TextBox3" ErrorMessage="密码不一致"></asp:CompareValidator></td></tr>
     <tr> <td style="width: 100px; height: 26px;" align="right"> 用户全称：</td>
          <td style="width: 369px; height: 26px;" align="left">
             <asp:TextBox ID="TextBox4" runat="server" Width="139px"></asp:TextBox></td> </tr>
     <tr> <td style="width: 100px" align="right">电话：</td>
          <td style="width: 369px" align="left">
           <asp:TextBox ID="TextBox5" runat="server" Width="139px"></asp:TextBox></td> </tr>
     <tr> <td style="width: 100px; height: 21px" align="right">   地址：</td>
          <td style="width: 369px; height: 21px" align="left">
           <asp:TextBox ID="TextBox6" runat="server" Width="139px"></asp:TextBox></td> </tr>
     <tr> <td style="width: 100px" align="right"> 邮政编码：</td>
          <td style="width: 369px" align="left">
          <asp:TextBox ID="TextBox7" runat="server" Width="139px"></asp:TextBox></td> </tr>
     <tr> <td style="width: 100px"> </td>
          <td style="width: 369px" align="left">
     <asp:Button ID="Button1" runat="server" OnClick="Button1_Click" Text="提交" Width="87px"
/></td> </tr> </table>
```

Userlogin.ascx.cs 的主要代码及说明如下。

(1) 创建公共类 BaseClass 的对象，目的是使用数据库操作的方法。代码如下：

```
BaseClass BaseClass1 = new BaseClass();
```

(2) 验证用户名是否已经使用，触发 CustomValidator1_ServerValidate 事件。代码如下：

```
protected void CustomValidator1_ServerValidate(object source, ServerValidateEventArgs args)
{
    //args.Value 为需要验证的用户名
    string strsql = "select * from 用户 where 用户名 ='" + args.Value.ToString() + "'";
    DataSet ds = new DataSet();
```

```
        ds = BaseClass1.GetDataSet(strsql, "username");
        // args.IsValid 是否通过验证的返回值
        if (ds.Tables["username"].Rows.Count > 0)
        {
            args.IsValid = false;
        }
        else
        {
            args.IsValid = true;
        }
    }
```

(3) 单击【提交】按钮，触发 Button1_Click 事件。代码如下：

```
    protected void Button1_Click(object sender, EventArgs e)
    {
      if (CustomValidator1.IsValid == true)
      {
            string strsql;
            strsql = "insert into 用户 (用户名,密码,真实姓名,电话,地址,邮编) values ('" + TextBox1.Text
+ "','" + TextBox2.Text + "','" + TextBox4.Text + "','" + TextBox5.Text + "','" + TextBox6.Text + "','" +
TextBox7.Text + "')";
            BaseClass1.execsql(strsql);
            Response.Write("<script>alert(\"注册成功！\");</script>");
            Session["name"] = TextBox1.Text;
            Response.Redirect("Default.aspx");
      }
    }
```

4. 新闻列表

单击图 12-4 所示窗口中企业新闻或者业内新闻的【More>>】链接，进入 shownews.aspx 页面，显示全部的企业新闻或者业内新闻，效果如图 12-7 所示。

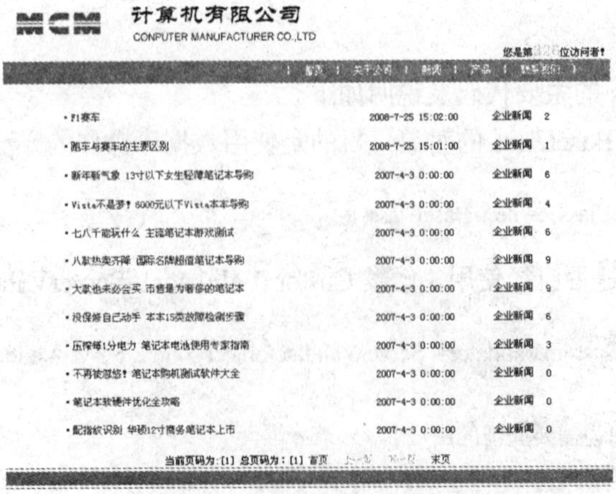

图 12-7　新闻列表

shownews.aspx 页面使用 GridView 控件显示新闻列表。代码如下：

```
<asp:GridView ID="GridView1" runat="server" AutoGenerateColumns="False" GridLines="None"
              Height="121px" PageSize="6" ShowHeader="False" Width="452px">
<Columns>
  <asp:HyperLinkField DataNavigateUrlFields="流水号"
      DataNavigateUrlFormatString="shownew.aspx?id={0}"
      DataTextField="新闻标题" DataTextFormatString="&#183;{0}" HeaderText="新闻标题">
       <ItemStyle Font-Overline="False" HorizontalAlign="Left" />
  </asp:HyperLinkField>
  <asp:BoundField DataField="添加时间" HeaderText="添加时间" />
  <asp:BoundField DataField="新闻类别" HeaderText="新闻类别" />
  <asp:BoundField DataField="阅读次数" HeaderText="阅读次数" />
</Columns>
</asp:GridView> <br />
当前页码为:[<asp:Label ID="LabelPage" runat="server" Text="1"></asp:Label>] 总页码为：
[<asp:Label ID="LabelTotalPage" runat="server" Text=""></asp:Label>]
<asp:LinkButton  ID="LinkButtonFirst" runat="server" OnClick="LinkButtonFirst_Click">首页
</asp:LinkButton>  
<asp:LinkButton  ID="LinkButtonPrev" runat="server" OnClick="LinkButtonPrev_Click">上一页
</asp:LinkButton>  
<asp:LinkButton  ID="LinkButtonNext" runat="server" OnClick="LinkButtonNext_Click">下一页
</asp:LinkButton>  
<asp:LinkButton  ID="LinkButtonLast" runat="server" OnClick="LinkButtonLast_Click">末页
</asp:LinkButton>
```

shownews.aspx.cs 的主要代码如下：

```
//创建公共类 BaseClass 的对象，目的是使用操作数据库的方法
BaseClass BaseClass1 = new BaseClass();
//每次加载时显示新闻
protected void Page_Load(object sender, EventArgs e)
{
    if (!Page.IsPostBack) getGoods();
}
private void getGoods()
{
        string strsql = "select  * from 新闻信息 where 新闻类别 like '" +
Request.Params["id"].ToString() + "' order by  流水号 desc";
    DataTable dt = BaseClass1.ReadTable(strsql);
    //实现分页
    PagedDataSource objPds = new PagedDataSource();
    objPds.DataSource = dt.DefaultView;
    objPds.AllowPaging = true;
    objPds.PageSize = 12;
    int CurPage = Convert.ToInt32(this.LabelPage.Text);
```

```
        objPds.CurrentPageIndex = CurPage - 1;
        if (objPds.CurrentPageIndex < 0)
        {
            objPds.CurrentPageIndex = 0;
        }
        //只有一页时禁用上页、下页按钮
        if (objPds.PageCount == 1)
        {
            LinkButtonPrev.Enabled = false;
            LinkButtonNext.Enabled = false;
        }
        else//多页时
        {       if (CurPage == 1)   //为第一页时
            {
                LinkButtonPrev.Enabled = false;
                LinkButtonNext.Enabled = true;
            }
            if (CurPage == objPds.PageCount) //是最后一页时
            {
                LinkButtonPrev.Enabled = true;
                LinkButtonNext.Enabled = false;
            }
        }
        this.LabelTotalPage.Text = Convert.ToString(objPds.PageCount);
        GridView1.DataSource = objPds;
        GridView1.DataBind();
    }
    protected void LinkButtonFirst_Click(object sender, EventArgs e) //首页
    {       this.LabelPage.Text = "1";
        getGoods();
    }
    protected void LinkButtonPrev_Click(object sender, EventArgs e) //上一页
    {       this.LabelPage.Text = Convert.ToString(int.Parse(this.LabelPage.Text) - 1);
        getGoods();
    }
    protected void LinkButtonNext_Click(object sender, EventArgs e) //下一页
    {
        this.LabelPage.Text = Convert.ToString(int.Parse(this.LabelPage.Text) + 1); ;
        getGoods();
    }
    protected void LinkButtonLast_Click(object sender, EventArgs e) //末页
    {
        this.LabelPage.Text = this.LabelTotalPage.Text;
        getGoods();
    }
```

5. 产品列表

单击图 12-4 所示窗口中企业产品栏目的【More>>】链接，进入 showpros.aspx 页面。产品列表效果如图 12-8 所示。

图 12-8　产品列表

showpros.aspx 页面使用 DataList 控件显示产品列表。代码如下：

```
<asp:DataList ID="DataList1" runat="server" Height="200px"
        OnSelectedIndexChanged="DataList1_SelectedIndexChanged1"
        RepeatColumns="2" RepeatDirection="Horizontal" Width="532px">
<ItemTemplate>
<table border="0" cellpadding="0" cellspacing="0">
 <tr> <td align="center" rowspan="2" valign="middle">
 <a href='showpro.aspx?id=<%# DataBinder.Eval(Container.DataItem, "流水号")%> '>
 <img alt="a" height="60" src='image/<%# DataBinder.Eval(Container.DataItem, "产品图片")%>'
style="border-top-style: none; border-right-style: none; border-left-style: none;  border-bottom-style: none"
width="100" /></a></td>
 <td align="left" style="width: 150px; height: 22px;" valign="middle">
 <img alt="d" height="15" src="image/dot_1.gif" style="width: 25px" /><a href='showpro.aspx?id=<%#
DataBinder.Eval(Container.DataItem, "流水号")%> '><strong><%# DataBinder.Eval(Container.DataItem, "产
品名称")%></strong></a></td> </tr>
<tr> <td align="left" style="width: 150px; height: 53px">
 <img alt="b" height="11" src="image/dot_1.gif" width="24" />价格：  ￥<%#
DataBinder.Eval(Container.DataItem, "产品价格")%>元<br />
<img alt="c" height="11" src="image/dot_1.gif" width="24" />类别：
<a href='showpros.aspx?id=<%# DataBinder.Eval(Container.DataItem, "产品类别")%>'>
     <%# DataBinder.Eval(Container.DataItem, "产品类别")%> </a> </td> </tr>
</table>
</ItemTemplate>
</asp:DataList><br />
当前页码为:[<asp:Label ID="LabelPage" runat="server" Text="1"></asp:Label>] 总页码为：
[<asp:Label ID="LabelTotalPage" runat="server" Text=""></asp:Label>]
```

```
    <asp:LinkButton  ID="LinkButtonFirst" runat="server" OnClick="LinkButtonFirst_Click">首页
</asp:LinkButton>  
    <asp:LinkButton  ID="LinkButtonPrev" runat="server" OnClick="LinkButtonPrev_Click">上一页
</asp:LinkButton>  
    <asp:LinkButton  ID="LinkButtonNext" runat="server" OnClick="LinkButtonNext_Click">下一页
</asp:LinkButton>  
    <asp:LinkButton  ID="LinkButtonLast" runat="server" OnClick="LinkButtonLast_Click">末页
</asp:LinkButton>
```

showpros.aspx.cs 的主要代码如下：

```
    //创建公共类 BaseClass 的对象，目的是使用操作数据库的方法
    BaseClass BaseClass1 = new BaseClass();
    protected void Page_Load(object sender, EventArgs e) //每次加载时显示新闻
    {
        if (!Page.IsPostBack) getGoods();
    }
    private void getGoods()
    {   //获取数据入口参数 Request.Params["id"].ToString()为“%”表示全部产品，否则为具体类型
        string strsql = "select  * from 产品 where 产品类别 like '" + Request.Params["id"].ToString() + "'
order by  流水号";
        DataTable dt = BaseClass1.ReadTable(strsql);
        //实现分页
        PagedDataSource objPds = new PagedDataSource();
        objPds.DataSource = dt.DefaultView;
        objPds.AllowPaging = true;
        objPds.PageSize =8;
        int CurPage = Convert.ToInt32(this.LabelPage.Text);
        objPds.CurrentPageIndex = CurPage - 1;
        if (objPds.CurrentPageIndex < 0)
        {
            objPds.CurrentPageIndex = 0;
        }
        if (objPds.PageCount == 1)  //只有一页时禁用上页、下页按钮
        {    LinkButtonPrev.Enabled = false;
            LinkButtonNext.Enabled = false;
        }
        else//多页时
        {    if (CurPage == 1)  //为第一页时
            {
                LinkButtonPrev.Enabled = false;
                LinkButtonNext.Enabled = true;
            }
            if (CurPage == objPds.PageCount) //是最后一页时
            {
```

```
                LinkButtonPrev.Enabled = true;
                LinkButtonNext.Enabled = false;
            }
        }
        this.LabelTotalPage.Text = Convert.ToString(objPds.PageCount);
        DataList1.DataSource = objPds;
        DataList1.DataBind();
    }
    protected void LinkButtonFirst_Click(object sender, EventArgs e) //首页
    {    this.LabelPage.Text = "1";
        getGoods();
    }
    protected void LinkButtonPrev_Click(object sender, EventArgs e) //上一页
    {   this.LabelPage.Text = Convert.ToString(int.Parse(this.LabelPage.Text) - 1);
        getGoods();
    }
    protected void LinkButtonNext_Click(object sender, EventArgs e) //下一页
    {    this.LabelPage.Text = Convert.ToString(int.Parse(this.LabelPage.Text) + 1); ;
        getGoods();
    }
    protected void LinkButtonLast_Click(object sender, EventArgs e) //末页
    {   this.LabelPage.Text = this.LabelTotalPage.Text;
        getGoods();
    }
```

6. 产品订单

当单击图 12-8 页面中的产品标题或产品图片时，显示如图 12-9 所示的产品详细信息。如果用户已经登录，单击图 12-9 中的【订购>>】链接时，将打开产品订单页面，如图 12-10 所示。

图 12-9　产品详细信息

图 12-10　产品订单

order.aspx 页面的主要 HTML 代码如下：

```
<table>
<tr> <td style="width: 134px; height: 36px"> </td>
    <td align="left" style="width: 220px; height: 36px">　订购信息</td> </tr>
<tr> <td align="right" style="width: 134px; height: 33px"> 产品名称：</td>
    <td align="left" style="width: 220px; height: 33px">
```

```
    <asp:Label ID="Label1" runat="server" Text="Label"></asp:Label></td> </tr>
<tr> <td align="right" style="width: 134px; height: 30px"> 单价：</td>
    <td style="width: 220px; height: 30px" align="left">
    <asp:Label ID="Label2" runat="server" Text="Label"></asp:Label></td> </tr>
<tr> <td align="right" style="width: 134px; height: 36px">  订购数量：</td>
    <td style="width: 220px; height: 36px" align="left">
    <asp:TextBox ID="TextBox1" runat="server"></asp:TextBox></td></tr>
<tr> <td style="width: 134px; height: 38px"></td>
    <td align="left" style="width: 220px; height: 38px">
<asp:Button ID="Button1" runat="server" Text="提交订单" OnClick="Button1_Click" /></td></tr>
</table>
```

order.aspx.cs 的主要代码及说明如下。

(1) 创建公共类 BaseClass 的对象，目的是使用操作数据库的方法。代码如下：

```
BaseClass BaseClass1 = new BaseClass();
```

(2) 如果用户已登录，输入订货数量，否则提示用户登录。代码如下：

```
protected void Page_Load(object sender, EventArgs e)
{       if (Session["name"] == null) // 判断用户是否登录
        {
            Response.Write("<script>alert(\"请登录！ \");</script>");
            Response.Redirect("default.aspx");
        }
        if (!Page.IsPostBack) // 首次加载初始化
        {       // Request.QueryString["id"]为页面入口参数，表示所订产品
            string strsql = "select 产品名称,产品价格 from 产品 where 流水号 =" +
Request.QueryString["id"];
            DataTable dt = new DataTable();
            dt = BaseClass1.ReadTable(strsql);
            Label1.Text = dt.Rows[0].ItemArray[0].ToString();
            Label2.Text = dt.Rows[0].ItemArray[1].ToString();
            TextBox1.Text = "1";
        }
}
```

(3) 单击【提交订单】按钮时，触发 Button1_Click 事件。代码如下：

```
protected void Button1_Click(object sender, EventArgs e)
{
        string strsql;
        strsql = "insert into 订单 (产品流水号,订购数量,用户名,订购日期) values (" +
Request.QueryString["id"] + "," + TextBox1.Text + ",'" + Session["name"].ToString() + "',convert(datetime,'" +
DateTime.Today.ToShortDateString() + "',120))";
        BaseClass1.execsql(strsql);
```

```
        Response.Write("<script>alert(\"提交成功，您还可以选购其它商品！\");</script>");
        Response.Redirect("showpros.aspx?id=%");
    }
```

12.2.4　后台管理模块

后台管理模块包括：管理员登录、后台管理主页面、新闻管理、产品添加、订单管理、用户管理等功能，接下来将详细介绍这些功能是如何实现的。

1. 管理员登录页面

各个页面的底部几乎都有【管理入口】链接，单击该链接进入管理员的登录页面，如图 12-11 所示。

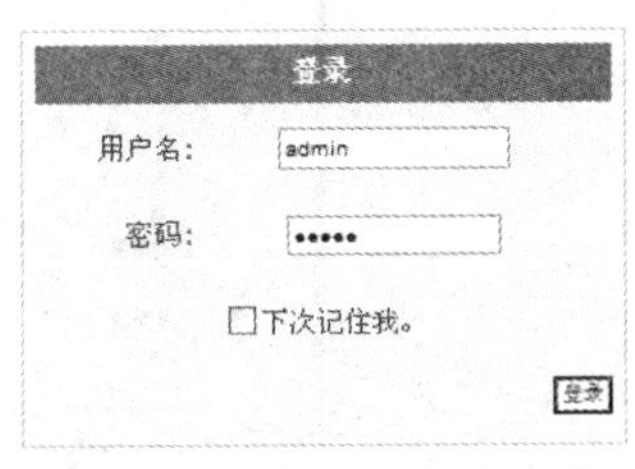

图 12-11　管理员登录页面

login.aspx 的登录对话框实际上就是一个 Login 控件，通过调整控件属性可达到满意的效果。代码如下：

```
<asp:Login ID="Login1" runat="server" BackColor="#EFF3FB" BorderColor="#B5C7DE"
        BorderPadding="4" BorderStyle="Solid" BorderWidth="1px" Font-Names="Verdana"
        Font-Size="0.8em" ForeColor="#333333" Height="180px" Width="275px"
OnAuthenticate="Login1_Authenticate1">
    <TitleTextStyle BackColor="#507CD1" Font-Bold="True" Font-Size="0.9em" ForeColor="White" />
    <InstructionTextStyle Font-Italic="True" ForeColor="Black" />
    <TextBoxStyle Font-Size="0.8em" />
    <LoginButtonStyle BackColor="White" BorderColor="#507CD1" BorderStyle="Solid"
BorderWidth="1px" Font-Names="Verdana" Font-Size="0.8em" ForeColor="#284E98" />
</asp:Login>
```

login.aspx.cs 的主要代码比较简单，只在用户登录的时候触发 Login1_Authenticate1 事件，此事件用来判断该用户是否合法。默认管理员名称及密码均为 admin。代码如下：

```
protected void Login1_Authenticate1(object sender, AuthenticateEventArgs e)
{   //定义 SQL 查询语句
    string strsql = "select * from 用户 where 用户名 ='" + Login1.UserName.ToString() + "' and 密码
='" + Login1.Password.ToString() + "' ";
    //创建 DataTable
    DataTable dt = new DataTable();
    //调用 ReadTable 方法获取查询结果
    dt = BaseClass1.ReadTable(strsql);
    //判断是否有符合条件的记录
    if (dt.Rows.Count > 0)
    {   //将合法的用户名放到 Session 对象中，表示用户已经登录
        Session["admin"] = Login1.UserName.ToString();
        //跳转到后台管理页面 admin_default.aspx
        Response.Redirect("admin_default.aspx");
    }
}
```

2. 后台管理主页面

管理员登录成功后，进入如图 12-12 所示的后台管理主页面。该页面提供了新闻管理、新闻添加、产品管理、产品添加和订单管理等功能。

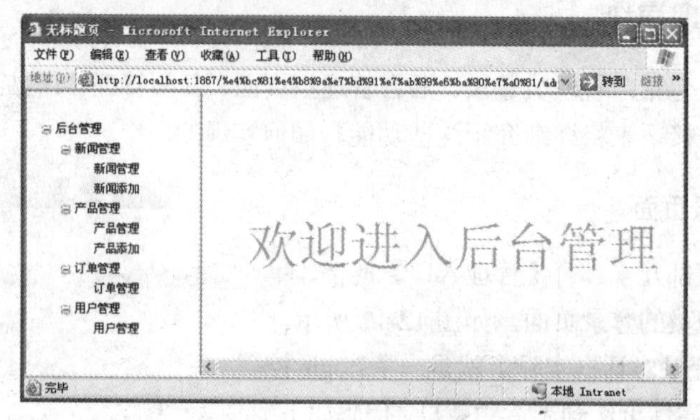

图 12-12　后台管理主页面

admin_default.aspx 页面中添加了一个 TreeView 控件和一个框架集。其中，TreeView 控件显示管理功能，框架集用于相应管理页面的显示。代码如下：

```
<asp:TreeView ID="TreeView1" runat="server" Height="264px"
OnSelectedNodeChanged="TreeView1_SelectedNodeChanged"   Width="60px">
  <Nodes>
    <asp:TreeNode Text="后台管理" Value="后台管理">
    <asp:TreeNode Text="新闻管理" Value="新闻管理">
    <asp:TreeNode Text="新闻管理" Value="新闻管理"></asp:TreeNode>
    <asp:TreeNode Text="新闻添加" Value="新闻添加"></asp:TreeNode> </asp:TreeNode>
    <asp:TreeNode Text="产品管理" Value="产品管理">
    <asp:TreeNode Text="产品管理" Value="产品管理"></asp:TreeNode>
    <asp:TreeNode Text="产品添加" Value="产品添加"></asp:TreeNode> </asp:TreeNode>
    <asp:TreeNode Text="订单管理" Value="订单管理">
    <asp:TreeNode Text="订单管理" Value="订单管理"></asp:TreeNode></asp:TreeNode>
    <asp:TreeNode Text="用户管理" Value="用户管理">
    <asp:TreeNode Text="用户管理" Value="用户管理"></asp:TreeNode>
          </asp:TreeNode> </asp:TreeNode>
  </Nodes>
</asp:TreeView>
<iframe style="width: 100%; height: 100%;" id="iframe1" runat="server" frameborder="0">
</iframe>
```

每次后台管理页面加载时检查管理员是否登录，如果没有登录，就跳转到管理员登录页面。admin_default.aspx.cs 的主要代码如下：

```
protected void Page_Load(object sender, EventArgs e)
{        if (Session["admin"] == null) //判断是否登录
  {  Response.Redirect("login.aspx"); //跳转到管理员登录页面
  }}
```

3. 新闻管理页面

单击图 12-12 所示的【新闻管理】链接，进入新闻管理页面，如图 12-13 所示。

新闻标题	新闻类别	阅读次数	添加时间	
▪ 预装Vista系统 华硕A8H52笔记本降2千	[业内新闻]	[3]	2007-1-20 0:00:00	删除
▪ 只谈性价比 神舟近期降价促销本本一览	[业内新闻]	[1]	2007-1-5 0:00:00	删除
▪ 送40G硬盘还降价 惠普nx6330仅9999元	[业内新闻]	[4]	2007-1-20 0:00:00	删除
▪ 联想新品旭日上市 双核仅售6200元	[业内新闻]	[0]	2007-2-7 0:00:00	删除
▪ 将遭抢购 五款人气最旺的低价本推荐	[业内新闻]	[1]	2007-5-2 0:00:00	删除
▪ 不仅仅为了游戏 双核独显笔记本推荐	[业内新闻]	[2]	2007-5-5 0:00:00	删除
下一页				

图 12-13　新闻管理页面

delnews.aspx 页面中使用了 GridView 控件，该控件增加了【删除】列，用于删除过期的新闻。代码如下：

```
<asp:GridView ID="GridView1" runat="server" AutoGenerateColumns="False" BackColor="White"
……
<Columns>
<asp:HyperLinkField DataNavigateUrlFields="流水号"
    DataNavigateUrlFormatString="showpro.aspx?id={0}"
    DataTextField="产品名称" DataTextFormatString="&#183;{0}" HeaderText="产品名称"
Target="main">  <ItemStyle HorizontalAlign="Left" />
</asp:HyperLinkField>
<asp:BoundField DataField="产品类别" DataFormatString="[{0}]" HeaderText="产品类别" />
<asp:BoundField DataField="产品价格" DataFormatString="{0}元" HeaderText="产品价格" />
<asp:BoundField DataField="产品图片" HeaderText="产品图片" />
<asp:CommandField ShowCancelButton="False" ShowDeleteButton="True" />
</Columns>
…
</asp:GridView>
```

delnews.aspx.cs 的主要代码及说明如下。

(1) 加载时判断用户是否已经登录。代码如下：

```
protected void Page_Load(object sender, EventArgs e)
{    if (Session["admin"] == null)
     {    Response.Redirect("login.aspx"); //  跳转到登录页面
     }
     bindgrig();//显示所有新闻
}
```

(2) 单击【删除】按钮时，触发 GridView1_RowDeleting 事件，处理程序如下：

```
protected void GridView1_RowDeleting(object sender, GridViewDeleteEventArgs e)
{
    //定义删除语句
```

```
    String strsql = "delete from 新闻信息 where 流水号=" +
GridView1.DataKeys[e.RowIndex].Value.ToString() + "";
        BaseClass1.execsql(strsql); //执行 SQL 命令
        bindgrig();//重新显示新闻
    }
```

(3) bindgrig()是自定义函数，用于检索新闻，显示到 GridView 控件上，主要代码如下：

```
    void bindgrig()
    {   string strsql = "select  * from 新闻信息  order by  流水号 "; //定义 SQL 检索语句
        DataTable dt = BaseClass1.ReadTable(strsql);  //创建 DataTable，并返回数据
        GridView1.DataSource = dt; //设置 GridView 数据源
        GridView1.DataBind();//显示数据
    }
```

(4) 单击【上一页】、【下一页】按钮时，触发 GridView1_PageIndexChanging 事件。代码如下：

```
        protected void GridView1_PageIndexChanging(object sender, GridViewPageEventArgs e)
        {
            GridView1.PageIndex = e.NewPageIndex;
            bindgrig();
        }
```

4. 产品添加页面

单击图 12-12 所示的【产品添加】链接，进入产品添加页面，如图 12-14 所示。

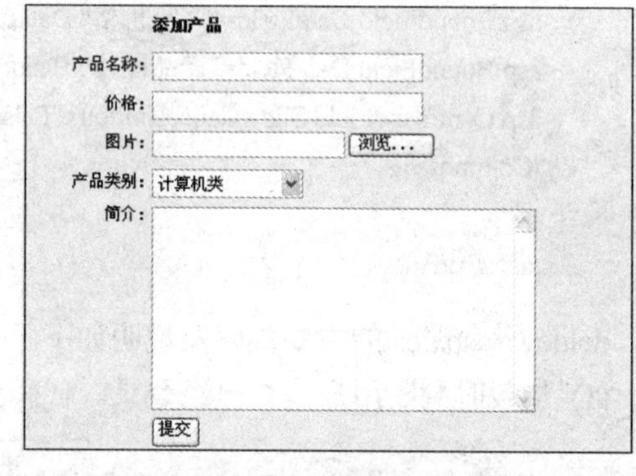

图 12-14　产品添加页面

addpro.aspx 页面中的主要控件包括 TextBox、FileUpload 和 DropDownList 等。代码如下：

```
    <strong>添加产品</strong>
    ......
    产品名称 <asp:TextBox
ID="TextBox1" runat="server"
Width="209px"></asp:TextBox>
    ......
    价格 <asp:TextBox ID="TextBox3" runat="server" Width="209px"></asp:TextBox></td></tr>
    图片 <asp:FileUpload ID="FileUpload1" runat="server" />
    产品类别 <asp:DropDownList ID="DropDownList1" runat="server" Width="120px">
             </asp:DropDownList>
    简介 <asp:TextBox ID="TextBox2" runat="server" Height="150px" TextMode="MultiLine"
Width="300px"></asp:TextBox>
    <asp:Button ID="Button1" runat="server" Text="提交" OnClick="Button1_Click" /></td> </tr>
```

addpro.aspx.cs 的主要代码及说明如下。

(1) 每次加载时判断用户是否已经登录，第一次加载初始化产品类别下拉列表框。代码如下：

```
protected void Page_Load(object sender, System.EventArgs e)
{
    if (Session["admin"] == null)
    { Response.Redirect("login.aspx");
    }
    if (!Page.IsPostBack)    //判断是否第一次加载
    { // 第一次加载初始化下拉列表框
      DataTable dt = new DataTable();
      string strsql = "select * from 产品类别";
      dt = BaseClass1.ReadTable(strsql);
      DropDownList1.DataSource = dt;
      DropDownList1.DataTextField = "产品类别";
      DropDownList1.DataValueField = "产品类别";
      DropDownList1.DataBind();
    }
}
```

(2) 单击【提交】按钮时，触发 Button1_Click 事件。代码如下：

```
protected void Button1_Click(object sender, EventArgs e)
{       string strsql;
      strsql = "insert into 产品 (产品名称,产品价格,产品图片,产品类别,产品介绍) values ('" +
TextBox1.Text + "','" + TextBox3.Text + "','" + FileUpload1.FileName + "','" + DropDownList1.SelectedValue
+ "','" + TextBox2.Text + "')"; //定义 SQL 插入语句
      BaseClass1.execsql(strsql); //执行 SQL 插入语句
      if (FileUpload1.HasFile == true) //上传产品图片
      {
          FileUpload1.SaveAs(Server.MapPath(("~/image/") + FileUpload1.FileName));
      }
       Response.Write("<script>alert(\"产品添加成功！\");</script>");   //提示提交成功
      //清空产品名称、价格、图片和简介文本编辑器
      TextBox1.Text = "";
      TextBox2.Text = "";
      TextBox3.Text = "";
}
```

5. 订单管理页面

单击图 12-12 所示的【订单管理】链接，进入订单管理页面，如图 12-15 所示。订单管理提供了两个功能：一个是删除过期订单；另一个是编辑订单的处理标志。

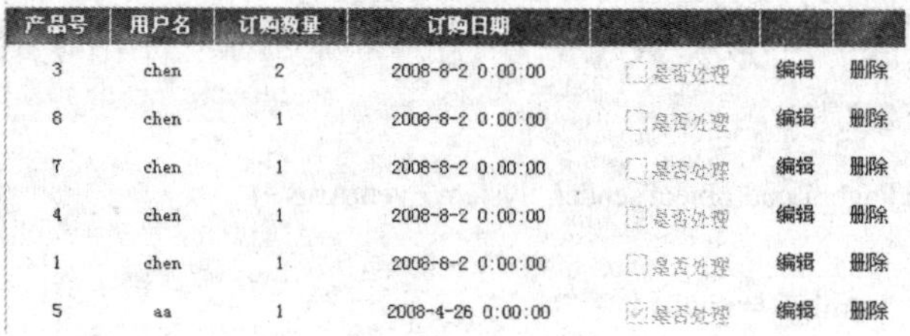

产品号	用户名	订购数量	订购日期			
3	chen	2	2008-8-2 0:00:00	是否处理	编辑	删除
8	chen	1	2008-8-2 0:00:00	是否处理	编辑	删除
7	chen	1	2008-8-2 0:00:00	是否处理	编辑	删除
4	chen	1	2008-8-2 0:00:00	是否处理	编辑	删除
1	chen	1	2008-8-2 0:00:00	是否处理	编辑	删除
5	aa	1	2008-4-26 0:00:00	是否处理	编辑	删除

图 12-15　订单管理页面

delorder.aspx 页面采用了 GridView 控件。代码如下：

```
<asp:GridView ID="GridView1" runat="server" AllowPaging="True" AutoGenerateColumns="False"
......
  <Columns>
    <asp:BoundField DataField="产品流水号" HeaderText="产品号" ReadOnly="True" />
    <asp:BoundField DataField="用户名" HeaderText="用户名" ReadOnly="True" />
    <asp:BoundField DataField="订购数量" HeaderText="订购数量" ReadOnly="True" />
    <asp:BoundField DataField="订购日期" HeaderText="订购日期" ReadOnly="True" />
    <asp:CheckBoxField DataField="处理标志" Text="是否处理" />
    <asp:CommandField ShowEditButton="True" />
    <asp:CommandField ShowCancelButton="False" ShowDeleteButton="True" />
......
</asp:GridView>
```

delorder.aspx.cs 的主要代码及说明如下。

(1) 加载时判断管理员是否已经登录。代码如下：

```
protected void Page_Load(object sender, EventArgs e)
{
  if (Session["admin"] == null)
  {
        Response.Redirect("login.aspx");
  }
  if (!Page.IsPostBack)
  {
        bindgrig();
  }
}
```

(2) 单击【删除】按钮时，触发 GridView1_RowDeleting 事件。代码如下：

```
protected void GridView1_RowDeleting(object sender, GridViewDeleteEventArgs e)
{
    String strsql = "delete from 订单 where 流水号=" +
                GridView1.DataKeys[e.RowIndex].Value.ToString() + "";
    BaseClass1.execsql(strsql);
    bindgrig();
}
```

(3) 在编辑状态下，单击【更新】按钮时，触发 GridView1_ RowUpdating 事件。代码如下：

```
protected void GridView1_RowUpdating(object sender, GridViewUpdateEventArgs e)
{       //提交行修改 (CheckBox)GridView1.Rows[e.RowIndex].FindControl("CheckBox1")
        string str;
        CheckBox ck = (CheckBox)GridView1.Rows[e.RowIndex].Cells[4].Controls[0];
        if (ck.Checked == true)
        {
            str = "1";
        }
        else
        {
            str = "0";
        }
        String strsql = "update  订单  set  处理标志=" + str + " where  流水号=" +
                        GridView1.DataKeys[e.RowIndex].Value.ToString() + "";
        BaseClass1.execsql(strsql);
        GridView1.EditIndex = -1;
        bindgrig();
}
```

(4) 在编辑状态下，单击【取消】按钮时，触发 GridView1_RowCancelingEdit 事件。代码如下：

```
protected void GridView1_RowCancelingEdit(object sender, GridViewCancelEditEventArgs e)
{
    GridView1.EditIndex = -1;
    bindgrig();
}
```

(5) bindgrig()是自定义函数，将订单显示到 GridView 控件上。代码如下：

```
void bindgrig()
{
    string strsql = "select  * from  订单  order by  流水号  desc";
    DataTable dt = BaseClass1.ReadTable(strsql);
    GridView1.DataSource = dt;
    GridView1.DataBind();
}
```

(6) 单击【上一页】、【下一页】按钮时，触发 GridView1_PageIndexChanging 事件。代码如下：

```
protected void GridView1_PageIndexChanging(object sender, GridViewPageEventArgs e)
{
    GridView1.PageIndex = e.NewPageIndex;
    bindgrig();
}
```

(7) 单击【编辑】按钮时，触发 GridView1_RowEditing 事件。代码如下：

```
protected void GridView1_RowEditing(object sender, GridViewEditEventArgs e)
{
    GridView1.EditIndex = e.NewEditIndex;
    bindgrig();
}
```

6. 用户管理页面

单击图 12-12 所示的【用户管理】链接，进入用户管理页面，如图 12-16 所示。

用户名	真实姓名	电话	地址	邮编	
a	试验				删除
北京科技	北京科技	010-22222222	北京市	100001	删除
北京制药	北京制药	010-2233299	北京市	100001	删除
科技公司	科技公司				删除
制造厂	制造厂	010-22222233	北京市	100001	删除

图 12-16　用户管理页面

delusers.aspx 页面中使用了 GridView 控件，该控件增加了【删除】列，用于删除不需要的用户。代码如下：

```
<asp:GridView ID="GridView1" runat="server" AutoGenerateColumns="False"
……
<Columns>
  <asp:BoundField DataField="用户名" HeaderText="用户名" ReadOnly="True" />
  <asp:BoundField DataField="真实姓名" HeaderText="真实姓名" ReadOnly="True" />
  <asp:BoundField DataField="电话" HeaderText="电话" ReadOnly="True" />
  <asp:BoundField DataField="地址" HeaderText="地址" ReadOnly="True" />
  <asp:BoundField DataField="邮编" HeaderText="邮编" />
  <asp:CommandField ShowCancelButton="False" ShowDeleteButton="True" />
</Columns>
……
</asp:GridView>
```

delusers.aspx.cs 的主要代码及说明如下。

(1) 每次加载时判断管理员是否已经登录。代码如下：

```
protected void Page_Load(object sender, EventArgs e)
{   if (Session["admin"] == null)
    {   Response.Redirect("login.aspx");
    }
    bindgrig();
}
```

(2) bindgrig()自定义函数负责显示用户信息。代码如下：

```
void bindgrig()
```

```
{
    string strsql = "select  用户名,真实姓名,电话,地址,邮编 from  用户 where 管理员标志=0";
    DataTable dt = BaseClass1.ReadTable(strsql);
    GridView1.DataSource = dt;
    GridView1.DataBind();
}
```

(3) 单击【删除】链接时，将触发 GridView1_RowDeleting 事件。代码如下：

```
protected void GridView1_RowDeleting(object sender, GridViewDeleteEventArgs e)
{     String strsql = "delete from 用户 where 用户名='" +
                  GridView1.DataKeys[e.RowIndex].Value.ToString() + "'"; //删除行处理
    BaseClass1.execsql(strsql);
    bindgrig();
}
```

12.3　本 章 小 结

本章列举了一个基于 ASP.NET 4.5 的网站实例，通过一个综合例子将有关的知识贯穿在一起，详细地分析了网站的构架设计、数据层、应用层的实现。让读者有实际项目的体会，从而能够深刻地了解本书前面介绍的知识并提升实践能力。

12.4　练　　习

通过实例练习，系统复习本书各章节的内容，掌握网站或 Web 应用程序的设计开发方法，提高开发水平。

根据自己的兴趣设计开发一个网站，网站内容不限，可以是中小企业网站、班级网站、网上商店、网上书店、网上花店，也可以是展示自己的个人网站。无论选择什么样的内容，要求做到以下几点。

(1) 必须使用母版页。

(2) 应用 ASP.NET AJAX 无页面刷新技术。

(3) 使用数据库。

(4) 利用 GridView、DataList 控件，并有分页功能。

(5) 具有上传、下载文件的功能。

(6) 具有用户注册、登录的功能。

(7) 网页布局美观、色彩协调。

参 考 文 献

[1] 刘楠，陈晓宇等译注. ASP.NET 4.5 入门经典. 北京：清华大学出版社，2013.

[2] 绍良杉，刘好增，马海军等. ASP.NET(C#)4.0 程序开发基础教程与实验指导. 北京：清华大学出版社，2012.

[3] 丁士峰. ASP.NET 项目开发案例导航. 北京：电子工业出版社，2012.

[4] (美)Scott Mittchell 著. 陈武，袁国忠译. ASP.NET 4 入门经典. 北京：人民邮电出版社，2011.

[5] 陈华. Ajax 从入门到精通. 北京：清华大学出版社，2008.

[6] 胡静，韩英杰，陶永才. ASP.NET 动态网站开发教程. 北京：清华大学出版社，2009.

[7] (美)G.Andrew Duthie. Microsoft ASP.NET 程序设计. 北京：清华大学出版社，2002.

[8] 前沿科技. 精通 CSS+DIV 网页样式布局. 北京：人民邮电出版社，2007.

[9] 林邦杰. 深入浅出 C#程序设计. 北京：中国铁道出版社，2005.

[10] 刘振岩. 基于.NET的Web程序设计-ASP.NET标准教程. 北京：电子工业出版社，2006.

[11] Christian Nagel 等著. 李铭译. C#高级编程. 6 版. 北京：清华大学出版社，2008.

[12] Watson，K.，Nagel，C 等著. 齐立波译. C#入门经典. 4 版. 北京：清华大学出版社，2008.

[13] 谯谊，张军，王佩楷等. ASP动态网站设计经典案例. 北京：机械工业出版社，2005.

[14] Dave Crane，Bear Bibeault，Jord Sonneveld 著. 贺师俊译. Ajax 实战：实例详解. 北京：人民邮电出版社，2008.

[15] (荷兰) Daniel Solis 著. 苏林，朱晔译. C#图解教程. 北京：人民邮电出版社，2009.

[16] 尚俊杰. ASP.NET 程序设计. 北京：清华大学出版社，2004.

[17] 李容. 完全手册 Visual C# 2008 开发技术详解. 北京：电子工业出版社，2008.

[18] (荷兰) Imar Spaanjaars 著. 杨浩译. ASP.NET 3.5 高级编程. 5 版. 北京：清华大学出版社，2008.

[19] 罗江华，朱永光. .NET Web 高级开发. 北京：电子工业出版社，2008.

[20] 博思工作室. ASP.NET 3.5 高级程序设计. 2 版. 北京：人民邮电出版社，2008.

[21] (美)米凯利斯(Michaelis, M.)著. 周靖译. C#本质论. 北京：人民邮电出版社，2008.

[22] 郑淑芬，赵敏翔. ASP.NET 3.5 最佳实践-使用 Visual C#. 北京：电子工业出版社，2009.

[23] (美)Robert W. Scbcsta. Web 程序设计. 4 版. 北京：清华大学出版社，2008.

[24] 马骏，党兰学，杜莹等.ASP.NET 网页设计与网站开发. 北京：人民邮电出版社，2007.

[25] 韩颖，卫琳，陈伟. ASP.NET 3.5 动态网站开发基础教程. 北京：清华大学出版社，2010